岩土工程勘察

Geotechnical Engineering Investigation

主编 朱志铎 （东南大学 教授）

参编 赵裕锋 （南京东大岩土工程勘察设计研究院有限公司 正高级工程师）
刘义怀 （南京东大岩土工程勘察设计研究院有限公司 研究员级高工）
徐春明 （华设设计集团有限公司 研究员级高工）
刘文亮 （东南大学 讲师）

U0397401

东南大学出版社
SOUTHEAST UNIVERSITY PRESS

内容提要

本书共9章,第1章为岩土工程勘察概况,第2章为工程地质测绘与调查,第3章为岩土工程勘探和取样,第4章为岩土试验,第5章为原位测试,第6章为主要类别的岩土工程勘察,第7章为特殊性岩土的勘查评价,第8章为不良地质作用和地质灾害的勘察评价,第9章为岩土工程分析评价。

本书是作者在总结多年教学、科研及工程实践的基础上,系统全面地介绍岩土工程勘察基本理论、技术方法及其工程应用。

本书结构合理,内容丰富,实用性强,可作为城市地下空间工程、土木工程、地质工程等专业的本科生教材,亦可供高等院校其他相关专业师生及工程技术人员参考使用。

图书在版编目(CIP)数据

岩土工程勘察 / 朱志铎主编. — 南京:东南大学出版社,2022.8(2024.7重印)
ISBN 978-7-5766-0214-2

Ⅰ. ①岩… Ⅱ. ①朱… Ⅲ. ①岩土工程-地质勘探
Ⅳ. ①TU412

中国版本图书馆 CIP 数据核字(2022)第 152303 号

责任编辑:宋华莉　责任校对:韩小亮　封面设计:王玥　责任印制:周荣虎

岩土工程勘察
Yantu Gongcheng Kancha

主　　编	朱志铎
出版发行	东南大学出版社
社　　址	南京四牌楼 2 号　邮编:210096　电话:025 - 83793330
网　　址	http://www.seupress.com
电子邮件	press@seupress.com
经　　销	全国各地新华书店
印　　刷	广东虎彩云印刷有限公司
开　　本	787 mm×1092 mm　1/16
印　　张	21
字　　数	498 千字
版　　次	2022 年 8 月第 1 版
印　　次	2024 年 7 月第 3 次印刷
书　　号	ISBN 978 - 7 - 5766 - 0214 - 2
定　　价	78.00 元

前言

　　"岩土工程勘察"为城市地下空间工程专业必修的一门专业主干课及土木交通大类学科选修课程。课程系统叙述了岩土工程勘察的基本理论、技术方法及其应用,通过该课程的学习,培养学生具备对工程项目进行岩土工程勘察及评价的能力。具体而言,要求学生熟练掌握岩土工程勘察的基本要求、工程勘探与取样、室内岩土试验和原位测试以及主要类别的岩土工程勘察,掌握工程地质测绘和调查、特殊性岩土的勘察评价和不良地质作用的勘察评价,重点掌握岩土工程分析评价的方法与应用。

　　本书作者根据多年来该课程的教学实践,注重在下列几个方面对本教材进行编写,形成特色:

　　(1)强调课程的综合性。岩土工程勘察涉及工程地质学、土力学、岩体力学和基础工程学等内容,学生能够综合应用这些课程知识,解决具体岩土工程问题。岩土工程勘察作为专业主干课,教材内容要体现专业知识综合应用的特点。

　　(2)注重应用性和实用性。岩土工程勘察课程紧密与工程实践相结合,必须注重应用性和实用性。在教学内容上增加实际工程案例的内容,既有各章的专门性案例,也有综合性案例。通过案例教学,培养学生具备对岩土工程勘察的有关问题进行分析、概括的能力,以及清晰且专业地表达解决问题的思路和步骤的能力,能对问题提出独创性的解决方案。

　　(3)注重实践能力的培养。尤其是实际工作能力,主要体现在现场勘探、原位测试及室内试验等方面。通过每章设置思考题、计算题及案例题的方式,加强对学生进行专业基础及应用能力的培养与训练。

　　(4)体现与其他学科的协调性。岩土工程以工程地质学、土力学、岩体力学和基础工程学为理论基础,是由土木工程、地质、力学和材料科学等多学科相互渗透、融合而形成的边缘学科。因此教材内容要体现宏观与微观相结合、定性分析与定量分析相结合的特点。

本教材分为9章。第1章岩土工程勘察概况，主要叙述岩土工程勘察分级、岩土工程勘察阶段、岩土工程勘察方法及岩土工程勘察纲要；第2章工程地质测绘与调查，介绍工程地质测绘的意义和特点，工程地质测绘的范围、比例尺及精度，以及工程地质测绘的主要内容；第3章岩土工程勘探和取样，主要叙述工程勘探的任务、特点和方法，岩土工程钻探及取样技术；第4章岩土试验，主要叙述土的物理性质试验和土的力学试验，介绍水和土的腐蚀试验和岩石的力学试验；第5章原位测试，主要叙述载荷试验、静力触探试验、标准贯入试验、动力触探试验、十字板剪切试验，介绍旁压试验、扁铲侧胀试验、波速测试及水文地质参数测试等现场测试技术；第6章主要类别的岩土工程勘察，主要叙述房屋建筑岩土工程勘察、道路与桥梁岩土工程勘察以及地下工程岩土工程勘察；第7章特殊性岩土的勘察评价，主要介绍湿陷性黄土、膨胀岩土、软土、填土、冻土、盐渍岩土、风化岩与残积土等常见特殊性岩土的工程性质特征及其评价方法；第8章不良地质作用和地质灾害的勘察评价，主要介绍岩溶、滑坡、泥石流及地基的地震效应等常见不良地质作用和地质灾害的岩土工程勘察评价；第9章岩土工程分析评价，主要叙述岩土工程分析评价的内容与方法、岩土参数的分析与选取、地基承载力特征值确定、地基沉降变形计算以及岩土工程勘察报告的内容。

本书由朱志铎主编，具体编写分工如下：绪论、第1章、第2章、第4章、第9章由朱志铎编写，第7章、第8章由朱志铎、刘文亮编写，第3章、第5章及1.5节、6.5节、9.6节由南京东大岩土工程勘察设计研究院有限公司的赵裕锋、刘义怀编写，第6章及8.8节由华设设计集团有限公司的徐春明编写，研究生康转转协助进行了制图及校对工作，最后由朱志铎定稿。

本书的编写得到了东南大学交通学院及岩土工程研究所老师们的大力支持和帮助，得到了东南大学本科教材经费的资助，谨此表示衷心的感谢！书中不当之处在所难免，敬请读者批评指正！

朱志铎

2021.12 于南京四牌楼

目录

绪论

0.1　岩土工程与岩土工程勘察

岩土工程是欧美国家于 20 世纪 60 年代在土木工程实践中建立起来的一种新的技术体制，我国于 80 年代末期开始学习、引进该技术体系。岩土工程将求解岩土体工程问题作为研究对象，包括地基与基础、边坡和地下工程等问题，它涉及岩土体利用、整治和改造。岩土工程在建筑、交通、航运、能源、矿山和国防等建设工程中占有重要的地位，在保证工程质量、降低工程造价、缩短工程周期以及提高工程经济效益、环境效益和社会效益方面起到了重要作用。岩土工程包括岩土工程勘察、岩土工程设计、岩土工程施工、岩土工程治理、岩土工程监测与监理等，它们各自既有一定的分工，又密切联系。岩土工程以工程地质学、土力学、岩体力学和基础工程学为理论基础，解决在建设过程中出现的与岩土体有关的所有工程技术问题，是一门地质与工程紧密结合的专业学科，是由土木工程、地质、力学和材料科学等多学科相互渗透、融合而形成的技术学科。岩土工程是一门服务于工程建设的综合性和应用性都很强的技术学科，属土木工程范畴。

《岩土工程勘察规范》(GB 50021—2001)(2009 年版)中，对岩土工程勘察的定义是：根据建设工程的要求，查明、分析、评价建设场地的地质、环境特性和岩土工程条件，编制勘察文件的活动。岩土工程勘察的目的是查明场地工程地质条件，分析存在的工程地质问题，对工程建设区进行工程地质论证和评价，提出建筑设计所遵循的最佳方案和可能采取的工程措施。其基本任务是按照建筑物(构筑物)不同勘察阶段的要求，为工程的设计、施工以及岩土体治理加固、开挖支护和降水等工程，提供地质资料和必要的技术参数，对有关的岩土工程问题作出论证、评价。

岩土工程勘察是岩土工程技术体制中的一个重要环节，是工程建设首先开展的基础性工作。各项建设工程在设计和施工之前，必须按基本建设程序进行岩土工程勘察。对于任何工程建设项目，都应坚持勘察—设计—施工的原则，同时岩土工程勘察应服务于工程建设和工程运营的全过程。

0.2　岩土工程勘察的目的与任务

工程地质条件是指与工程建设有关的所有地质要素的综合，这些要素包括岩土类型及其工程性质、地质构造及岩土体结构、地貌、水文地质、工程动力地质作用和天然建筑材料等方面。因此，工程地质条件是一个综合概念，它直接影响到工程建筑物的安全、经济和正常运行。所以,任何类型的工程建设,进行勘察时都必须查明建设场地的工程地质条件,这是岩土工程勘察的基本任务。

岩土工程问题是指工程建筑物(构筑物)与岩土体之间所存在的矛盾或问题。在岩土工程施工以及工程建筑物(构筑物)建成使用过程中,岩土体和地下水与建筑物(构筑物)发生作用,导致岩土工程出现问题。由于建筑物(构筑物)的类型、结构和规模不同,其工作方式和对岩土体的负荷不同,因此,岩土工程问题是复杂多样的。例如,工业与民用建筑主要的岩土工程问题是地基承载力和沉降问题;高层建筑物深基开挖和支护、施工降水、坑底回弹隆起及坑外地面位移等各种岩土工程问题较多;地下洞室主要的岩土工程问题是围岩稳定性问题等。岩土工程问题的分析评价是岩土工程勘察的核心任务,每一项工程进行岩土工程勘察时,对主要的岩土工程问题必须作出正确的评价。

不良地质作用与现象是指对工程建设不利或有不良影响的动力地质现象,它泛指由地球外动力作用引起的各种地质现象,如崩塌、滑坡、泥石流、岩溶、土洞、河流冲刷以及渗透变形等,它们既影响场地稳定性,也对地基基础、边坡工程、地下洞室等具体工程的安全、经济和正常使用不利。所以,在复杂地质条件下进行岩土工程勘察时,必须查清它们的分布、规模、形成机制和条件、发展演化规律和特点,预测其对工程建设的影响或危害程度,并提出防治对策和措施。

岩土工程勘察的目的是为工程建筑对象选择适宜的地质环境,从而为该工程在技术上的可能性和经济上的合理性提供保证,使得工程建设项目不致对地质环境产生不应有的破坏,以致影响工程本身和人类的生活环境。其中,技术可能性是指在地质环境中兴建某建筑物的安全保障如何、建筑物地基对基础的适应性如何,当两者不相适应时,能否通过改变基础结构或改良地基性质使其达到相互适应;经济合理性是指通过对建筑地区地质条件的深入研究后,在保证工程稳定性的前提下,选出经济成本最低的建设方案,以达到经济上的合理性。

岩土工程勘察的基本任务就是按照建筑物(构筑物)不同勘察阶段的要求,为工程的设计、施工以及岩土体治理加固、开挖支护和降水等工程提供地质资料和必要的技术参数,对有关的岩土工程问题作出论证、评价。岩土工程勘察的具体任务如下:

① 获得建设场地的工程地质条件,分析场地内不良地质现象的发育情况及其对工程建设的影响,对场地稳定性作出评价。

② 查明工程范围内岩土体的分布、性状和地下水活动条件,提供设计、施工和整治所需的地质资料和岩土技术参数。

③ 分析、研究有关的岩土工程问题,并作出评价结论。

④ 对场地内建筑物(构筑物)总平面布置、各类岩土工程设计、岩土体加固处理、不良地质现象整治等具体方案作出论证和提出建议。

⑤ 预测工程施工和运行过程中对地质环境和周围建筑物的影响,并提出保护措施。

岩土工程勘察的核心问题是如何运用有效的勘察方法和手段,通过综合分析,获得反映确切的工程地质条件,查明岩土工程问题和不良地质现象。因此,为保证勘察的精度和质量,需不断改进技术方法、勘探机械和测试仪器;为使工程地质评价和预测定量化,需不断完善分析方法,制定适用于不同类型建筑的勘察规范或手册。

0.3 我国岩土工程勘察的现状

新中国成立后,由于国民经济建设的需要,在地质、城建、水利、电力、冶金、机械、铁道、国防等部门,按苏联的模式,相继设立勘察、设计机构,开展了大规模的工程地质勘察工作,为工程规划、设计和施工提供了大量的地质资料,使得一大批重要工程得以顺利施工和正常运行。但是,由于工程地质勘察体制的局限,它有明显的弊病和缺陷:一是侧重于定性分析,定量评价不够;二是侧重于"宏观"研究,结合具体工程较差,反映了勘察与设计、施工在一定程度上的脱节。针对工程地质勘察的缺陷,自 20 世纪 80 年代初期,我国引进了岩土工程体制。这一技术体制是为工程建设全过程服务,因此很快就显示了它突出的优越性。

高层建筑,尤其是超高层建筑的大量建设,对天然地基稳定性计算和评价、桩基计算与评价、基坑开挖与支护、岩土加固与改良等方面,都提出了新的要求,必须对勘探、取样、原位测试和监测的仪器设备、操作技术和工艺流程等不断创新。由于勘察工作与设计、施工、监测结合紧密,因此勘察真正成为工程咨询性的工作,为保证工程安全和提高经济效益作出了很大的贡献,并积累了许多勘察经验和资料。可以认为,勘察与设计、施工、监测的紧密结合,是岩土工程技术体制的最大优越性。

为使岩土工程勘察能贯彻执行国家有关的技术经济政策,做到技术先进、经济合理,确保工程质量和提高经济效益,制定了中华人民共和国国家标准《岩土工程勘察规范》(GB 50021—94),该规范作为强制性国家标准于 1995 年 3 月 1 日正式颁布施行。该规范是对原《工业与民用建筑工程地质勘察规范》(TJ 21—77)的修订,它既总结了新中国成立后 40 多年工程实践的经验和科研成果,又尽量与国际标准接轨。该规范中提出了岩土工程勘察等级,以便在工程实践中按照工程的复杂程度和安全等级区别对待;对工程勘察的目标和任务提出了新的要求,除提供地质资料外,更多地涉及场地岩土体的利用、整治和改造的分析论证;扩大了工程勘察的范围和内容;加强了岩土工程评价的针对性,除规定评价原则外,还分别对各类岩土工程如何结合具体工程进行分析、计算与论证,作了相应的规定。2009 年,根据建设部建标〔1998〕244 号文的要求,对 1994 年发布的国标《岩土工程勘察规范》进行了修订。

岩土工程勘察侧重于解决土体工程的场地评价和地基稳定性问题,而对于地质条件较复杂的岩体工程,尤其是重大工程(如水电站、核电站、铁路干线等)的区域地壳稳定性,边坡和地下洞室围岩稳定性的分析、评价,仅由岩土工程师是无法胜任的,必须有工程地质人员的参与才能解决。这就要求岩土工程与工程地质在发挥各自学科专业优势的前提下,互相交叉、渗透,两者互为补充。

0.4 本教材的主要内容及学习要求

"岩土工程勘察"课程的实践性较强,着重将勘察理论与工程实践相结合,以培养学生岩土工程勘察的能力。通过对本课程的系统学习,能够满足工程建设中的岩土工程设计、岩土工程施工与管理、解决有关工程地质问题、进行地质灾害治理等对专业知识的需要。学习本课程应具备"地质学基础""理论力学""材料力学""土力学""岩石力学""结构设计原理""基础工程"等课程知识。

　　"岩土工程勘察"课程系统阐明了岩土工程勘察的基本理论、技术方法,适当介绍了岩土工程勘察领域的新技术、新方法,贯入了岩土工程勘察与评价的新理念,通过该课程的学习,培养学生具备进行岩土工程勘察及评价的能力。要求学生在熟练掌握岩土工程勘察的基本要求、工程地质测绘和调查、工程勘探与取样、室内岩土试验和原位测试基本原理和方法的基础上,熟练掌握岩土工程勘察的主要类别及基本要求、特殊性岩土的勘察评价和不良地质作用勘察评价。在重点掌握岩土工程分析评价的方法与应用等课程学习的基础上,能针对具体案例进行分析,掌握分析问题、解决问题的基本方法;该课程教学就典型的实际工程案例展开讨论,指导学生掌握收集资料、查询文献、提出问题、解决问题的基本方法;培养学生对岩土工程勘察的有关问题进行分析、概括的能力,以及清晰且专业地表达解决问题的思路和步骤的能力;培养同学间相互协作共同解决问题的能力;培养学生独立思考、深入钻研问题的习惯,能对问题提出独创性的解决方案。

　　本教材分为9章。第1章岩土工程勘察概况,主要介绍岩土工程勘察分级、岩土工程勘察阶段、岩土工程勘察方法及岩土工程勘察纲要的相关知识;第2章工程地质测绘与调查,介绍工程地质测绘的意义和特点,工程地质测绘的范围、比例尺及精度,以及工程地质测绘的主要内容;第3章岩土工程勘探和取样,主要介绍工程勘探的任务、特点和方法,岩土工程钻探及取样技术;第4章岩土试验,主要介绍土的物理性质试验,包括含水率试验、密度试验、比重试验、颗粒分析试验和界限含水率试验,介绍水和土的腐蚀试验,主要介绍土的力学试验,包括击实试验、CBR试验、渗透试验、固结试验和土的抗剪强度试验,另外还介绍了岩石的力学试验,包括单轴压缩变形试验、单轴抗压强度试验、抗拉强度试验和直剪试验;第5章原位测试,主要介绍载荷试验、静力触探试验、标准贯入试验、动力触探试验、十字板剪切试验、旁压试验、扁铲侧胀试验、波速测试及地质参数测试等现场试验测试技术;第6章主要类别的岩土工程勘察,主要介绍房屋建筑岩土工程勘察、道路与桥梁工程地质勘察以及地下洞室岩土工程勘察的相关知识;第7章特殊性岩土的勘察评价,主要介绍湿陷性黄土、膨胀岩土、软土、填土、冻土、盐渍(岩)土、风化岩与残积土等常见特殊性岩土的工程性质特征及其评价方法;第8章不良地质作用和地质灾害的勘察评价,主要介绍岩溶、滑坡、泥石流及地基的地震效应等常见不良地质作用和地质灾害的岩土工程勘察评价方法;第9章岩土工程分析评价,主要介绍岩土工程分析评价的内容与方法、岩土参数的分析与选取以及岩土工程勘察报告的内容。

　　考虑到课程的实践性较强,着重勘查理论与工程实践相结合,因此对学习此课程的学生的能力培养方面提出以下要求:

　　① 注重实践能力的培养,尤其是实际动手能力。主要体现在现场的勘探、原位测试及室内的试验等方面。

　　② 注重分析问题、解决问题的能力培养,主要结合案例教学。

　　③ 综合应用岩土(或土木)学科其他方面的能力。根据课程特点,掌握学习方法,强调应用。

　　④ 通过学习具备工程师的初步能力和素质。

思考题 🖱️

（1）试述岩土工程、工程地质的概念，以及两者之间的区别与联系。

（2）什么是工程地质条件、工程地质问题及不良地质作用与现象？

（3）简述岩土工程勘察的目的及任务。

第1章
岩土工程勘察概况

1.1　岩土工程勘察分级

　　岩土工程勘察等级划分的主要目的是为了勘察工作的布置及勘察工作量的确定。显然,工程规模较大或较重要、场地工程地质条件较复杂者,所投入的勘察工作就较大,反之则较小。根据《岩土工程勘察规范》(GB 50021—2001)(2009年版)的规定,岩土工程勘察等级由工程重要性等级、场地及地基复杂程度三项因素所决定,因此应分别对这三项因素进行分级,在此基础上进行综合分析,以确定岩土工程勘察等级。

1.1.1　工程重要性等级

　　工程重要性等级是根据工程岩土体或结构失稳破坏,导致建筑物(构筑物)破坏而造成生命财产损失、社会影响及修复可能性等后果的严重性来确定的。根据国家标准《建筑结构可靠度设计统一标准》(GB 50068—2018)的规定,将工程结构划分为三个安全等级,与之相适应,岩土工程重要性等级也划分为三级(表1-1)。

表1-1　岩土工程重要性等级

工程重要性等级	破坏后果	工程类型
一级	很严重	重要工程
二级	严重	一般工程
三级	不严重	次要工程

　　引用自《岩土工程勘察规范》(GB 50021—2001)(2009年版)。

　　对于不同类型的工程来说,应根据工程的规模和重要性具体划分。目前房屋建筑与构筑物的安全等级,已在国家标准《建筑地基基础设计规范》(GB 50007—2011)中明确规定。此外,各产业部门和地方根据本部门(地方)建筑物(构筑物)的特殊要求和经验,在颁布的有关技术规范中也划分了适用于本部门(地方)的工程安全等级,一般均划分为三级(表1-2)。

　　目前,地下洞室、深基坑开挖、大面积岩土处理等尚无工程安全等级的具体规定,可根据实际情况进行划分。大型沉井和沉箱、超长桩基和墩基、有特殊要求的精密设备和超高压设备、有特殊要求的深基坑开挖和支护工程、大型竖井和平硐、大型基础托换和补强工程,以及其他难度大、破坏后果严重的工程,以列为一级安全等级为宜。

表 1 - 2　房屋建筑与构筑物安全等级

安全等级	破坏后果	建筑类型
一级	很严重	重要的工业与民用建筑物(构筑物) 20 层以上的高层建筑 体型复杂的 14 层以上的高层建筑 对地基变形有特殊要求的建筑物(构筑物) 单桩承受的荷载在 4 000 kN 以上的建筑物(构筑物)
二级	严重	一般的工业与民用建筑
三级	不严重	次要的建筑物(构筑物)

引用自《建筑地基基础设计规范》(GB 50007—2011)。

1.1.2　场地复杂程度等级

场地复杂程度等级是根据建筑抗震稳定性、不良地质现象发育情况、地质环境破坏程度、地形地貌条件和地下水条件所确定的,划分为三个等级(表 1 - 3)。

表 1 - 3　场地复杂程度等级

场地复杂程度等级	一级	二级	三级
建筑抗震稳定性	危险	不利	有利(或地震设防烈度 6 度)
不良地质现象发育情况	强烈发育	一般发育	不发育
地质环境破坏程度	已经或可能强烈破坏	已经或可能受到一般破坏	基本未受破坏
地形地貌条件	复杂	较复杂	简单
地下水条件	复杂	较复杂	简单

引用自《岩土工程勘察规范》(GB 50021—2001)(2009 年版)。

1) 建筑抗震稳定性

根据国家标准《建筑抗震设计规范》(GB 50011—2010)(2016 年版)的规定,选择建筑场地时,对建筑抗震稳定性地段的划分规定为:

① 危险地段:地震时可能发生滑坡、崩塌、地陷、地裂、泥石流及地震断裂带上可能发生地表位错的部位。

② 不利地段:软弱土和液化土,条状突出的山嘴,高耸孤立的山丘,非岩质的陡坡、河岸和斜坡边缘,平面分布上成因、岩性和性状明显不均匀的土层(如古河道、断层破碎带、暗埋的塘浜沟谷及半填半挖地基)等。

③ 有利地段:岩石和坚硬土或开阔平坦、密实均匀的中硬土等。

2) 不良地质现象发育情况

不良地质现象泛指由地球外动力作用引起的,对工程建设不利的各种地质现象。不良地质现象发育情况可分为:

① 强烈发育:是指不良地质现象发育招致建筑场地极不稳定,直接威胁工程设施的安全。如山区崩塌、滑坡和泥石流的发生,岩溶地区溶洞和土洞的存在,对工程设施的安全也

会构成直接威胁。

② 一般发育：是指虽有不良地质现象分布，但并不十分强烈，对工程设施安全的影响不严重，或者说对工程安全可能有潜在的威胁。

③ 不发育：一般指没有不良地质现象分布，或虽有不良地质现象分布，但对工程设施安全无影响。

3）地质环境破坏程度

人类工程经济活动导致的地质环境的干扰破坏，是多种多样的。例如：地下采空；地面沉降、地面塌陷和地裂缝；修建水库引起的边岸再造、浸没、土壤沼泽化；排除废液引起岩土的化学污染等。地质环境破坏对岩土工程实践的负影响是不容忽视的，往往对场地稳定性构成威胁。地质环境破坏程度可分为：

① 强烈破坏：是指地质环境的破坏，已对工程安全构成直接威胁，如矿山浅层采空导致明显的地面变形、横跨地裂缝等。

② 一般破坏：是指已有或将有地质环境的干扰破坏，但并不强烈，对工程安全的影响不严重。

③ 不破坏：一般指没有地质环境的干扰破坏，对工程安全无影响。

4）地形地貌条件

主要指的是地形起伏和地貌单元（尤其是微地貌单元）的变化情况。一般来说，山区和丘陵区场地地形起伏大，工程布局较困难，挖填土石方量较大，土层分布较薄且下伏基岩面高低不平。地貌单元分布较复杂，一个建筑场地可能跨越多个地貌单元，因此地形地貌条件复杂或较复杂。平原场地地形平坦，地貌单元均一，土层厚度大且结构简单，因此地形地貌条件简单。

5）地下水条件

地下水是影响场地稳定性的重要因素。地下水的埋藏条件、类型、水位直接影响工程及其建设，其化学成分对工程岩土体及建筑物和构筑物的建筑材料具有重要影响。

1.1.3　地基复杂程度等级

地基按复杂程度可划分为三级。

1）一级地基

符合下列条件之一者即为一级地基：

① 岩土种类多，性质变化大，地下水对工程影响大，且需特殊处理。

② 严重湿陷、膨胀、盐渍、污染严重的特殊性岩土，以及其他情况复杂，需做专门处理的岩土。

2）二级地基

符合下列条件之一者即为二级地基：

① 岩土种类较多，性质变化较大，地下水对工程有不利影响。

② 除上述一级地基第二条规定之外的特殊性岩土。

3）三级地基

符合下列条件之一者为三级地基：

① 岩土种类单一，性质变化不大，地下水对工程无影响。

② 无特殊性岩土。

1.1.4　岩土工程勘察分级

根据工程重要性等级、场地复杂程度等级和地基复杂程度等级,即可按照表1-4划分岩土工程勘察等级。

表1-4　岩土工程勘察等级

勘察等级	确定勘察等级的因素		
	工程重要性等级	场地复杂程度等级	地基复杂程度等级
甲级	一级	任意	任意
	二级	一级	任意
		任意	一级
乙级	二级	二级	二级或三级
		三级	二级或三级
	三级	一级	任意
		任意	一级
		二级	二级
丙级	二级	三级	三级
	三级	二级	三级
		三级	二级或三级

引用自《岩土工程勘察规范》(GB 50021—2001)(2009年版)。

1.2　岩土工程勘察阶段

建筑物(构筑物)的岩土工程勘察原则上应分阶段进行,一般分为可行性研究勘察、初步勘察、详细勘察。可行性研究勘察应符合选择场址方案的要求,初步勘察应符合初步设计的要求,详细勘察应符合施工图设计的要求。场地条件复杂或有特殊要求的工程,宜进行施工勘察。场地较小且无特殊要求的工程可合并勘察阶段。当建筑物(构筑物)平面布置已经确定,且场地或其附近已有岩土工程资料时,可根据实际情况,直接进行详细勘察。

1.2.1　可行性研究勘察

可行性研究勘察应对拟建场地的稳定性和适宜性作出评价,并应符合下列要求:

① 搜集区域地质、地形地貌、地震、矿产、当地的工程地质、岩土工程和建筑经验等资料。

② 在充分搜集和分析已有资料的基础上,通过踏勘了解场地的地层、构造、岩性、不良地质作用和地下水等工程地质条件。

③ 当拟建场地工程地质条件复杂,已有资料不能满足要求时,应根据具体情况进行工程地质测绘和必要的勘探工作。

④ 当有两个或两个以上拟选场地时,应进行比选分析。

1.2.2 初步勘察

初步勘察应对场地内拟建建筑物（构筑物）地段的稳定性作出评价，并进行下列的主要工作：

① 搜集拟建工程的有关文件、工程地质和岩土工程资料以及工程场地范围的地形图。

② 查明地质构造、地层结构、岩土工程特性、地下水埋藏条件。

③ 查明场地不良地质作用的成因、分布、规模、发展趋势，并对场地的稳定性作出评价。

④ 对抗震设防烈度等于或大于 6 度的场地，应对场地和地基的地震效应作出初步评价。

⑤ 季节性冻土地区，应调查场地土的标准冻结深度。

⑥ 初步判定水和土对建筑材料的腐蚀性。

⑦ 高层建筑初步勘察时，应对可能采取的地基基础类型、基坑开挖与支护、工程降水方案进行初步分析评价。

1.2.3 详细勘察

详细勘察应按单体建筑物（构筑物）提供详细的岩土工程资料和设计、施工所需的岩土参数；对建筑地基作出岩土工程评价，并对地基类型、基础形式、地基处理、基坑支护、工程降水和不良地质作用的防治等提出建议。主要应进行下列工作：

① 搜集附近有坐标和地形的建筑总平面图，场区的地面整平标高，建筑物（构筑物）的性质、规模、荷载、结构特点，基础形式、埋置深度，地基允许变形等资料。

② 查明不良地质作用的类型、成因、分布范围、发展趋势和危害程度，提出整治方案的建议。

③ 查明建筑范围内岩土层的类型、深度、分布、工程特性，分析和评价地基的稳定性、均匀性和承载力。

④ 提供地基变形计算参数，预测建筑物（构筑物）的变形特征。

⑤ 查明埋藏的河道、沟浜、墓穴、防空洞、孤石等对工程不利的埋藏物。

⑥ 查明地下水的埋藏条件，提供地下水位及其变化幅度。

⑦ 在季节性冻土区域，提供场地土的标准冻结深度。

⑧ 判断水和土对建筑材料的腐蚀性。

1.2.4 施工勘察

施工勘察一般不作为一个固定阶段，视工程的实际需要而定，对于工程地质条件复杂或者有特殊施工要求的重要工程，需进行施工勘察。施工勘察包括施工阶段的勘察和施工后一些必要的勘察工作。它可以起到核对已取得的地质资料和所作评价结论准确性的作用，由此可修改、补充原来的勘察成果。

1.3 岩土工程勘察方法

1.3.1 工程地质测绘和调查

工程地质测绘是岩土工程勘察的基础工作，一般在勘察的初期阶段进行。工程地质测绘是指运用地质、工程地质理论,对地面的地质现象进行观察和描述,分析其性质和规律,并借以推断地下地质情况,为勘探、测试等其他勘察方法提供基础依据。

1.3.2 勘探与取样

勘探工作包括物探、钻探和坑探等各种勘探手段。物探是一种间接的勘探手段,其优点是轻便、经济而迅速,能够及时解决工程地质测绘中难于推断而又必须了解的地下地质情况,所以常常与测绘工作配合使用。钻探、坑探是直接勘探手段,可以可靠地了解地下地质情况。钻探是使用最广泛的一类勘探手段,普遍应用于各类工程的勘探。坑探工程能直接观察地质情况,详细描述岩性和分层,但存在速度慢、劳动强度大、不太安全等缺点。取样是指从勘探工程中采取岩土样和水样,供室内岩土试验和水质分析鉴定用,可得到岩土体一系列物理力学性质。

1.3.3 原位测试与室内试验

原位测试与室内试验的主要目的是为岩土工程问题的分析评价提供所需的技术参数,包括岩土的物理性质指标、强度参数、固结变形参数、渗透性参数等。原位测试是详细勘察阶段主要的一种现场测试方法。

1.3.4 现场检验与监测

现场检验与监测是构成岩土工程系统的一个重要环节,大量工作在工程施工和运营期间进行,它的主要目的在于保证工程质量和安全,提高工程效益。现场检验包括施工阶段对先前岩土工程勘察成果的验证核查以及岩土工程的施工监理和质量控制。现场监测则主要包含施工作用和各类荷载对岩土反应性状的监测、施工和运营中的结构物监测和对环境影响的监测等方面。

检验与监测所获取的资料,可以反求出某些工程技术参数,并以此为依据进行优化设计。此项工作主要是在施工期间进行,但对有特殊要求的工程以及一些对工程有重要影响的不良地质现象,应在建筑物(构筑物)竣工运营期间继续进行。

1.4 岩土工程勘察纲要

根据工程设计意图和拟建场地岩土工程条件来制定岩土工程勘察纲要,它必须明确本次勘察阶段和所要解决的工程问题,使勘察方法、勘察手段、勘察工作量的布置以及技术资源的配置做到有的放矢,使工期得到合理规划,因此岩土工程勘察纲要是勘察工作的重要前置环节。

岩土工程勘察纲要是通过对拟建场地工程地质、水文地质和环境条件的初步调查及搜集相关资料,在客观反映场地岩土工程条件的基础上编制的,可对岩土体分布特征和工程地质的综合研究从定性到定量进行初步评价。勘察纲要明确拟建工程项目的存在形式,可对拟建场地地基进行宏观掌握、微观了解。勘察纲要反映了工程概况、拟建建筑物(构筑物)对地基的要求及上部荷载等情况,为岩土工程评价提供重要依据。

岩土工程勘察纲要应根据任务要求、工程特点和地质条件等具体情况制定,并应包括下列内容:

① 工程概况;

② 勘察纲要编写依据；

③ 场地工程地质条件；

④ 勘察工作的重点；

⑤ 勘察工作的内容、方法和工作量；

⑥ 拟提交的成果资料；

⑦ 工作进度计划与生产施工组织；

⑧ 质量保证措施；

⑨ 岩土工程条件勘察费用预算及说明。

勘察纲要对岩土工程勘察具有十分重要的意义。勘察纲要的制定既要坚持原则性，又要根据实际情况有一定的灵活性。勘察外业施工时必须要根据审批过的纲要实施。

1.5　实例

南京河西南部鱼嘴金融集聚区 A、E 地块工程岩土工程勘察纲要。

1.5.1　项目概况

"河西南部鱼嘴金融集聚区 A、E 地块工程"项目地块位于南京河西新城南部，临近河西商务中轴，属于河西南部鱼嘴金融集聚区的核心，总占地面积约 16 万 m^2，总建设体量约 86 万 m^2。如图 1-1 所示，项目周边的交通系统汇集了地铁、有轨电车及城市交通，规划地铁线路分别为地铁 2 号线的西延线和地铁 9 号线，9 号线地铁站点位于 A 地块与鱼嘴公园之间的头关街，其中 2 号线与 9 号线在秦新路与头关街处换乘。目前，有轨电车 1 号线已建成运行，有轨电车 2 号线为规划线路。

项目 A、E 地块规划建设一栋建筑高度在 580 m 以上的超高层 5A 级写字楼，写字楼周边规划建设高度约 24 m 的裙房，E 地块规划建设约 2~4 层地下室。超高层写字楼底板厚度暂按 6.0 m 考虑，预计地下室底板底地面下埋深为 28 m，基底平均压力暂按 1 850 kPa（基底尺寸按 65 m×65 m 计）考虑。

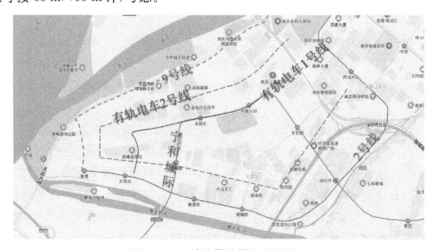

图 1-1　场地位置及周边交通概况

图片来源：根据"河西南部鱼嘴金融集聚区 A、E 地块工程"项目场地位置图改绘。

宗地东至天保街,南至高庙路,西至头关街,北至规划支路和庐山路。

1.5.2　工程的重点、难点

"河西南部鱼嘴金融集聚区 A、E 地块工程"项目属于超高层、超深基坑工程,场地处于长江漫滩地貌单元,浅部地层以软土及粉砂层为主,基岩(极软岩)埋深较大。

项目的重点是确定桩的类型及桩端持力层,通过勘察获取相关数据,分析并提出准确的桩基设计参数,并且分析不同桩径、不同嵌岩深度、不同施工工艺对单桩承载力的影响。通过多种勘探和测试手段获取深基坑设计和施工所需要的各种设计参数,为更好的基坑围护设计和施工方案提供准确的依据。准确测量各个含水层水位,通过现场抽水试验的方法确定渗透系数,为基坑工程的设计提供可靠依据。根据南京河西地区建设经验,结合南京青奥会议中心双塔楼及裙房工程、南京金融城及南京鱼嘴湿地公园的桩基及地下室围护方案,桩基以中风化基岩为桩基持力层,采用钻孔灌注桩,桩长应根据地下基岩底板深度并结合下覆中风化基岩面的起伏情况进行调整。

项目的难点是地下室的开挖与支护,基坑开挖后底部位于具有承压水的砂土中,且开挖深度较大,基坑开挖和降水对周边已有建筑物、道路等影响较大,基坑开挖和基坑支护显得尤为重要。根据前期经验,本项目可采用地下连续墙的围护方式,既起到围护作用又有止水效果,即可"两墙合一"来使用。

1.5.3　工作内容、要求及质量保证措施

1) 勘察依据

① 中华人民共和国国家现行的相关规范和标准;

② 中华人民共和国现行的相关行业标准;

③ 江苏省现行的相关地方标准;

④ 甲方相关技术要求与标准。

2) 勘察工作量布置

勘察方案设计原则:始终贯彻设计要求,坚持实用、合理、经济的原则,保证技术上和经济上的可行性,同时充分结合前期周边类似建筑物已采用的基础形式进行勘察工作布置。

3) 勘探点布置及要求

勘察钻孔位置以甲方提供的《河西南部鱼嘴金融聚集区 A、E 地块岩土工程勘察(详勘)技术要求》为依据,按照相关规范布置,钻孔数量及深度根据上部结构、荷载大小,结合前期已有经验确定。表 1-5 为孔深技术要求一览表。

表 1-5　孔深技术要求一览表

钻孔类型		钻孔数量 (个)	技术要求	预计孔深 (m)
塔楼取样孔	一般性钻孔	7	一般性钻孔进入中风化岩层深度不小于 17 m,且钻机总深不小于 95 m	95.0
	控制性钻孔	10	控制性钻孔进入中风化岩层深度不小于 27 m,且钻机总深不小于 100 m(BJ13 钻机总深不小于 120 m)	100.0~120.0

（续表）

钻孔类型		钻孔数量（个）	技术要求	预计孔深（m）
塔楼标准贯入孔	一般性钻孔	5	一般性钻孔进入中风化岩层深度不小于17 m,且钻机总深不小于95 m	95.0
	控制性钻孔	3	控制性钻孔进入中风化岩层深度不小于27 m,且钻机总深不小于100 m(B12钻机总深不小于120 m)	100.0
裙房及地下室取样孔	A地块	20	要求进入中风化基岩不小于5.0 m,A地块内裙房区域钻孔不小于75 m	75.0
	E地块	31	要求进入中风化基岩5.0 m,A地块内裙房区域钻孔不小于70 m	70.0
裙房及地下室标准贯入孔	A地块	29	要求进入中风化基岩不小于5.0 m,A地块内裙房区域钻孔不小于75 m	75.0
	E地块	28	要求进入中风化基岩5.0 m,A地块内裙房区域钻孔不小于70 m	70.0
基坑外侧钻孔	基坑外侧钻孔（取样、标准贯入）	27	要求进入中风化基岩2.0 m,孔深65 m	65.0
旁压试验孔	一般性钻孔	6	试验深度至中风化岩层以上	65.0
静力触探钻孔		12	进入密实粉细砂不小于5.0 m	55.0
波速测试孔		3	试验深度70～100 m	利用钻孔
十字板试验孔		3	竖向间距1.0 m,软土层内测试	利用钻孔
常规观察的抽水试验孔		6	满足相关技术要求以及基坑支护设计	利用钻孔

备注:裙房及地下室的钻孔其中取样孔为控制性孔,标准贯入孔为一般孔

4）勘察技术要求

① 取样:控制性钻孔取土间距为20 m以浅1.0～1.5 m,20 m以深1.5～2.0 m,土层厚度较大时可适当放宽,每层土的各种试验项目不得少于6组(夹层厚度大于50 cm的透镜体,必须有原状土样或原位测试数据,如夹层较薄且分布范围较小,需采取连续取样等措施),中风化基岩需采取原状样;钻探过程中如发现有地下水,钻探结束后按不同地下水类型采取水样和地下水位以上土的易溶盐试样;岩样直接在岩芯中采取。

② 标准贯入试验/动力触探试验:20 m以浅每1.5 m做一次试验,20 m以深每2 m做一次试验,对厚度大于0.5 m的夹层或透镜体,也应进行试验,如20 m以浅有粉土和砂性土分布时,进行标准贯入试验并取扰动样做颗分试验,试验间距1.5 m,判断粉土和砂性土的液化(每个地块不少于6孔)。强风化基岩需进行标准贯入试验,如遇砾砂层需进行重型动力触探试验。

③ 波速测试:场地选择3个钻孔进行波速测试(纵波、横波),纵波试验间距1.0 m,横波试验间距0.5 m测至相应位置,提供土的动参数特性指标。

④ 静力触探测试：由于场地中下部均为砂性土，在钻探过程中易被扰动，影响试验数据，因此在静力触探施工时，采用双桥探头加套管跟进的方法（最深测至卵砾石面），采集深部砂土层的原位测试数据。部分钻孔采用单桥静力触探车施工，以便于单桩承载力的估算。布设 4 个多功能 CPTU 测试孔，为基坑工程提供各种参数。

⑤ 十字板剪切试验：测定钻孔深度范围内饱和软黏性土的不排水抗剪强度及灵敏度等参数，共计 3 个孔，每个测试点竖向间距 1.0 m，覆盖全部软黏土层。

⑥ 抽水试验：

a. 钻孔数量：依照南京河西南部鱼嘴金融集聚区项目水文地质专项勘察要求。

b. 钻孔深度：微风化岩层以上的含水层，钻孔深度达到微风化岩层，其中对强、中风化层进行带观察孔的抽水试验。

c. 报告内容：含水层及基岩的渗透性，抽水情况下的影响半径等。

d. 测量：实测孔位和孔口高程，钻孔实测地下水静止水位，分层测定潜水及弱承压水水位。

⑦ 室内测试：

a. 土的常规试验项目。除常规项目外，砂性土进行休止角（水上、水下）、相对密实度、直剪慢剪等试验；一般黏性土加做固结快剪（提供固结快剪强度峰值及 70% 峰值）、三轴 UU（测孔压）试验；软黏性土加做固结系数（水平、垂直）、三轴 UU、有机质含量及无侧限抗压强度（提供灵敏度）试验；提供各土层静止侧压力系数 K_0。

b. 颗粒分析试验：粉土、砂土均做颗粒分析试验。颗粒分析试验对粒径大于 0.075 mm 的土用筛分法，粒径小于 0.075 mm 的土用比重计法，并提供级配曲线、颗粒组成百分数、不均匀系数 d_{60}/d_{10} 等。颗粒分析采用比重计筛析联合测定法和筛分法。

c. 固结试验：固结试验应包括常规固结试验、高压固结试验及固结回弹再压缩试验，以测得黏性土与粉土的超固结比、先期固结压力，计算出超固结比压缩系数、压缩指数、固结系数、临界再压缩比率及临界再加荷比等值。进行回弹试验时，其压力的施加应根据基坑开挖卸荷和再加荷的实际情况，模拟实际的加卸荷状态。对基底土层进行高压回弹试验，需提供回弹指数、回弹模量等。

d. 三轴剪切试验：细粒土和粒径小于 20 mm 的粗粒土，应根据工程需要分别采用不固结不排水（UU）、固结不排水（CU）、固结排水（CD）试验测定土的抗剪强度参数，提供轴向应力与主应力关系曲线和强度包络线。各黏性土层应进行不固结不排水（UU）和固结不排水附带孔隙水压量测（CU）试验，取得有效应力（c'、φ'）的剪切强度参数。对于粉土，粉砂层应进行固结不排水（CU）试验，取得有效应力（c'、φ'）的剪力强度参数。对于粗粒土应做固结排水（CD）试验，取得有效应力（c'、φ'）的剪力强度参数。

e. 基床系数：利用标准固结试验、三轴试验指标计算基床系数。

f. 岩石试验项目：密度、吸水率、天然/饱和单轴抗压强度、抗剪强度、软化试验、膨胀性试验、岩块超声波测试、点荷载试验、单轴压缩变形试验（应力应变曲线、弹性模量、泊松比）、抗剪强度等。报告中应说明取样日期及试验日期（钻取岩样后应在当天送至试验室，第二日进行室内试验）。

g. 水质分析测试：pH、酸度、碱度、硬度、溶解氧、导电率、有机质、游离 CO_2、侵蚀性 CO_2、矿化度、Ca^{2+}、Mg^{2+}、K^+、Na^+、NH_4^+、Fe^{2+}、Fe^{3+}、Cl^-、SO_4^{2-}、HCO_3^-、CO_3^{2-}、NO_3^-、

OH^-（并着重测定地下水中对施工触变泥浆有影响的 pH、氯离子、硫酸根离子的含量）。

h. 有机质试验：适用于黏性土与粉土，测定土的有机含量。

i. 易溶盐试验：适用于地下水位以上的土类，为土的腐蚀性评价提供依据。

5）勘察实施细则

6）场地工程地质条件

7）勘察工作量统计

8）质量保证措施

① 质量体系要求

建立 ISO 9002 质量管理体系，认真贯彻实施质量管理，确保各道工序及最终产品质量。

② 勘察准备阶段的质量保证措施。

③ 勘察实施阶段的质量保证措施。

④ 勘察资料整理及勘察报告编写过程中的质量保证措施。

1.5.4　工作计划及保证措施

1）设备投入的保证

2）人员的保证

3）资金的保证

1.5.5　文明施工及安全保障措施

1）文明施工措施

为确保本工程安全文明施工，特制定以下保证措施：将施工现场的机械设备、材料布放整齐，保证道路畅通；在施工作业点、危险区、工地主要通道口，都将布设安全宣传标语或安全警告牌，必要时对现场进行封闭施工；及时清除现场施工垃圾，确保施工现场的整洁；各种机械挂牌，人员持证操作；保护好现场绿化草木，杜绝毁绿行为的发生；不野蛮施工，夜晚不扰民，不损坏地下管网及地上公用设施；对施工过程中不可避免发生的对交通、市政、环保、绿化等的影响，由项目部外部协调组与有关各方充分协商，提前解决，避免纠纷。

2）安全措施

安全措施包括：建立安全施工管理网络，责任到人，每周召开安全例会；设立专职安全员，负责安全教育、验收，机组设立兼职安全员，检查督促以防患于未然；安全生产贯穿工程每个施工工序，工地设立安全管理小组，组织所有工地人员学习安全知识；安全小组每天组织一次安全检查；进入施工现场必须戴好安全帽，高空作业要系好安全带；施工现场在夜间设红灯标志，钻机施工结束后封孔、整平；施工点与电缆、煤气管道及高压线保持安全距离，以防发生人身伤害。

1.5.6　勘察成果

提交的勘察报告的内容主要包括：

1）工程概况

2）岩土工程详细勘探工作项目及工作量

3）拟建场地的工程地质条件

① 地形地貌条件、地质条件及气候条件背景资料。

② 拟建场区地层土质概述。

③ 周边环境及地下设施情况。

4）调查了解有无古河道、暗浜、暗塘、巨大障碍物（如建筑遗址、人工填土层中的巨石）、人工洞室或其他人工地下设施

5）拟建场地的水文地质条件

① 地下水类型、地下水位及水位变化规律、历年高水位记录。

② 场地内地下水与长江水的水力联系情况。

③ 抗压设计水位、抗浮设计水位、20 年一遇和 50 年一遇水位和防渗设计水位。

④ 场地水文地质条件对基础形式选用的影响。

⑤ 地下水和土对混凝土和钢筋的腐蚀性评价。

6）场地土的工程地质条件评价

① 基岩性质、分布特征及其评价。

② 土的压缩性和均匀性评价。

③ 承载力评价。

7）场地、地基的建筑抗震设计条件

① 场地土类型与建筑场地类别的判定。

② 抗震设防烈度、场地卓越周期。

③ 地基土地震液化评价（液化土层埋深、厚度及液化等级）、地基土震陷性评估。

8）地基基础方案分析评价及相关建议

① 塔楼、裙房及纯地下室的基础形式建议、基础持力层的选择。

② 塔楼、裙房及地下室的桩型（包括抗浮锚杆/索）的选择（包括但不限于机械成孔桩及预制桩）。

③ 各种桩型成桩可行性分析和评价（包括但不限于机械成孔桩及预制桩）。论证桩的施工条件及对周边环境的影响，并对施工方案提出建议以及对环境的影响应采取措施的建议。

④ 桩基础、桩侧岩土极限摩阻力标准值与桩端岩土极限端阻力标准值，抗浮锚杆/索的计算参数。

⑤ 桩基采用后注浆时的工艺参数及控制指标，并提供相应的桩侧极限摩阻力标准值、桩端极限端阻力标准值及各土（岩）层的后注浆桩侧和桩端增强系数，特别是与桩端持力层相关的土（岩）层的后注浆桩侧和桩端增强系数必须提供；给出施工阶段桩端后注浆工艺、桩端桩侧后注浆工艺、桩侧后注浆工艺对应的建议注浆量等相关参数。

⑥ 地基土水平抗力系数的比例系数（用于桩基水平力计算）。

⑦ 估算桩基单桩竖向抗压/抗拔/水平极限承载力标准值、单桩竖向承载力设计值及单桩竖向承载力特征值[含普通桩型及后注浆桩型抗压（拔）桩，桩径变化范围 600～1 500 mm，桩径间隔 100 mm]，同时给出对应的计算文件（计算书和相关模型）。

⑧ 桩基础对邻近建筑物、市政道路及管线、地下设施（包括地铁、隧道）等的影响。

⑨ 地基承载力的估算。

⑩ 沉降估算参数（对于土层，压缩模量 E_s、变形模量 E_0、基坑土的回弹模量 E_c 等；对于岩层，弹性模量 E，泊松比 μ，应力-应变曲线等），提供桩弹簧刚度。

⑪ 沉降的估算、高层建筑整体沉降、倾斜预测和分析。

⑫ 高、低层建筑差异沉降分析,并预测建筑物的变形特征以及可能发生的沉降和沉降差。

⑬ 沉降预测需考虑施工过程中可能的沉降与竣工后的沉降情况,给出沉降量与时间的关系预测数据。

9)基坑开挖和支护方案(包括基坑降水方案)分析评价及相关建议

① 基坑支护设计相关参数建议值。

② 可选用支护结构的类型及其稳定性。

③ 坑底和侧壁的渗透稳定性。

④ 地下水等不良作用对基坑影响的可能性和危害程度。

⑤ 提供抽水试验及注水试验方案并给出详细的分析报告。

⑥ 验算承压水层对本项目基坑开挖的影响。

⑦ 基坑开挖与降水对地面、周边建筑物和地下设施(包括地铁、隧道)等的影响,基坑开挖施工时边坡稳定评估,对本工程可能形成的人工边坡进行稳定性评价。

⑧ 基坑围护结构施工对周边建筑物和地下设施的影响,对基坑施工过程中需进行的监测工作提出建议。

⑨ 土体的回弹参数(由土体的固结回弹再压缩试验确定)。

10)其他合理化建议

11)附件内容

① 土的物理力学性质综合统计表。

② 岩石物理力学指标。

③ 各类工程平面图和地层剖面图及柱状图。

④ 全风化岩层、强风化岩层、中风化岩层、微风化岩层等高线图。如有夹层,应提供夹层深度及平面范围的剖面图及平面图。

⑤ 土工试验说明及试验成果。

⑥ 波速试验结果、标准贯入原位测试成果图表、静力(动力)触探原位测试成果图表、旁压试验成果图表。

⑦ 抽水试验试验报告。

⑧ 水土分析试验报告。

⑨ 地基基础承载力参数。

⑩ 其他必要的图表或说明。

⑪ 岩芯的彩色照片。

⑫ 基坑每一边的底层剖面展开图。

1.5.7　项目勘察组织实施

1)工作计划

2)人员组织

3)投入本项目主要技术设备

1.5.8　服务与配合承诺

具体的服务与配合承诺包括：组织精干项目部，各专业工种由骨干人员领衔，总协调人应具备丰富的建设施工经验，并具备相应的法律、法规知识及一定的专业知识；从项目实施开始，各环节应由相应专业人员负责监管，确保层层环节职责明确，落实到人；前期政策性协调工作、项目设计、勘察、施工、设备采购、安装至投入使用及后期管理工作等各环节，要求相关部门制订相应计划并实施，要求以最短的工期、最优的工作量，达到最好的质量；在签署合同协议之前，中标通知书和投标书将构成约束委托方和勘察单位双方的契约；应保证投标书的一切附件的真实性和科学性，并按招、投标书及附件要求履行责任；应保证施工期间的安全，如发生意外伤亡事故由勘察单位承担责任；如因勘察报告质量问题而造成业主的经济损失，由勘察单位承担；按委托方确定的日期开工，严格管理现场工作秩序，按规范要求操作施工；按确定的进度计划施工并提交中间资料和最终成果；随时接受委托方施工检查，并根据意见及时修正完善；在后期施工过程中随时接受委托方或设计人员有关技术咨询；按委托方要求，准时参加各类工程建设协商会。

思考题

　　(1) 简述工程安全等级的划分标准。

　　(2) 如何进行场地复杂程度等级的划分？

　　(3) 如何进行地基复杂程度等级的划分？

　　(4) 如何确定岩土工程勘察等级？

　　(5) 岩土工程勘察阶段主要分为哪几个阶段？简述不同勘察阶段岩土工程勘察工作的主要特点。

　　(6) 试述岩土工程勘察的主要方法或技术手段。

　　(7) 制定岩土工程勘察纲要的主要目的是什么？

　　(8) 简述岩土工程勘察纲要的主要内容。

第 2 章
工程地质测绘与调查

2.1　工程地质测绘的意义及特点

2.1.1　概述

工程地质测绘是指运用地质、工程地质理论,对与工程建设有关的各种地质现象进行观察和描述,初步查明拟建场地或各建筑地段的工程地质条件及工程地质问题;将工程地质条件诸要素使用不同的颜色、符号,按照精度要求标绘在一定比例尺的地形图上,并结合勘探、测试和其他勘察工作的资料,编制成工程地质图。通过工程地质测绘可对建筑物(构筑物)场地的稳定性和适宜性作出评价。

工程地质测绘是工程地质勘察过程中的基础工作,在勘察过程中最先进行。工程地质测绘是掌握一定理论和技术的专业人员搜集记录野外的第一手资料,是一种可在短期内在少量投入的情况下,取得对工作区地表工程地质条件的认识的重要手段。

2.1.2　工程地质测绘的作用

工程地质测绘最能发挥作用的地区是那些基岩裸露或地层出露条件较好的地区。工程地质测绘的作用随下列因素而变化:

1) 勘察阶段

在规划、可行性研究等初期阶段,通过工程地质测绘对工程地质条件做全面了解,其重要性是明显的,在后期勘察阶段其作用退居次要地位。

2) 地区的研究程度

研究程度较低的地区,综合性工程地质测绘占重要地位;研究程度较高的地区,只需做专门性工程地质测绘。

3) 建筑物(构筑物)的类型

对于不同建筑物(构筑物),工程地质测绘的作用不尽相同,如对于线性工程及水库区,工程地质测绘一般作为主要手段。

4) 地质条件的复杂程度

基岩、构造复杂地区,工程地质测绘作用显著。

2.1.3　工程地质测绘与普通地质测绘的区别

工程地质测绘具有如下特点：

① 工程地质测绘密切结合工程建筑物(构筑物)的要求,结合工程地质问题进行。

② 对与工程有关的地质现象的观察描述要求精度高、研究程度深,如软弱层、风化带、断裂带的划分,节理裂隙、滑坡、崩塌涉及范围的确定等。

③ 常使用较大比例尺($1：10\ 000 \sim 1：2\ 000 \sim 1：500$),对于重要地质界限或现象采用仪器法定位。在区域性研究中一般使用中、小比例尺。

④ 突出岩土类型、成因、岩土地质结构等工程地质因素的研究,在基础地质方面,尽量利用已有资料,但对重大工程地质问题应深化研究。

2.2　工程地质测绘的范围、比例尺及精度

2.2.1　工程地质测绘范围的确定

工程地质测绘根据拟建建筑物(构筑物)的需要在与该项工程有关的范围进行。原则上,测绘范围应包括场地及其邻近的地区或地段。

适宜的测绘范围,既能较好地查明场地的工程地质条件,又不至于造成勘察工作的浪费。根据实践经验,从以下三方面确定测绘范围,即拟建建筑物(构筑物)的类型和规模、勘察设计阶段,以及工程地质条件的复杂程度和研究程度。

1) 建筑物(构筑物)的类型和规模

建筑物(构筑物)的类型及规模不同,与自然地质环境相互作用的广度和强度也就不同,确定测绘范围时首先应考虑到这一因素。例如,对于大型水利枢纽工程,水文和水文地质条件的急剧改变,往往引起大范围自然地理和地质条件的变化,此类建筑物(构筑物)的测绘范围必然很大,应包括水库上、下游的一定范围,甚至上游的分水岭地段和下游的河口地段都需要进行调查。对于房屋建筑和构筑物,一般仅在小范围内与自然地质环境发生作用,通常不需要进行大面积工程地质测绘。

2) 勘察设计阶段

工程地质测绘范围是随着建筑物(构筑物)勘察设计阶段的提高而缩小的。在工程处于初期设计阶段时,为了选择建筑场地一般都有多个比较方案,它们相互之间有一定的距离。为了进行技术经济论证和方案比较,应将这些方案场地包括在同一测绘范围内,测绘范围显然是比较大的。当建筑场地选定之后,尤其是在设计的后期阶段,各建筑物(构筑物)的具体位置和尺寸均已确定,就只需在建筑地段的较小范围内进行大比例尺的工程地质测绘。

3) 工程地质条件的复杂程度和研究程度

一般而言,工程地质条件愈复杂,研究程度愈差,工程地质测绘范围就愈大。工程地质条件复杂程度包含两种情况:一种情况是场地内工程地质条件非常复杂。典型地质现象有:构造变动强烈,有活动断裂分布;不良地质现象强烈发育;地质环境遭到严重破坏;地形地貌条件十分复杂。另一种情况是场地内工程地质条件比较简单,但场地附近有危及建筑物(构筑物)安全的不良地质现象存在。如山区的城镇和厂矿企业往往兴建于地形比较平坦开阔的洪积扇上,场地本身工程地质条件不复杂,但一旦泥石流暴发则有可能摧毁建筑物(构筑物),此时工程地质测绘范围应将泥石流形成区包括在内。又如位于河流、湖泊、水

库岸边的房屋建筑,场地附近若有大型滑坡存在,当其突然失稳滑落所激起的涌浪可能会导致灭顶之灾。

2.2.2 工程地质测绘比例尺的选择

工程地质测绘的比例尺大小主要取决于设计要求。建筑物(构筑物)设计的初期阶段属选址性质,一般往往有多个比较场地,测绘范围较大,而对工程地质条件研究的详细程度并不高,所以采用的比例尺较小。随着设计工作的深入,建筑物(构筑物)位置和尺寸愈来愈具体明确,范围愈益缩小,而对工程地质条件研究的详细程度愈益提高,所以采用的测绘比例尺就需逐渐加大。当进入设计后期阶段时,为了解决与工程施工、运营有关的专门地质问题,所选用的测绘比例尺可以很大,以满足设计要求。

在同一设计阶段内,比例尺的选择则取决于场地工程地质条件的复杂程度以及建筑物(构筑物)的类型、规模及其重要性。工程地质条件复杂、建筑物(构筑物)规模巨大而又重要者,就需采用较大的测绘比例尺。

一般而言,工程地质测绘比例尺应按以下原则确定:

① 应和使用部门要求提供图件的比例尺一致或相当。

② 应考虑勘察设计的不同阶段。

③ 在同一设计阶段内,比例尺的选择取决于工程地质条件的复杂程度、建筑物(构筑物)的类型、规模及重要性。在满足工程建设要求的前提下,尽量节省测绘工作量。

根据我国勘察单位的经验,工程地质测绘比例尺一般规定为:

① 可行性研究勘察阶段 1∶50 000～1∶5 000,属小、中比例尺测绘。

② 初步勘察阶段 1∶10 000～1∶2 000,属中、大比例尺测绘。

③ 详细勘察阶段 1∶2 000～1∶200 或更大,属大比例尺测绘。

2.2.3 工程地质测绘的精度要求

工程地质测绘的精度包含两层意思,即对野外各种地质现象观察描述的详细程度,以及各种地质现象在工程地质图上表示的准确程度。为了确保工程地质测绘的质量,工程地质测绘的精度要求必须与测绘比例尺相适应。

对于详细程度,工程地质测绘选取的比例尺愈大,反映的地质现象的尺寸界限愈小。一般规定按同比例尺的原则,图上投影宽度≥2 mm 的地层或地质单元体,均应按比例尺反映出来,不同比例尺反映的地质单元体尺寸列于表 2-1。投影宽度<2 mm 的重要地质单元,应使用超比例符号表示,如软弱层、断层、泉等。

表 2-1　不同比例尺反映的地质单元体尺寸

比例尺	1∶10 万	1∶5 万	1∶1 万	1∶1 000	1∶500
尺寸	200 m	100 m	20 m	2 m	1 m

引用自《岩土工程勘察与评价》(高金川、张家铭)。

详细程度可以通过观测点的数量来控制。在与测绘比例尺相同的地形底图上,每 1 cm² 方格内需平均有一个观测点。复杂地段多布点,简单地段少布点,计算每平方千米总点数。例如:测绘比例尺 1∶1 万,地形图 1∶1 万,此时 1 cm 相当于 100 m,1 cm² 相当于 10 000 m²,控制标准为 100 点/km²。同时,地质观测点的布置、密度和定位应满足下列要求:

① 在地质构造线、地层接触线、岩性分界线、标准层位和每个地质单元体应有地质观测点。

② 地质观测点的密度应根据场地的地貌、地质条件、成图比例尺和工程要求等确定,并应具代表性,一般控制在图上的距离为 2~5 cm。

③ 地质观测点应充分利用天然和已有的人工露头,当露头较少时,应根据具体情况布置一定数量的探坑或探槽。

④ 地质观测点的定位应根据精度要求选用适当方法;地质构造线、地层接触线、岩性分界线、软弱夹层、地下水露头和不良地质作用等特殊地质观测点,宜用仪器定位。

准确度是指图上各种界限的准确程度,即与实际位置的允许误差。不同比例尺允许误差不同,列于表 2-2 中。

表 2-2　不同比例尺允许误差

比例尺	1:10 万	1:5 万	1:1 万	1:1 000
允许误差	50 m	25 m	5 m	0.5 m

引用自《岩土工程勘察与评价》(高金川、张家铭)。

2.3　工程地质测绘的主要内容

2.3.1　地层岩性

地层岩性是工程地质条件最基本的要素和研究各种地质现象的基础,是工程地质测绘最主要内容。工程地质测绘对地层岩性研究的内容包括:

① 确定地层的时代和填图单位。

② 各类岩土层的分布、岩性、岩相及成因类型。

③ 岩土层的正常层序、接触关系、厚度及其变化规律。

④ 岩土的工程性质等。

对于基岩来说,应进行下列工作:

① 正确划分岩石建造,确定岩性特征。

② 岩相研究,岩相反映岩石的生成环境和地质历史,利用岩相标志判明不同性质的岩类的空间分布,进行岩组划分,并区分其力学性质。

③ 特别注意对工程建筑物(构筑物)稳定性和安全有重要意义的地层划分,它不同于普通地质测绘中地层分层原则(界、系、统、组),特别注意软弱层、软质岩类、岩溶隔水层等标志层的划分,对沉积岩来说,同一层中应按岩性分组或段。

④ 野外工作中,利用便携式测试仪器取得岩石物理力学性质。

对于第四纪地层,应进行下列工作:

① 测定其沉积年代。

② 进行成因类型和岩相研究。

③ 划分工程地质单元体。

2.3.2　地质构造

地质结构是决定区域稳定性的首要因素,特别是活动构造,地质构造也是控制岩体结构及裂隙空间分布的主导因素。结构面(节理、片理、劈理等)的空间分布不仅破坏了岩体的均一性和完整性,而且也是产生软弱结构面的基本因素。

工程地质测绘对地质构造的研究内容包括:

① 岩层的产状及各种构造形式的分布、形态和规模。

② 软弱结构面(带)的产状及其性质,包括断层的位置、类型、产状、断距、破碎带宽度及充填胶结情况。

③ 岩土层各种接触面及各类构造岩的工程特性。

④ 晚近期构造活动的形迹、特点及与地震活动的关系等。

对于褶皱,应重点研究其形态、类型、轴线位置、褶曲要素、细部变化等。对于断裂,应重点研究其断裂性质(长度、宽度、构造岩-断层岩、糜棱岩、角砾岩、片状岩、碎块岩等)、断裂带的胶结成岩程度、断裂交会点、错动次数及现代活动性等。

对于活动构造,应重点研究以下内容:① 工程使用期间的活动、活动年龄;② 断层物质的测定(断层泥矿物分析、断层泥显微结构分析);③ 断层运动方式的测定(构造岩显微结构分析、方解石脉显微结构分析);④ 断层活动年龄的测定、断层现今活动性测定、活动速率的确定(地貌学、地质学、测量学)、断裂活动性监测。

对于节理、裂隙,应重点研究以下内容:① 节理、裂隙的产状、延展性、穿切性和张开性;② 节理、裂隙面的形态、起伏差、粗糙度、充填胶结物的成分和性质等;③ 节理、裂隙的密度或频度。在工程地质测绘中必须进行专门的测量统计,通过大量实测工作,统计节理裂隙参数(产状、长度、宽度、充填物等)、分析结构面网络、野外估算岩石质量指标(RQD)。

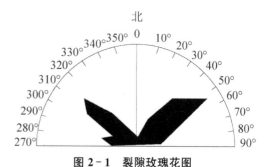

图 2-1 裂隙玫瑰花图

引用自《岩土工程勘察与评价》
(高金川、张家铭)。

工程地质测绘中,节理、裂隙测量统计结果一般用图解法表示,常用的有玫瑰花图(图 2-1)、极点图(图 2-2)和等密度图(图 2-3)三种。

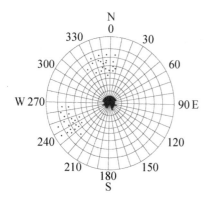

图 2-2 裂隙极点图

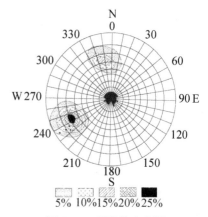

5% 10% 15% 20% 25%

图 2-3 裂隙等密度图

引用自《岩土工程勘察与评价》(高金川、张家铭)。

2.3.3　地形地貌

地形一般通过测量,并结合地形图进行研究。地貌是岩性、地质构造、新构造运动的综合反映和近期外动力地质作用的结果。利用地貌学原理,结合野外观察、航片解译可为工程地质测绘中的宏观判断提供依据。同一地貌单元,常具有相似的地形特征、地质结构、水文地质条件、动力地质作用过程。在工程地质分区中,常以地貌作为划分大区的标准。地貌研究的程度应与测绘比例尺相适应。

工程地质测绘中地貌研究的内容有:

① 地貌形态特征、分布和成因。

② 划分地貌单元,地貌单元形成与岩性、地质构造及不良地质现象等的关系。

③ 各种地貌形态和地貌单元的发展演化历史。

在山前地段和山间盆地边缘广泛分布的洪积物,地貌上多形成洪积扇。一个大型洪积扇,面积可达几十甚至上百平方千米,自山边至平原明显划分为上部、中部和下部三个区段,每一区段的地质结构和水文地质条件不同,因此建筑适宜性和可能产生的岩土工程问题也各异,如图 2-4 所示。

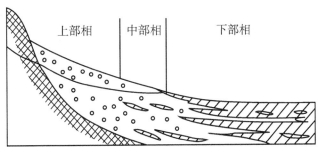

图 2-4　洪积扇的微相划分及其工程地质特征
引用自《岩土工程勘察》(项伟、唐辉明)。

洪积扇的上部由碎石土(砾石、卵石和漂石)组成,强度高而压缩性小,是房屋建筑和构筑物的良好地基;但由于其渗透性强,若建水工建筑物(构筑物)则会产生严重渗漏。中部以砂土为主,且夹有粉土和黏性土的透镜体,开挖基坑时需注意细砂土的渗透变形问题。该部与下部过渡地段由于岩性变细,地下水埋深浅,往往有溢出泉和沼泽分布,形成泥炭层,强度低而压缩性大,作为一般建筑物地基的条件较差。下部主要分布黏性土和粉土,且有河流相的砂土透镜体,地形平缓,地下水埋深较浅。若土体形成时代较早,是建筑物较理想的地基。

平原地区的冲积地貌,应区分出河床、河漫滩、牛轭湖和阶地等各种地貌形态。不同地貌形态的冲积物分布和工程性质不同,其建筑适宜性也各异。河床相沉积物主要为砂砾土,将其作为建筑物的地基是良好的,但作为水工建筑物(构筑物)的地基时将会产生渗漏和渗透变形问题。河漫滩相一般由黏性土组成,有时有粉土和粉、细砂夹层,土层厚度较大,也较稳定,一般适宜作为各种建筑物(构筑物)的地基;需注意粉土和粉、细砂层的渗透变形问题。牛轭湖相是由含有大量有机质的黏性土和粉、细砂组成的,并常有泥炭层分布,土层的工程性质较差,也较复杂。对阶地的研究,应划分出阶地的级数,各级阶地的高程、相对高差、形态特征以及土层的物质组成、厚度和性状等;并进一步研究其建筑适宜性和可能产生的岩土工程问题。

2.3.4　水文地质条件

在工程地质测绘中研究水文地质的主要目的,是为研究与地下水活动有关的岩土工程问题和不良地质现象提供资料。

兴建房屋建筑和构筑物时,应研究岩土的渗透性、地下水的埋深和腐蚀性,以判明其对基础砌置深度和对基坑开挖等的影响。进行大坝勘察时,应研究坝基、坝体及库区的渗透性和地下水浸润曲线,以判明坝体的渗透稳定性、坝基与库区的渗漏及其对环境的影响。在滑坡地段研究地下水的埋藏条件、出露情况、水位、形成条件以及动态变化,以判定其与滑坡形成的关系。

在工程地质测绘过程中对水文地质条件的研究,应从地层岩性、地质构造、地貌特征和地下水露头的分布、类型、水量、水质等入手,结合必要的勘探、测试工作,查明测区内地下水的类型、分布情况和埋藏条件;查明含水层、透水层和隔水层(相对隔水层)的分布,各含水层的富水性和它们之间的水力联系;查明地下水的补给、径流、排泄条件及动态变化,地下水与地表水之间的补、排关系;进行地下水的化学成分分析等。在此基础上进行水文地质条件对工程的影响评价。

2.3.5　动力地质作用与现象

动力地质作用与现象研究的目的,是为了评价建筑场地的稳定性,并预测其对各类岩土工程的不良影响。研究动力地质作用与现象要以地层岩性、地质构造、地貌和水文地质条件的研究为基础,并搜集气象、水文等自然地理因素资料。

对动力地质作用与现象的研究内容主要包括:各种不良地质现象(岩溶、滑坡、崩塌、泥石流、冲沟、河流冲刷、岩石风化等)的分布、形态、规模、类型和发育程度,分析它们的形成机制和发展演化趋势,并预测其对工程建设的影响。

对动力地质作用与现象应进行如下研究:

① 研究工程区由于地质作用对工程建筑物(构筑物)的不利影响,可能引起的地质灾害。

② 研究各种现象的分布规律和特征,判定其形成时期、成因机制、发育史并预测其演变趋势,论证其对工程建筑物(构筑物)和地质环境的影响。

③ 研究和预测自然地质作用和现象在人类工程活动条件下,继续发展,以致形成灾害的可能性。

对于工程地质作用的研究,应利用在某一地质环境中,已兴建的建筑物(构筑物),将环境的适应性作为检验工程地质条件的依据和研究工程地质作用发展规律的直接资料,判断已有工程地质评价的正确性。

2.3.6　已有建筑物(构筑物)的调查

对已有建筑物(构筑物)的观察调查实际上相当于进行一次 1∶1 的原型试验。根据建筑物(构筑物)变形、开裂情况分析场地工程地质条件及验证已有评价的可靠性。对已有建筑物(构筑物)的调查分析研究重点应按照表 2-3 进行。

表 2-3　对已有建筑物(构筑物)的调查分析研究重点

地质环境	建筑变形	调查分析研究重点
不良	有	分析变形原因、控制因素
		已有防治措施的有效性

（续表）

地质环境	建筑变形	调查分析研究重点
不良	无	工程地质评价是否合理
		如评价合理,则说明建筑物(构筑物)结构设计合理,可适应不良地质条件
有利	有	是否与建材或施工质量有关
		是否存在隐蔽的不良地质因素
有利	无	如建筑物(构筑物)未采取任何特殊结构,表明该区地质条件确实良好
		如建筑物(构筑物)因采取特殊结构而未出现变形,进一步研究是否存在某种不良地质因素

表格来源:笔者根据相关资料整理。

2.3.7 人类活动对场地稳定性的影响

《岩土工程勘察规范》(GB 50021—2001)(2009 年版)重点强调了工程地质调查应对人类工程活动对场地稳定性的影响进行研究。测区内或测区附近人类的某些工程,往往影响建筑场地的稳定性。例如:地下工程、采空区、大挖大填、抽(排)水和水库蓄水引起的地面沉降、地表塌陷、诱发地震,渠道渗漏引起的斜坡失稳等,都会给场地稳定性带来不利影响。因此,在工程建设前,通过工程地质调查,查明和发现人类活动与地质环境的相互制约、相互影响的关系,就能预测和主动控制某些工程地质作用的发生。场地内如有古文化遗迹和古文物,应妥为保护发掘,并向有关部门报告。

2.4 实例

苏北废黄河泛滥区地基土工程地质分区及特征研究

2.4.1 概述

苏北黄河故道整个地势自西南(SW)向东北(NE)倾斜,西高东低,向海逐渐降低,故道两侧地面向外微倾,横向坡度为五千分之一左右。本区原为淮河下游冲积平原,经黄河多次南迁夺淮入海,大量泥沙不断使河床堆积抬高,以致围堤多次溃决并冲积淤积于两侧地面。黄泛过程的"急砂漫淤"制约着地层的"高砂低黏"的分布规律。徐州至阜宁段属徐淮黄泛平原区,其地势较为高低起伏,黄河故道为淮河南北之分水带,河流以黄河故道高地为分水岭,分别呈放射状入湖入海。废黄河故道内滩面高出两侧地面,堤内外临背差较大。东段自阜宁至黄海边的废黄河口属苏北滨海平原区,是近两千年来滨海不断淤涨而成的海滩地。

废黄河泛滥影响地区发育有两大水系:泗、沂、沭水系,淮河水系。泗、沂、沭水系位于废黄河以北,沂、沭两河常泛滥于废黄河以北、骆马湖以东的广大地区。淮河水系位于废黄河以南,1194 年被黄河袭夺后,淮水排泄不畅,中、上游来水就阻蓄于盱眙县以北、淮安市以西,形成洪泽湖。江苏徐州、宿迁以及淮安部分地区的废黄河泛滥影响地区,地表沉积了约 10 m 厚的泛滥沉积物,这套沉积物以粉土、粉细砂为主,并夹有软土,结构松散、强度低,是工程建设的不良地基,另外江苏北部地区受郯-庐地震带的影响,地震烈度较高,在地震作用下,会加重该类地基的不良影响,给工程建设带来更大的危害。

苏北平原废黄河泛滥地区的沉积物,由于其所处地域的特殊性,黄泛期间的水域深度的不同,因此导致了不同区域的沉积物存在差异,即土层特性存在变化,这种差异引起地基条件的不同。根据该地区的工程地质水文地质调查,对整个苏北废黄河地区的地基土的工程特性进行评价,对存在的主要工程地质问题提出处治措施。

2.4.2 分区原则及分区确定

工程地质分区的原则主要根据地貌特征、地质构造及区域稳定性、岩土体的成因类型及形成时代、地基土物理力学性质等诸多因素的不同,划分为不同的工程地质条件区,同一工程地质区工程地质条件及工程地质问题应基本相似。

根据苏北黄泛工作区地貌单元特征以及地基土的成因特征,首先将该区划分为五个工程地质区,再根据各区域的次一级地貌特征及岩土体的特征,将各区域划分为不同的工程地质亚区(图2-5),即沂沭丘陵平原工程地质区(Ⅰ):该区进一步分为两个亚区,侵蚀、剥蚀低山丘陵工程地质亚区(Ⅰ₁);沂沭河冲积平原工程地质亚区(Ⅰ₂)。黄泛冲积平原工程地质区(Ⅱ):该区分为三个亚区,废黄河河漫滩工程地质亚区(Ⅱ₁);决口冲积扇平原工程地质亚区(Ⅱ₂);冲积泛滥平原工程地质亚区(Ⅱ₃)。废黄河三角洲平原工程地质区(Ⅲ)。里下河低洼平原工程地质区(Ⅳ)。滨海平原工程地质区(Ⅴ):该区分为两个亚区,海积平原工程地质亚区(Ⅴ₁);冲海积平原工程地质亚区(Ⅴ₂)。

2.4.3 各分区地基土的基本特征及评价

1) 沂沭丘陵平原工程地质区(Ⅰ)

本区位于江苏省最北部,属山东沂蒙山的南缘,西至邳州,东至赣榆,沭阳—宿迁一线以北,平原以沉积作用为主,海拔在20 m左右,其上错落着由古老变质岩系组成,经受长期侵蚀而成的低缓的残丘,海拔大约在100~300 m之间。山地东南侧为起伏较缓的石岗岗地,山岗外围为沉积冲积的山前平原和低平原,区内总体上呈"丘陵—岗地—倾斜平原—低平原"自高向低的规律性分布。根据这些特征,又可将该区分为两个工程地质亚区:侵蚀、剥蚀低山丘陵工程地质亚区(Ⅰ₁),沂沭河冲积平原工程地质亚区(Ⅰ₂),分述如下:

① 侵蚀、剥蚀低山丘陵工程地质亚区(Ⅰ₁):该区低山丘陵以岩性古老、破碎为特征,由太古界的片岩、片麻岩和沉积岩系组成。地质构造属于华北古陆的组成部分,自太古代以来,一直处于隆起中,经多次构造运动和长期侵蚀、剥蚀,山体破碎、断裂显著、风化很深,多断块山,孤峰突出。根据烈度区划图及工作区地震构造图,东海、赣榆低山丘陵岗地属稳定性较差的地区,赣榆、新沂、宿迁低山丘陵位于郯庐深断裂线上,属稳定性差的地区。

② 沂沭河冲积平原工程地质亚区(Ⅰ₂):位于黄泛冲积平原—黄淮三角洲的北侧,宿迁—沭阳以北,以沉积作用为主,海拔在20 m左右。该区岩性上部(Q_4)为灰黄、灰褐黄色黏土、低液限黏土,具弱~中等膨胀性,含少量钙质结核,部分地段出现粉砂、淤泥质黏土及软黏土沉积,一般分布在地表2~4 m以上,属河湖相沉积,并受黄泛冲积影响;中部(Q_3)以灰黄色黏土、低液限黏土为主,土质呈硬塑状,具弱~中等膨胀性,局部含砂姜及铁锰结核,底部(Q_{1+2})为灰黄、黄色及灰白色黏土、低液限黏土与中粗砂及含砾砂层,以洪冲积相为主。该区地震基本烈度为Ⅷ度,根据稳定性分区的原则,该区稳定性差。

2）黄泛冲积平原工程地质区（Ⅱ）

整个黄泛冲积平原，地势相对较高，延伸于废黄河两侧，西起丰、沛，经徐州、宿迁、泗阳而达淮安市。该区地表一般被可液化土层覆盖，岩相组合较为复杂，且大型断裂构造发育，并跨越三大地震基本烈度区，现根据场地地震液化等级、软土分布、地层结构以及微地貌单元等特征，可将该区进一步划分为：废黄河河漫滩工程地质亚区、决口冲积扇平原工程地质亚区、冲积泛滥平原工程地质亚区。

废黄河河漫滩工程地质亚区（Ⅱ₁）：该区呈条带状分布，岩性以全新统（Q_4^{al}）低液限黏土、粉土、含砂低液限黏土、粉砂为主，分布于该单元区的上部厚度变化幅度较大，普遍为9～20 m，灰黄色～灰色，多呈软塑状态，局部流塑，夹有厚度不等、分布不连续的软土，软土的主要成分为淤泥质黏土，属冲湖积相，下部为上更新统（Q_3^{al}）黏土、低液限黏土，夹粉砂、粗砂层，硬塑，含铁锰结核及钙质结核，具弱膨胀潜势。古河道内的岩性一般为黄灰色及灰黄色的粉、细、中砂层，自地表向下颗粒由细逐渐变粗。漫滩区沉积物岩相变化大，主流沉积物颗粒较粗，向两侧颗粒逐渐变细。由于古黄河频繁改道泛滥，不同岩相相互重叠，使沉积物的岩性变化更加复杂，其物理性质具各向异性。

决口冲积扇平原工程地质亚区（Ⅱ₂）：上部岩性为全新统（Q_4^{al}）粉土、含砂低液限黏土、低液限黏土互层混粉、细砂，局部夹薄层淤泥质黏土，属可液化层，下部为上更新统（Q_3^{al}）高、低液限黏土，低液限黏土，具中等膨胀性。

冲积泛滥平原工程地质亚区（Ⅱ₃）：该区沿洪泽湖盆地一带分布，地势从西北向东南低落，海拔由 30 m 降到 10 m 左右。该区上部岩性主要为全新统（Q_4）冲积、冲洪积成因的黏土、低液限黏土、粉土、含砂低液限黏土、粉细砂，次为湖相沉积的黏性土。下部岩性为上更新统（Q_3）黄色、褐黄色含铁、锰、钙质结核的黏土、低液限黏土混砂，该层系老黏土地层，硬塑～坚硬状。该区全新世土层夹淤泥及淤泥质软土，以软塑状态为主，局部流塑，抗剪强度低，中～高压缩性。上更新世的各类土层，由于沉积时间较长，固结较好，强度也较高。

3）废黄河三角洲平原工程地质区（Ⅲ）

废黄河三角洲陆上平原沉积大都表现为决口扇沉积、泛滥平原沉积和洼地沉积。该区沉积物类型主要为河床漫滩沉积、决口扇沉积、泛滥平原沉积、湖泊洼地充填沉积等。该区岩性以粉砂、细砂、中粗砂为主，黏土含量较少，在湖泊洼地充填沉积地带还有淤泥质黏土、低液限黏土。主要表现为：纵向上为主河床沉积—漫滩沉积—水下三角洲平原沉积—三角洲前缘斜坡沉积—前三角洲沉积；横向上为河床漫滩沉积—决口扇沉积—泛滥平原沉积—滞水洼地沉积（湖泊洼地充填沉积）。

4）里下河低洼平原工程地质区（Ⅳ）

里下河低洼平原介于苏北灌溉总渠和通扬运河之间，东以川场河与东部滨海平原为界，西与盱眙、金湖、六合、仪征低山丘陵相接。里下河平原四周高中间低，呈碟形洼地，中部的射阳、大纵湖区及周围的沼泽地，海拔不足 2 m，河道纵横为网，圩田连片，里下河以西的上河区，地势较下河区高，高程在 6～8 m 之间。

本区第四系覆盖层较厚，无基岩出露，主要发育有第四系全新统及上更新统的潟湖相及冲湖相的沉积物，区内还有湿地和沼泽地貌。该区全新统（Q_4）上部地层主要以灰黄色、灰褐色软塑状黏土、低液限黏土为主，地下水位以下以软塑～流塑状黏性土为主；中部以黑色、灰黑色流塑～软塑状淤泥及淤泥质土为主,孔隙比大、压缩性高;下部为灰色软塑～流塑状黏性土、低液限黏土。上更新统(Q_3)上部地层以灰褐色、灰黄色黏土、低液限黏土、粉土、含砂低液限黏土为主,软塑～硬塑,下部以灰黄色、灰色粉砂、细砂为主,密实～极密实,局部中密。

5) 滨海平原工程地质区（Ⅴ）

滨海平原为我国东部海滨大平原的一部分,由黄海、黄河及滨岸湖泊联合作用形成。滨海平原区又可分为灌云—响水海积平原工程地质亚区和盐城—东台冲海积平原工程地质亚区两个亚区。

海积平原工程地质亚区（V_1）:灌云—响水海积平原工程地质亚区位于连云港以南,灌云以东,灌河以北,地势平缓,南高北低,西高东低。该区地层主要由第四系松软地层与中元古界变质岩构成。第四系地层由全新统(Q_4)与上更新统(Q_3)构成,厚度变化在20～50 m之间,临近黄海地段,全新世 Q4 地质时期,受多次海侵、海退的影响,形成以海相为主的软土地层,厚8～12 m,在软土层上一般有硬壳层覆盖,其厚度一般小于2.0 m,对软土地基的稳定有一定的影响。该区软土地基属海相淤泥、淤泥质黏土,天然含水量高、孔隙比大、高压缩性,渗透系数小、强度低、承载力低。

冲海积平原工程地质亚区（V_2）:盐城—东台冲海积平原工程地质亚区位于串场河以东,北起射阳河河畔,南抵东台。第四系地层由全新统(Q_4)与上更新统(Q_3)构成,厚度变化大于200 m。晚更新世以来,海陆变迁多次,相应沉积为海陆相交替,粗细颗粒叠置、软硬层相间。

各工程地质亚区的地层组成、断裂构造及活动性、天然地基条件、主要工程地质问题及对策汇总成表2-4。

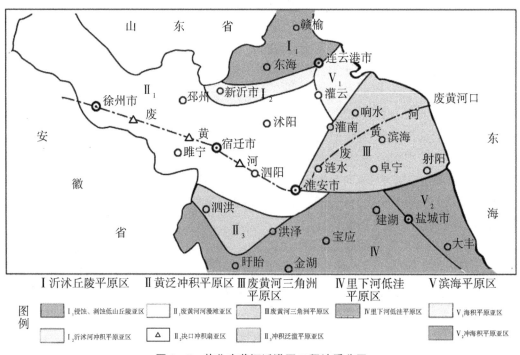

图 2 - 5 苏北废黄河泛滥区工程地质分区

引用自百度地图。

表 2 - 4　苏北废黄河泛滥区各工程地质分区的工程地质特性、主要工程地质问题及对策

工程地质分区		工程地质层组成	断裂构造及活动性	天然地基条件	砂基及液化、软基及沉降	主要工程地质问题及对策
区	亚区					
I	I₁	由太古界的片岩、片麻岩和沉积岩系组成	郯庐大断裂,地震活动强度大,频度低	岩石强度高,抗冲剪性能好	无	地基在强震时可能发生滑动变形
	I₂	上部(Q₄)高液限黏土、低液限黏土及淤泥、淤泥质黏土;中部(Q₃)高液限黏土、低液限黏土砂互层;下部(Q₁₊₂)高液限黏土夹粉砂、粗砂	郯庐大断裂,地震活动强度大,频度低	(Q₄)黏土、低液限黏土,具有弱~中等膨胀性,部分地段出现软土沉积,(Q₃)硬塑状黏土、低液限黏土,具有中等~弱膨胀性	部分地段上部分布有厚2~4m以上的淤泥质黏土及软黏土沉积,会产生较大的路基沉降	分布大面积膨胀土,对路堤边坡有影响。本区为地震烈列度区,应注意抗震设防
II	II₁	上部(Q₄)低液限黏土、粉土,含砂低液限黏土、粉砂;下部(Q₃)高液限黏土、低液限黏土夹粉砂,粗砂	郯庐大断裂、海州—泗阳断裂带,断裂带间互相切割,稳定性差	(Q₄)粉土、含砂低液限黏土、低液限黏土互层,混粉、细砂,局部夹薄层淤泥质黏土、属可液化土层,下部(Q₃)高、低液限黏土,具中等膨胀性、承载力高	分布液化土、冲积相淤泥质软土,会有砂基液化、软基沉降发生	地基液化、软基沉降、地震。路基可用强夯、堆载预压,桥头可用粉喷桩、碎石桩等方法处理
	II₂	上部(Q₄)低液限黏土、粉土,含砂低液限黏土层互层混砂、细砂;下部(Q₃)高液限黏土、低液限黏土	郯庐大断裂、海州—泗阳断裂带,断裂带间互相切割,稳定性差	(Q₄)土层多含砂,夹薄层状软土,承载力低;(Q₃)土层力学性质较好	粉土、含砂低液限黏土相砂土均出现严重的砂土液化,部分地段会有软基沉降发生	砂土液化、淤泥质软土沉降和滑动变形问题。路基可用强夯、碎石桩处理,高填土段可用粉喷桩处理
	II₃	上部(Q₄)冲积、冲洪积相高液限黏土、低液限黏土,含砂低液限黏土,粉细砂;次为湖相沉积的黏性土。下部(Q₃)含铁、锰、钙质结核的高液限黏土、低液限黏土混砂	海州—泗阳断裂和熊楼—张庄断裂、断裂带呈60°相交。本区属地震烈度Ⅷ度区	轻微~严重液化。软土为河流、滩牛轭湖相沉积的淤泥质高液限黏土、低液限黏土及高液限黏土。不宜采用天然地基	地震活动,砂土液化及软土可能造成的路基过大沉降,不均匀沉降等问题成为其主要的地质灾害	地基液化、软土沉降、地震。砂土液化土可用强夯预压、碎石桩处理,软土可用堆载预压处理,粉喷桩处理

（续表）

工程地质分区		工程地质层组成	断裂构造及活动性	天然地基条件	砂基及液化、软基及沉降	主要工程地质问题及对策
区	亚区					
Ⅲ		上部（Q₄）以细砂、粗粉砂为主，高液限黏土含量较少；湖泊洼地沉积带有淤泥质高液限黏土、低液限黏土。下部（Q₃）低液限黏土	海州—泗阳断裂带，与淮安—阜宁陷区断裂相交。涟水—阜宁陷区断裂有淤地震活动较少、强度较弱	浅地表粉砂、含砂低液限黏土具有水稳性差，不易压实等特点，不宜用作路基填筑材料。上、中更新统地层工程地质条件良好，系较好的桩基持力层	砂基液化	浅地表粉土、含砂低液限黏土用作路基填筑材料时需掺入固化剂改性处理。地基在强震时产生液化、沉降及滑动变形
Ⅳ		上部（Q₄）以高液限黏土、淤泥质高液限黏土为主，中部（Q₃）高液限黏土、低液限黏土；下部密实粉细砂	地震活动少、强度弱，属基本稳定区	上部土层软高液限黏土、高填土地段及构造物不宜采用天然地基	无液化，但分布大面积软土，会产生较大的路基沉降	软土沉降问题。一般路段可用超载预压或堆载预压、高填土路段宜用粉喷桩处理
Ⅴ	V₁	上部（Q₄）高液限黏土、中部（Q₄）淤泥、淤泥质高液限黏土夹土夹薄砂砂层，下部（Q₃）高液限黏土夹砂层	区内断裂以北东向为主，新构造期末见明显活动迹象。区内地震活动水平较低，属稳定区	近地表 1~2 m 厚硬壳层，下部厚层淤泥及淤泥质软土。承载力很低，下伏硬塑～坚硬高液限黏土夹砂层	有较大的软基沉降	软土沉降问题。一般路段可用超载预压或堆载预压、高填土路段宜用粉喷桩处理。采用桩基时要考虑负负阻力
	V₂	上部（Q₄）低液限黏土夹粉砂或亚砂土、中部（Q₄）软（亚）高液限黏土或粉土、含砂低液限黏土，下部（Q₃）低液限黏土夹砂层	新构造期末见明显活动迹象。区内地震活动水平较低，属稳定区	上部硬壳层、中部软土层、下伏硬塑～坚硬高液限黏土夹砂层	部分地段会有轻微液化、中等液化，但主要地质问题是软土	软土沉降问题。一般路段可用超载预压或堆载预压、高填土路段宜用粉喷桩处理。中等液化地段用碎石桩处理

思考题 🖱

(1) 试述工程地质测绘与一般地质测绘的区别。

(2) 如何确定工程地质测绘范围？

(3) 如何确定工程地质测绘比例尺及精度？

(4) 试述工程地质测绘的主要研究内容。

(5) 工程地质测绘时如何对不良地质作用及已有建筑物进行调查？

第 3 章
岩土工程勘探和取样

3.1　岩土工程勘探的任务、特点和方法

岩土工程勘察勘探的主要目的是查明建设场地的工程地质条件，查明建设场地的岩土层分布、特征及水文地质条件。工程地质测绘和调查，一般在可行性研究或初步勘察阶段进行，也可在详细勘察阶段对某些专门问题做补充测绘。当需查明场地岩土层的分布和性质，采取岩土试样或进行原位测试时，必须采用钻探、井探、槽探、洞探和地球物理勘探。勘探方法的选择应符合勘察目的和岩土性质。

3.1.1　岩土工程勘探的任务

1）查明建筑物（构筑物）场地的岩土体特征和地质构造

查明建筑物（构筑物）场地的岩土体特征和地质构造，主要包括以下内容：

① 查明各地层的岩性特征、厚度及空间变化特征，按岩性详细划分地层，尤其须注意软弱地层的分布特征。

② 查明各岩土层的物理力学性质，查明基岩的强度、完整性、风化程度。

③ 确定岩层的产状。

④ 确定断层破碎带的位置、宽度和性质。

⑤ 查明节理、裂隙发育程度及随深度的变化，确定岩体的完整程度。

2）查明建设场地的水文地质条件

查明建筑物（构筑物）场地的水文地质条件，主要包括以下内容：

① 查明地下水的类型和赋存状态。

② 确定主要含水层的分布特征。

③ 查明区域性气候资料，如年降水量、蒸发量及其变化对地下水位的影响。

④ 查明地下室的补给排泄条件、地表水和地下水的补排关系及其对地下水的影响。

⑤ 查明勘察时的地下水位、历史最高水位、近 3～5 年最高地下水位、水位变化趋势和主要影响因素。

⑥ 确定是否存在对地下室和地表水的污染源及其可能的污染程度。

3）查明不良地质作用

查明不良地质作用主要包括以下内容：

① 查明各种地貌形态,如河谷阶地、洪积扇、斜坡等的位置、规模和结构。

② 查明各种不良地质作用的类型、成因、分布范围、发展趋势和危害程度,提出整治方案的建议。

③ 查明埋藏的河道、沟浜、墓穴、防空洞、孤石等对工程有影响的不利埋藏物。

4) 取样、原位测试

取样及原位测试主要包括以下内容:

① 从勘探工程中采取岩土样和水样,供室内岩土试验和水(土)腐蚀性分析。

② 在钻孔中进行各种原位测试,如标准贯入试验、动力触探试验、剪切试验、波速测试等岩土物理力学性质试验,岩体地应力量测,水文地质试验以及岩土体加固与改良试验等。

5) 检验与监测

利用勘探工程进行岩土体性状、地下水和不良地质作用的监测,地基加固和桩基础的检验与监测。

6) 其他

如进行孔中摄影及孔中电视摄影,喷锚支护灌浆处理钻孔,基坑施工降水钻孔,灌注桩钻孔,施工廊道和导坑等。

3.1.2　岩土工程勘探的特点

岩土工程勘探具有如下特点:

① 勘探范围取决于场地评价和工程影响所涉及的空间,勘探点平面范围一般为拟建物、地下室的平面分布范围,勘探深度一般应满足地基基础设计、基坑支护设计的要求,有时还要满足查明场地覆盖层厚度的要求。

② 工程勘探应详细查明勘探深度范围内的岩土层分布变化规律,特别是软弱土层的分布范围,查明场地的水文地质条件。

③ 为了准确查明岩土的物理力学性质,在勘探过程中必须注意保持岩土样的天然结构和天然湿度,尽量减少扰动破坏,采取适当的勘探和取样方法。

④ 为了实现工程地质、水文地质综合研究,以及与现场试验、监测等紧密结合,要求岩土工程勘探发挥综合效益,对勘探工程的布置和施工顺序要进行合理的安排。

3.1.3　岩土工程勘探的方法

岩土工程勘探常用的手段有钻探、井探、槽探、洞探、坑探和地球物理勘探。钻探、井探、槽探、洞探是直接勘探手段,可以可靠地了解地下地质情况。钻探工程是使用最广泛的一类勘探手段,普遍应用于各类工程的勘探。由于钻探对一些重要的地质体或地质现象有时可能会误判、遗漏,因此也将其称为"半直接"勘探手段。井探、槽探、洞探、坑探工程勘探人员能直接观察地质情况,详细描述岩性和分层,但存在速度慢、劳动强度大、安全性差等缺点。

地球物理勘探简称物探,是一种间接的勘探手段,它可以简便而迅速地探测地下地质情况,且具有立体透视性的优点,但其勘探成果具有多解性,使用时往往受到一些条件的局限。

考虑到三类勘探方法的特点,布置勘探工作时应综合使用,互为补充。可行性研究勘察阶段的任务,是对拟建场地的稳定性和适宜性作出评价,主要进行工程地质测绘,勘探往往是配合测绘工作而开展,而且较多地使用物探手段,钻探和坑探主要用来验证物探成果和取得基准剖面。初步勘察阶段应对建设地段的稳定性作出岩土工程评价,初步查明地质构造、地层岩性、岩土工程特性、地下水埋藏条件,采取岩土样和进行原位测试和监测。在详细勘察阶段,应提出详细的岩土工程资料和设计所需的岩土技术参数,并应对基础设计、基坑工程、降水工程、地基处理以及不良地质主要的防治等具体方案作出论证和建议,以满足施工图设计的要求。因此须进行直接勘探,与其配合还应进行大量的原位测试工作。各类工程勘探孔的密度和深度都有详细严格的规定。在复杂地质条件下或特殊的岩土工程(或地区),还应布置槽探、井探等,此阶段的物探工作主要为测井,以便沿勘探井孔研究地质剖面和地下水分布等。

3.2　岩土工程钻探

3.2.1　钻孔规格

钻孔成孔口径应根据钻孔取样、测试要求、地质条件和钻探工艺确定,并应符合表 3-1 的规定。

表 3-1　钻孔成孔口径要求　（单位:mm）

钻孔性质		第四纪地层	基岩	
鉴别或划分地层/岩芯钻孔		≥36	≥59	
取Ⅰ、Ⅱ级土样	一般黏性土、粉土、残积土、全风化岩层	≥91	≥75	
	湿陷性黄土	≥150		
	冻土	≥130		
原位测试钻孔		大于测试钻头直径		
压水、抽水试验钻孔		≥110	软质岩石	硬质岩石
			≥75	≥59

注:采取Ⅰ、Ⅱ级土样的钻孔,孔径应比使用的取土器外径大一个径级。
引用自《建筑工程地质钻探技术标准》(JGJ 87—1992)。

钻孔深度量测应符合下列规定:

① 对于钻孔深度和岩土层分层深度的量测,陆域最大允许偏差为±0.05 m,水域最大允许偏差为±0.2 m。

② 每钻进 25 m 和终孔后,应校正孔深,并宜在变层处校核孔深。

③ 当孔深偏差超过规定时,应查出原因,并应更正记录表格。

钻孔垂直度或预计的倾斜度与倾斜方向应符合下列规定:

① 对于垂直钻孔,每 25 m 测量一次垂直度,每 100 m 的允许偏差为±2°。

② 对于定向钻孔,每 25 m 应量测一次倾斜角和方位角,钻孔倾斜角和方位角的测量精度分别为±0.1°和±3°。

③ 当钻孔倾斜度及方位角偏差超过规定时,应立即采取纠偏措施。

④ 当勘探任务有要求时,应根据勘探任务要求测斜和防斜。

3.2.2　钻探方法及要求

根据破碎岩土的方式,钻探方法可分为回转钻进、冲击钻进、振动钻进和冲洗钻进。钻探方法可根据岩土类别和勘察要求按表3-2选用。

表3-2　钻探方法选用表

钻探方法		钻进地层					勘察要求	
		黏性土	粉土	砂土	碎石土	岩石	直接鉴别、采取不扰动土样	直接鉴别、采取扰动土样
回转	螺旋钻进	++	+	+	-	-	++	++
	无岩芯钻进	++	++	++	+	++	-	-
	岩芯钻进	++	++	++	+	++	++	++
冲击	冲击钻进	-	+	++	++	-	-	-
	锤击钻进	++	++	++	+	++	-	++
振动钻进		++	++	++	+	-	+	++
冲洗钻进		+	++	++	-	-	-	-

注:++适用;+部分适用;-不适用。

引用自《岩土工程勘察规范》(GB 50021—2001)(2009年版)。

勘探浅部土层可采用下列钻进方法:

① 小孔径麻花钻(或提土钻)钻进。

② 小孔径勺形铲钻进。

③ 洛阳铲钻进。

钻探口径和钻具规格应满足现行规范的要求,成孔口径应满足取样、测试和钻进工艺的要求。

钻探应符合下列规定:

① 钻进深度和岩土层分层深度的量测精度,不应低于±5 cm。

② 应严格控制非连续取芯钻进的回次进尺,使分层精度满足要求。

③ 对鉴别地层天然湿度的钻孔,在地下水位以上应进行干钻;当必须加水或使用循环液时,应使用双层岩芯管钻进。

④ 岩芯钻进的岩芯采取率,对于完整和较完整的岩体不应低于80%,对于破碎和较破碎的岩体不应低于65%。对需重点查明的部位(滑动带、软弱夹层)应采用双层岩芯管连续取芯。

⑤ 当需确定岩石质量指标(RQD)时,应采用75 mm口径(N型)双层岩芯管和金刚石钻头。

⑥ 钻探结束后应对钻孔进行妥善回填处理。

3.2.3　钻探编录

1)钻探记录

钻探记录应在钻探过程中完成,记录内容包括岩土描述和钻进过程描述两个部分,现场钻探记录可按表3-3执行。

表3-3　钻孔现场记录表

工程钻探野外记录　　　　　　共　　页,第　　页

钻孔编号:　　　　孔口高程:　　　　m

工程地点:　　　　钻机型号:

钻孔口径　开孔　　mm　终孔　　mm　孔位坐标X:　;Y:

地下水位:　m　初见水位:　m　稳定水位:　　m

时间自　年　月　日起至　年　月　日止

回次	进尺（m）		地层名称	地层描述					岩石质量指标	岩芯采取率	土样				原位测试	钻进情况
	自	至		颜色	状态	密度	湿度	成分及其他			编号	取样深度	取土器型号	回收率		

引用自《建筑工程地质钻探技术标准》(JGJ 87—1992)。

钻探现场的记录表各栏均应按回次逐项填写。当同一回次发生变层时,应分行填写,不得将若干回次或若干层合并成一行记录。现场记录的内容,不得事后追记或转抄,误写之处可用横线标注删除,并在旁边更正,不得在原处涂抹修改。

2)地层描述

土的鉴定应在现场描述的基础上,结合室内试验的开土记录和试验成果综合确定。岩土的描述应符合下列规定:

① 碎石土宜描述颗粒级配、颗粒形状、颗粒排列、母岩成分、风化程度、充填物的形状和充填程度、密实度。

② 砂土宜描述颜色、矿物组成、颗粒级配、颗粒形状、细粒含量、湿度、密实度。

③ 粉土宜描述颜色、包含物、湿度、密实度。

④ 黏性土宜描述颜色、状态、包含物、土的结构。

⑤ 特殊性土除应描述上述相应土类内容的规定外,尚应描述其特殊成分和特殊性质,如淤泥应描述嗅味,填土应描述物质成分、堆积年代、密实度和均匀性等。

⑥ 对具有互层、夹层、夹薄层特征的土,尚应描述各层的厚度和层理特征。

⑦ 岩石应描述地质年代、地质名称、风化程度、主要矿物、结构、构造和岩石质量指标(RQD)。对沉积岩应着重描述沉积物的颗粒大小、形状、胶结物成分和胶结程度,对岩浆岩和变质岩应着重描述结晶物的大小和结晶程度。

岩芯采取率是指所取岩芯的总长度与本回次进尺的百分比。总长度包括比较完整的岩心和破碎的碎块、碎屑和碎粉物质。

岩石质量指标(RQD)是指用直径为75 mm(N型)的双层岩芯管和金刚石钻头在岩石

中连续取芯,回次钻进所取得的岩芯中长度大于 10 cm 的芯段长度之和与相应回次总进尺的百分比。岩石质量指标分级见表 3-4。

表 3-4 岩石质量指标分级

RQD(%)	>90	75~90	50~75	25~50	<25
分级	好	较好	较差	差	极差

引用自《岩土工程勘察规范》(GB 50021—2001)(2009 年版)。

钻探回次进尺 130 cm,采取芯样如图 3-1 所示(单位:cm)。

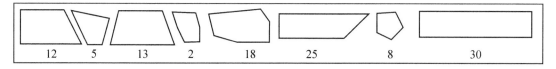

| 12 | 5 | 13 | 2 | 18 | 25 | 8 | 30 |

图 3-1 采取芯样示意图

若本次回次总进尺为 130 cm,则:

$$岩芯采取率＝(12+5+13+2+18+25+8+30)/130≈86.9\%$$

$$RQD＝(12+13+18+25+30)/130≈75.4\%$$

3) 钻探记录

钻探过程的记录应包括下列内容:

① 使用的钻进方法、钻具名称、规格、护壁方式。

② 钻进的难易程度、进尺速度、操作手感、钻进参数的变化情况。

③ 孔内情况,应注意缩径、回淤、地下水位或冲洗液及其变化。

④ 取样及原位测试的编号、深度位置、取样工具名称规格、原位测试类型及其成果。

⑤ 其他异常情况。

3.2.4 成果整理

勘探成果应包括下列内容:

① 勘探现场记录。

② 岩土芯样、岩芯照片。

③ 钻孔、探井(槽、洞)的柱状图(图 3-2)、展开图。

④ 勘探点坐标、高程数据一览表。

钻 孔 柱 状 图

工程名称	某某工程						工程编号	SE2012KC-T021
孔 号	J1	坐	X=141588.979m		钻孔直径	110mm	稳定水位	1.10m
孔口标高	6.99m	标	Y=124218.647m		初见水位	1.00m	测量日期	2012.8.7

地质时代	层号	层底标高（m）	层底深度（m）	分层厚度（m）	柱状图 1:300	岩 性 描 述	标贯中点深度（m）	标贯实测击数	附注
Q4	①	3.49	3.50	3.50		杂填土：灰黄、杂色，干燥~稍湿，松散，含大量建筑垃圾，见碎砖、石块、砼块等，中填粉质黏土，土质不均匀。			
	②₂	-13.21	20.20	16.70		淤泥质粉质黏土：灰褐色，饱和，流塑，含腐殖质，具淤臭味，局部少量流塑状粉质黏土，下部夹少量粉土粉砂极薄层。切面较光滑，干强度中等，韧性中等，无摇振反应。			
	③₁	-19.51	26.50	6.30	fx	粉细砂：灰色，饱和，中密，主要成分为长石、石英等，见少量云母等，土质均匀，夹杂物少。			
	③₂	-34.71	41.70	15.20	fx	粉细砂：灰色，饱和，密实，主要成分为长石、石英等，下部夹少量黑色腐殖物。			
	③₂A	-37.11	44.10	2.40	f	粉质黏土夹层薄层粉土粉砂：灰褐色，软塑，千层饼状，夹薄层粉土粉砂，土质不均匀，局部呈互层状，见腐殖物。			
	③₂	-50.11	57.10	13.00	fx	粉细砂：灰色，饱和，密实，主要成分为长石、石英等，下部夹少量黑色腐殖物。			

某某单位 外业日期：2012.08.07	制图：	审核：	校核：

图3-2　钻孔柱状图示例

应按要求保存岩土芯样，并可拍摄岩土芯样彩色照片（图3-3），纳入勘探成果资料。

图3-3　岩石芯样照片示例

勘探成果应由钻探机长(班长)、记录员及工程负责人或检查人签字。

3.3　取样技术

3.3.1　钻孔取土器

取土器是影响土样质量的重要因素,勘探工作前应注重取土器的设计、制造。取土器设计的基本要求是:尽可能使土样不受或少受扰动,取土器具有可靠的密封性,取样时不掉土,结构简单,便于操作。

取土质量首先取决于取样管的几何尺寸和形状。目前国内外钻孔取土器有贯入式和回转式两大类,其尺寸、规格不尽相同。对于国内主要使用的贯入式取土器来说,有两种规格的取样管。取样器规格见图 3－4。取土器的技术标准,应符合表 3－5 的规定。

表 3－5　取土器技术参数

取土器参数	厚壁取土器	薄壁取土器		
		敞口自由活塞	水压固定活塞	固定活塞
面积比 $\dfrac{D_w^2 - D_e^2}{D_e^2} \times 100\%$	13～20	≤10	10～13	
内间隙比 $\dfrac{D_s - D_e}{D_e} \times 100\%$	0.5～1.5	0	0.5～10	
外间隙比 $\dfrac{D_w - D_t}{D_t} \times 100\%$	0～2.0	0		
刃口角度(°)	<10	5～10		
长度 L(mm)	400,550	砂土:(5～10)D_e 黏性土:(10～15)D_e		
外径 D_t(mm)	75～89,108	75,100		
衬管	整圆或半合管,塑料、酚醛层压纸或镀锌铁皮制成	无衬管,束节式取土器衬管同左		

注:① 取样管及衬管内壁必须光滑圆整。
② 在特殊情况下取土器直径可增大至 150～250 mm。
③ 表中符号:
D_e—取土器刃口内径;
D_s—取样管内径,加衬管时为衬管内径;
D_t—取样管外径;
D_w—取土器管靴外径,对于薄壁管:$D_w = D_t$。
引用自《岩土工程勘察规范》(GB 50021—2001)(2009 年版)。

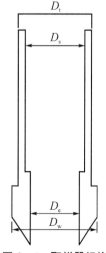

图 3－4　取样器规格

3.3.2 土试样质量等级

土试样质量等级应根据试验目的的不同,按表3-6划分为四个质量等级。

表3-6 土试样质量等级

级别	扰动程度	试验内容
I	不扰动	土类定名、含水量、密度、强度试验、固结试验
II	轻微扰动	土类定名、含水量、密度
III	显著扰动	土类定名、含水量
IV	完全扰动	土类定名

注:① 不扰动是指原位应力状态虽已改变,但土的结构、含水率、密度变化很小,能满足室内试验各项要求。
② 在工程技术要求允许的情况下可用II级土试样进行强度和固结试验,但宜先对土试样受扰动程度做抽样鉴定,判断用于试验的适宜性,并结合地区经验使用试验成果。
引用自《岩土工程勘察规范》(GB 50021—2001)(2009年版)。

3.3.3 取样工具

不同质量等级的土试样取样工具和方法按表3-7选择。

表3-7 不同质量等级的土试样取样工具和方法

土试样质量等级	取样工具和方法		黏性土					粉土	砂土				砾砂、碎石土、软岩
			流塑	软塑	可塑	硬塑	坚硬		粉砂	细砂	中砂	粗砂	
I	薄壁取土器	固定活塞 水压固定活塞	++ ++	++ ++	+ +	− −	− −	+ +	+ +	− −	− −	− −	− −
		自由活塞敞口	− +	+ +	++ +	−−	−−	+ +	+ +	−	−	−	−
	回转取土器	单动三重管 双动三重管	−	+	++ +	++	+ ++	++	++	++	++	++	+
	探井(槽)中刻取块状土样		++	++	++	++	++	++	++	++	++	++	++
I~II	束节式取土器		+	++	++	−	−	+	+	−	−	−	−
	原状取砂器		−	−	−	−	−	−	++	++	++	++	+
II	薄壁取土器	水压固定活塞 自由活塞敞口	++ + ++	++ ++ ++	+ ++	−	−	+ +	− +	−	−	−	−
	回转取土器	单动三重管 双动三重管	− −	+ −	++ −	++ +	+ ++	++ −	++ −	++ −	− ++	− ++	− ++
	厚壁敞口取土器		+	++	++	++	++	+	+	+	+	+	−

（续表）

土试样质量等级	取样工具和方法	适用土类										
		黏性土					粉土	砂土				砾砂、碎石土、软岩
		流塑	软塑	可塑	硬塑	坚硬		粉砂	细砂	中砂	粗砂	
Ⅲ	厚壁敞口取土器	＋＋	＋＋	＋＋	＋＋	＋＋	＋＋	＋＋	＋＋	＋＋	＋	－
	标准贯入器	＋＋	＋＋	＋＋	＋＋	＋＋	＋＋	＋＋	＋＋	＋＋	＋＋	－
	螺纹钻头	＋＋	＋＋	＋＋	＋＋	＋＋	＋＋	－	－	－	－	－
	岩芯钻头	＋＋	＋＋	＋＋	＋＋	＋＋	＋	＋	＋	＋	＋	＋
Ⅳ	标准贯入器	＋＋	＋＋	＋＋	＋＋	＋＋＋	＋＋＋	＋＋	＋＋	＋＋	＋＋	－
	螺纹钻头	＋＋	＋＋	＋＋	＋＋	＋＋	＋＋	－	－	－	－	－
	岩芯钻头	＋＋	＋＋	＋＋	＋＋	＋＋	＋	＋＋	＋＋	＋＋	＋＋	＋＋

注：① ＋＋适用；＋部分适用；－不适用。
② 采取砂土试样应有防止试样失落的补充措施。
③ 有经验时，可用束节式取土器代替薄壁取土器。
引用自《岩土工程勘察规范》（GB 50021—2001）（2009 年版）。

3.3.4　试样采取及保管

土样的采取和保管，应符合下列规定：

① 在粉土、砂土中采取Ⅰ、Ⅱ级试样，宜采用原状取砂器。

② 在钻孔中采取Ⅰ、Ⅱ级土试样时，应满足下列要求：

a. 在软土、砂土中宜采用泥浆护壁；如使用套管，应保持管内水位等于或稍高于地下水位，取样位置应低于套管底 3 倍孔径的距离。

b. 采用冲洗、冲击、振动等方式钻进时，应在预计的取样位置 1 m 以上改用回转钻进。

c. 下放取土器前应仔细清孔，清除扰动土、孔底残留土厚度不应大于取土器废土筒段长度（活塞取土器除外）。

d. 薄壁取土器取土试样时，宜采用快速静力连续压入法。

e. 取土器提出地面之后，应小心将土样从取土器中取出，及时密封并标识。土样运输和保存时应竖直安放，严禁倒置，防止受振扰动，并避免暴晒或冰冻。

岩石试样的采取和保管，应符合下列规定：

① 岩石试样可利用钻探岩芯截取制作或在探井、探槽、竖井和平硐中采取，采取的样品尺寸应满足试件加工的要求；在特殊情况下，试样形状、尺寸和方向由岩体力学试验设计确定。

② 岩石试样应填写标签，标明上下方向。对需进行含水率试验的岩石试样，采取后应及时蜡封。

水试样的采取和保管应符合下列规定：

① 采取的水试样应代表天然条件下的水质情况。

② 当有多层含水层时，应做好分层隔水措施，并应分层采取水样。

③ 取水试样前，应洗净盛水容器，不得有残留杂质。

④ 取水试样过程中，应尽量减少水试样的暴露时间，及时封口；对需测定不稳定成分的

水样时,应及时加入大理石粉等稳定剂。

⑤ 采取水试样后,应做好取样记录,记录内容应包括取样时间、取样深度、取样人、是否加入稳定剂等。

⑥ 水试样应及时送水质分析,放置时间应符合试验项目的相关要求。

3.3.5 岩土样的现场检验、封存和运输

1) 岩土样的现场检验

对于钻孔中采取的Ⅰ级试样,应在现场测量取样回收率。试样活塞取土器回收率大于 1.00 或小于 0.95 时,应检查尺寸测量是否有误,土试样是否受压,并根据实际情况确定土试样废弃或降级使用。

2) 封存

岩土样的封存应符合下列规定:

① 现场采取的土样或软质岩样应及时密封,可采用纱布条蜡封或黏胶带密封。

② 每个岩土样密封后均应填贴标签,标签上下应与土试样上下一致,并牢固地粘贴在容器外壁上。土试样应记载下列内容:工程名称或编号;孔号、岩土样号、取样深度、岩土试样名称、颜色和状态;取样日期;取样人姓名;取土器型号、取样方法、回收率等。

③ 采取的岩土样密封后应置于温度和湿度变化小的环境中,不得暴晒或受冻。土样应直立放置,严禁倒放或平放。

3) 运输

岩土样的运输应符合下列规定:

① 运输岩土样时,应采用专用土样箱包装,试样之间用柔软缓冲材料填实。

② 对易于振动液化、水分离析的砂土试样,宜在现场就近进行试验,并可采用冰冻保存和运输。

③ 岩土试样采取以后至开样试验之间的贮存时间,不宜超过两周。

3.4 井探、槽探、洞探

3.4.1 井探、槽探、洞探特点及适用条件

井探、槽探、洞探是查明地下地质情况的最直观有效的勘探方法。当钻探难以查明地下地层岩性、地质构造时,可采用井探、槽探进行勘探。当在大坝坝址、地下洞室、大型边坡等工程勘察中,需详细调查深部岩层性质、风化程度及构造特性时,则采用洞探方法。

探井、探槽主要适用于土层之中,可用机械或人力开挖,并以人力开挖居多。开挖深度受地下水位影响。在交通不便的丘陵、山区或场地狭窄处,大型勘探机械难以就位,用人力开挖探井、探槽方便灵活,获取地质资料翔实准确,编录直观,勘探成本低。

探井的横断面可以为圆形,也可以为矩形。圆形井壁应力状态较有利于井壁稳定,矩形则较有利于人力挖掘。为了减小开挖方量,断面尺寸不宜过大,以能容一人下井工作为度。一般圆形探井直径为 0.8～1.0 m,矩形探井断面尺寸为 0.8 m×1.2 m。当施工场地许可,需要放坡或分级开挖时,探井断面尺寸可增大。探槽开挖断面为一长条形,宽度为 0.5～1.2 m,在场地允许和土层需要的情况下,也可分级开挖。

　　探井、探槽开挖过程中,应根据地层情况、开挖深度、地下水位情况采取井壁支护、排水、通风等措施,尤其是在疏松、软弱土层中或无黏性的砂、卵石层中,必须进行支护,且应有专门技术人员在场。此外,探井口部保护也十分重要,在多雨季节施工应设防雨棚,开排水沟,防止雨水流入或浸润井壁。土石方不能随意弃置于井口边缘,以免增加井壁的土压力,导致井壁失稳或支撑系统失效,或者土石块坠落伤人。一般堆土区应布置在下坡方向离井口边缘不少于 2 m 的安全距离。

　　探井、探槽开挖土方量大,对场地的自然环境会造成一定程度的改变甚至破坏,有可能对以后的施工造成不良影响。在制定勘探方案时,对此应有充分估计。勘探结束后,探井、探槽必须妥善回填。

　　洞探主要是依靠专门机械设备在岩层中掘进,通过竖井、斜井和平硐来观察描述地层岩性、构造特征,并进行现场试验,以了解岩层的物理力学性质指标。洞探包括竖井、斜井和平硐,是施工条件最困难、成本最高而且最费时间的勘探方法。在掘进过程中,需要支护不稳定的围岩和排除地下水,掘进深度大时还需要有专门的出渣和通风设施,所以,洞探的应用受到一定限制,但在一些水利水电、地下洞室等工程中,为了获得有关地基和围岩中准确而详尽的地质结构和地层岩性资料,追索断裂带和软弱夹层或裂隙强烈发育带、强烈岩溶带等,以及为了进行原位测试(如测定岩土体的变形性能、抗剪强度参数、地应力等),洞探是必不可少的勘探方法,这在详细勘察阶段显得尤其重要。竖井由于不便出渣和排水,不便于观察和编录,往往用斜井代替。在地形陡峭、探测的岩层或断裂带产状较陡时,则广泛采用平硐勘探。

　　井探、槽探、洞探特点和适用条件归纳见表 3-8。

表 3-8　井探、槽探、洞探特点和适用条件

勘探种类	勘探实物工作量名称	特点	适用条件
井探	探井	断面有圆形和矩形两种,圆形直径为 0.8～1.2 m,矩形断面尺寸为 0.8 m×1.2 m,深度受地下水位影响,以 5～10 m 较多,通常小于 20 m	常用于土层中,查明地层岩性,地质结构,采取原状土样,兼做原位测试
槽探	探槽	断面呈长条形,断面宽度为 0.5～1.2 m,深度受地下水位影响,一般为 3～5 m	剥除地表覆土,揭露基岩。划分土层岩性,追踪查明地裂缝、断层破碎带等地质结构线的空间分布及剖面组合情况
洞探	竖井	形状近似于探井,但口径大于探井。需进行井壁支护、排水、通风等	查明地层岩性和地质结构及覆盖土层厚度、基岩情况
	斜井	具有一定倾斜度的竖井	查明地层岩性和地质结构及覆盖土层厚度、基岩情况
	平硐	在地面有出口的水平通道,深度大,需支护	常用于地形陡峭的基岩层中,查明河谷地段地层岩性软弱夹层、破碎带、风化岩层等,并可进行一些原位测试

　　引用自《岩土工程勘察》(项伟、唐辉明)。

3.4.2 井探、槽探、洞探观察描述、编录方法及内容

1）现场观察、描述

① 量测探井、探槽、竖井、斜井、平硐的断面形态尺寸和掘进深度。

② 详尽地观察和描述四壁与底(顶)的地层岩性、地层接触关系、产状、结构与构造特征、裂隙及充填情况、基岩风化情况，并绘出四壁与底(顶)的地质素描图。

③ 观察和记录开挖期间及开挖后井壁、槽壁、洞壁岩土体变形动态，如膨胀、裂隙、风化、剥落及塌落等现象，并记录开挖(掘进)速度和方法。

④ 观察和记录地下水动态，如涌水量、涌水点、涌水动态与地表水的关系等。

2）绘制展示图

展示图是井探、槽探、洞探编录的主要成果资料。绘制展示图就是沿探井、探槽、竖井、斜井或平硐的壁、底(顶)将地层岩性、地质结构展示在一定比例尺的地质断面图上。井探、槽探、洞探类型特点不同，展示图绘制方法和表示内容也各有不同，其采用的比例尺一般为1∶100∼1∶25，其主要取决于勘察工程的规模和场地地质条件的复杂程度。

（1）探井和竖井展示图

探井和竖井展示图有两种：一种是四壁辐射展开法；另一种是四壁平行展开法。四壁平行展开法使用较多，它避免了四壁辐射展开法因井较深存在的不足。图3-5为采用四壁平行展开法绘制的探井展示图，图中直观地表示了探井和竖井四壁的地层岩性、结构构造特征。

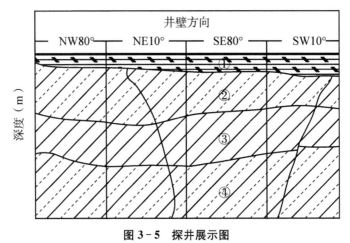

图3-5 探井展示图

引用自《岩土工程勘察与评价》(高金川、张家铭)。

（2）探槽展示图

探槽在追踪地裂缝、断层破碎带等地质界线的空间分布及查明剖面组合特征时使用很广泛。因此在绘制探槽展示图之前，确定探槽中心线方向及其各段变化，测量水平延伸长度、槽底坡度，绘制四壁地质素描显得尤为重要。

探槽展示图有以坡度展开法绘制的展示图和以平行展开法绘制的展示图两种，通常是沿探槽长壁及槽底展开，绘制一壁一底的展示图。其中，平行展示法使用广泛，更适用于坡壁直立的探槽。

（3）平硐展示图

平硐展示图绘制从洞口开始，到掌子面结束。其具体绘制方法是按实测数据先画出洞底的中线，然后依次绘制洞底—洞两侧壁—洞顶—掌子面，最后按底、壁、顶和掌子面对应的地层岩性和地质构造填充岩性图例与地质界线，并应绘制洞底高程变化线，以便于分析和应用，如图 3-6 所示。

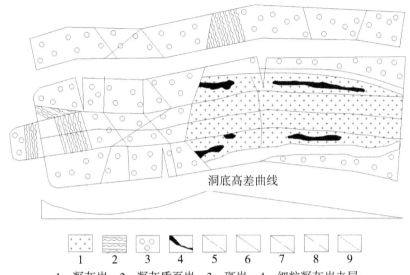

洞底高差曲线

| 1 | 2 | 3 | 4 | 5 | 6 | 7 | 8 | 9 |

1—凝灰岩；2—凝灰质页岩；3—斑岩；4—细粒凝灰岩夹层；
5—断层；6—节理；7—洞底中线；8—洞底壁分界线；9—岩层分界线

图 3-6　平硐展视图

引用自《岩土工程勘察与评价》（高金川、张家铭）。

3.5　工程物探

3.5.1　工程物探分类及应用

不同成分、结构、产状的地质体，在地下半无限空间呈现不同的物理场分布。这些物理场可由人工建立（如交、直流电场，重力场等），也可以是地质体自身具备的（如自然电场、磁场、辐射场、重力场等）。在地面、空中、水上或钻孔中用各种仪器测量物理场的分布情况，对其数据进行分析解释，结合有关地质资料推断欲测地质体性状的勘探方法，称为地球物理勘探。用于岩土工程勘察时，亦称为工程物探。

按地质体的不同物理场，工程物探可分为：电法勘探、地震勘探、磁法勘探、重力勘探、放射性勘探等。各种工程物探在岩土工程勘察中的应用见表 3-9。

表 3-9　各种工程物探在岩土工程勘察中的应用

类别	方法名称		探测对象
直流电法	电阻率法	电剖面法	探测断层破碎带和岩溶范围，探查基岩起伏和含水层，探查滑坡体，圈定冻土带
		电测探法	探测基岩埋深和风化带厚度，探测地下水位，圈定岩溶发育范围

(续表)

类别	方法名称	探测对象
直流电法	充电法	探测地下洞穴,测量地下水流速、流向,探查暗河和充水裂隙带,探测地下管线
	自然电场法	探测地下水流向、流速,探测隐伏断裂等
	激发极化法	寻找地下水,探测隐伏断裂、地下洞穴等
交流电法	电感应磁法	探测基岩埋深、隐伏断裂、地下洞穴、地下管线等
	地质雷达	探测基岩埋深、基岩风化带,探测隐伏断裂、地下洞穴,探查潜水面和含水层分布,探测地下管线
	甚低频法	探测岩溶洞穴、断层破碎带、地裂缝等
地震勘探	折射波法	工程地质分层、查明含水层埋深、追索断层破碎带、圈定大型滑坡体厚度和范围
	反射波法	工程地质分层
	波速测试	测定地基土动弹性力学参数
	地脉动测量	研究地震场地稳定性与建筑物共振破坏
重力勘探		探查地下空洞、隐伏断层、破碎带
声波测量	声幅测量	探查地下洞室工程的岩石应力松弛范围等
	声呐法	河床断面测量
放射性勘探	γ径迹法	寻找地下水、岩石裂隙、地裂缝
	地面放射性测量	区域性工程地质填图

引用自《岩土工程勘察与评价》(高金川、张家铭)。

工程物探的主要作用有:

① 作为钻探的先行工作,了解隐蔽的地质界线、界面或异常点(如基岩面、风化带、断层破碎带、岩溶洞穴等)。

② 作为钻探的辅助工作,在钻孔之间增加地球物理勘探点,为钻探成果的内插、外推提供依据。

③ 作为原位测试方法,测定岩土体的波速、动弹性模量、动剪切模量、卓越周期、电阻率、放射性辐射参数、土对金属的腐蚀性等。

3.5.2　常用工程物探方法

1)电阻率法

电阻率法是依靠人工建立直流电场,在地表测量某点垂直方向或水平方向的电阻率变化,从而推断地质体性状的方法。它主要可以解决下列地质问题:

① 确定不同的岩性,进行地层岩性的划分。

② 探查褶皱构造形态,寻找断层。

③ 探查覆盖层厚度、基岩起伏及风化壳厚度。

④ 探查含水层的分布情况、埋藏深度及厚度,寻找充水断层及主导充水裂隙方向。

⑤ 探查岩溶发育情况及滑坡体的分布范围。

⑥ 寻找古河道的空间位置。

电阻率法包括电测深法和电剖面法,在岩土工程勘察中应用最广的是对称四极电测深法、环形电测深法、对称剖面法和联合剖面法。

应用对称四极电测深法来确定电阻率有差异的地层,探查基岩风化壳、地下水埋深或寻找古河道,解释效果较好。

电剖面法可以用来探查松散覆盖层下基岩面起伏和地质构造,了解古河道位置,寻找溶洞等。溶蚀洼地中堆积了低电阻的第四系松散物质,视电阻率(ρ_s)曲线的高低起伏正好反映了灰岩面的起伏变化,解释效果良好。而复合四极对称装置探查溶蚀漏斗和溶洞可以取得比较满意的效果。

视电阻率的基本表达式为:

$$\rho_s = K \frac{\Delta V}{I} \tag{3-1}$$

式中:ρ_s——视电阻率($\Omega \cdot m$);

　　ΔV——电位差(mV);

　　I——电流强度(mA);

　　K——装置系数(m)。

运用联合剖面法可以较为准确地推断断裂带的位置。如果沿着所要探查断层的走向上布置几条联合剖面,即可根据 ρ_s 曲线获得该断层的平面延伸情况。而在同一条联合剖面上采用不同极距,则可确定断层面的倾向和倾角。

电阻率法的使用条件:

① 地形比较平缓,具有便于布置极距的一定范围。

② 被探查地质体的大小、形状、埋深和产状,必须在人工电场可控制的范围之内;其电阻率应较稳定,与围岩背景值有较大异常。

③ 场地内应有电性标准层存在。该标准层的电阻率在水平和垂直方向上均保持稳定,且与上下地层的差值较大;有明显的厚度,倾角不大于 20°,埋深不太大;在其上部无屏蔽层存在。

④ 场地内无不可排除的电磁干扰。

2) 地震勘探

地震勘探是通过人工激发的地震波在地壳内传播的特点来探查地质体的一种物探方法。在岩土工程勘察中运用最多的是高频($<200 \sim 300$ Hz)地震波浅层折射法,可以研究深度在 100 m 以内的地质体。

地震勘探主要解决下列问题:

① 测定覆盖层的厚度,确定基岩的埋深和起伏变化。

② 追索断层破碎带和裂隙密集带。

③ 研究岩石的弹性性质,测定岩石的动弹性模量和动泊松比。

④ 划分岩体的风化带,测定风化壳厚度和新鲜基岩的起伏变化。

地震勘探的使用条件是:地形起伏较小;地质界面较平坦和断层破碎带少,且界面以上岩石较均一,无明显高阻层屏蔽;界面上下或两侧地质体有较明显的波速差异。

3）电视测井

（1）以普通光源为能源的电视测井

利用日光灯光源为能源,投射到孔壁,再经平面镜反射到照相镜头来完成对孔壁的探测。

① 主要设备及工作过程

主要设备:由孔内摄像机、地面控制器、图像监视器等组成的孔内电视。

主要工作过程:孔内摄像机为钻孔电视的地下探测头,它将孔壁情况由一块 45°平面反射镜片反射到照相镜头,经照相镜头聚焦到摄像管的光靶面上,便产生图像视频信号。照明光源为特制异型日光灯,在 45°平面镜下端嵌有小罗盘,使所摄取的孔壁图像旁边有指示方位的罗盘图像。摄像机及光源能做 360°的往复转动,因而可对孔壁四周进行摄像。

地面控制器是产生各种工作电源和控制信号的装置,它给地下摄像机发出信号。

孔内摄像机将视频信号经电缆传送至图像监视器而显示电视图像。

② 图像解释

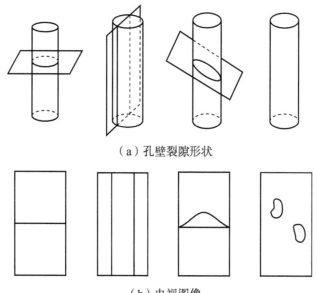

（a）孔壁裂隙形状

（b）电视图像

图 3-7 不同裂隙所对应的电视图像

引用自《岩土工程勘察与评价》(高金川、张家铭)。

a. 岩石粗颗粒的形状可直接从屏幕上观察,颗粒大小可用直接量取的数据除以放大倍数。

b. 水平裂纹在屏幕上为一水平线。

c. 垂直裂纹:摄像机在孔内转动 360°,电视屏幕上将出现不对称的两条垂直线,此两条垂直线方位夹角的平分线所指方位角加减 90°,即为裂隙走向。通过钻孔中心摄像机转动一周,可以看到对称的两条垂直线。当垂直线在屏幕中央时,罗盘所指的方位角即为其走向。

d. 倾斜裂隙：在屏幕上呈现波浪曲线，摄像机转动一周，曲线最低点对应的罗盘指针方位角即为其倾向。转动到屏幕上出现倾斜的直线与水平线共夹角即为其倾角，可直接在屏幕上量得。

e. 裂隙宽度可在屏幕上量得后除以放大倍数。

f. 岩石裂隙填充物为泥质时，屏幕上呈灰白色，充填物为铁锰质时，屏幕上呈灰黑色。

其他如孔、洞、不同岩石互层等均能从电视屏幕上直接观察到。

③ 使用条件

多用于钻孔孔径大于 100 mm、深度较浅的钻孔中。由于是普通光源，浑水中不能观察，若孔壁上有黏性土或岩粉等黏附时，观察也困难。

（2）以超声波为光源的电视测井

利用超声波为光源，在孔中不断向孔壁发射超声波束，接受从井壁反射回来的超声波，完成对孔壁的探测，从而建立孔壁电视图像。

① 主要设备及工作过程

主要设备：井下设备由换能器、马达、同步信号发生器、电子腔等组成，地面设备由照相记录器、监视器及电源等构成。

主要工作过程：钻孔中，电子腔给换能器以一定时间间隔和宽度的正弦波束做能源，换能器则发射一相应的定向超声波束，此波束在水中或泥浆中传播，遇到不同波阻抗的界面时（如孔壁）产生反射，其反射的能量大小决定于界面的物理特征（如裂隙、空洞）；换能器同时又接收反射回来的超声波束，将其变为电信号送回电子腔；电子腔对信号做电压和功率放大后，经电缆送至地面设备，用以调制地面仪器荧光屏上光点的亮度；用马达带动换能器旋转并缓慢提升孔下设备，完成对整个孔壁的探测。如果使照相胶片随井下设备的提升而移动，在照相胶片上就记录下了连续的孔壁图像。

② 图像解释

a. 当孔壁完整无破碎时，超声波束的反射能量强，光点亮；反之能量则弱或不反射光，光点暗。若图像上出现黑线则是孔壁裂隙，若出现黑斑则是空洞。

b. 孔壁不同的裂隙、空洞的对应解释与以普通光源为能源的电视测井相近。

③ 适用条件

适用于检查孔壁套管情况及基岩中的孔壁岩层、结构情况，主要优点是可以在泥浆和浑水中使用。

4）地质雷达

地质雷达是交流电法勘探的一种。其工作原理是由发射机发射脉冲电磁波，其中一部分沿着空气与介质（岩土体）分界面传播，经时间 t_0 后到达接收天线（称直达波），为接收机所接收；另一部分传入岩土体介质中，在岩土体中若遇到电性不同的另一介质层或介质体（如另一种岩层、土层、裂隙、洞穴）时就发生反射和折射，经时间 t_s 后回到接收天线（称回波）。根据接收到直达波和回波的传播时间来判断另一介质体的存在并测算其埋藏深度。

地质雷达具有分辨能力强，判释精度高，一般不受高阻屏蔽层及水平层、各向异性的影响等优点。它对探查浅部介质体，如覆盖层厚度、基岩强风化带埋深、溶洞及地下洞室和管线等非常有效。

5) 综合物探

物探方法由于具有透视性和高效性,因而在岩土工程勘察中广泛应用,但同时又由于物性差异、勘探深度及干扰因素等原因而使其具有条件性、多解性,从而使其应用受到一定限制。因此,对于一个勘探对象只有使用几种工程物探方法,即综合物探方法,才能最大限度地发挥工程物探方法的优势,为地质勘察提供客观反映地层岩性、地质结构与构造及其岩土体物理力学性质的可靠资料。

为了查明覆盖层厚度,了解基岩风化带的埋深、溶洞及地下洞室、管线位置,追踪断层破碎带、地裂缝等地质界线,常使用直流电阻率法、地震勘探或地质雷达方法。实践证明只要目的层存在明显的电性或波速差异,且有足够深度,都可以用电阻率法普查,再用地震勘探或地质雷达详查。用直流电阻率法、磁法勘探和重力勘探联合寻找含水溶洞,用地震勘探、直流电阻率法、放射性勘探联合查明地裂缝三维空间展布的可靠程度也已接近100%。

思考题 🖱

(1) 试述岩土工程勘探的任务与目的。

(2) 岩土工程勘探的技术手段主要有哪些?

(3) 试述岩土工程钻探的技术要求。

(4) 什么是钻探的一个回次? 在一个回次过程中包括几个主要操作步骤?

(5) 复杂地质体的钻探有哪些技术要求?

(6) 钻孔设计书主要包括哪些内容?

(7) 试述钻探编录的技术要求。

(8) 试述坑探工程的类型及其适用条件。

(9) 试述工程物探在岩土工程勘察中的应用。

(10) 试述勘探工作的布置原则。

(11) 对岩土样品的采取有什么要求?

(12) 现场钻探时如何根据土样的扰动程度确定土样的质量等级? 如何在软土地层中取样? 软土室内试验的主要试验项目有哪些?

第 4 章
岩土试验

4.1　概述

　　岩土作为一种建筑材料,是各种建筑物(构筑物)的天然地基或赋存介质。这些建筑物(构筑物)是否安全可靠、经济合理,大部分取决于岩土的工程性质。要科学合理地确定岩土的工程性质,离不开岩土试验。

　　岩土是地质作用的产物,其矿物组成、形成过程及工程特性十分复杂,其力学特征与其所处的应力状态、应力历史以及加载速率等密切相关。在进行各类工程建设之前,必须对工程所在场地的岩土进行试验研究,以充分了解和掌握工程现场岩土的各种物理力学性质,从而为工程设计和施工提供依据。

4.2　土的物理性质试验

4.2.1　含水率试验

1) 概述

　　土的含水率是指土中水分质量与土粒质量的比值,即土样在 $105 \sim 110\ ℃$ 下烘至恒重时所失去的水分质量与干土质量的比值,用百分率表示。含水率对黏性土的工程性质有极大的影响,如对土的状态、土的抗剪强度以及土的固结变形等。测定土的含水率,以了解土的含水情况,也是计算土的孔隙比、液性指数、饱和度和其他物理力学性质不可缺少的一个基本指标。含水率试验方法有烘干法、酒精燃烧法等。本试验适用于粗粒土、细粒土、有机质土和冻土等。

　　2) 试验方法及步骤

　　(1) 烘干法

　　① 选取具有代表性的试样(细粒土 $15 \sim 30\ g$,砂类土 $50 \sim 100\ g$,砂砾土 $2 \sim 5\ kg$)分别装入两个称量盒,并盖好盒盖,称量,精确至 $0.01\ g$。

　　② 打开盒盖,将盒置于烘箱内,在 $105 \sim 110\ ℃$ 的恒温下烘干,烘干时间对黏性土不得少于 $8\ h$,对砂性土不得少于 $6\ h$。

　　③ 将铝盒从烘箱中取出,盖上盒盖,放入干燥容器内冷却至室温,称盒加干土的质量,精确至 $0.01\ g$。

（2）酒精燃烧法

① 取代表性土样（黏土 10 g 左右，砂性土 20～30 g），放在铝盒内置于天平上称湿土质量。

② 用滴管将酒精注入湿土内，直至液面露出土面为止，并使酒精在试样中充分混合均匀。

③ 点燃铝盒中酒精，烧至火焰熄灭。

④ 将试样冷却数分钟后，按上述方法重复燃烧两次，当第三次火焰熄灭后，立即盖上盒盖，称取干土质量精确至 0.01 g。

3）试验成果整理

① 试样含水率应按下式计算，精确至 0.1%。

$$w = \left(\frac{m_0}{m_d} - 1 \right) \times 100\% \tag{4-1}$$

式中：w——试样含水率(%)；

m_0——试样湿质量(g)；

m_d——试样干质量(g)。

② 本试验应进行两次平行测定，取其算术平均值，最大允许平行差值应符合表 4-1 的规定。

表 4-1　含水率测定的最大允许平行差值

含水率(%)	最大允许平行差值(%)
<10	±0.5
10～40	±1.0
>40	±2.0

引用自《土工试验方法标准》(GB/T 50123—2019)。

4）试验注意事项

① 对有机质含量为 5%～10% 的土，采用烘干法时测含水率时，应将烘干温度控制在 65～70 ℃ 的恒温下烘至恒重。

② 烘干期间烘干箱不宜频繁开启，以免影响箱内温度。

③ 试样应与烘箱底层保持距离，以免烘箱底层温度过高对试件造成影响。

④ 采用酒精燃烧法时，为使酒精在试验中充分混合均匀，可将盒底在桌面上轻轻敲击。

4.2.2　密度试验

1）概述

土的密度是指单位体积土的质量。测定土的密度，以了解土的密实程度和干湿状态，可以计算土的其他物理性质指标，为工程设计以及控制施工质量提供参数。土的密度有湿密度 ρ、干密度 ρ_d、饱和密度 ρ_{sat} 和浮密度 ρ'。

密度试验方法常用的有环刀法、蜡封法、灌砂法、灌水法等。环刀法适用于黏性土，蜡封法适用于坚硬易碎和形状不规则的土，灌砂法适用于现场测定砂质土和砾质土的密度。

密度试验的几种方法有其各自的适用范围,其中环刀法、灌砂法为密度试验的基本方法。

2) 试验方法及步骤

(1) 环刀法

① 用切土刀(或钢丝锯)将土样削成略大于环刀直径的土柱。

② 在环刀内壁涂一薄层凡士林,并将刃口向下放在试样上。然后将环刀垂直下压,边压边削,至土样伸出环刀为止。将两端余土削去修平,取剩余的代表性土样测定含水率。

③ 擦净环刀外壁称量,精确至 0.1 g。

(2) 灌砂法

① 根据试样最大粒径宜按表 4-2 确定试坑尺寸。

表 4-2　试样粒径对应的试坑尺寸

试样最大粒径(mm)	试坑尺寸(mm)	
	直径	深度
5～20	150	200
40	200	250
60	250	300

引用自《公路路基路面现场测试规程》(JTG 3450—2019)。

② 将选定的试坑地面整平,按确定的试坑直径划出坑口轮廓线,在轮廓线内下挖至要求深度,将落于坑内的试样装入盛土容器内,称试样质量,精确至 5 g,并应测定含水率。

③ 容砂瓶内注满砂,称容砂瓶、漏斗和砂的总质量。

④ 将密度测定器倒置(容砂瓶向上)于挖好的坑口上,打开阀门,将标准砂注入试坑。当标准砂注满试坑时关闭阀门。称容砂瓶、漏斗和余砂的总质量,并计算注满试坑所用的标准砂质量,在注砂过程中不应振动。

3) 试验成果整理

① 采用环刀法时,按下列公式计算湿密度及干密度:

$$\rho = \frac{m_0}{V} \tag{4-2}$$

$$\rho_d = \frac{\rho}{1 + 0.01w} \tag{4-3}$$

式中:ρ——试样的湿密度(g/cm³);

ρ_d——试样的干密度(g/cm³);

m_0——试样质量(g);

V——环刀容积(cm³);

w——含水率(%)。

② 采用灌砂法时,试样密度和干密度用下列公式进行计算:

$$\rho = \frac{m_p}{m_s / \rho_s} \tag{4-4}$$

$$\rho_d = \frac{m_p/(1+w)}{m_s/\rho_s} \qquad (4-5)$$

式中：m_p——取自试坑内的试样质量（g）；

m_s——注满试坑所用标准砂质量（g）；

ρ_s——标准砂的密度（g/cm³）。

③ 本试验应进行两次平行测定，其最大允许平行差值应为 ±0.03 g/cm³，取其算术平均值。

4）试验注意事项

① 当采用环刀法时，削土刀必须有一定的刚度，并且直，以保证削平后的土样与环刀上下口平齐，不得有凹凸情况。

② 当使用灌砂法时，标准砂的干密度要准确，取出坑时应将污染严重的剔除，过筛，拣除混杂物并晾干。

③ 当使用灌砂法时，试坑深度应恰好等于压实层厚度，坑壁笔直，上下口直径相等，避免上大下小。挖出的试样要及时装入塑料袋或密封容器，防止水分损失。

④ 当使用灌砂法时，无论是标定还是测试完后，都要检查灌砂筒外壁和锥体之间的三角区是否有砂子漏入，如有要将其单独清出，并称其质量，计算密度时应扣除这部分质量。

4.2.3　比重试验

1）概述

土的比重是指土颗粒在温度 105～110 ℃烘至恒量时的质量与同体积 4 ℃时纯水质量的比值。天然土由不同矿物成分的土粒所组成，它们的比重是不同的，因此由试验测得的比重值是代表整个试样中所有土粒比重的平均值。测定土的比重，为计算土的孔隙比、饱和度，以及为其他土的物理力学试验提供必需的数据。测定比重时，对小于 5 mm 土颗粒组成的土采用比重瓶法，对等于和大于 5 mm 土颗粒组成的土采用浮称法或虹吸筒法。

2）试验方法及步骤

（1）比重瓶法

① 先将比重瓶烘干，再将 15 g 烘干土装入 100 mL 比重瓶内（若用 50 mL 比重瓶，则装烘干试样 12 g），称试样和瓶的总质量，精确至 0.001 g。

② 为排除土中空气，将已装有干土的比重瓶，注纯水至瓶的一半处，摇动比重瓶，并将瓶在砂浴上煮沸，煮沸时间自悬液沸腾时算起，砂土应不少于 30 min，黏土、粉土应不少于 1 h，以使土粒分散。注意沸腾后调节砂浴温度，不得使土液溢出瓶外。

③ 如系长颈比重瓶，用滴管调整液面恰至刻度（以弯液面下缘为准），擦干瓶外及瓶内壁刻度以上部分的水，称瓶、水、土总质量。如系短颈比重瓶，将纯水注满，使多余水分自瓶塞毛细管中溢出，将瓶外水分擦干后，称瓶、水、土总质量，称量后立即测出瓶内水的温度，精确至 0.5 ℃。

④ 根据测得的温度，从温度与瓶和水总质量关系曲线上查得瓶和水总质量。

⑤ 如系砂土，煮沸时砂粒易跳出，允许用真空抽气法代替煮沸法排出土中空气，其余步骤与上面③④相同。

⑥ 对含有某一定量的可溶盐、不亲水胶体或有机质的土,必须用中性液体(如煤油)测定,并用真空抽气法(不能用煮沸法)排除土中气体。真空压力表读数宜接近当地一个大气负压值,抽气时间可为 1～2 h,直至悬液内无气泡为止,其余步骤同上面③和④。

(2) 浮称法

① 取代表性试样 500～1 000 g,彻底冲洗试样,直至颗粒表面无尘土和其他污物。

② 将试样浸在水中 24 h 取出,将试样放在湿毛巾上擦干表面,即为饱和面干试样,称取饱和面干试样质量后,立即放入金属网篮,缓缓浸没于水中,并在水中摇晃,至无气泡逸出为止。

③ 称金属网篮和试样在水中的总质量。

④ 取出试样烘干,称量。

⑤ 称金属网篮在水中质量,并立即测量容器内水的温度,精确至 0.5 ℃。

(3) 虹吸筒法

① 取代表性试样 1 000～7 000 g,将试样彻底冲洗,直至颗粒表面无尘土和其他污物。

② 再将试样浸在水中 24 h 取出,晾干(或用布擦干)其表面水分,称量。

③ 注清水入虹吸筒,至管口有水溢出时停止注水,待管不再有水流出后,关闭管夹,将试样缓缓放入筒中,边放边搅,直至无气泡逸出时为止,搅动时勿使水溅出筒外。

④ 称量筒质量,待虹吸筒中水面平静后,打开管夹,让试样排开的水通过虹吸管流入筒中。

⑤ 称量筒与水总质量后(精确至 0.5 g),测量筒内水的温度,精确至 0.5 ℃。

⑥ 取出虹吸筒内试样,烘干,称量。精确至 0.1 g,称量筒质量精确至 1 g。

3) 试验成果整理

① 比重瓶法用纯水测定比重时,采用下式计算:

$$G_s = \frac{m_d}{m_d + m_{bw} - m_{bws}} \times G_{wT} \tag{4-6}$$

式中:G_s——土的比重;

　　m_d——干土质量(g);

　　m_{bw}——瓶、水总质量(g);

　　m_{bws}——瓶、水、土总质量(g);

　　G_{wT}——T ℃时纯水的比重(水的比重可查物理手册),精确至 0.001。

若用中性液体测定,则采用下式计算:

$$G_s = \frac{m_d}{m_{bk} + m_d - m_{bks}} \times G_{kT} \tag{4-7}$$

式中:m_{bk}——瓶、中性液体总质量(g);

　　m_{bks}——瓶、土、中性液体总质量(g);

　　G_{kT}——T ℃时中性液体比重(应实测),精确至 0.001。

② 浮称法计算土粒比重可按下式计算：

$$G_s = \frac{m_d}{m_d - (m_{ks} - m_k)} \times G_{wT} \tag{4-8}$$

式中：m_k——金属网篮在水中的质量（g）；

m_{ks}——试样和金属网篮在水中的总质量（g）。

③ 虹吸筒法按下式计算比重：

$$G_s = \frac{m_d}{(m_{cw} - m_c) - (m_{ad} - m_d)} \times G_{wT} \tag{4-9}$$

式中：m_{ad}——晾干试样质量（g）；

m_{cw}——量筒与水的总质量（g）；

m_c——量筒质量（g）。

4）试验注意事项

① 注意三种比重试验方法的不同适用范围。当土体存在大于和小于 5 mm 粒径均匀分布时，将土过 5 mm 筛，分成大于 5 mm 和小于 5 mm 的两个粒组，采用其中两个方法联合测定，然后按照下式计算土粒比重：

$$G_s = (G_{s1}P_1 + G_{s2}P_2) \times 0.01 \tag{4-10}$$

式中：G_{s1}——大于 5 mm 土粒比重；

G_{s2}——小于 5 mm 土粒比重；

P_1——大于 5 mm 土粒占土粒总质量百分数；

P_2——小于 5 mm 土粒占土粒总质量百分数。

② 比重测试过程中各测量数字要有四位有效数字。水的比重取小数点后三位，它可以看作四位有效数字。

③ 土粒比重测试误差主要由以下因素引起：试样的代表性、试样的排气、液体比重、水温测试、质量测试等，在试验前和操作过程中应加以注意。

4.2.4　颗粒分析试验

1）概述

土的颗粒分析就是通过试验方法将天然土的各种粒度成分加以定量确定，在半对数坐标纸上绘制颗粒级配曲线，通常将粒径大小取对数做横坐标，纵坐标为小于某粒径土粒含量的百分数。颗粒级配曲线法是表示土粒度成分的比较完善的方法。在同一半对数纸上，可以绘制几个土样的颗粒级配曲线，从曲线上确定各种粒径的大小和它们所占的百分数，进行土的分类。

颗粒分析试验方法主要有两大类：一类是机械分析法，如筛分法；另一类是物理分析法，如密度计法和移液管法等。对于粒径大于 0.075 mm 的土，采用筛分法，对于粒径小于 0.075 mm 的土，采用密度计法或移液管法，对于粗细颗粒兼有的混合类土，则联合使用筛分法与密度计法或移液管法。

2）试验方法及步骤

（1）筛分法

① 砂砾土筛分应按下列步骤进行：

a. 按规定称取试样，称量应精确至 0.1 g，试样超过 500 g 时，精确至 1 g，将试样分批过 2 mm 的筛。

b. 从上到下按孔径由大到小的次序排列标准筛，将大于 2 mm 的试样按从大到小的秩序，依次通过大于 2 mm 的各级粗筛。将留在筛上的土分别称量。

c. 2 mm 筛下的土如数量过多，可用四分法缩分至 100～800 g。将试样依次通过小于 2 mm 的各级细筛。可用摇筛机进行振摇。振摇时间为 10～15 min。

d. 再按由上而下的顺序将各筛取下，称各级筛上及底盘内试样的质量，应精确至 0.1 g。

e. 筛后各级筛上和筛底土总质量与筛前试样质量之差，不应大于 1%。

f. 如 2 mm 筛下的土不超过试样总质量的 10%，可省略细筛分析；如 2 mm 筛上的土不超过试样总质量的 10%，可省略粗筛分析。

② 含有黏土粒的砂砾土筛分应按下列步骤进行：

a. 将土样放在橡皮板上，用木锤将黏土结的土团充分碾散、拌匀、烘干、称量。如土样过多时，用四分法称取代表性土样。

b. 将试样置于盛有清水的瓷盘中，浸泡并搅拌，使粗细颗粒分散。

c. 将浸润后的混合液过 2 mm 的筛，边冲边洗过筛，直至筛上仅留大于 2 mm 以上的土粒为止。然后，将筛上洗净的沙砾风干称量。按以上方法进行粗筛分析。

d. 将过 2 mm 筛的混合液存在盆中，待稍沉淀，将上部悬液过 0.075 mm 洗筛，用带橡皮头的玻璃棒研磨盆内浆液，再加清水，搅拌、研磨、静置、过筛，反复进行，直至盆内悬液澄清。最后，将全部土粒倒在 0.075 mm 筛上，用水冲洗，直到筛上仅留大于 0.075 mm 净砂为止。

e. 将大于 0.075 mm 的净砂烘干称量，并进行细筛分析。

f. 将大于 2 mm 颗粒及 0.075～2 mm 颗粒的质量从原称量的总质量中减去，即为小于 0.075 mm 颗粒质量。

g. 如果小于 0.075 mm 颗粒质量超过总质量的 10% 时，应用密度计法或移液管法测定小于 0.075 mm 颗粒组成。

（2）密度计法

① 密度计法颗粒分析试验的试样，首先应进行分散处理，当试样中易溶盐含量大于 0.5% 时，还应洗盐过滤，然后风干备样。易溶盐含量的检验可用电导法和目测法。采用电导法时，先用电导率仪测定 T ℃时试样溶液的电导率，当电导率大于 1 000 μS/cm 时应洗盐。若用目测法则取少量（3 g）试样放入烧杯中，加适量纯水调成糊状研散，再加 25 mL 纯水，煮沸 10 min，冷却后移入试管中，静置过夜，若出现凝聚现象应洗盐。

② 取代表性试样 200～300 g，过 2 mm 筛，求出筛上试样占试样总质量的百分比，取筛下土，测定试样的风干含水率。

③ 称风干试样 30 g 倒入锥形瓶，注入纯水 200 mL，浸泡约 12 h。

④ 将浸泡后的悬液过 0.075 mm 筛,把留在筛上的试样用水冲洗入蒸发皿内,倒去清水,烘干,称烘干试样质量。并按前一试验进行筛析。过筛的悬液倒回锥形瓶,在煮沸设备上煮沸,煮沸的时间宜为 40 min。

⑤ 悬液冷却后倒入量筒,将纯水注入量筒,加入 4% 浓度的六偏磷酸钠试剂 10 mL,再注入纯水 1 000 mL。

⑥ 用搅拌器在量筒内沿整个悬液深度上下搅拌 1 min,往返各 30 次,使悬液均匀分布。取出搅拌器,立即开动秒表,测记 0.5 min、1 min、5 min、15 min、30 min、60 min、120 min、240 min 和 1 440 min 时密度计读数。每次读数前 10～20 s 将密度计小心放入悬液中适当深度,读数以后,取出密度计(0.5 min 及 1 min 读数除外),放入盛有清水的量筒中。

⑦ 密度计读数均以弯液面上缘为准。甲种密度计应精确至 0.5 ℃,乙种密度计应精确至 0.000 2 g/cm³。每次读数后,还应测记相应的悬液温度,精确至 0.5 ℃。

(3) 移液管法

① 取代表性试样,黏性土为 10～15 g,砂类土为 20 g,精确至 0.001 g,按密度计法制取悬液。

② 将盛土样悬液的量筒放入恒温水槽,使悬液恒温至适当温度。试验中悬液温度变化不得大于 0.5℃。查土粒在不同温度静水中下沉某一深度所需的沉降时间表。

③ 准备好 50 mL 小烧杯,称量,精确至 0.001 g。

④ 准备好移液管,将二通阀放在关闭位置上,三通阀放在与移液管及吸球相通的位置上。

⑤ 用搅拌器将悬液上下搅拌各约 30 次,时间为 1 min,使悬液分布均匀。停止搅拌,立即开动秒表。

⑥ 根据各粒径的静置时间提前约 10 s,将移液管放入悬液中,浸入深度为 10 cm,用吸球来吸取悬液。

⑦ 吸入悬液,至略多于 25 mL,旋转三通阀,使其与放液管相通,再将多余悬液从放液口放出。

⑧ 将移液管下口放入已称量的小烧杯中,再旋转三通阀,使其与移液管相通,同时用吸球将悬液(25 mL)全部注入小烧杯内。在移液管上口预先倒入蒸馏水,此时打开上端活塞,使水流入移液管中,再将这部分水连同管内剩余颗粒冲入小烧杯内。

⑨ 将烧杯内悬液浓缩至半干,放入烘箱内在 105～110 ℃下烘至恒量,称量小烧杯连同干土的质量,精确至 0.001 g。

3) 试验成果整理

(1) 筛分法

① 以小于某粒径的试样质量占试样总质量的百分数为纵坐标,颗粒粒径为横坐标,在单对数坐标上绘制颗粒大小分布曲线。

② 级配指标不均匀系数和曲率系数 C_u、C_c 应按下列公式计算:

不均匀系数:

$$C_u = \frac{d_{60}}{d_{10}} \tag{4-11}$$

式中：C_u——不均匀系数；

$\quad d_{60}$——限制粒径（mm），在粒径分布曲线上小于该粒径的土含量占总质量的 60% 的粒径；

$\quad d_{10}$——有效粒径（mm），在粒径分布曲线上小于该粒径的土含量占总质量的 10% 的粒径。

曲率系数：

$$C_c = \frac{d_{30}^2}{d_{60}d_{10}} \tag{4-12}$$

式中：C_c——曲率系数；

$\quad d_{30}$——在粒径分布曲线上小于该粒径的土含量占总质量的 30% 的粒径（mm）。

（2）密度计法

① 小于某粒径的试样质量占试样总质量的百分数应按下列公式计算：

a. 甲种密度计

$$X = \frac{100}{m_d}C_s(R_1 + m_T + n_w - C_D) \tag{4-13}$$

$$C_s = \frac{\rho_s}{\rho_s - \rho_{w20}} \cdot \frac{2.65 - \rho_{w20}}{2.65} \tag{4-14}$$

式中：m_d——土粒干土质量（g）；

$\quad C_s$——土粒比重校正值；

$\quad R_1$——甲种密度计读数；

$\quad m_T$——温度校正值；

$\quad n_w$——弯液面校正值；

$\quad C_D$——分散剂校正值；

$\quad \rho_s$——土粒密度（g/cm³）；

$\quad \rho_{w20}$——20 ℃时水的密度（g/cm³）。

b. 乙种密度计

$$X = \frac{100V}{m_d}C'_s[(R_2 - 1) + m'_T + n'_w - C'_D]\rho_{w20} \tag{4-15}$$

$$C'_s = \frac{\rho_s}{\rho_s - \rho_{w20}} \tag{4-16}$$

式中：V——悬液体积（mL）；

$\quad C'_s$——土粒比重校正值；

$\quad R_2$——乙种密度计读数；

$\quad m'_T$——温度校正值，可查相关规范；

$\quad n'_w$——弯液面校正值；

$\quad C'_D$——分散剂校正值。

粒径应按下式简化计算：

$$d = K \sqrt{\frac{L_t}{t}} \tag{4-17}$$

式中:d——粒径(mm);

K——粒径计算系数,$K = \sqrt{\dfrac{1\,800 \times 10^4 \eta}{(G_s - G_{wT}) \rho_{w0} g}}$,$K$ 与悬液温度和土粒比重有关,其中,η 为水的动力黏滞系数(1×10^{-6} kPa $\cdot$ s),ρ_{w0} 为 4 ℃时水的密度(g/cm^3),g 为重力加速度(981 cm/s^2);

L_t——某一时间 t 内的土粒沉降距离(mm);

t——沉降时间(s)。

c. 以小于某粒径的土质量百分数为纵坐标,粒径为横坐标,在单对数坐标纸上绘制颗粒大小分布曲线。当与筛析法联合分析时,应将两段曲线绘成一平滑曲线。

(3) 移液管法

① 小于某粒径的试件质量占试件总质量的百分数应按下式计算:

$$X = \frac{m_{dx} V_x}{V'_x m_d} \times 100\% \tag{4-18}$$

式中:m_{dx}——吸取悬浊液中(25 mL)土粒干土质量(g);

V_x——悬浊液总体积,$V_x = 1\,000$ mL;

V'_x——移液管每次吸取的悬浊液体积,$V'_x = 25$ mL。

② 以小于某粒径的试样质量百分数为纵坐标,粒径为横坐标,在单对数坐标纸上绘制颗粒大小分布曲线。

4) 试验注意事项

① 使用筛分法筛分时,试验前必须烘干试样。

② 使用筛分法筛分时,尤其是将试样由一器皿倒入另一器皿,应避免微小颗粒的飞扬。

③ 使用密度计法时,读数要迅速准确,不宜将密度计在悬浊液中放置时间过久。在正式试验前,必须多次试验密度计的准确读数方法。

④ 在使用密度计法时,试验前应将量筒放在固定平稳的地方,试验中不得移动,并保持悬液温度稳定。

4.2.5　界限含水率试验

1) 概述

黏性土随着土中含水率的不同而处于不同状态。将土具有最小强度时的含水率作为土的流动状态和可塑状态的界限含水率称为液限,液限是可塑状态的上限。如果土的水分继续减小,屈服应力增加到一定值,土就变成具有脆性,区分塑性和脆性的界限含水率定义为塑限,塑限是可塑状态的下限。含水量低于塑限的黏土逐步干燥,土体积逐渐减缩,当土继续干燥而体积不再减缩时的含水率称为缩限。当含水率低于缩限时,水分蒸发时土的体积不再缩小。界限含水率,尤其是液限的测定,可用来计算土的塑性指数和液性指数,作为黏性土分类以及估计地基承载力的依据。

目前国内外测定液限的方法基本上有两种:一种是锥式液限仪,它的特点是仪器结构简单、操作方便、标准易于统一;另一种仪器是碟式液限仪。目前我国在锥式液限仪的基础上做了一些改进,采用液塑限联合测定仪,它是一种既能确定液限又能确定塑限的电测自动装置。本试验适用于粒径小于 0.5 mm,以及有机质含量不大于试样总质量 5% 的土。

2) 试验方法及步骤

① 液塑限联合试验宜采用天然含水率的土样制备试样,也可用风干土制备试样。

② 分别将试样在毛玻璃板上调制成 3 种不同含水率的土样(用滴管加水及电吹风吹的方法),使其中一种的圆锥入土深度控制在 17 mm 左右,另一种控制在 3～4 mm,还有一种入土深度控制在 3～17 mm 的中间。

③ 用调土刀将诸试样调拌均匀,分数次密实地填入试样杯中,装填时需注意试样内部及试样和试样杯接触处不得留有空隙,然后刮平土面放在升降台上。

④ 将圆锥擦净,在锥尖部分抹一薄层凡士林,打开电源,使电磁铁吸牢圆锥。

⑤ 调节屏幕零点,使其与微分尺在屏幕上显示的零读数重合,转动升降台,使试样杯内的土面刚好与圆锥的锥尖接触,指示灯亮,放锥,经 5 s 后,立即从屏幕上读出锥体入土深度。调整土样位置,重复④、⑤步骤二、三次,取其平均值。

⑥ 取下试样杯,用小刀刮去沾有凡士林的土后,将剩余土分装在两个铝盒,测定其含水率。

⑦ 以含水率为横坐标,圆锥下沉深度为纵坐标,在双对数坐标纸上绘制二者的关系曲线(图 4-1),三点应在一条直线上。当三点不在一条直线上时,通过高含水率的点与其余两点连成两条直线,在下沉深度为 2 mm 处查得相应的两个含水率,当两个含水率的差值小于 2% 时,应以该两点含水率的平均值与高含水率的点连一直线。当两个含水率的差值大于或等于 2% 时,应重做试验。

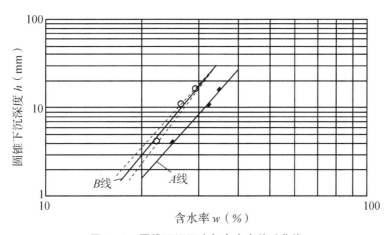

图 4-1 圆锥下沉深度与含水率关系曲线

引用自《土工试验方法标准》(GB/T 50123—2019)。

3) 试验成果整理

① 通过圆锥下沉深度与含水率关系图,查得下沉深度为 17 mm 所对应的含水率为 17 mm 液限,下沉深度为 10 mm 所对应的含水率为 10 mm 液限;查得下沉深度为 2 mm 所对应的含水率为塑限,以百分数表示,精确至 0.1%。

② 塑性指数和液性指数应按下式计算：

$$I_P = w_L - w_P \tag{4-19}$$

$$I_L = \frac{w_0 - w_P}{I_P} \tag{4-20}$$

式中：I_P——塑性指数；

　　I_L——液性指数，计算至 0.01；

　　w_L——液限(%)；

　　w_P——塑限(%)。

4）试验注意事项

① 若调制的土样含水率过大，只允许在空气中晾干或用吹风机吹干，也可用调土刀搅拌或用手搓捏散发水量，切不能加干土或用电炉烘烤。

② 放锥时要平稳，避免产生冲击力。

③ 从调土杯中取出土样时，必须将沾有凡士林的土弃掉，方能重新调制或者取样测含水率。

4.3 土的力学试验

4.3.1 击实试验

1）概述

进行填土施工时要获得压实填土的最大干密度和相应的最佳含水量，击实试验就是为了这种目的，利用标准化的击实装置，试验土的最大干密度与击实方法的关系，得到击实曲线，再结合现场土密度的测定，得出填土的压实度。用这种方法控制施工质量，保证在一定的施工条件下压实填土达到设计所要求的压实度标准，所以击实试验是填土工程施工中必须做的试验项目。

击实试验分轻型击实和重型击实。轻型击实试验适用于粒径小于 5 mm 的黏性土，重型击实试验适用于粒径不大于 20 mm 的土，采用三层击实时，最大粒径不大于 40 mm。轻型击实试验的单位体积击实功约为 592.2 kJ/m³，重型击实试验的单位体积击实功约为 2 684.9 kJ/m³。采用哪种方法进行击实试验应根据有关规定的要求或工程科学试验的实际需要确定。

2）试验方法及步骤

① 采用干法或者湿法进行试样制备。干法制备试样应按下列步骤进行：将土样风干碾碎并过 5 mm 筛，测定其风干含水率，制备 5 个不同含水率的一组试样，相邻 2 个含水率的差值宜为 2%，5 个试样的含水率中应有 2 个大于最优含水率，2 个小于最优含水率；湿法制备试样应按下列步骤进行：将天然土样过 5 mm 筛并测定其天然含水率，按与干法同样的原则选择至少 5 个含水率的土样。

② 将击实仪平稳置于刚性基础上，击实筒与底座连接好，安装好护筒，在击实筒内壁均匀涂一薄层润滑油。称取一定量试样，倒入击实筒内，分层击实，轻型击实试样为 2～5 kg，分 3 层，每层 25 击；重型击实试样为 4～10 kg，分 5 层，每层 56 击，若分 3 层，每层 94 击。每层试样高度宜相等，两层交界处的土面应刨毛。击实完成时，超出击实筒顶的试样高度

应小于 6 mm。

③ 卸下护筒,用直刮刀修平击实筒顶部的试样,拆除底板,试样底部若超出筒外,也应修平,擦净筒外壁,称筒与试样的总质量,精确至 1 g,并计算试样的湿密度。

④ 用推土器将试样从击实筒中推出,从该试样中部取 2 个代表性试样测定含水率,2 个含水率的差值应不大于 1%。

⑤ 对不同含水率的试样依次击实。

3)试验成果整理

(1)计算击实后各点的干密度

试样的干密度应按下式计算:

$$\rho_{d} = \frac{\rho}{1 + 0.01w} \tag{4-21}$$

式中:ρ_{d}——试样干密度(g/cm³);

ρ——试样湿密度(g/cm³);

w——试样含水率(%)。

(2)绘制干密度和含水率关系曲线

在直角坐标纸上,以干密度为纵坐标,含水率为横坐标,绘制如图 4-2 所示的 ρ_{d}-w 关系曲线。取曲线峰值点相应的纵坐标为击实试样的最大干密度,相应的横坐标为击实试样的最优含水率。当关系曲线不能绘出峰值点时,应进行补点试验,土样不宜重复使用。

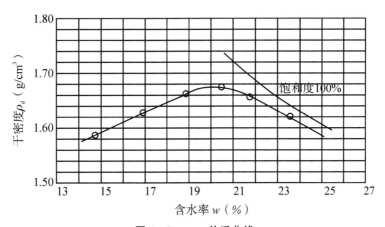

图 4-2 ρ_{d}-w 关系曲线

引用自《土工试验方法标准》(GB/T 50123—2019)。

气体体积等于零(即饱和度 100%)的等值线应按下式计算,并应将计算值绘于图 4-2 的关系曲线上。

$$w_{sat} = \left(\frac{\rho_{w}}{\rho_{d}} - \frac{1}{G_{s}} \right) \times 100\% \tag{4-22}$$

式中:w_{sat}——试样的饱和含水率(%);

ρ_{w}——温度为 4 ℃时水的密度(g/cm³);

ρ_{d}——试样的干密度(g/cm³);

G_s——土粒比重。

由于土处于三相状态,当土被击实到最大干密度时,土空隙中的空气不易排出,即使加大击实功能也不能将土中受困气体全部排尽,故被击实的土体不可能达到完全饱和的程度。因此,当土的干密度相等时,击实曲线上各点的含水率,必然都小于饱和曲线上相应的含水率,所以击实曲线不可能与饱和曲线出现相交。

4) 试验注意事项

① 试验时,一般采用风干土进行试验。实践证明,用烘干土做试验得到的最优含水率比用风干土的小,而最大干容重则偏大,因此用风干土做试验较为合理。

② 加水及浸润,加水方法有两种,即体积控制法和称重控制法,以称重控制法效果为好。洒水应均匀,浸润时间应符合有关规定。

③ 击实筒一般应放在混凝土地面上进行击实。

④ 击实完成后,超过击实筒顶的试样高度应小于 6 mm。

⑤ 试验效果检验,检查击实试验曲线的右方是否与无空气饱和曲线接近平行且所有试验点位均应在饱和曲线左边。其次在同一规定击实标准下,级配不均匀的土所得曲线较陡,土的密度大;级配均匀的土所得的曲线平缓,土的密度小。一般土的塑性指数愈高,其最大干密度愈小。两次平行试验最大干密度的差值应不超过 0.05 g/cm³。

4.3.2　CBR 试验

1) 概述

加州承载比 CBR 是一种评定基层材料承载能力的试验方法,国外广泛采用 CBR 作为路面材料和路基土的设计参数。承载能力以材料抵抗局部荷载压入变形的能力来表征。CBR 值是标准试件在贯入为 2.5 mm 时所施加的试验荷载与标准碎石材料在相同贯入量时所施加的荷载之比值,以百分率来表示。随着国内试验检测技术的完善及对公路质量重视程度的日益增强,CBR 试验越来越被设计单位及施工单位所重视,并已成为设计及施工参数依据之一。CBR 试验只适用于在规定的试筒内制件后,对各种路基土和路面基层、底基层材料进行承载比试验,试样的最大粒径宜控制在 20 mm 以内,最大不得超过 40 mm 且含量不超过 5%。

2) 试验方法及步骤

① 在试验开始进行之前要风干处理试料,并按照四分法准备好材料。在进行击实试验的前一天,需要选取具有代表性的试料进行风干含水量的测定。

② 准备完成之后进行材料的击实试验,取得试料的最大干密度以及最佳含水量,然后按照标准要求制备具有最佳含水量的试件。

③ 在试件顶面加荷载板进行为期 4 天的泡水。

④ 在贯入试验过程中对试件施加 45 N 荷载,将测力计量表和测变形的量表读数调整至零点。贯入杆的加荷速度应控制在 1~1.25 mm/min 之间。在贯入过程中应对不同贯入量和相应的荷载进行记录,并使贯入量达到 2.5 mm 时的读数不得少于 5 个,总的贯入量应控制在 10.0~12.5 mm 以内。

⑤ 根据贯入试验过程中所得到的数据绘制单位压力与贯入量之间的关系曲线。

⑥ 在单位压力与贯入量的关系曲线中读取贯入量为 2.5 mm 和 5.0 mm 所对应的单位

压力 $p_{2.5}$ 和 $p_{5.0}$。

3）试验成果整理

① 以单位压力（p）为横坐标，贯入量（l）为纵坐标，绘制 p-l 关系曲线，如图 4 - 3 所示。曲线 2 开始段是凹曲线，需要进行修正。修正时在变曲率点引一切线，与纵坐标交于 O' 点，O' 即为修正后的原点。

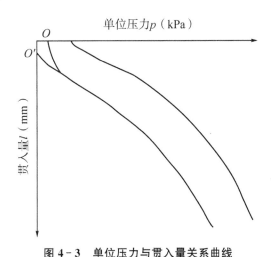

图 4 - 3　单位压力与贯入量关系曲线

引用自《土工试验方法标准》（GB/T 50123—2019）。

② 贯入量为 2.5 mm 和 5 mm 时的承载比（CBR）分别按下式计算：

$$CBR_{2.5} = \frac{p}{7\ 000} \times 100\% \tag{4-23}$$

$$CBR_{5.0} = \frac{p}{10\ 500} \times 100\% \tag{4-24}$$

式中：$CBR_{2.5}$、$CBR_{5.0}$——贯入量分别为 2.5 mm 和 5.0 mm 时的承载比（%）；

　　p——单位压力（kPa）。

取两者的较大值作为该材料的承载比（CBR）。

4）试验注意事项

① 制备土样时所加的水量一定要精确，充分拌和均匀，按规范要求的时间进行闷料。

② 控制最大干密度和最佳含水量是做好 CBR 试验的关键，因此，确定标准击实必须做平行试验，并取其参数作为制备 CBR 试件的标准。

③ 在浸泡完成以后，取出试件时一定要注意，防止土样底部与试筒底部相粘连，如果出现该现象使得土样底部不平整，土样不能用于 CBR 试验。

④ 左右两边的百分表的读数差应在一定范围内，在试验过程中如果发现一侧百分表停止或是倒转的情况，应停止试验，试件作废。

4.3.3　渗透试验

1）概述

渗透是液体在多孔介质中运动的现象，渗透系数是表征这一现象的定量指标。土的渗透性是由于骨架颗粒之间存在孔隙构成水的通道所致。土中孔隙水的运动和孔隙水压力的变化,常常是影响土的各种力学性质及控制各种建筑物(构筑物)设计与施工的重要因素。

水流动时,如相邻两质点的流线互不相交,则水流称为层流。水在土中流动是层流还是紊流,是由流速的大小所决定的,当流速超过某一临界速度就出现紊流,水在土中的渗流一般情况下都是层流。在层流情况下,水流的速度 v 与水力坡降 i 成正比,用公式表示为 $v=ki$。渗透试验是指根据达西定律来测定渗流系数,从而确定土的渗透性大小。渗透试验一般分为常水头法和变水头法,前者适用于透水性较强的粗粒土,后者适用于透水性较弱的细粒土。

2)试验方法及步骤

(1)常水头渗透试验

① 按照图 4-4 将仪器装好,接通调节管和供水管,从渗水孔向圆筒冲水,使水流到仪器底部,水位略高于金属孔板,关止水夹。

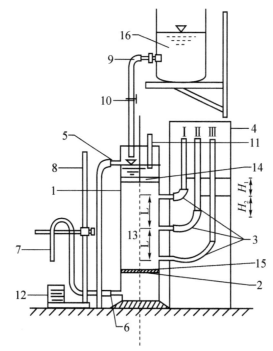

1—金属圆筒; 2—金属孔板; 3—测压孔; 4—测压管; 5—溢水孔; 6—渗水孔;
7—调节管; 8—滑动支架; 9—供水管; 10—止水夹; 11—温度计; 12—量杯;
13—试样; 14—砾石层; 15—铜丝筛布滤网; 16—供水瓶

图 4-4　常水头渗透装置
引用自《土工试验方法标准》(GB/T 50123—2019)。

② 取有代表性土样 3~4 kg,称量,精确至 1.0 g,并测其风干含水率。

③ 将土样分层装入圆筒内,每层厚 2~3 cm,用木锤轻轻击实到一定厚度,以控制孔隙比。如土样含黏粒比较多,应在金属孔板上加铺约 2 cm 厚的粗沙砾作为过滤层,以防细沙砾被水冲走。

④ 每层试样装好后,从渗水孔向圆筒充水至试样顶面,使试样逐渐饱和。饱和时水流

不可太急,以免扰动试样。

⑤ 如此分层装入试样后,从渗水孔向圆筒充水至试样顶面,最后一层试样表面应高出上测压孔 3～4 cm。量出试样顶面至筒顶高度,计算试样高度,称剩余土质量,精确至 0.1 g,计算装入试样的总质量。在试样顶面铺 1～2 cm 砾石作缓冲层,充水至水面高出砾石层 2 cm 左右时,关闭止水夹。

⑥ 将调节管提高至溢水管以上,将供水管置入圆筒内,开启止水夹,使水由圆筒上部注入,至有水从溢水孔溢出为止。

⑦ 静止数分钟,检查各测压管水位是否与溢水孔齐平,如不齐平,说明仪器有集气或漏气,需挤压测压管上的橡皮管,或用吸球在测压管上部将集气吸出,调至水位齐平为止。

⑧ 降低调节管至试样上部 1/3 高度处形成水位差,水即渗入试样,经调节管流出。此时调节供水管止水夹,使进入圆筒内的水量多于渗出水量,溢水孔始终有余水流出,以保持圆筒中水面不变,使试样处于常水头下渗透。

⑨ 测压管水位稳定后,测记水位,计算各测压管之间的水位差。开动秒表按规定时间记录渗透水量。接取渗出水量时,调节管出水口不得浸入水中。

⑩ 测记进水和出水处水温,取其平均值。

⑪ 降低调节管管口至试样中部及下部 1/3 高度处,按步骤⑧～⑪,重复测定渗出水量和水温。当各不同水力坡降下测定的数据接近时,结束试验。

⑫ 根据工程需要,改变试样的孔隙比,继续试验。

(2) 变水头渗透试验

① 将装有试样的环刀装入渗透容器,用螺母旋紧,要求密封至不漏水不漏气。对不易透水的试样应进行抽气饱和。对饱和试样和较易透水的试样,直接用变水头装置的水头进行饱和。

② 将渗透容器的进水口与变水头管连接,利用供水瓶中的纯水将进水管充满,并渗入渗透容器,开排气阀,排除渗透容器底部的空气,直至溢出水中无气泡,关排气阀,放平渗透容器,关进水管夹。

③ 向变水头管注纯水,使水升至预定高度,水头高度根据试样结构的疏松程度确定,一般不应大于 2 m,待水位稳定后切断水源打开进水夹,使水通过试样,当出水口有水溢出时开始测记,记录起始水头和起始时间,按预定时间间隔测记水头和时间变化,并测记出水口的水温。

④ 将变水头管中的水位变换高度,待水位稳定后测记水头和时间。类似试验做 5～6 次。当不同开始水头下测定的渗透系数在允许差值范围内时,结束试验。

3) 试验成果整理

① 常水头渗透试验渗透系数应按下式计算:

$$k_{\mathrm{T}} = \frac{2QL}{At(H_1 + H_2)} \tag{4-25}$$

$$k_{20} = k_{\mathrm{T}} \frac{\eta_{\mathrm{T}}}{\eta_{20}} \tag{4-26}$$

式中:k_T——水温 T ℃时试样的渗透系数(cm/s);

   Q——时间 t s 内的渗透水量(cm^3);

   L——渗径(cm),等于两侧压孔中心间的试样高度;

   A——试样的断面积(cm^2);

   t——时间(s);

   H_1、H_2——水位差(cm);

   k_{20}——标准温度(20 ℃)时试样的渗透系数(cm/s);

   η_T——T ℃时水的动力黏滞系数(10^{-6} kPa・s);

   η_{20}——20 ℃时水的动力黏滞系数(10^{-6} kPa・s)。

   ② 变水头渗透试验渗透系数应按下列公式计算:

$$k_T = 2.3 \frac{aL}{At} \lg \frac{H_{b1}}{H_{b2}} \tag{4-27}$$

$$k_{20} = k_T \frac{\eta_T}{\eta_{20}} \tag{4-28}$$

式中:a——变水头管截面积(cm^2);

   L——渗径(cm),等于试样高度;

   H_{b1}——开始时水头(cm);

   H_{b2}——终止时水头(cm)。

   4)试验注意事项

   ① 常水头试验适用于砂性土,用于常水头试验的仪器有 70 型渗透仪和土样管(卡明斯基管)渗透仪。变水头试验适用于黏性土。

   ② 试验用水应采用实际作用于土的天然水,如有困难可用纯水,但应在试验前用抽气法或者水煮法脱气,试验时的水温宜高于室温 3～4 ℃。

   ③ 土样的饱和度愈小,土的孔隙内残留气体愈多,使土的有效渗透面积减小,同时由于气体因孔隙水压力的变化而胀缩,使饱和度成为一个不定的因素,为了保证试验精度,要求试样必须充分饱和。

   ④ 水中气体对渗透系数有影响,由于水中气体分离,形成气泡堵塞土的孔隙,致使渗透系数逐渐降低。因此试验中用无气纯水,最好是用实际作用于土中的天然水,试验时的水温宜高于室温 3～4 ℃。

   ⑤ 水的动力黏滞系数随温度而变化,土的渗透系数与水的动力黏滞系数成反比。因此,在任一温度下测定的渗透系数应换算成标准温度(20 ℃)下的渗透系数,使试验结果有可比性。

   4.3.4 固结试验

   1)概述

   地基土在外荷载作用下,水和空气逐渐被挤出,土的骨架颗粒之间相互挤紧,封闭气体体积减小,从而引起土的压缩变形。固结试验就是将天然状态下的原状土样或扰动土样,制备成一定规格的试件,然后置于固结仪内,在不同荷载和在有侧限条件下测定其固结变形。根据工程需要,固结试验有下列试验方法:① 常规固结试验;② 快速固结试验;③ 连续加荷固结试验。

固结试验所得的各项指标用以判断土的压缩性和计算建筑物(构筑物)与地基的沉降。固结试验成果一般整理成 e-p 或 e-$\lg p$ 曲线,由固结试验可以测定土的压缩系数 a_v、压缩模量 E_s、体积压缩系数 m_v、压缩指数 C_c、回弹指数 C_s、垂直向固结系数 C_v。

2) 试验方法及步骤

① 在固结容器内放置护环、透水板和薄型滤纸(滤纸和透水板的湿度应接近试样的湿度),将带有试样的环刀装入护环内,放上导环,试样上依次放上薄型滤纸、透水板和加压上盖,并将固结容器置于加压框架正中位置,使加压上盖与加压框架中心对准,安装百分表或位移传感器。

② 施加 1 kPa 的预加压力使试样与仪器上下各部分之间接触,将百分表或传感器调整到零位或测初读数。

③ 确定需要施加的各级压力,压力等级宜为 5 kPa、12.5 kPa、25 kPa、50 kPa、100 kPa、200 kPa、400 kPa、800 kPa、1 600 kPa、3 200 kPa。第一级压力的大小应视土的软硬程度而定,宜用 12.5 kPa、25 kPa 或 50 kPa。最后一级压力应大于上覆土层的计算压力 100 或 200 kPa。

④ 需要确定原状土的先期固结压力时,初始段的荷重率应小于 1,可采用 0.5 或 0.25。施加的压力应使测得的 e-$\lg p$ 曲线下段出现直线段。对超固结土,应进行卸压、再加压来评价其再压缩特性。

⑤ 对于饱和试样,施加第一级压力后应立即向水槽中注水浸没试样。非饱和试样进行压缩试验时,须用湿棉纱围住加压板周围。

⑥ 需要测定沉降速率、固结系数时,施加每一级压力后宜按下列时间顺序测记试样的高度变化。时间为 6 s、15 s、1 min、2 min 15 s、4 min、6 min 15 s、9 min、12 min 5 s、16 min、20 min 15 s、25 min、30 min 15 s、36 min、42 min 15 s、49 min、64 min、100 min、200 min、400 min、23 h、24 h,直至稳定为止。不需要测定沉降速率时,则施加每级压力后 24 h 测定试样高度变化作为稳定标准,只需测定压缩系数的试样,施加每级压力后,每小时变形达 0.01 mm 时,测定试样高度变化作为稳定标准。按此步骤逐级加压至试验结束。测定沉降速率仅适用于饱和土。

⑦ 需要进行回弹试验时,可在某级压力下固结稳定后退压,直至退到要求的压力,每次退压至 24 h 后测定试样的回弹量。

⑧ 试验结束后吸去容器中的水,迅速拆除仪器各部件,取出整块的试样,测定含水率。

3) 试验成果整理

① 某一压力范围内的压缩系数 a_v 应按下式计算:

$$a_v = \frac{e_i - e_{i+1}}{p_{i+1} - p_i} \times 10^3 \qquad (4-29)$$

式中:a_v——压缩系数(MPa^{-1});

e_i——某级压力下的孔隙比;

p_i——某一单位压力值(kPa)。

② 压缩指数 C_c 及回弹指数 C_s 应按下式计算：

$$C_c \text{ 或 } C_s = \frac{e_i - e_{i+1}}{\lg p_{i+1} - \lg p_i} \tag{4-30}$$

式中：C_c——压缩指数；

C_s——回弹指数。

③ 某一压力范围内的压缩模量 E_s 和体积压缩系数 m_v 应按下式计算：

$$E_s = \frac{1 + e_0}{a_v} \tag{4-31}$$

$$m_v = \frac{1}{E_s} = \frac{a_v}{1 + e_0} \tag{4-32}$$

式中：E_s——压缩模量(MPa)；

e_0——初始孔隙比；

m_v——体积压缩系数(MPa^{-1})。

4）试验注意事项

① 试验条件和试样规格。试样应处于上下两面或一面能自由排水，其流向与压力作用方向一致，形成单向固结。同时受力作用的压缩变形亦与压力方向一致，且无侧向膨胀。试样尺寸一般高度均为 20 mm，直径有 79.8 mm 和 61.8 mm 两种。注意试样制备的操作，尽量保持原状。

② 荷重率。荷重率即后一级荷载与前一级荷重的差与前一级荷重的比值，即 $\dfrac{p_2 - p_1}{p_1}$。一般而言，荷重率小，加荷速率慢，沉降量小；反之荷重率大，或快速加荷，则沉降量大。所以应根据实际情况和土质条件合理确定荷重率。

③ 荷重历时及固结标准。沉降的稳定时间，取决于试样的透水性和流变性质，土的黏性愈大，达到稳定所需时间也愈长。沉降稳定的标准，一般规定为 24 h，但对于某些土，采用 2~6 h，土样固结度亦即达到 95% 左右。但一般情况用 24 h 作为稳定标准。

④ 仪器校正。应求得仪器变形量与压力关系曲线。

4.3.5　土的抗剪强度试验

1）概述

土抗剪强度是指土体抵抗剪切破坏的极限强度，直接剪切试验是测定土体抗剪强度的一种常用方法。通常是从地基中某个位置取出土样，制成几个试样，用几个不同的垂直压力作用于试样上，然后施加剪切力，测得剪应力与位移的关系曲线，从曲线上找出试样的极限剪应力作为该垂直压力下的抗剪强度。通过几个试样的抗剪强度确定强度包线，求出抗剪强度参数 c、φ。

三轴剪力(压缩)试验是指根据莫尔-库仑强度理论，用 3~4 个圆柱体试样，分别在不同的恒定周围压力(即小主应力 σ_3)下施加轴向压力，进行剪切直至破坏，从而确定土的抗剪强度参数。根据排水条件的不同，三轴试验分为不固结不排水剪试验(UU)、固结不排水剪试验(CU)和固结排水剪试验(CD)。试验方法的选择应根据工程性质、土的性质、建筑物(构筑物)施工和运行条件及所采用的分析方法而定。

无侧限抗压强度试验,是三轴试验的一个特例,即将土样置于不受侧向限制的条件下进行的压力试验,此时土样所受的小主应力 $\sigma_3=0$,而大主应力 σ_1 的极限值即为无侧限抗压强度。与直剪仪相比,由于试样破坏面是沿着黏土的最软弱部分发生的,因此能够获得较均匀的应力-应变曲线。目前测定土的无侧限抗压强度主要有两种方法,即应变控制法和应力控制法,以应变控制法为常用。

2) 试验方法及步骤

(1) 直接剪切试验

① 按照要求切取 3~4 个原状土样。

② 上下盒间接触面及盒内涂抹凡士林,以减少阻力,检查百分表是否灵敏,插销是否失灵,钢珠是否脱落。

③ 对准上下盒,插入固定销,在下盒内放入透水石一块,放入蜡纸一张,将带有土样的环刀刃口朝上、对准盒口,将试样推入盒内,然后在试验样上放上蜡纸、透水石及盒盖,装入仪器内,加上压力,转动手轮,让其接触,拔掉插销,开始试验。

④ 加压和剪切

a. 快剪试验:待施加预定的法向压力后,随即施加水平推力,并用较快的速度(0.8~1.2 mm/min)在 3~5 min 内将试样剪坏。对于某些渗透性较强,而又含水率高、密度低的土,甚至要求在 30~50 s 内剪坏。

b. 固结快剪试验:先使试样在法向压力作用下达到完全固结,然后施加水平荷载进行剪切,在剪切时不让孔隙水排出,即不允许试样在剪切过程中发生固结。

c. 慢剪试验:先使试样在法向压力下达到完全固结。根据土的渗透性大小,一般固结时间在 3~16 h 之间,之后施加慢速剪切,剪切速率应小于 0.02 mm/min,每次剪切历时一般在 1~4 h 之间。在每次施加水平荷载时,使土中水能充分排出,以消除其孔隙水压力影响,直至土样被剪坏为止。

⑤ 拆除容器:剪切结束,依次卸除百分表,垂直荷载,上盒等。重新装上另一试样进行下一级剪切试验,直至全部结束。

(2) 三轴压缩试验

① 不固结不排水剪试验

a. 试样安装

a) 在压力室的底座上,依次放上不透水板、试样及不透水试样帽,将橡皮膜用承膜筒套在试样外,并用橡皮圈将橡皮膜两端与底座及试样帽分别扎紧。

b) 将压力室罩顶部活塞提高,放下压力室罩,将活塞对准试样中心,并均匀地拧紧底座连接螺母。向压力室内注满纯水,待压力室顶部排气孔有水溢出时,拧紧排气孔,并将活塞对准测力计和试样顶部。

c) 将离合器调至粗位,转动粗调手轮,当试样帽与活塞及测力计接近时,将离合器调至细位,改用细调手轮,使试样帽与活塞及测力计接触,装上变形指示计,将测力计和变形指示计调至零位。

d) 关排水阀,开周围压力阀,施加周围压力。

b. 试样剪切步骤

a) 剪切应变速率宜为每分钟应变 $0.5\% \sim 1.0\%$。

b) 启动电动机,合上离合器,开始剪切。试样每产生 $0.3\% \sim 0.4\%$ 的轴向应变(或 $0.2\,mm$ 变形值),测记一次测力计读数和轴向变形值。当轴向应变大于 3% 时,试样每产生 $0.7\% \sim 0.8\%$ 的轴向应变(或 $0.5\,mm$ 变形值),测记一次。

c) 当测力计读数出现峰值时,剪切应继续进行到轴向应变为 $15\% \sim 20\%$。

d) 试验结束,关电动机,关周围压力阀,脱开离合器,将离合器调至粗位,转动粗调手轮,将压力室降下,打开排气孔,排除压力室内的水,拆卸压力室罩,拆除试样,描述试样破坏形状,称试样质量,并测定含水率。

② 固结不排水剪试验

a. 试样安装

a) 打开孔隙水压力阀和量管阀,对孔隙水压力系统及压力室底座充水排气后,关孔隙水压力阀和量管阀。

b) 压力室底座上依次放上透水板、湿滤纸、试样、湿滤纸、透水板,试样周围贴浸水的滤纸条 $7 \sim 9$ 条。

c) 将橡皮膜用承膜筒套在试样外,并用橡皮圈将橡皮膜下端与底座扎紧。

d) 打开孔隙水压力阀和量管阀,使水缓慢地从试样底部流入,排除试样与橡皮膜之间的气泡,关闭孔隙水压力阀和量管阀。

e) 打开排水阀,使试样帽中充水,放在透水板上,用橡皮圈将橡皮膜上端与试样帽扎紧,降低排水管,使管内水面位于试样中心以下 $20 \sim 40\,cm$,吸除试样与橡皮膜之间的余水,关排水阀。

f) 需要测定土的应力应变关系时,应在试样与透水板之间放置中间夹有硅脂的两层圆形橡皮膜,膜中间应留有直径为 $1\,cm$ 的圆孔排水。

b. 试样排水固结

a) 调节排水管使管内水面与试样高度的中心齐平,测记排水管水面读数。

b) 打开孔隙水压力阀,使孔隙水压力等于大气压力,关孔隙水压力阀,记下初始读数。当需要施加反压力时,应使试样饱和。

c) 将孔隙水压力调至接近周围压力值,施加周围压力后,再打开孔隙水压力阀,待孔隙水压力稳定,测定孔隙水压力。

d) 打开排水阀。当需要测定排水过程时,应按固结试验操作步骤⑥的时间顺序测记排水管水面及孔隙水压力读数,直至孔隙水压力消散 95% 以上。固结完成后,关排水阀,测记孔隙水压力和排水管水面读数。

e) 微调压力机升降台,使活塞与试样接触,此时轴向变形指示计的变化值为试样固结时的高度变化。

c. 试样剪切

a) 剪切应变速率,黏土宜为每分钟应变 $0.05\% \sim 0.1\%$;粉土为每分钟应变 $0.1\% \sim 0.5\%$。

b) 将测力计、轴向变形指示计及孔隙水压力读数均调整至零。

c) 启动电动机,合上离合器,开始剪切。测力计、轴向变形、孔隙水压力应按不固结不

075 第 4 章 岩土试验

排水剪试验剪切的步骤 b)、c)进行测记。

　　d) 试验结束,关电动机,关各阀门,脱开离合器,将离合器调至粗位,转动粗调手轮,将压力室降下,打开排气孔,排除压力室内的水,拆卸压力室罩,拆除试样,描述试样破坏形状,称试样质量,并测定试样含水率。

　　③ 固结排水剪试验

　　试样的安放、固结、剪切应按与固结不排水剪试验相同的步骤进行。但在剪切过程中应打开排水阀。剪切速率采用每分钟应变 0.003%～0.012%。

　　(3) 无侧限抗压强度试验

　　① 将原状土样按天然层次方向放在桌上,用削土刀或钢丝锯削成稍大于试件直径的土柱,放入切土盘的上下盘之间,再用削土刀或钢丝锯自上而下细心切削。同时转动圆盘,直至达到要求的直径为止。取出试件,按要求的高度削平两端。端面要平整,且与侧面垂直,上下均匀。

　　② 试件直径和高度应与重塑筒直径和高度相同,一般直径为 3.5～4.0 cm,高度为 8.0 cm。试件的高度与直径之比宜在 2.0～2.5 之间。

　　③ 将称好的试件立即称重,精确至 0.1 g。同时测其高度和上、中、下各部位直径。取切削下的余土测含水量。

　　④ 在试件两端面及侧面抹一薄层凡士林,以防止水分蒸发。

　　⑤ 将试件小心地置于无侧限压力仪的加压板上,转动手轮,使其与上加压板刚好接触,调整量力环和位移量表的起始零点。

　　⑥ 以每分钟轴向应变为 1%～3% 的速度转动手轮,使升降设备上升,进行试验,使试验在 8～10 min 内完成。

　　⑦ 应变在 3% 以前,每 0.5% 应变记读百分表读数一次,应变达 3% 以后,每 1% 应变记读百分表读数一次。

　　⑧ 当百分表读数达到峰值或读数达到稳定,再继续剪 3%～5% 应变值即可停止试验,如读数无峰值,则轴向应变达 20% 时即可停止试验。

　　⑨ 试验结束,取下试样,描述破坏情况。

　　⑩ 当需测灵敏度时,将破坏后的试件去掉表面凡士林,再加少许余土,包以塑料布,用手搓捏,破坏其结构,重塑为圆柱形,放入重塑筒内,用金属垫板挤成与筒体积相等的试件,即与重塑前尺寸相等。重复上述步骤进行试验。

　　3) 试验成果整理

　　(1) 直接剪切试验

　　① 剪应力应按下式计算:

$$\tau = \frac{C \cdot R}{A_0} \times 10 \qquad (4-33)$$

式中:τ——试样所受的剪应力(kPa);

　　　C——测力计率定系数(N/0.01 mm);

　　　R——测力计读数,0.01 mm;

A_0——试样面积（cm^2）。

② 绘制抗剪强度与垂直压力关系曲线，见图 4-5。直线的倾角为内摩擦角，直线在纵坐标上的截距为黏聚力。

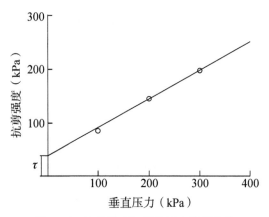

图 4-5 抗剪强度与垂直压力关系曲线

引用自《土工试验方法标准》(GB/T 50123—2019)。

（2）三轴压缩试验

① 主应力差（$\sigma_1 - \sigma_3$）应按下式计算：

$$\sigma_1 - \sigma_3 = \frac{C \cdot R}{A_0} \times 10 \tag{4-34}$$

式中：σ_1——大主应力（kPa）；

σ_3——小主应力（kPa）。

② 有效主应力比 σ_1'/σ_3' 应按下式计算：

$$\frac{\sigma_1'}{\sigma_3'} = \frac{(\sigma_1 - \sigma_3)}{\sigma_3'} + 1 \tag{4-35}$$

$$\sigma_1' = \sigma_1 - u \tag{4-36}$$

$$\sigma_3' = \sigma_3 - u \tag{4-37}$$

式中：σ_1'、σ_3'——有效大主应力和有效小主应力（kPa）；

u——孔隙水压力（kPa）。

③ 孔隙压力系数 B 和 A 应按下式计算：

$$B = \frac{u_0}{\sigma_3} \tag{4-38}$$

$$A = \frac{u_d}{B(\sigma_1 - \sigma_3)} \tag{4-39}$$

式中：u_0——试样在周围压力下产生的初始孔隙压力（kPa）；

u_d——试样在主应力差（$\sigma_1 - \sigma_3$）下产生的初始孔隙压力（kPa）。

（3）无侧限抗压强度试验

① 试件所受的轴向力应按下式计算：

$$\sigma = \frac{C \cdot R}{A_a} \times 10 \tag{4-40}$$

式中：σ——轴向应力（kPa）；

　　A_a——校正后的试样平均断面积（cm²），$A_a = \dfrac{A_0}{1-0.01\varepsilon}$（$A_0$ 为试样面积，ε 为试样的

　　　　轴向变形）。

② 以轴向应力为纵坐标，轴向应变为横坐标，绘制轴向应力-轴向应变关系曲线（图 4-6），以最大轴向应力作为无侧向抗压强度。若最大轴向应力不明显，取轴向应变 15％处对应的应力作为该试件的无侧限抗压强度。

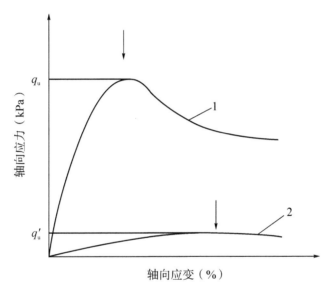

图 4-6　轴向应力与轴向应变关系曲线

引用自《土工试验方法标准》（GB/T 50123—2019）。

③ 黏土的触变性常以灵敏度表示。按下式计算灵敏度：

$$S_t = \frac{q_u}{q'_u} \tag{4-41}$$

式中：S_t——土的灵敏度；

　　q_u——原状试样的无侧限抗压强度（kPa）；

　　q'_u——重塑试样的无侧限抗压强度（kPa）。

4）试验注意事项

（1）直接剪切试验

① 快剪、固结快剪试验一般用于渗透系数小于 6～10 cm/s 的黏性土，而慢剪试验则对渗透系数无要求。对于砂性土一般用固结快剪的方法进行。

② 快剪试验用于在土体上施加荷载和剪切过程中都不发生固结和排水作用的情况。

如土体有一定湿度,施工中逐步压实固结,就可以用固结快剪试验。如在施工期或工程使用期有充分时间排水固结,则用慢剪试验。

③ 对低含水率高密度的黏性土,垂直压力应一次施加,对于松软的黏土,为避免试样挤出,垂直压力宜分级施加。

④ 对固结快剪和慢剪的试样,在每级垂直压力作用下,应压缩到主固结完成,规定的稳定标准为每小时垂直变形不大于 0.005 mm,实际进行时,也可用时间平方根法和时间对数法来确定。

(2) 三轴压缩试验

① 采用何种类型的三轴压缩试验应根据不同的工程条件来确定。

② 试样的制备和饱和,原状试样制备用切土器切取即可。对扰动试样可以采用压样法和击样法。压样法制备的试样均匀,但时间较长,故采用击样法制备,并建议击锤的面积应小于试样面积;在击实分层时,为使试样均匀,分多层效果好,但分层过多,一方面操作比较麻烦,另一方面层与层之间的接触面太多,操作不注意也会影响强度,因此,规定黏质土为 5~8 层,粉质土为 3~5 层。试样制备后进行饱和。

③ 在不固结不排水剪试验中,无明显破坏值时,为了简便,可采用应变 15% 时的主应力差作为破坏值。

④ 在固结排水剪试验中,规定将孔隙压力消散 95% 作为固结标准。

⑤ 固结排水剪试验的剪切应变速率对试验结果的影响,主要反映在剪切过程中是否存在孔隙水压力,如剪切速度快,孔隙水压力不完全消散,就不能得到真实的有效强度指标。比较试验表明,对黏性土剪切应变速率采用每分钟应变 0.003%~0.012% 为最适宜。

(3) 无侧限抗压强度试验

① 饱和黏土的抗压强度,随土密度增加而增大,并随含水率增加而减小,测定无侧限抗压强度时,要求在试验过程中含水率保持不变。

② 天然结构的土经重塑后结构黏聚力已全部消失,但放置时间愈长,黏聚力恢复程度愈大,所以需要测定灵敏度时,重塑试样的试验应立即进行。

③ 为了减小试样与传压板之间摩擦力的影响,在试验前,应在试样两端抹一层凡士林或硅脂。

4.4　岩石的力学试验

4.4.1　单轴压缩变形试验

1) 概述

岩石变形试验是指在纵向压力作用下测定试样的纵向(轴向)和横向(径向)变形,据此计算岩石的弹性模量和泊松比。弹性模量是纵向单轴应力与纵向应变之比,规程规定用单轴抗压强度的 50% 作为应力和该应力下的纵向应变值进行计算。根据需要也可以确定任何应力下的弹性模量。泊松比是横向应变与纵向应变之比,规程规定用单轴抗压强度 50% 时的横向应变值和纵向应变值进行计算。根据需要也可以求任何应力下的泊松比。岩石单轴压缩变形试验应采用电阻应变片法或千分表法,能制成圆柱体试件的各类岩石均可采用电阻应变片法或千分表法进行试验。

2）试验方法及步骤

① 电阻应变片贴片位置选择在试件中部相互垂直的两对称部位，应以相对面为一组，分别粘贴轴向、径向应变片，并应避开裂隙或斑晶。

② 贴片位置打磨平整光滑，并用清洗液清洗干净。各种含水状态的试件，应在贴片位置的表面均匀地涂一层防潮胶液，厚度不宜大于 0.1 mm，范围应大于应变片。

③ 应变片应牢固地粘贴在试件上，轴向或径向应变片的数量可采用 2 片或 4 片，其绝缘电阻值不应小于 200 MΩ。

④ 在焊接导线后，可在应变片上做防潮处理。

⑤ 应将试件置于试验机承压板中心，调整球形座，使试件受力均匀，并应测初始读数。

⑥ 加载宜采用一次连续加载法，应以每秒 0.5～1.0 MPa 的速度加载，逐级测读载荷与各应变片应变值直至试件破坏，应记录破坏载荷。测值不宜少于 10 组。

⑦ 记录加载过程及破坏时出现的现象，并应对破坏后的试件进行描述。

3）试验成果整理

① 绘制应力与轴向应变及径向应变关系曲线。

② 岩石平均弹性模量和岩石平均泊松比应分别按下式计算：

$$E_{av} = \frac{\sigma_b - \sigma_a}{\varepsilon_{lb} - \varepsilon_{la}} \tag{4-42}$$

$$\mu_{av} = \frac{\varepsilon_{db} - \varepsilon_{da}}{\varepsilon_{lb} - \varepsilon_{la}} \tag{4-43}$$

式中：E_{av}、μ_{av}——岩石平均弹性模量（MPa）、平均泊松比；

σ_a、σ_b——应力与轴向应变关系曲线上直线段始点、终点的应力值（MPa）；

ε_{la}、ε_{lb}——应力为 σ_a、σ_b 时的轴向应变值；

ε_{da}、ε_{db}——应力为 σ_a、σ_b 时的径向应变值。

③ 岩石割线弹性模量及相应的岩石泊松比应分别按下式计算：

$$E_{50} = \frac{\sigma_{50}}{\varepsilon_{l50}} \tag{4-44}$$

$$\mu_{50} = \frac{\varepsilon_{d50}}{\varepsilon_{l50}} \tag{4-45}$$

式中：E_{50}——岩石割线弹性模量（MPa）；

μ_{50}——岩石泊松比；

σ_{50}——相当于岩石单轴抗压强度 50% 时的应力值（MPa）；

ε_{l50}——应力为 σ_{50} 时的轴向应变值；

ε_{d50}——应力为 σ_{50} 时的径向应变值。

4）试验注意事项

① 对于砾岩类较坚硬的岩石不建议采用电阻应变仪方法进行弹性模量试验，而应采用千分表法。

② 对于泥质岩、泥灰岩等泥质岩石，试验前应进行防潮处理，再进行电阻应变片的粘贴，以确保数据的准确性。

③ 试样的不同状态（天然、饱和、风干）也会对压缩变形的结果产生影响。

4.4.2 单轴抗压强度试验

1）概述

当无侧限岩石试样在纵向压力作用下出现压缩破坏时,单位面积上所承受的载荷称为岩石的单轴抗压强度,即试样破坏时的最大载荷与垂直于加载方向的截面积之比。在测定单轴抗压强度的同时,可同时进行变形试验。

不同含水状态的试样均可按本规定进行测定,试样的含水状态用以下方法处理:

① 烘干状态的试样,在 105～110 ℃下烘 24 h。

② 饱和状态的试样,使试样逐步浸水,首先淹没试样高度的 1/4,然后每隔 2 h 分别升高水面至试样的 1/3 和 1/2 处,6 h 后全部浸没试样,试样在水下自由吸水 48 h;采用煮沸法饱和试样时,煮沸箱内水面应经常保持高于试样面,煮沸时间不少于 6 h。

2）试验方法及步骤

① 将试件置于试验机承压板中心,调整球形座,使试件两端面与试验机上下压板接触均匀。

② 以每秒 0.5～1.0 MPa 的速度加载直至试件破坏,并记录破坏载荷及加载过程中出现的现象。

③ 试验结束后,描述试件的破坏形态。

3）试验成果整理

① 岩石单轴抗压强度和软化系数应分别按下列公式计算:

$$R = \frac{p}{A} \quad\quad\quad (4-46)$$

$$\eta = \frac{\overline{R}_w}{\overline{R}_d} \qu\quad\quad (4-47)$$

式中:R——岩石单轴抗压强度(MPa);

η——软化系数;

p——破坏荷载(N);

A——试件截面积(mm^2);

$\overline{R}_w$——岩石饱和单轴抗压强度平均值(MPa);

$\overline{R}_d$——岩石烘干单轴抗压强度平均值(MPa)。

② 岩石单轴抗压强度计算值应取 3 位有效数字,岩石软化系数计算值应精确至 0.01。

4）试验注意事项

① 试料可用钻孔的岩芯或坑、槽探中采取的岩块。

② 岩样尺寸一般为 ϕ50 mm×100 mm,数量不应少于六个。

③ 根据参加统计的一组试样的试验值计算其平均值、标准差、变异系数。

4.4.3 抗拉强度试验

1）概述

在地下工程设计和施工中,岩石的抗拉强度是一个非常重要的力学指标。地下工程围岩体常处于复杂的应力状态,有的部分受拉,有的部分受压。因为岩石的抗拉强度远低于抗压强度,所以围岩总是从拉应力区开始破坏。因此,岩石抗拉强度又是确定工程围岩破坏区的基础资料之一。目前,岩石抗拉强度的室内测定方法很多,最常用的是巴西法(劈裂法），是指在圆柱体试样的直径方向上，施加相对的线性载荷，使之沿试样直径方向破坏的试验方法。本方法可用于测烘干、自然干燥、饱和的试样，不适用于软弱岩石。

2）试验方法及步骤

① 根据要求的劈裂方向，通过试件直径的两端，沿轴线方向应画两条相互平行的加载基线，将两根垫条沿加载基线固定在试件两侧。

② 将试件置于试验机承压板中心，调整球形座，使试件均匀受力，并使垫条与试件在同一加载轴线上。

③ 以每秒 0.3～0.5 MPa 的速度加载直至破坏。

④ 记录破坏载荷及加载过程中出现的现象，并应对破坏后的试件进行描述。

3）试验成果整理

① 岩石抗拉强度应按下式计算：

$$\sigma_t = \frac{2p}{\pi Dh} \tag{4-48}$$

式中：σ_t——岩石抗压强度（MPa）；

p——试件破坏荷载（N）；

D——试件直径（mm）；

h——试件厚度（mm）。

② 计算值应取 3 位有效数字。

4）试验注意事项

① 试验一般采用直径为 48～54 mm，高度为直径的 0.5 倍，并大于岩石最大颗粒 10 倍的圆柱体试件，每组试件制备不少于 3 块。

② 试件上、下两根垫条应与试件中心面位于同一平面内，以免产生偏心荷载。

③ 破坏面必须通过上、下两加荷线，如果只产生局部破坏，必须重新试验。

4.4.4　直剪试验

1）概述

岩石在剪切荷载作用下达到破坏前所能承受的最大剪应力称为岩石的抗剪切强度，是反映岩石力学性质的重要参数之一。一般通过直剪实验来测定岩石的抗剪强度，并根据摩尔理论，求得抗剪强度参数。直剪试验是指对五个试件施加不同法向荷载，用平推法施加水平方向剪切力，直至试件破坏，计算抗剪强度，根据摩尔理论进行绘图和计算求得岩石的黏聚力 c 与内摩擦角 φ。各类岩石、岩石结构面以及混凝土与岩石接触面的直剪试验均可采用平推法。

2）试验方法及步骤

① 应将试件置于直剪仪的剪切盒内，试件受剪方向宜与预定受力方向一致，试件与剪切盒内壁的间隙用填料填实，应使试件与剪切盒成为一整体。预定剪切面应位于剪切缝中部。

② 在施加法向载荷前，应测读各法向位移测表的初始值。应每 10 min 测读一次，各个测表三次读数差值不超过 0.02 mm 时，可施加法向载荷。

③ 在每个试件上分别施加不同的法向载荷，对应的最大法向应力值不宜小于预定的法向应力。各试件的法向载荷，宜根据最大法向载荷等分确定。

④ 施加剪切荷载，根据预估最大剪切载荷，宜分 8～12 级施加。每级载荷施加后，即应测读剪切位移和法向位移，每 5 min 再测读一次，即可施加下一级剪切载荷直至破坏。当剪

切位移量增幅变大时,可适当加密剪切载荷分级。

⑤ 试件破坏后,应继续施加剪切载荷,应直至测出趋于稳定的剪切载荷值为止。

⑥ 将剪切载荷退至零。根据需要,待试件回弹后,调整测表,应按第④至⑤步进行摩擦试验。

3）试验成果整理

① 各法向载荷下,作用于剪切面上的法向应力和剪应力应分别按下列公式计算:

$$\sigma = \frac{p}{A} \tag{4-49}$$

$$\tau = \frac{Q}{A} \tag{4-50}$$

式中:σ——作用于剪切面上的法向应力(MPa);

τ——作用于剪切面上的剪应力(MPa);

p——作用于剪切面上的法向荷载(N);

Q——作用于剪切面上的剪切荷载(N);

A——有效剪切面面积(mm^2)。

② 绘制各法向应力下的剪应力与剪切位移及法向位移关系曲线,并根据曲线确定各剪切阶段特征点的剪应力。

③ 将各剪切阶段特征点的剪应力和法向应力点绘在坐标图上,绘制剪应力与法向应力关系曲线,并应按库伦-奈维表达式确定相应的岩石强度参数。

4）试验注意事项

① 试样应在现场采取,在采取、运输、储存和制备过程中应防止产生裂隙和扰动。

② 岩石结构面直剪试验试件的直径或边长不得小于 50 mm,试件高度宜与直径或边长相等,结构面应位于试件中部。

③ 试验的含水状态,可根据需要选择天然含水状态、饱和状态或其他含水状态。

④ 在剪切过程中,应使法向载荷始终保持恒定。

4.5 水和土的腐蚀试验

4.5.1 概述

水土腐蚀性是指水土对混凝土和钢铁材料在一定的环境条件下产生的化学、物理化学或生物化学作用的侵蚀能力。水土腐蚀性试验是测定工程场地水土对这些材料水的腐蚀性。水土对混凝土的腐蚀类型通常有结晶类腐蚀、分解类腐蚀和结晶分解复合类腐蚀等。水土对钢铁的腐蚀类型通常有原电池腐蚀、细菌腐蚀、杂散电流腐蚀和化学腐蚀等。

4.5.2 试验方法

1）取样

采取水试样和土试样应符合下列规定:

① 混凝土结构处于地下水位以上时,应取土试样做土的腐蚀性测试。

② 混凝土结构处于地下水或地表水中时,应取水试样做水的腐蚀性测试。

③ 混凝土结构部分处于地下水位以上、部分处于地下水位以下时,应分别取土试样和水试样做腐蚀性测试。

④ 水试样和土试样应在混凝土结构所在的深度采取,每个场地不应少于 2 件。当土中盐类成分和含量分布不均匀时,应分区、分层取样,每区、每层不应少于 2 件。

2）测试项目和试验方法

水和土腐蚀性的测试项目和试验方法应符合下列规定:

① 水对混凝土结构腐蚀性的测试项目包括:pH、Ca^{2+}、Mg^{2+}、Cl^-、SO_4^{2-}、HCO_3^-、CO_3^{2-}、侵蚀性 CO_2、游离 CO_2、NH_4^+、OH^-、总矿化度。

② 土对混凝土结构腐蚀性的测试项目包括:pH、Ca^{2+}、Mg^{2+}、Cl^-、SO_4^{2-}、HCO_3^-、CO_3^{2-} 的易溶盐(土水比 1∶5 分析)。

③ 土对钢结构的腐蚀性的测试项目包括:pH、氧化还原电位、极化电流密度、电阻率、质量损失。

④ 腐蚀性测试项目的试验方法应符合表 4 - 3 的规定。

表 4 - 3　腐蚀性测试方法

序号	试验项目	试验方法
1	pH	电位法或锥形玻璃电极法
2	Ca^{2+}	EDTA 容量法
3	Mg^{2+}	EDTA 容量法
4	Cl^-	摩尔法
5	SO_4^{2-}	EDTA 容量法或质量法
6	HCO_3^-	酸滴定法
7	CO_3^{2-}	酸滴定法
8	侵蚀性 CO_2	盖耶尔法
9	游离 CO_2	碱滴定法
10	NH_4^+	纳氏试剂比色法
11	OH^-	酸滴定法
12	总矿化度	计算法
13	氧化还原电位	铂电极法
14	极化电流密度	原位极化法
15	电阻率	四极法
16	质量损失	管罐法

引用自《岩土工程勘察规范》(GB 50021—2001)(2009 年版)。

4.5.3　试验成果整理

1）水土对混凝土结构的腐蚀性评价

① 受环境类型影响,水和土对混凝土结构的腐蚀性评价,应符合表 4 - 4 的规定;受地

层渗透性影响,水和土对混凝土结构的腐蚀性评价,应符合表 4-5 的规定。

表 4-4　按环境类型水和土对混凝土结构的腐蚀性评价

腐蚀等级	腐蚀介质	环境类型		
		Ⅰ	Ⅱ	Ⅲ
微	硫酸盐含量 SO_4^{2-} (mg/L)	<200	<300	<500
弱		200~500	300~1 500	500~3 000
中		500~1 500	1 500~3 000	3 000~6 000
强		>1 500	>3 000	>6 000
微	镁盐含量 Mg^{2+} (mg/L)	<1 000	<2 000	<3 000
弱		1 000~2 000	2 000~3 000	3 000~4 000
中		2 000~3 000	3 000~4 000	4 000~5 000
强		>3 000	>4 000	>5 000
微	铵盐含量 NH_4^+ (mg/L)	<100	<500	<800
弱		100~500	500~800	800~1 000
中		500~800	800~1 000	1 000~1 500
强		>800	>1 000	>1 500
微	苛性碱含量 OH^- (mg/L)	<35 000	<43 000	<57 000
弱		35 000~43 000	43 000~57 000	57 000~70 000
中		43 000~57 000	57 000~70 000	70 000~100 000
强		>57 000	>70 000	>100 000
微	总矿化度 (mg/L)	<10 000	<20 000	<50 000
弱		10 000~20 000	20 000~50 000	50 000~60 000
中		20 000~50 000	50 000~60 000	60 000~70 000
强		>50 000	>60 000	>70 000

引用自《岩土工程勘察规范》(GB 50021—2001)(2009 年版)。

表 4-5　按地层渗透性水和土对混凝土结构的腐蚀性评价

腐蚀等级	pH		侵蚀性 CO_2 (mg/L)		HCO_3^- (mg/L)
	A	B	A	B	A
微	>6.5	>5.0	<15	<30	>1.0
弱	6.5~5.0	5.0~4.0	15~30	30~60	1.0~0.5
中	5.0~4.0	4.0~3.5	30~60	60~100	<0.5
强	<4.0	<3.5	>60	—	—

注:① 表中 A 是指直接临水或强透水层中的地下水;B 是指弱透水层中的地下水。强透水层是指碎石土和砂土;弱透水层是指粉土和黏性土。

② HCO_3^- 含量是指水的矿化度低于 0.1 g/L 的软水时,该类水质 HCO_3^- 的腐蚀性。

③ 土的腐蚀性评价只考虑 pH 指标;评价其腐蚀性时,A 是指强透水土层;B 是指弱透水土层。

④ 当按表 4-4 和表 4-5 评价的腐蚀等级不同时,应按下列规定综合评定:

a. 腐蚀等级中,只出现弱腐蚀,无中等腐蚀或强弱性时,应综合评价为弱腐蚀。

b. 腐蚀等级中,无强腐性,最高为中等腐蚀时,应综合评价为中等腐蚀。

c. 腐蚀等级中,有一个或一个以上为强腐蚀,应综合评价为强腐蚀。

引用自《岩土工程勘察规范》(GB 50021—2001)(2009 年版)。

2) 水土对钢结构的腐蚀性评价

① 水和土对钢筋混凝土结构中钢筋的腐蚀性评价,应符合表 4-6 的规定。

表 4-6　对钢筋混凝土结构中钢筋的腐蚀性评价

腐蚀等级	水中 Cl^- 含量(mg/L)		土中 Cl^- 含量(mg/L)	
	长期浸水	干湿交替	A	B
微	<10 000	<100	<400	<250
弱	10 000~20 000	100~500	400~750	250~500
中		500~5 000	750~7 500	500~5 000
强		>5 000	>7 500	>5 000

注:A 是指地下水位以上的碎石土、砂土,稍湿的粉土,坚硬、硬塑的黏性土;B 是指湿、很湿的粉土,可塑、软塑、流塑的黏性土。

引用自《岩土工程勘察规范》(GB 50021—2001)(2009 年版)。

② 土对钢结构的腐蚀性评价,应符合表 4-7 的规定。

表 4-7　土对钢结构的腐蚀性评价

腐蚀等级	pH	氧化还原电位(mV)	视电阻率(Ω·m)	极化电流密度(mA/cm²)	质量损失(g)
微	>5.5	>400	>100	<0.02	<1
弱	5.5~4.5	400~200	100~50	0.02~0.05	1~2
中	4.5~3.5	200~100	50~20	0.05~0.20	2~3
强	<3.5	<100	<20	>0.20	>3

注:土对钢结构的腐蚀性评价,取各指标中腐蚀等级最高者。

引用自《岩土工程勘察规范》(GB 50021—2001)(2009 年版)。

4.5.4　试验注意事项

① 环境水的采集应采用带磨口玻璃塞的玻璃瓶或塑料瓶。取样前容器必须洁净,应用水冲 3 次以上。

② 样品分析经历的时间应尽可能短,注意冬季防冻夏季防晒,需进行特殊试验的项目需加入不同试剂现场固定。

③ 土样的采集应用洁净的塑料袋或样品盒,水溶盐和土化学成分及有机质含量的分析可用扰动样。

思考题 🖱

（1）试述灌砂法测填土密度的方法，以及如何确定填土的压实度。试分析上述试验主要要注意什么。

（2）评价砂土的密实度的方法是什么？在实际应用中应注意哪些问题？

（3）什么是颗粒级配曲线，它有什么用途？

（4）何谓土的不均匀性、曲率系数？如何应用颗粒级配累计曲线的形状，来评价土的工程性质？

（5）按现行国家土工试验标准如何确定土的液塑限？

（6）试述击实试验的主要用途及要注意的主要问题。

（7）试述如何通过固结试验求得土的固结系数。

（8）表征土的压缩性参数有哪些？简述这些参数的定义及其测定方法。

（9）压缩系数和压缩模量的物理意义是什么？两者有何关系？如何利用压缩系数和压缩模量评价土的压缩性质？

（10）变形模量和压缩模量有何关系和区别？

（11）饱和黏性土地基的总沉降一般包括哪几个部分？按室内压缩试验结果计算的沉降主要包括哪几种？

（12）计算地基最终沉降量的分层总和法和规范中推荐方法有何异同？试从基本假设、分层厚度、采用的计算指标、计算深度和结果修正等方面加以说明。

（13）使用 $e\text{-}\lg p$ 曲线法与使用 $e\text{-}p$ 曲线法求得的基础固结沉降量哪一个更合理，为什么？

（14）地基的总沉降量可划分为瞬时沉降、固结沉降和次固结沉降，试问：饱和软黏土土样的室内压缩试验曲线是否也可划分出对应的三部分？为什么？

（15）a_{1-2} 和 a 有何区别？对某土而言，其 a_{1-2} 和 a 都是常量，对否？为什么？

（16）在砂土地基和软黏土地基上建造同样的建筑物，施工期和使用期内哪种地基上建筑物沉降大？为什么？

（17）试述影响土的抗剪强度的主要因素。

（18）试述直剪试验的三种主要方法及直剪试验的优缺点。

（19）试述三轴压缩试验的原理，如何利用三轴压缩试验求得土的强度指标。

（20）试述在何条件下采用固结排水剪、不固结不排水剪、固结不排水剪试验的强度指标进行工程设计。

（21）室内进行土的抗剪强度试验的方法有：① 固结不排水剪；② 固结不排水剪；③ 固结排水剪。试说明它们的差异，并分别举出在三种条件进行试验的工程实例。

（22）孔隙水压力对土的抗剪强度有何影响？

（23）土体发生剪切破坏的面是否是剪切应力最大的平面？一般情况下剪切破坏面与大主应力面成什么角度？

（24）采用直剪试验可确定土的抗剪强度。直剪试验有几种方法？试验结果有何差别？

（25）固结不排水剪切试验加荷过程是怎样的？

（26）某土样做抗剪强度试验，测得 $c=0$，则该土肯定是无黏性土，对否？为什么？

计算题 🖱

（1）现场用灌砂法测定某路基土层的干密度，试验参数见下表，试计算该路基土层的干密度。

试坑用标准砂质量(g)	标准砂密度(g/cm³)	土样质量(g)	土样含水率(%)
12 566.4	1.6	15 315.3	14.5

（2）已知某土的比重为 2.70，绘制饱和度为 0、50%、100% 三种情况下土的重度（范围为 10～24 kN/m³）和孔隙比（范围为 0.2～1.8）的关系曲线。

（3）一土样的液限 $w_L=42\%$，塑限 $w_P=22\%$，饱和度 $S_r=0.96$，孔隙比 $e=1.60$，$d_s=2.70$，试确定该土性质和状态。

（4）用质量为 0.62 kg 的比重瓶来测定土样的土粒比重，将比重瓶充满水，称得此时瓶和水的总质量为 1.495 kg，将瓶中水倒净，放入烘干的土样 0.980 kg，然后再加水至瓶中，称得水充满比重瓶时，土样和瓶及水的总质量为 2.112 kg，试求此土样的土粒比重。

（5）某土样比重为 2.71，干重度为 15.7 kN/m³，天然含水量为 19.3%，求此土的孔隙比、孔隙度和饱和度。已知该土 $w_L=28.3\%$，$w_P=16.7\%$，试描述土的物理状态，定出土的名称。

（6）某土样经颗粒分析，粒径小于 6 mm 的占 60%，粒径小于 1 mm 的占 30%，粒径小于 0.2 mm 的占 10%，试判断该土级配情况。

（7）已知某土的天然含水量为 47.2%，天然重度为 18.8 kN/m³，土粒比重为 2.72，液限为 35.5%，塑限为 22%，试确定土的稠度状态，并根据 I_P 对土定名，然后与根据塑性图对土的分类结果进行对比分析。

（8）由实验测得土样的容重 $\gamma=17$ kN/m³，含水量 $w=10\%$，土粒相对密度 $G=2.72$，求该土样的孔隙比、孔隙率、饱和度及饱和容重。

（9）A、B 两土样，测得其指标如下表，试确定 A、B 土样的名称及状态。

土样	w_L(%)	w_P(%)	w(%)	d_s	S_r
A	30	12	45	2.70	1
B	29	16	26	2.68	1

（10）做击实试验时，湿土样重 200 g，含水率 $w=15\%$，现要将其配制成含水率 $w=20\%$ 的土样，试计算需加多少水。

（11）取砂土样测得天然重度为 16.62 kN/m³，天然含水量为 9.43%，比重为 2.73，用容积为 0.001 m³ 的击实器进行击实，击实后的质量为 1.72 kg，试问：该砂土天然状态的相对密度为多少（松散时击实器内土样重 1.63 kg）？

（12）用烘干土样（$d_s=2.67$）和水制备一个直径为 50 mm，高 100 mm 的圆柱形压实土样，击实土样的最佳含水量是 16%，饱和度 $S_r=80\%$，问：需要用的干土质量及掺加的水量各为多少？ 若不改变含水量，增大压实性，问：击实土样的重度最大能达到多少？ 孔隙比是多少？

（13）某公路工程，承载比（CBR）三次平行试验成果如下表所示。上述三次平行试验土的干密度满足规范要求，试根据上述资料确定 CBR 值。

贯入量（0.01 mm）		100	150	200	250	300	400	500	750
荷载强度（kPa）	试件 1	164	224	273	308	338	393	442	496
	试件 2	136	182	236	280	307	362	410	460
	试件 3	183	245	313	357	384	449	493	532

（14）某黏土单向压缩试验结果见下表。

p（kPa）	0	50	100	150	200	250	300	350	400
e	0.815	0.791	0.773	0.758	0.747	0.737	0.730	0.724	0.720

绘制 e-p 曲线和 e-lg$p$ 曲线。求各级压力区间的压缩系数、压缩模量和压缩指数；泊松比为 0.35 时各压力区间的变形模量。

（15）定水头渗透试验中，已知渗透仪直径 $D=75$ mm，在 $l=200$ mm 渗流途径上的水头损失 $h=83$ mm，在 60 s 时间内的渗水量 $Q=71.6$ cm³，求土的渗透系数。

（16）已知原状土样高 2 cm，截面积 $A=30$ cm²，重度为 19.1 kN/m³，颗粒比重为 2.72，含水量为 25%，进行压缩试验，试验结果见下表，试绘制压缩曲线，并求土的压缩系数 a_{1-2} 值。

压力 p（kPa）	0	50	100	200	400
稳定时的压缩量（mm）	0	0.480	0.808	1.232	1.735

（17）在一正常固结饱和黏土层内取样，测得比重为 2.69，密度为 1.72 g/cm³，液限为 43%，塑限为 22%，先期固结压力 $p_c=0.03$ MPa，压缩指数 $C_c=0.650$。

① 试确定试样的液性指数，并判断其稠度状态。

② 在 e-lg$p$ 坐标上绘出现场压缩曲线。

③ 如在该土层表面施加大面积均布荷载 $p=100$ kPa 并固结稳定，问：该点土的液性指数变为多少？ 并判断其稠度状态。

(18) 完全饱和土样,厚 2.0 cm,环刀面积为 50 cm²,在压缩仪上做压缩试验,试验结束后,取出称重为 173 g,烘干后重 140 g,设土粒比重为 2.72,问:

① 压缩前土重为多少?

② 压缩前后土样孔隙比改变了多少?

③ 压缩量共有多少?

(19) 用内径为 8.0 cm,高 2.0 cm 的环刀切取未扰动的饱和黏土试样,其比重为 2.70,含水量为 40.3%,测出湿土重为 184 g,现做有侧限压缩试验,在压力 100 kPa 和 200 kPa 作用下,试样压缩量分别为 1.4 mm 和 2.0 mm,计算压缩后的各自孔隙比,并计算土的压缩系数 a_{1-2} 和压缩模量 E_{s1-2}。

(20) 在计算土体的变形时,做了哪些假设? 固结与沉降有什么区别? 现有一厚度为 3.0 m 的饱和黏土层,位于不透水的基岩上,其上为砂层,在砂层上作用着大面积的均布荷载 $p=200$ kPa,测得最终沉降量为 10 cm。该黏土层的初始孔隙比为 0.5,若取出 2 cm 厚的土样进行室内双面排水条件下的固结试验,1 h 后固结达到 80%,则该黏土层沉降量为 8 cm 时,需要经历多长时间?

(21) 有一厚 3.0 m 的黏土层夹于两砂层之间,其上作用着大面积均布荷载 $p=100$ kPa,测得其最终沉降量为 5 cm,已知初始孔隙比 $e_0=0.5$。

① 求土的压缩系数。

② 若取出 8 cm 厚的土样在双面排水的条件下进行室内压缩试验,1 h 后固结度达到 80%,求该黏土层沉降量达 4 cm 时,经历了多长时间。

(22) 对完全饱和黏土试样进行固结试验,试验荷载由 500 kPa 增加到 1 000 kPa,试样厚度则由 19.913 mm 减少到 19.720 mm。试验前土样厚度为 20.000 mm,含水量 $w=26.8\%$,取土的相对密度为 2.72,试问:在施加 500 kPa 和 1 000 kPa 压力时对应的土样的孔隙比值?

(23) 某饱和黏土层厚度为 10 m,初始孔隙比 $e_0=1$,压缩系数 $a=0.3$ MPa^{-1},压缩模量 $E_s=6.0$ MPa,渗透系数 $k=5.7\times10^{-6}$ cm/s,双面排水。在大面积荷载 $p_0=120$ kPa 作用下,求加载一年时的沉降量(假定 U_z 为 30%)。

(24) 已知一组直剪试验结果见下表。

p(kPa)	100	200	300	400
τ_f(kPa)	67	119	161	215

① 用作图法求此土的抗剪强度指标 c、φ 值;② 作用在此土中某平面上的正应力 $\sigma=220$ kPa,剪应力 $\tau=100$ kPa,试问:是否会剪坏?

(25) 某饱和黏土的三轴固结不排水剪试验中测得的 4 个试样剪损时最大主应力 σ_1、最小主应力 σ_3 和孔隙水压力 u 值如下:

σ_1(kPa)	145	218	310	401
σ_3(kPa)	60	100	150	200
u(kPa)	31	57	92	126

用总应力法和有效应力法确定土的抗剪强度指标。

（26）饱和黏性土样试验在三轴仪中进行固结不排水剪试验，施加的围压 σ_3 为 196 kPa，试样破坏时的主应力差为 274 kPa，测得孔隙水压力为 176 kPa，如果破坏面与水平面成 58°角，试求破坏面上的正应力、剪应力、有效应力及试样中的最大剪应力。

（27）某饱和黏土的有效内摩擦角为 30°，有效内聚力为 12 kPa，取该土样做固结不排水剪试验，测得土样破坏时 $\sigma_3=260$ kPa，$\sigma_1-\sigma_3=135$ kPa，求该土样破坏时的孔隙水压力。

（28）有一块尺寸为 7 cm×7 cm×7 cm 的石英岩立方体试件。当试件承受 20 t 的重量后，试块轴向收缩量为 0.003 cm，横向增长 0.000 238 cm。求石英岩立方体试件的弹性模量和泊松比。

（29）已知岩石单元体的应力状态如图所示，并已知岩石的 $c=4$ MPa，$\varphi=35°$，判断在此应力下，岩石单元体按摩尔-库伦理论是否会破坏？（单位：MPa）。

（30）三块 7 cm×7 cm×7 cm 的立方体试件，分别做倾角为 48°、55°、64°的抗剪强度试验，其施加的最大重量分别为 4.5 t、2.8 t 和 2 t，试求岩石的 c、φ 值，并绘出抗剪强度的曲线图。

（31）某场地环境类型为 Ⅰ 类，地下水水质分析结果：SO_4^{2-} 含量为 600 mg/L；Mg^{2+} 含量为 1 800 mg/L；NH_4^+ 含量为 480 mg/L。无干湿交替作用时，评价该地下水对混凝土结构的腐蚀性。

（32）某建筑场地位于湿润区，基础埋深 2.5 m，地基持力层为黏性土，含水率 $w=31\%$，地下水位埋深 1.5 m，年变幅 1.0 m，取地下水样进行化学分析，结果见下表。

物质	Cl^-	SO_4^{2-}	pH	侵蚀性 CO_2	Mg^{2+}	NH_4^+	OH^-	总矿化度
含量（mg/L）	85	1 600	5.5	12	530	510	3 000	15 000

试分析地下水对基础混凝土结构的腐蚀性。

（33）某房屋的钢筋混凝土柱下独立基础位于地下水位以下，测定其粉土地基中 Cl^- 含量为 350 mg/kg，试评价土对基础混凝土结构中钢筋的腐蚀性。

（34）某钢结构厂房柱脚采用埋入式柱脚，地质土的测试结果为：pH=5.1，氧化还原电位为 250 mV，质量损失为 2.5 g，试评价土对钢结构的腐蚀性。

第 5 章
原位测试

5.1　概述

　　岩土体原位测试一般是在勘察现场，在岩土体不扰动或基本不扰动的情况下对岩土体进行测试，是划分地层或获取岩土体的物理力学性质的试验方法，与岩土工程勘探、取样及室内试验相比，原位测试具有以下优点：

　　① 可直接在现场进行测试，无须取样，避免了因取样所带来的一系列困难和问题，如原状样的扰动等。

　　② 原位测试所涉及的土尺寸较室内试验样品要大很多，更能反映土的宏观结构（如裂隙）对土性质的影响。

　　原位测试方法应根据工程性质、岩土条件、设计要求、测定参数、地区经验和测试方法的适用性等因素，按表 5-1 选用。

表 5-1　岩土工程勘察常用原位测试项目应用一览表

试验项目	测定参数	主要用途
浅层平板载荷试验	比例界限压力 p_0(kPa)、极限压力 p_u(kPa)	(1) 确定地基承载力 (2) 确定地基土的变形模量 (3) 计算岩土的基床系数
深层平板载荷试验	比例界限压力 p_0(kPa)、极限压力 p_u(kPa)	(1) 确定地基承载力 (2) 确定地基土的变形模量 (3) 计算岩土的基床系数 (4) 确定桩的端阻力
螺旋板载荷试验	比例界限压力 p_0(kPa)、极限压力 p_u(kPa)	(1) 确定地基承载力 (2) 确定地基土的变形模量
静力触探试验	单桥比贯入阻力 p_s(MPa)、双桥锥尖阻力 q_c(MPa)、侧壁摩阻力 f_s(kPa)，孔压静力触探的锥尖阻力 q_c(MPa)、孔隙水压力 u_2(kPa)	(1) 判别土层均匀性和划分土层 (2) 选择桩基持力层、估算单桩承载力 (3) 估算地基承载力、压缩模量和变形模量 (4) 划分砂性土密实度、判断沉桩可能性 (5) 判别地基土液化可能性及等级 (6) 孔压静力触探可测定渗透系数与固结系数

（续表）

试验项目	测定参数	主要用途
标准贯入试验	锤击数 N（击）	（1）判别土层均匀性、划分土层和风化带 （2）判别地基液化可能性及等级 （3）估算砂土密实度、地基承载力、压缩模量和变形模量 （4）选择桩基持力层、估算单桩承载力 （5）判断沉桩的可能性
动力触探试验	锤击数 N_{10}、$N_{63.5}$、N_{120}（击）	（1）判别土层均匀性和划分地层 （2）估算地基土承载力、变形模量 （3）选择桩基持力层、估算单桩承载力
十字板剪切试验	不排水抗剪强度 C_u（kPa）	（1）确定饱和软黏性土的不排水抗剪强度和灵敏度 （2）估算软土地基承载力 （3）计算边坡稳定性 （4）判断软黏性土的应力历史
旁压试验	初始压力 p_0（kPa）、 临塑压力 p_f（kPa）、 极限压力 p_t（kPa）、 旁压模量 E_m（kPa）	（1）确定地基土的临塑荷载和极限荷载强度，估算地基承载力 （2）确定地基土的变形模量 （3）计算岩土的水平基床系数 （4）自钻式旁压试验可确定土的原位水平应力和静止侧压力系数 （5）估算桩侧阻力和单桩承载力
扁铲侧胀试验	侧胀模量 E_D（kPa）、 侧胀土性指数 I_D、 侧胀水平应力指数 K_D、 侧胀孔压指数 U_D	（1）确定静止侧压力系数 （2）计算土的水平基床系数
波速测试	压缩波速 v_p（m/s）、 剪切波速 v_s（m/s）	（1）划分场地类别 （2）划分岩石风化带 （3）提供地震反应分析所需的场地土动力参数 （4）评价岩体完整性

5.2 载荷试验

5.2.1 试验原理

平板载荷试验（PLT），简称载荷试验（图 5-1）。它是在一定面积的承压板上向地基土逐级施加荷载，并观测每级荷载下地基土的变形特性。载荷试验测试所反映的是承压板以下大约 1.5～2 倍承压板宽的深度内土层的应力-应变-时间关系的综合性状。

载荷试验的主要优点是现场模拟地基基础工作条件，对地基土不产生扰动，利用其成果确定的地基土层承载力及变形参数，可直接用于工程设计。因此，在对大型工程、重要建筑物的地基勘测中，载荷试验一般是不可少的。我国现行《建筑地基基础设计规范》

（GB 50007－2011）规定,设计等级为甲级的建筑物,岩土工程勘察时,应提供载荷试验指标。载荷试验是目前世界各国用以确定地基承载力的最主要方法,也是校核其他土的原位试验成果、确定地基承载力和变形参数的基础。载荷试验按试验深度分为浅层平板载荷试验和深层平板载荷试验及螺旋板载荷试验。本节主要讨论浅层平板载荷试验。

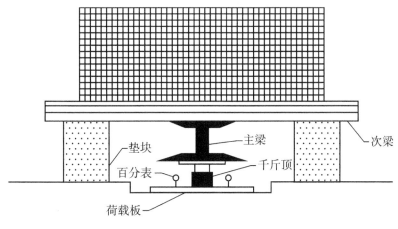

图 5-1　平板载荷试验

5.2.2　试验技术要求

平板载荷试验设备应符合下列规定:

① 载荷试验宜采用圆形刚性承压板,并应符合下列规定:土的浅层平板载荷试验承压板面积不应小于 0.25 m²,软土和粒径较大的填土不应小于 0.5 m²。

② 荷载测量可由放置在千斤顶上的荷重传感器直接测定,也可采用并联于千斤顶油路的压力表或压力传感器测定油压,根据千斤顶定曲线换算荷载。传感器的测量误差不应大于 1‰,压力表精度应优于或等于 0.4 级。

③ 承压板的沉降可采用百分表或电测位移计量测,其精度不应低于±0.01 mm。

④ 加载反力装置提供的反力不得小于预估最大加载量的 1.2 倍。

浅层平板载荷试验应符合下列要求:

① 载荷试验应布置在有代表性的位置,每个场地不宜少于 3 个,当场地内岩土体不均时,应适当增加。试验位置宜布置在基础底面标高处。

② 试坑宽度或直径不应小于承压板宽度或直径的 3 倍。

③ 应避免试坑或试井底的岩土扰动,保持其原状结构和天然湿度,并在承压板下铺设不超过 20 mm 的砂垫层找平。

④ 加荷等级宜为 10~12 级,并不少于 8 级,最大加载量不小于设计要求的 2 倍。荷载量测精度不应低于最大荷载的±1‰。

⑤ 每级荷载施加后,按间隔 5 min、5 min、10 min、10 min、15 min、15 min 测读一次,以后每隔 30 min 测读,当连读 2 h 内沉降量不大于 0.1 mm/h 时,可认为沉降已达相对稳定标准,可施加下一级荷载。当试验对象是岩体时,间隔 1 min、2 min、2 min、5 min 测读一次,以后每隔 10 min 测读,当连续 3 次读数差不大于 0.01 mm 时,可认为沉降已达相对稳定标

准,可施加下一级荷载。

⑥ 当出现下列情况之一时,可终止试验:

a. 承压板周边的土出现明显侧向挤出,周边岩土出现明显隆起或径向裂缝持续发展。

b. 沉降急剧增大,荷载与沉降曲线出现明显陡降。

c. 在某级荷载下 24 h 沉降速率不能达到相对稳定标准。

d. 总沉降量与承压板直径(或宽度)之比超过 0.06。

5.2.3 试验资料整理与应用

① 根据实测数据绘制 p-S 曲线。根据 p-S 曲线拐点,必要时结合 S-$\lg t$ 曲线特征,确定比例界限压力和极限压力。当 p-S 呈缓变曲线时,可取对应于某一相对沉降值(即 S/d)的压力确定地基土承载力。

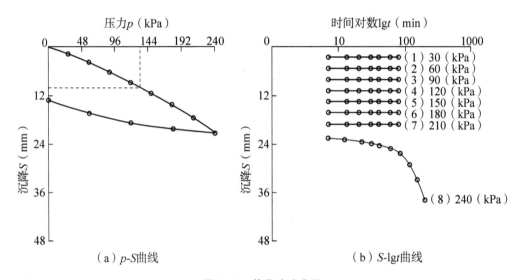

图 5-2 载荷试验成果

② 土的变形模量应根据 p-S 曲线的初始直线段,按均质各向同性半无限弹性介质的弹性理论计算。

③ 浅层平板载荷试验的变形模量 E_0(MPa)可按下式计算:

$$E_0 = I_0 (1 - \mu^2) \frac{pd}{S} \qquad (5-1)$$

式中:I_0——刚性承压板的形状系数,圆形承压板取 0.785,方形承压板取 0.886;

μ——土的泊松比;

d——承压板直径或边长(m);

p——p-S 曲线线性段的压力(kPa);

S——与 p 对应的沉降(mm)。

④ 基准基床系数 K_{30} 可根据承压板直径为 30 cm 的平板载荷试验按下式计算:

$$K_{30} = \frac{p}{S} \qquad (5-2)$$

式中:K_{30}——基准基床系数。

5.3　静力触探试验

5.3.1　试验原理

以静压力将一定规格的探头压入土中,根据所受抗阻力大小评判土层力学性质,并间接估算各深度处土层承载力、变形模量和进行土层划分。

静力触探试验适用于软土、一般黏性土、粉土、砂土和含少量碎石的土,可根据工程需要采用单桥静力触探试验、双桥静力触探试验、孔压静力触探试验。

5.3.2　贯入设备

1)加压装置

加压装置的作用是将探头压入土中,按加压方式可分为以下几种:

① 手摇式轻型静力触探:利用摇柄、链条、齿轮等用人力将探头压入土中,适用于较大设备难以进入的狭小场地的浅层地基现场测试。

② 齿轮机械式静力触探:主要组成部件有变速马达、伞形齿轮丝杆、导向滑块、支架、底板等,结构简单,加工方便,但贯入力较小,贯入深度有限。

③ 全液压传动静力触探:分为单缸和双缸,一般是将卡车改装成静力触探车,工作条件较好,最大贯入力可达 200 kN。

2)反力装置

静力触探的反力装置有三种:

① 利用地锚做反力。

② 利用重物做反力。

③ 利用车辆自身做反力。

3)探头

(1)探头的工作原理

将探头压入土中时,土层的阻力使探头受到一定的压力,土层的强度越高,探头受到的压力越大。通过探头内的阻力传感器,将土层的阻力转换为电信号,然后由仪器测量出来。

(2)探头的构造

目前国内用的探头有两种:一种是单桥探头;另一种是双桥探头。此外还有能同时测量孔隙水压力的两用(p_s-u)或三用(q_c-u-f_s)探头。

静力触探试验设备应符合下列规定:

① 最初 5 根探杆的偏斜小于 0.5 mm/m,其余均小于 1 mm/m。

② 反力装置应根据设备和现场条件及探测深度确定,宜采用触探车自重或地锚等,必要时可将多种方法联合使用,以确保平稳贯入。

③ 单、双桥探头圆锥锥底截面积应采用 10 cm² 或 15 cm²,孔压探头圆锥锥底截面积应采用 10 cm²,单桥探头侧壁高度应分别采用 57 mm 或 70 mm;双桥探头侧壁面积应采用 150~300 cm²,孔压探头侧壁面积应采用 150 cm²;锥尖锥角应为 60°。

④ 探头测力传感器应连同仪器、电缆进行定期标定,室内探头标定测力传感器的非线性误差、重复性误差、滞后误差、温度漂移、归零允许误差不大于 1%,现场试验归零误差不

大于 3‰；绝缘电阻不小于 500 MΩ，孔压静力触探用于现场测试的探头，其绝缘电阻不得小于 50 MΩ。

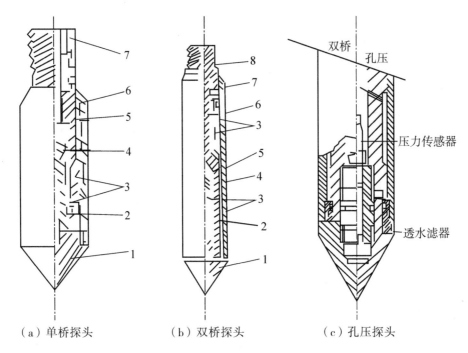

（a）单桥探头　　　　（b）双桥探头　　　　（c）孔压探头

1—锥头；2—顶柱；3—电阻应变片；4—传感器；5—外套筒；
6—单用探头的探头管/双用探头侧壁传感器；
7—单用探头的探头接杆/双用探头的摩擦筒；8—探杆接头

图 5-3　静力触探探头

引用自《岩土工程勘察》（项伟、唐辉明）。

⑤ 孔压静力触探探头在工作状态下，各传感器的互扰值应小于本身额定测试值的 0.3%。

⑥ 在满负荷水压条件下，孔压传感器的应变腔的体（容）积变化不大于 4 mm³，体变率宜小于 0.2%。

⑦ 孔压静力触探测试期间，零点读数应在探头温度与地面温度接近的条件下读取；标定时与工作时的温度变化不宜大于 20 ℃。探头传感器温度敏感性应优于表 5-2。

表 5-2　传感器温度敏感性表

锥尖阻力	≤2.0 kPa/℃
侧壁摩阻力	≤0.1 kPa/℃
孔隙水压力	≤0.05 kPa/℃

引用自《孔压静力触探测试技术规程》（T/CCES 1—2017）。

⑧ 探头使用一定时间后，当发现锥头的锥面刻痕明显或出现不平整、有明显凹面，双桥探头侧壁摩擦筒直径明显小于锥头直径时应予以更换。

5.3.3　试验技术要求

① 试验前应将设备调平,贯入系统与地面垂直;做静力触探试验时,应对探头进行归零(零漂)检查。

② 贯入速率为 (1.2 ± 0.3) m/min。深度记录的误差不大于触探深度的 $\pm1\%$。

③ 当贯入深度超过 30 m,或穿过厚层软土后再贯入硬土层时,应采取措施防止孔斜或断杆,也可配置测斜探头,量测触探孔的偏斜角,校正土层界线的深度。

④ 静力触探孔位附近有其他勘探孔时,应将静力触探孔布置在距已有勘探孔 25 倍孔径以外的范围。进行对比试验时,孔距不宜大于 2 m,并应先进行静力触探,然后进行其他勘探试验。

⑤ 水上静力触探应有保证孔位不致发生移动的稳定措施,水底以上部位应加设防止探杆挠曲的装置。

孔压静力触探试验应符合下列要求:

① 孔压探头在贯入前,应在室内保证探头应变腔被已排除气泡的液体所充满,并在现场采取措施保持探头的饱和状态,直至探头进入地下水位以下的土层为止;在孔压静力触探试验过程中不得上提探头。

② 贯入速率为 (1.2 ± 0.3) m/min。

③ 软黏土中应进行孔压消散试验,孔压消散试验应符合下列规定:

a. 贯入预定深度进行孔压消散试验时,应从探头停止贯入之时起,记录不同时刻的孔压值。在此试验过程中,不得松动、碰撞探杆,也不得施加使探杆产生上、下位移的力。

b. 孔压消散试验数据的记录频率应符合表 5-3 的规定。

表 5-3　孔压消散试验数据记录频率

持续时间(min)	记录频率(s/次)
0~1	0.5
1~10	1
10~100	2
>100	5

引用自《孔压静力触探测试技术规程》(T/CCES 1—2017)。

c. 孔压消散试验的持续时间至少为对应超静孔隙水压力消散达到 50% 的时间。

d. 当地下水位或土层不确定时,至少应有一个触探孔做到孔压消散达到稳定值为止。

5.3.4　试验资料整理与应用

① 绘制贯入曲线:单桥和双桥静力触探应绘制 p_s-z 曲线、q_c-z 曲线、f_s-z 曲线、R_f-z 曲线,孔压静力触探尚应绘制 u_i-z 曲线、q_t-z 曲线、f_t-z 曲线、B_q-z 曲线和孔压消散曲线 u_z-$\lg t$ 曲线。

② 根据贯入曲线的线型特征,结合相邻钻孔资料和地区经验,划分土层和判定土类;计算各土层静力触探有关试验数据的平均值、代表值或对数据进行统计分析,提供静力触探数据的空间变化规律。

③ 土层分类

使用双桥探头,可按图5-4划分土类。

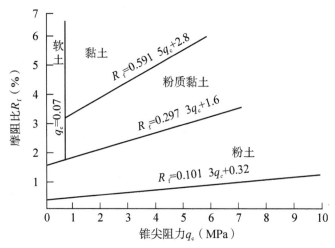

图5-4 土类分层图

引用自《铁路工程地质原位测试规程》(TB 10018—2018)。

④ 确定地基土承载力和压缩模量

初步判定地基土的承载力特征值和压缩模量时,可根据土的比贯入阻力或锥尖阻力按表5-4确定。

表5-4 土的承载力和压缩模量确定方法

f_{ak}(kPa)	$E_{s0.1-0.2}$(MPa)	p_s适用范围(MPa)	适用土类
$f_{ak} = 80p_s + 20$	$E_{s0.1-0.2} = 2.5\ln p_s + 4$	0.4—5.0	黏性土
$f_{ak} = 47p_s + 40$	$E_{s0.1-0.2} = 2.44\ln p_s + 4$	1.0—16.0	粉土
$f_{ak} = 40p_s + 70$	$E_{s0.1-0.2} = 3.6\ln p_s + 3$	3.0—30.0	砂土

引用自《铁路工程地质原位测试规程》(TB 10018—2018)。

⑤ 确定砂土的内摩擦角

砂土的内摩擦角 φ 可按表5-5取值。

表5-5 砂土的内摩擦角 φ

p_s(MPa)	1	2	3	4	5	11	15	30
$\varphi(°)$	29	31	32	33	34	36	37	39

引用自《铁路工程地质原位测试规程》(TB 10018—2018)。

⑥ 确定砂土的相对密实度

砂土的相对密实度 D_r 可按表5-6取值。

表5-6 砂土的相对密实度 D_r

密实程度	p_s(MPa)	D_r
密实	$p_s \geqslant 14$	$D_r \geqslant 0.67$

（续表）

密实程度	p_s（MPa）	D_r
中密	$14 > p_s > 6.5$	$0.67 > D_r > 0.40$
稍密	$6.5 \geqslant p_s \geqslant 2$	$0.40 \geqslant D_r \geqslant 0.33$
松散	$p_s < 2$	$D_r < 0.33$

引用自《铁路工程地质原位测试规程》（TB 10018—2018）。

⑦ 估算单桩承载力

根据单桥静力触探确定预制桩单桩竖向极限承载力标准值时，可按下式计算：

$$Q_{uk} = Q_{sk} + Q_{pk} = u \sum q_{ski} l_i + \alpha p_{sk} A_p \tag{5-3}$$

当 $p_{sk1} \leqslant p_{sk2}$ 时，取 $p_{sk} = 1/2(p_{sk1} + \beta \cdot p_{sk2})$；当 $p_{sk1} > p_{sk2}$ 时，取 $p_{sk} = p_{sk2}$。

式中：Q_{sk}、Q_{pk}——分别为总极限侧阻力标准值和总极限端阻力承载值；

u——桩身周长；

l_i——桩周第 i 层土的厚度；

α——桩端阻力修正系数，根据桩入土深度确定，可按表5-7取值；

p_{sk}——桩端附近的静探比贯入阻力平均值；

q_{ski}——用静力触探比贯入阻力估算的桩周土的极限侧阻力标准值，根据 p_{sk} 值查图5-5；

A_p——桩端面积；

p_{sk1}——桩端全断面以上8倍桩径范围内的比贯入阻力平均值；

p_{sk2}——桩端全断面以下4倍桩径范围内的比贯入阻力平均值，如桩端持力层为密实的砂土层，其比贯入阻力平均值超过20 MPa时，需按表5-8乘相应值折减，再计算 p_{sk}；

β——折减系数，按表5-9取值。

表5-7 端阻力修正系数 α

桩长（m）	$L < 15$	$15 \leqslant L \leqslant 30$	$30 < L \leqslant 60$
α	0.75	0.75—0.90	0.90

引用自《铁路工程地质原位测试规程》（TB 10018—2018）。

表5-8 折减系数 C

p_{sk}（MPa）	20~30	35	>40
C	5/6	2/3	1/2

引用自《铁路工程地质原位测试规程》（TB 10018—2018）。

表5-9 折减系数 β

p_{sk1}/p_{sk2}	≤5	7.5	12.5	≥15
β	1	5/6	2/3	1/2

引用自《铁路工程地质原位测试规程》（TB 10018—2018）。

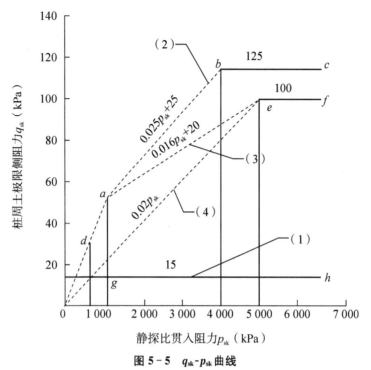

图 5-5　q_{sk}-p_{sk}曲线

引用自《铁路工程地质原位测试规程》(TB 10018—2018)。

注：① q_{sk}值应结合土工试验资料，依据土的类别、埋藏深度、排列次序，按上图取值，图中直线(1)(线段 gh)适用于地表下 6 m 范围内的土层；折线(2)(线段 $Oabc$)适用于粉土及砂土土层以上(或无粉土及砂土地区)的黏性土；折线(3)(线段 $Odef$)适用于粉土及砂土土层以下的黏性土；折线(4)适用于粉土、粉砂、细砂及中砂。

② p_{sk}为桩端穿过的中密～密实砂土、粉土的比贯入阻力平均值；p_{s1}为砂土、粉土的下卧软土层的比贯入阻力平均值。

③ 采用单桥探头，圆锥底面积为 15 m²，底部带 7 cm 的高滑套，锥角为 60°。

④ 当桩端穿过粉土、粉砂、细砂及中砂底面时，折线(4)估算的 q_{sk}应乘表 5-10 的值。

表 5-10　系数 η_s

p_{sk}/p_{s1}	≤5	7.5	≥10
η_s	1.00	0.50	0.33

引用自《铁路工程地质原位测试规程》(TB 10018—2018)。

5.4　孔压静力触探试验

5.4.1　试验原理

多功能数字式 CPTU 探头集成了锥尖阻力传感器、侧壁摩阻力传感器、孔隙水压力传感器与三向地震检波器，可以提供锥尖阻力、侧壁摩阻力、孔隙水压力、地震波等测试参数。多功能数字式 CPTU 原位测试结果可准确进行土类判别与划分，获得土体原位固结特性和渗透特性、动力参数、容许承载力特性、应力状态和应力历史等原位状态参数。

由于大应变和土的非线性，影响锥头阻力、侧壁摩阻力、孔压测试的因素很多，如土的刚度及可压缩性等,而且现存的本构关系也不能精确地反映真实土的特性,因此要得到精确解非常困难,只能做一些近似的理论分析,在实际工程的应用中,常常用一些经验关系把贯入阻力与土的物理力学性质联系起来,建立经验公式;或根据对贯入机理的认识做定性的分析,在此基础上建立半经验半理论公式。从 20 世纪 60 年代中期起提出了许多近似的理论方法来对 CPT 贯入机理进行解释,主要包括:承载力理论、孔穴扩张理论、稳态变形理论、应变路径法、运动点位错方法,其中的一些已经应用于工程实践中。对于孔压静力触探贯入机理,主要采用孔穴扩张理论、应变路径法、运动点位错方法进行解释。

5.4.2 测试设备

1) 数字式探头

多功能数字式 CPTU 探头采用高强度、低弹模探头材质,大大提高传感器精度并适合地下土水耦合、高水压等复杂环境。采用紧凑简洁、坚固耐久的设计模式,实现了孔下探头中的模-数转换,单探头中传感器实现了多样化,现场测试具有高效性。采用嵌入式采集系统与数字信号传输,可提高测试可靠性。附加弹性元件结构提高传感器测试灵敏度;探头组合设计,实现多功能扩展;去耦合模型及温度补偿,提高测试精度;采用新型离子交换树脂孔压过滤环。多功能 CPTU 探头的数字化、多功能与多参数的优点彻底消除了测试时电缆阻力、噪声影响,可进行温度、倾斜校正,保证了测试精度。探头规格符合国际标准:锥角为 60°,锥底直径为 35.7 mm,锥底截面积为 10 cm²,侧壁摩擦筒表面积为 150 cm²,孔压测试元件厚度为 5 mm,位于锥肩位置(u_2 位置)。

探头标定应包括力传感器标定与孔压传感器标定,传感器的量程不宜大于探头额定荷载的 2 倍。探头的标定应采用固定桥压法。力传感器的标定应采用标准测力仪在专用的探头率定架上进行,检测精度不应低于 0.3 级。孔压传感器的标定应采用专用真空饱和率定器(标定罐)进行标定,其数字压力仪表精度不应低于 0.2 级。

2) 采集系统

数据采集系统主要由微处理器、CAN 收发器、电源模块和接口模块构成,数据处理终端通过 USB 总线进行数据交换。电源电压 AD12V,工作电流 1.3 mA,采样间隔 2~10 cm,时间采样间隔 1 s~4 h。

CPTU 测试数据分析与处理采用东大华宁 CPTU 测试数据分析系统软件(SEU-CPTU)(V1.0),支持 Windows XP、Windows7/8/10、AutoCAD 2004—2018 和 Office2003—2019,包括工程模块、解译模块、桩基模块、沉降模块、地基模块、液化模块等。

3) 贯入系统

贯入系统为 TLSY-L2-20A 型履带式静探车,采用标准制式重型全液压系统,具有先进的二级变速驱动,底盘承重达 5 t 以上。TLSY-L2-20A 型履带式静探车不用起吊设备而利用自身配带的超长液压支腿上下运输车,操作人员不需站在履带车上,可站在地面上用手持式操控器操作支腿上下动作,从而解决操作人员面临的安全隐患。专配铁履带,外带橡胶块,既能在复杂现场行走,亦可在水泥或沥青路面行走。前置双自动下锚机,方便又节省使用成本。液压系统先进,采用分片式组合多路阀,结构紧凑,操作方便,贯入缸提升力大,迅速。本机不仅可做静力触探试验,还可进行孔压静探、扁铲侧胀、十字板剪切、压入式波速等试验。TLSY-L2-20A 型履带式静探车的额定贯入力为 200 kN,最大起拔力为

280 kN,贯入速率为(1.2±0.3)m/min;下锚马达为 QJM13-1.25,压力为 16 MPa;外形尺寸为 3 650 mm×1 700 mm×2 360 mm,自重为 4 500 kg;齿轮泵型号为 CBQL-F440,额定转速为 2 000 r/min,流量为 40 L/min,压力为 20 MPa。

5.4.3　试验技术要求

1) 现场测试

现场测试应同时测试锥尖阻力、侧壁摩阻力、孔隙水压力及贯入深度。探头的贯入应符合下列规定:

① 探头贯入应匀速,贯入速率应为(1.2±0.3)m/min。

② 探头贯入过程中不得发生倾斜、位移,贯入孔垂直度偏差不得大于 0.5°。

③ 正常贯入过程中不得提拔探杆。

孔压消散试验,应符合下列规定:

① 在探头贯入过程中,不得松动、碰撞及对探杆施加外力。

② 当探头贯入至预定深度时,应停止贯入并记录不同时刻的孔压值。

③ 孔压消散试验数据的记录时间间隔,应符合表 5-11 的规定。

表 5-11　孔压消散试验数据记录时间间隔

孔压消散时间阶段(min)	记录时间间隔(s/次)
0~1	0.5
1~10	1
10~100	2
>100	5

引用自《孔压静力触探测试技术规程》(T/CCES 1—2017)。

④ 当测试场地地下水位未知时,应设置不少于一个触探孔使其孔压消散达到消散稳定值为止。

软黏土中孔压静力触探测试应做孔压消散试验。孔压消散试验的持续时间不应少于超静孔隙水压力消散达到 50% 的时间。

当孔压静力触探测试孔位附近已有其他勘探孔时,测试孔与勘探孔的间距不应小于1.1 m。当相邻测试孔与勘探孔进行对比试验时,其孔间距不宜大于 2 m,且应先进行孔压静力触探测试。

孔压静力触探现场测试遇下列情况之一时,应停止贯入:

① 孔压静力触探主机负荷达到其额定荷载的 120%。

② 贯入时探杆出现弯曲。

③ 贯入时探杆出现倾斜,或者探头偏离铅垂线的角度达到 10°。

④ 反力装置失效。

⑤ 探头负荷达到额定荷载。

⑥ 记录仪器显示异常。

贯入结束后,起拔探杆和探头应符合下列规定:

① 探头拔出后,探头的侧壁摩擦筒应能进行 360°旋转。

② 探头拔出地面后,应对探头进行清理。

③ 探头应避免阳光直射,读取基线读数,并将此次基线读数与初始基线读数进行对比。

④ 孔压静力触探测试完成后,应及时封孔。

孔压静力触探测试移位时,探头的应变腔必须重新进行饱和,且应更换经饱和的孔压过滤环。

2) 数据采集

测试数据的采集应采用自动数据采集仪。当采用多功能探头时,数据采集仪应具有相应的测试数据采集功能。测试数据采集前,数据采集仪应调零。测试数据采集内容应包括下列内容:

① 贯入深度。

② 锥尖阻力。

③ 侧壁摩阻力。

④ 孔隙水压力。

⑤ 孔压消散试验数据等。

测试数据保存格式宜与数据后处理软件相匹配。

5.4.4 试验资料整理与应用

1) 土层划分

采用 CPTU 测试参数进行土层划分与工程分类,宜结合钻探资料或当地经验确定。土层分层界面位置的确定,应符合下列规定:u_2 和 B_q 曲线的突变点位置,应确定为土层界面;当上、下土层的锥尖阻力值相差 1 倍以上时,应将锥尖阻力超前深度和滞后深度的中点位置确定为土层界面;当上、下土层的锥尖阻力值相差不超过 1 倍时,应结合 R_f、f_s 值确定土层界面。各分层土的孔压静力触探参数代表值,应按下列方法确定:当分层厚度超过 1 m,且土质较均匀时,应先扣除其上部滞后深度和下部超前深度范围的孔压静力触探参数值,计算各土层触探参数的平均值;对分层厚度不足 1 m 的土层,软土层应取其最小值,其他土层应取较大值;当各分层的曲线幅值变化时,将其划分为若干小层,按下式计算平均值;当分层曲线中遇到异常值时,应予剔除后计算平均值。

$$\overline{X} = \frac{\sum_{i=1}^{n}(\overline{x}_i \cdot h_i)}{\sum_{i=1}^{n} h_i} \qquad (5-4)$$

式中:$\overline{X}$——各孔压静力触探参数层平均值;

h_i——第 i 小层厚度(m);

$\overline{x}_i$——第 i 小层孔压静力触探参数平均值。

2) 土的原位状态及应力历史

(1) 土层重度

土的天然重度宜按下式计算:

$$\gamma = 1.81 \cdot \gamma_w \cdot \left(\frac{\sigma'_{v0}}{\sigma_{atm}}\right)^{0.05} \cdot \left(\frac{q_t - \sigma_{v0}}{\sigma_{atm}}\right) \cdot (B_q + 1)^{0.16} \tag{5-5}$$

式中：γ_w——水的重度（kN/m^3）；

　　　q_t——经孔压 u_2 修正的锥尖阻力（kPa）；

　　　σ_{v0}——总上覆应力（kPa）；

　　　σ'_{v0}——有效上覆应力（kPa）；

　　　σ_{atm}——标准大气压，取 100 kPa；

　　　B_q——孔压参数比。

（2）超固结比

黏性土超固结比 OCR 可按下式计算：

$$OCR = \eta_0 \cdot \left(\frac{q_t - \sigma_{v0}}{\sigma'_{v0}}\right) \tag{5-6}$$

式中：q_t——经孔压 u_2 修正的锥尖阻力（kPa）；

　　　σ_{v0}——总上覆应力（kPa）；

　　　σ'_{v0}——有效上覆应力（kPa）；

　　　η_0——经验系数，具体根据地区经验确定，若无地区经验，取值范围宜为 0.36～0.46。

（3）静止土压力系数 K_0

黏性土的静止土压力系数 K_0 可按下式计算：

$$K_0 = 0.10 \frac{q_t - \sigma_{v0}}{\sigma'_{v0}} \tag{5-7}$$

式中：q_t——经孔压 u_2 修正的锥尖阻力（kPa）；

　　　σ'_{v0}——有效上覆应力（kPa）；

　　　σ_{v0}——总上覆应力（kPa）。

（4）灵敏度 S_t

黏性土的灵敏度 S_t 可按下式计算：

$$S_t = \frac{\eta_t}{R_f} \tag{5-8}$$

式中：R_f——摩阻比（%）；

　　　η_t——经验系数，具体可根据地区经验确定，若无地区经验，取值范围宜为 5～10。

（5）孔隙比 e

根据大量的数据统计，土体孔隙比与锥尖阻力之间的关系可按下式计算：

$$e = 1.35 - 0.81\lg q_t \tag{5-9}$$

式中：q_t——经孔压 u_2 修正的锥尖阻力（MPa）。

3）抗剪强度指标

（1）有效强度指标

对于短期加荷条件，有效内摩擦角 c' 可按下式计算：

$$c' = 0.02 \cdot \sigma'_p \tag{5-10}$$

式中：σ'_p——先期固结压力(kPa)。

$$\sigma'_p = \frac{q_t - \sigma_{v0}}{N_{\sigma t}} \tag{5-11}$$

式中：q_t——净锥尖阻力(kPa)；

$N_{\sigma t}$——试验参数，取 2.38 计算。

黏土的有效内摩擦角 φ'，可按下式计算：

$$\varphi' = 29.5 B_q^{0.121} \cdot \left[0.256 + 0.336 \cdot B_q + \lg\left(\frac{q_c - \sigma_{v0}}{\sigma'_{v0}}\right) \right] \tag{5-12}$$

$$B_q = \left(\frac{u_2 - u_0}{q_c - \sigma_{v0}}\right) \tag{5-13}$$

式中：φ'——有效内摩擦角(°)；

q_c——实测锥尖阻力(kPa)；

σ'_{v0}——有效上覆应力(kPa)。

砂土的有效内摩擦角，可按下式计算：

$$\varphi' = 17.6 + 11 \cdot \lg\left(\frac{q_c}{\sqrt{\sigma'_{v0}}}\right) \tag{5-14}$$

(2) 不排水抗剪强度

黏性土的不排水抗剪强度 S_u 可按下式计算：

$$S_u = \frac{q_t - \sigma_{v0}}{N_{kt}} \tag{5-15}$$

式中：S_u——不排水抗剪强度(kPa)；

q_t——经孔压 u_2 修正的锥尖阻力(kPa)；

σ_{v0}——总上覆应力(kPa)；

N_{kt}——经验圆锥系数，具体根据地区经验确定，若无地区经验，取值范围宜为 11～19。

4) 土的压缩模量

按《孔压静力触探测试技术规程》，压缩模量 E_s 可按下式估算：

$$S_u = \frac{\eta_e(q_t - \sigma_{v0})}{1\,000} \tag{5-16}$$

式中：E_s——压缩模量(MPa)；

q_t——经孔压 u_2 修正的锥尖阻力(kPa)；

σ_{v0}——总上覆应力(kPa)；

η_e——经验系数，具体可根据地区经验确定，若无地区经验，取值范围宜为 3～8。

按《水运工程静力触探技术规程》，黏性土的压缩模量可按下式进行计算：

$$E_s = 3.61 q_n^{0.56} \, (q_n \leqslant 3.4 \text{ MPa})$$

$$E_s = 0.47 q_n^{2.23} \, (3.4 \text{ MPa} < q_n \leqslant 5.0 \text{ MPa}) \tag{5-17}$$

式中：E_s——100～200 kPa 荷载级别的压缩模量（MPa）；

q_n——净锥尖阻力（MPa）。

对于砂性土，压缩模量可按下式进行计算。

$$E_s = 4.0q_t(q_t \leqslant 10 \text{ MPa})$$

$$E_s = 2.0q_t + 20(10 \text{ MPa} < q_t \leqslant 50 \text{ MPa})$$

$$E_s = 120 \text{ MPa}(q_t > 50 \text{ MPa}) \tag{5-18}$$

式中：q_t——经孔压 u_2 修正的锥尖阻力（kPa）。

5）土的渗流和固结特性

（1）固结系数

黏性土水平向固结系数可根据孔压消散试验结果，并按下式计算：

$$c_h = \frac{t^* \cdot r^2 \cdot \sqrt{I_r}}{t_{50}} \tag{5-19}$$

式中：c_h——水平向固结系数（cm²/s）；

r——探头半径，取值 17.85 mm；

I_r——刚度指数，$I_r = 1\,000\dfrac{G_0}{S_u}$；

G_0——小应变动剪切模量（MPa）；

S_u——不排水抗剪强度（kPa）；

t_{50}——超孔压消散达 50% 时对应的时间（s）；

t^*——相应于 t_{50} 的时间因数，取值 0.245。

（2）渗透系数

黏性土水平向渗透系数应根据孔压消散试验结果，并按下式计算：

$$k_h = (251t_{50})^{-1.25} \tag{5-20}$$

式中：k_h——水平向渗透系数（cm/s）；

t_{50}——超孔压消散达 50% 时对应的时间（s）。

6）地基承载力容许值

计算地基承载力容许值 f_{ak} 时，建筑工程按《工程地质手册》（第五版）中的公式进行计算；铁路工程按《铁路工程地质原位测试规程》（TB 10018—2018）中的对应公式进行计算，公路工程按《公路桥涵地基与基础设计规范》（JTG 3363—2019）采用软土地区的对应公式进行计算，如表 5-12 所示：

表 5-12　地基承载力容许值计算方法表

土类	建筑	铁路	软土地区
老黏土		$f_{ak} = 0.1 \times q_t$	
一般黏性土	$f_{ak} = 0.104 \times q_t + 26.9$	$f_{ak} = 5.8 \times q_t^{0.5} - 46$	$f_{ak} = 34 + 0.077q_c$

（续表）

土类	建筑	铁路	软土地区
软土	$f_{ak}=0.112\times q_t+5$	$f_{ak}=0.112\times q_t+5$	$f_{ak}=29+0.072q_c$
粉土	$f_{ak}=0.036\times q_t+44.6$	$f_{ak}=0.89\times q_t^{0.63}+14.4$	$f_{ak}=36+0.054q_c$
粉细砂	$f_{ak}=0.02\times q_t+59.5$	$f_{ak}=0.89\times q_t^{0.63}+14.4$	
中粗砂	$f_{ak}=0.036\times q_t+76.6$	$f_{ak}=0.89\times q_t^{0.63}+14.4$	

注：表中 q_t 为双桥探头净锥尖阻力，q_c 为双桥探头实测锥尖阻力。

引用自《工程地质手册》（第五版）、《铁路工程地质原位测试规程》（TB 10018—2018）、《公路桥涵地基与基础设计规范》（JTG 3363—2019）。

5.5 标准贯入试验

5.5.1 试验原理及设备

将质量为 63.5 kg 的穿心锤，以 76 cm 的落距自由下落，将标准贯入器自钻孔孔底预打 15 cm，测记打入 30 cm 的锤击数的原位测试方法。

标准贯入试验适用于砂土、粉土、黏性土、残积土及全风化岩、强风化岩等。

标准贯入试验设备应符合表 5-13 的规定。

表 5-13 标准贯入试验设备规格

落锤		锤的质量（kg）	63.5
		落距（cm）	76
贯入器	对开管	长度（mm）	＞500
		外径（mm）	51
		内径（mm）	35
	管靴	长度（mm）	50～76
		刃口角度（°）	18～20
		刃口单刃厚度（mm）	1.6
钻杆		直径（mm）	42
		相对弯曲	＜1/1 000

引用自《岩土工程勘察与评价》（高金川、张家铭）。

5.5.2 试验技术要求

① 标准贯入试验孔采用回转钻进，并保持孔内水位略高于地下水位。当孔壁不稳定时，可用泥浆护壁，钻至试验标高以上 15 cm 处，清除孔底残土后进行试验。

② 采用自动脱钩的自由落锤法进行锤击，并减小导向杆与锤间的摩阻力，避免锤击时的偏心和侧向晃动，保持贯入器、探杆、导向杆连接后的垂直度，锤击速率应小于 30 击/min。

③ 贯入器打入土中 15 cm 后，开始记录每打入 10 cm 的锤击数，累计打入 30 cm 的锤

击数为标准贯入锤击数 N。当锤击数已达 50 击,而贯入深度未达 30 cm 时,可记录 50 击的实际贯入深度,按下式换算成相当于 30 cm 的标准贯入锤击数 N,并终止试验。

$$N = 30 \times \frac{50}{\Delta S} \qquad (5-21)$$

式中:ΔS——50 击时的贯入度(cm)。

④ 对贯入器中采得的土样应进行详细的描述、鉴别,必要时可留取扰动土样进行颗粒分析等室内试验。

5.5.3 试验资料整理与应用

① 标准贯入锤击数可直接标在工程地质剖面图上,也可绘制单孔标准贯入击数与深度关系曲线或直方图。统计分层标准贯入锤击数平均值时,应剔除异常值。

② 对实测锤击数进行杆长修正,锤击数可按式(5-22)进行杆长修正。

$$N' = \alpha N \qquad (5-22)$$

式中:N'——标准贯入修正锤击数;

N——标准贯入实测锤击数;

α——标准贯入杆长修正系数,按表 5-14 确定。

表 5-14 标准贯入杆长修正系数 α

触探杆长度(m)	≤3	6	9	12	15	18	21	25	30
α	1.00	0.92	0.86	0.81	0.77	0.73	0.70	0.68	0.65

③ 砂土、粉土、黏性土性状可根据标准贯入实测锤击数平均值或标准值或修正后的标准贯入锤击数标准值按表 5-15~表 5-17 进行评价。

表 5-15 砂土的密实度分类

$\overline{N}$(实测平均值)	密实度
$\overline{N} \leqslant 10$	松散
$10 < \overline{N} \leqslant 15$	稍密
$15 < \overline{N} \leqslant 30$	中密
$\overline{N} > 30$	密实

引用自《铁路工程地质原位测试规程》(TB 10018—2018)。

表 5-16 粉土的密实度分类

孔隙比(e)	N_k(实测标准值)	密实度
$e > 0.9$	$N_k \leqslant 5$	松散
$e > 0.9$	$5 < N_k \leqslant 10$	稍密
$0.75 \leqslant e \leqslant 0.9$	$10 < N_k \leqslant 15$	中密
$e < 0.75$	$N_k > 15$	密实

引用自《铁路工程地质原位测试规程》(TB 10018—2018)。

表 5-17　黏性土的状态分类

I_L	N'_k（实测标准值）	状态
$0.75 < I_L \leqslant 1$	$2 < N'_k \leqslant 4$	软塑
$0.5 < I_L \leqslant 0.75$	$4 < N'_k \leqslant 8$	软可塑
$0.25 < I_L \leqslant 0.5$	$8 < N'_k \leqslant 14$	硬可塑
$0 < I_L \leqslant 0.25$	$14 < N'_k \leqslant 25$	硬塑
$I_L \leqslant 0$	$N'_k > 25$	坚硬

引用自《铁路工程地质原位测试规程》(TB 10018—2018)。

④ 初步判定地基土承载力时,可按表 5-18～表 5-20 进行估算。

表 5-18　砂土承载力特征值 f_{ak}

N'	10	20	30	50
中砂、粗砂 f_{ak}(kPa)	180	250	340	500
粉砂、细砂 f_{ak}(kPa)	140	180	250	340

引用自《岩土工程勘察与评价》(高金川、张家铭)。

表 5-19　粉土承载力特征值 f_{ak}

N	3	4	5	6	7	8	9	10	11	12	13	14	15
f_{ak}(kPa)	105	125	145	165	185	205	225	245	265	285	305	320	345

引用自《岩土工程勘察与评价》(高金川、张家铭)。

表 5-20　黏性土承载力特征值 f_{ak}

N	3	5	7	9	11	13	15	17	19	21
f_{ak}(kPa)	90	110	150	180	220	260	310	360	410	450

引用自《岩土工程勘察与评价》(高金川、张家铭)。

⑤ 饱和粉土、砂土当经过初步判别可能液化或需考虑液化影响时,应进一步进行液化判别。采用标准贯入试验的锤击数进行判别是常用的方法之一。

a. 初判条件

当饱和砂土或饱和粉土(不含黄土)符合下列条件之一时,可初步判别为不液化或不考虑液化影响。

a) 地质年代为第四纪晚更新世(Q_3)及其以前,抗震设防烈度为 7 度、8 度时可判为不液化土。

b) 粉土的黏粒含量(系采用六偏磷酸钠作分散剂测定)百分率 ρ_c,在抗震设防烈度为 7 度、8 度和 9 度分别不小于 10%、13% 和 16% 时,可判为不液化土。

c) 浅埋天然地基的建筑,当上覆非液化土层厚度和地下水位深度符合下列条件之一时,可不考虑液化影响:

$$d_u > d_0 + d_b - 2$$

$$d_w > d_0 + d_b - 3 \tag{5-23}$$

$$d_u + d_w > 1.5d_0 + 2d_b - 4.5$$

式中：d_w——地下水位深度(m)，宜按设计基准期内年平均最高水位采用，也可按近期内年最高水位采用；

d_u——上覆非液化土层厚度(m)，计算时宜将淤泥和淤泥质土层扣除；

d_b——基础埋置深度(m)，不超过 2 m 时应采用 2 m；

d_0——液化土特征深度(m)，可按表 5-21 取值。

表 5-21　液化土特征深度表

防震烈度	7 度	8 度	9 度
粉土(m)	6	7	8
砂土(m)	7	8	9

引用自《建筑抗震设计规范》(GB 50011—2010)(2016 年版)。

b. 进一步判别

当饱和砂土、粉土初步判别认为需进一步进行液化判别时，应采取标准贯入试验判别法判别地面下 20 m 范围内土的液化；对可不进行天然地基及基础的抗震承载力验算的各类建筑，可只判别地面下 15 m 范围内土的液化。当饱和土标准贯入锤击数 N（未经杆长修正）小于或等于液化判别标准贯入锤击数临界值 N_{cr}（即 $N \leqslant N_{cr}$）时，应判为液化土。

根据《建筑抗震设计规范》(GB 50011—2010)(2016 年版)，在地面下 20 m 深度范围内，液化判别标准贯入锤击数临界值 N_{cr} 按下式计算：

$$N_{cr} = N_0 \beta [\ln(0.6d_s + 1.5) - 0.1d_w] \sqrt{\frac{3}{\rho_c}} \tag{5-24}$$

式中：N——饱和土标准贯入锤击数（未经杆长修正）；

N_{cr}——液化判别标准贯入锤击数临界值；

N_0——液化判别标准贯入锤击数基准值，应按表 5-22 取值；

d_s——饱和土标准贯入点深度(m)；

d_w——地下水位埋深(m)；

ρ_c——黏粒含量百分率(%)，当小于 3% 或为砂土时，应采用 3%；

β——调整系数，设计地震第一组取 0.80，第二组取 0.95，第三组取 1.05。

表 5-22　液化判别标准贯入锤击数基准值 N_0

设计基本地震加速度(g)	0.10	0.15	0.20	0.30	0.40
液化判别标准贯入锤击数基准值(N_0)	7	10	12	16	19

引用自《建筑抗震设计规范》(GB 50011—2010)(2016 年版)。

c. 静力触探方法

当实测计算比贯入阻力 p_s 或实测计算锥尖阻力 q_c 小于液化比贯入阻力临界值 p_{xr} 或液化锥尖阻力临界值 q_{xr} 时,应判别为液化土。饱和土静力触探液化比贯入阻力临界值 p_{xr} 或液化锥尖阻力临界值 q_{xr} 分别按下列公式计算:

$$p_{xr} = p_{so}\alpha_w\alpha_u\alpha_p \tag{5-25}$$

$$q_{xr} = q_{co}\alpha_w\alpha_u\alpha_p \tag{5-26}$$

$$\alpha_w = 1 - 0.065(d_w - 2) \tag{5-27}$$

$$\alpha_u = 1 - 0.05(d_u - 2) \tag{5-28}$$

式中:p_{xr}、q_{xr}——饱和土静力触探液化比贯入阻力临界值及液化锥尖阻力临界值(MPa);

p_{so}、q_{co}——地下水位深度 $d_w = 2$ m,上覆非液化土层厚度 $d_u = 2$ m 时,饱和土液化判别比贯入阻力基准值和液化判别锥尖阻力基准值(MPa),可按表 5-23 取值;

α_w——地下水位埋深修正系数,地面常年有水且与地下水有水力联系时,取 1.13;

α_u——上覆非液化土层修正系数,深基础取 1.0;

d_w——地下水位埋深(m);

d_u——上覆非液化土层厚度(m),计算时应将淤泥或淤泥质土层厚度扣除;

α_p——与静力触探摩阻比有关的土性修正系数,可按表 5-24 取值。

表 5-23　比贯入阻力基准值 p_{so} 和锥尖阻力基准值 q_{co}

抗震设防烈度	7 度	8 度	9 度
p_{so}(MPa)	5.0~6.0	11.5~13.0	18.0~20.0
q_{co}(MPa)	4.6~5.5	10.5~11.8	16.4~18.2

引用自《建筑抗震设计规范》(GB 50011—2010)(2016 年版)。

表 5-24　土性修正系数 α_p

土类	砂土	粉土	
静力触探摩阻比 R_f	$R_f \geqslant 0.4$	$0.4 < R_f \leqslant 0.9$	$0.9 < R_f \leqslant 7$
α_p	1.0	0.6	0.46

引用自《建筑抗震设计规范》(GB 50011—2010)(2016 年版)。

d. 液化等级评价

《建筑抗震设计规范》(GB 50011—2010)(2016 年版)评价液化等级的基本方法是按每个标准贯入试验点逐点判别液化可能性,按每个试验孔计算液化指数,按照每个孔的计算结果,结合场地的地质地貌条件,综合确定场地液化等级。

a) 液化指数计算

凡已经判定为可液化的土层,应按下式计算地基土的液化指数:

$$I_{lE} = \sum_{i=1}^{n} \left(1 - \frac{N_i}{N_{cri}}\right) d_i w_i \qquad (5-29)$$

式中：I_{lE}——地基土液化指数。

N_i、N_{cri}——分别为 i 点标准贯入锤击数的实测值和临界值，当实测值大于临界值时取临界值；当只需要判别 15 m 范围以内的液化时，15 m 以下的实测值可按临界值采用。

n——判别深度范围内每一个钻孔标准贯入试验点的总数。

d_i——i 点所代表的土层厚度（m），可采用与该标准贯入试验点相邻的上、下两标准贯入试验点深度差的一半，但上界不高于地下水位深度，下界不低于液化深度。

w_i——i 土层单位土层厚度的层位影响权函数值（m^{-1}），当该层中点深度不大于 5 m 时，应采用 10；等于 20 m 时应采用零值；5～20 m 时应按线性内插法取值。

因为液化指数 I_{lE} 主要决定于实测值与临界值的比值，是无量纲参数，所以当不用标准贯入方法而是用其他方法判别液化时，仍可用此式计算液化指数，只是当用静力触探试验方法时，用 p_{si}/p_{scri}（或 q_{si}/q_{scri}）替代 N_i/N_{cri}；当用波速试验方法时，用 v_{si}/v_{scri} 替代 N_i/N_{cri}。

b）液化等级划分

场地和地基的液化等级根据液化指数按表 5-25 评定。

表 5-25　液化等级与液化指数对应关系

液化等级	轻微	中等	严重
液化指数 I_{lE}	$0 < I_{lE} \leqslant 6$	$6 < I_{lE} \leqslant 18$	$I_{lE} > 18$

引用自《建筑抗震设计规范》（GB 50011—2010）（2016 年版）。

5.6　动力触探试验

5.6.1　试验原理及设备

动力触探试验是指以一定的自由落距将一定规格的圆锥探头打入土中，根据打入土中一定深度所需的锤击数来判定土的性质。

动力触探试验分为轻型、重型和超重型三种类型，试验设备规格和适用土类如表 5-26 所示。

表 5-26　动力触探试验设备规格

类型		轻型	重型	超重型
落锤	锤的质量（kg）	10	63.5	120
	落距（cm）	50	76	100
探头	直径（mm）	40	74	74
	锥角（°）	60	60	60

（续表）

类型	轻型	重型	超重型
探杆直径(mm)	25	42	50～60
指标	贯入 30 cm 的读数 N_{10}	贯入 10 cm 的读数 $N_{63.5}$	贯入 10 cm 的读数 N_{120}
主要适用岩土	浅部的填土、砂土、粉土、黏性土	砂土、中密以下的碎石土、极软岩	密实和很密的碎石土、软岩、极软岩

引用自《岩土工程勘察与评价》(高金川、张家铭)。

5.6.2　试验技术要求

① 采用自动落锤装置。

② 探杆最大偏斜度不应超过 2%，锤击贯入应连续进行。应保持探杆垂直度，防止锤击偏心、探杆倾斜和侧向晃动。锤击速率每分钟宜为 15～30 击。

③ 每贯入 1 m，宜将探杆转动 1.5 圈。当贯入深度超过 10 m 时，每贯入 20 cm 宜转动探杆一次。

④ 轻型动力触探，当 N_{10}＞100 击或贯入 15 cm 锤击数超过 50 击时，可停止试验。重型动力触探，当连续 3 次 $N_{63.5}$＞50 击时，可停止试验或改用超重型动力触探。

5.6.3　试验资料整理与应用

1) 资料分析

① 应绘制单孔连续动力触探试验锤击数与贯入深度关系曲线。

② 计算单孔分层贯入指标平均值时，应剔除临界深度以内的数值和超前与滞后影响范围内的异常值。

③ 根据各孔分层的贯入指标平均值，用厚度加权平均法计算场地分层贯入指标平均值和变异系数。

④ 需要时，动力触探试验锤击数应修正。

$$N'_{63.5} = \alpha N_{63.5} \qquad\qquad (5-30)$$

式中：$N'_{63.5}$——动力触探试验修正锤击数；

　　$N_{63.5}$——动力触探试验实测锤击数；

　　α——动力触探试验修正系数。

2) 成果应用

① 圆锥动力触探锤击数可直接标在工程地质剖面图上，也可绘制单孔圆锥动力触探击数与深度关系曲线或直方图。统计分层标贯击数平均值时，应剔除异常值。

② 动力触探试验可用于评价砂土、碎石土密实度，评价砾石土的变形模量，判断地基承载力。

a. 砂土、碎石土密实度(表5-27～表5-29)评价。

表5-27　砂土的密实度按 $N_{63.5}$ 分类

$N_{63.5}$	$0 < N_{63.5} \leqslant 4$	$4 < N_{63.5} \leqslant 6$	$6 < N_{63.5} \leqslant 9$	$N_{63.5} > 9$
密实度	松散	稍密	中密	密实

表5-28　碎石土的密实度按 $N_{63.5}$ 分类

$N_{63.5}$	密实度	$N_{63.5}$	密实度
$0 < N_{63.5} \leqslant 5$	松散	$10 < N_{63.5} \leqslant 20$	中密
$5 < N_{63.5} \leqslant 10$	稍密	$N_{63.5} > 20$	密实

引用自《建筑地基基础检测规范》(DBJ/T 15—60—2019)。

表5-29　碎石土的密实度按 N_{120} 分类

N_{120}	密实度	N_{120}	密实度
$0 < N_{120} \leqslant 3$	松散	$11 < N_{120} \leqslant 14$	密实
$3 < N_{120} \leqslant 6$	稍密	$N_{120} > 14$	很密
$6 < N_{120} \leqslant 11$	中密		

引用自《建筑地基基础检测规范》(DBJ/T 15—60—2019)。

b. 初步判定地基承载力时,可根据 N_{10} 或修正后的击数 $N_{63.5}$ 按表5-30、表5-31估算。

表5-30　按 N_{10} 估算地基承载力特征值 f_{ak}(kPa)

N_{10}(击数)	5	10	15	20	25	30	35	40	45	50
一般黏性土地基	50	70	90	115	135	160	180	200	220	240
黏性素填土地基	60	80	95	110	120	130	140	150	160	170
粉土、粉细砂土地基	55	70	80	90	100	110	125	140	150	160

引用自《建筑地基基础检测规范》(DBJ/T 15—60—2019)。

表5-31　按 $N_{63.5}$ 估算地基承载力特征值 f_{ak}(kPa)

$N_{63.5}$(击数)	一般黏性土地基	中砂、粗砂地基	粉砂、细砂土地基
2	120	80	—
3	150	120	75
4	180	160	100
5	210	200	125
6	240	240	150
7	265	280	175
8	290	320	200
9	320	360	225

（续表）

$N_{63.5}$（击数）	一般黏性土地基	中砂、粗砂地基	粉砂、细砂土地基
10	350	400	250
11	375	440	—
12	400	480	—
13	425	520	—
14	450	560	—
15	475	600	—
16	500	640	—

引用自《建筑地基基础检测规范》（DBJ/T 15—60—2019）。

5.7 十字板剪切试验

5.7.1 试验原理及设备

将十字形翼板插入软土按一定的速率旋转，测出土破坏时的抵抗扭矩，进而确定软土抗剪强度。十字板剪切试验可用于测定饱和软黏性土的不排水抗剪强度和灵敏度等参数。

试验设备应符合下列规定：

① 十字板板头形状宜为矩形，径高比为 1∶2，板厚宜为 2～3 mm。

② 十字板板头和轴杆主要规格应符合表 5 - 32 的规定。

表 5 - 32　十字板板头和轴杆主要规格

型号	板宽 D（mm）	板高 H（mm）	板厚 e（mm）	刃角 α（°）	轴杆		面积比 A_r（%）
					直径 d（mm）	长度 s（mm）	
I	50	100	2	60	13	50	14
II	75	150	3	60	16	50	13

引用自《铁路工程地质原位测试规程》（TB 10018—2018）。

5.7.2 试验技术要求

① 试验点的间距可根据土层均匀情况确定。均质土竖向间距可为 1 m，非均质土或夹薄层粉细砂的软黏性土，宜先做静力触探，再选择软黏性土进行试验。

② 在选定的孔位上将十字板均匀贯入至试验深度，十字板板头插入钻孔底的深度不应小于钻孔或套管直径的 3～5 倍；加压设备应水平安置，压入时要保证探杆的垂直度。

③ 十字板插至试验深度后，至少应静止 2～3 min，方可开始试验。

④ 扭转剪切速率宜采用（1°～2°）/10 s，并应在测得峰值强度后继续剪切 1 min，在峰值强度或稳定值测试完后，顺扭转方向连续转动 6 圈，测定重塑土的不排水抗剪强度。

⑤ 对开口钢环十字板剪切仪，应修正轴杆与土间的摩阻力。

5.7.3 试验资料整理与应用

① 计算各试验点土的不排水抗剪峰值强度、残余强度、重塑土强度和灵敏度，绘制单孔

土的强度和灵敏度随深度的变化曲线,需要时绘制抗剪强度与扭转角度的关系曲线。

② 地基土不排水抗剪强度可按下式计算:

$$C_u = 1\,000K_c(p_f - p_0)$$

$$或 C_u = K(\varepsilon - \varepsilon_0) \tag{5-31}$$

$$或 C_u = 10K_c\eta R_y$$

式中:C_u——地基土不排水抗剪强度(kPa);

　　p_f——剪损土体的总作用力(N);

　　p_0——轴杆与土体的摩擦力和仪器机械阻力(N);

　　K——电阻式十字板剪切仪的探头率定系数(kPa/$\mu\varepsilon$);

　　ε——剪损探头总作用力对应的应变测试仪读数($\mu\varepsilon$);

　　ε_0——初始读数($\mu\varepsilon$);

　　K_c——十字板常数,板头为 50 mm×100 mm 时,取 0.002 18 cm^{-2};板头为 75 mm× 150 mm 时,取 0.000 65 cm^{-2};

　　R_y——原状土剪切破坏时的读数(mV);

　　η——传感器率定系数(N·cm/mV)。

③ 地基土重塑土强度可按下式计算:

$$C'_u = 1\,000K_c(p'_f - p'_0)$$

$$或 C'_u = K(\varepsilon' - \varepsilon'_0) \tag{5-32}$$

$$或 C'_u = 10K_c\eta R'_y$$

式中:C'_u——地基土重塑土抗剪强度(kPa);

　　p'_f——剪损重塑土体的总作用力(N);

　　ε——剪损重塑土对应的最大应变值;

　　p'_0、ε'_0——初始读数($\mu\varepsilon$);

　　R'_y——重塑土剪切破坏时的读数(mV)。

④ 土的灵敏度可按下式计算:

$$S_t = C_u/C'_u \tag{5-33}$$

式中:S_t——土的灵敏度。

⑤ 初步判定地基土承载力时,可按下式估算:

$$f_{ak} = 2C_u + \gamma h \tag{5-34}$$

式中:f_{ak}——地基土承载力特征值(kPa);

　　γ——土的天然重度(kN/m³);

　　h——基础埋置深度(m),当 $h>3$ m 时,宜根据经验进行折减。

5.8　旁压试验

5.8.1　试验原理及设备

旁压试验是指用可侧向膨胀的旁压器,对钻孔孔壁周围的岩土体施加径向压力,根据压力和变形曲线计算土的模量和强度。旁压试验适用于黏性土、粉土、砂土、碎石土、残积土、极软岩和软岩等。

旁压仪分预钻式、自钻式和压入式三种,旁压仪由旁压器、加压稳压装置和量测装置等部件构成。

试验设备应符合下列规定:

① 试验设备可按表 5－33 选用。

表 5－33　常用旁压器结构形式和主要参数

型号		旁压器参数					试验荷载（MPa）
		结构形式	总长度（mm）	测量腔外径（mm）	测量腔长度（mm）	测量腔体积（cm³）	
预钻式旁压仪	PM-1A	单腔式	560	50	350	687.2	0～3.0
	PM-1B	单腔式	720	88	360	2 189.5	0～3.0
	PM-2B	单腔式	720	88	360	2 189.5	0～5.5
	PY 型	三腔式	500	50	250	490.9	0～2.5
	Menard G-AM	三腔式	650	58	200	528.4	0～10
	TEXAM	单腔式		74	700	3 053.5	0～10
	Etastmeter	单腔式		62	520	1 569.9	0～20
自钻式旁压仪	PYHL-1	三腔式	980	90	200	1 271.7	0～2.5
	MIM-A	三腔式	1 100	90	650	4 133	0.4～2.5
	Cambridge Insitu Camkometer	单腔式	1 175	82.86	—	—	0～0.75
	Mazieer PAF-76	三腔式	1 500～2 000	132	500	6 838.9	0～2.5

引用自《旁压试验规程》(YS/T 5224—2020)。

② 试验前应对弹性膜的约束力、仪器综合变形进行校正。

③ 压力表最小分度值不应大于满量程的 1%,测量测管水位刻度的最小分度值不应大于 1 mm,测量体积变化刻度的最小分度值不应大于 0.5 cm³。

5.8.2　试验技术要求

旁压试验应符合下列要求:

① 旁压试验应在有代表性的位置和深度进行,旁压器的测量腔应在同一土层内。试验

点的垂直间距应根据地质条件和工程要求确定,但不宜小于 1.5 m,试验孔与已有钻孔的水平距离不宜小于 1 m。

② 为保证预钻式旁压试验的成孔质量,钻孔直径应与旁压器直径相匹配,以防止孔壁坍塌;预钻式旁压试验应与钻探交替进行,严禁一次成孔多次试验,每个试验段在成孔后及时进行试验,时间间隔不宜超过 15 min。自钻式旁压试验的自钻钻头、钻头转速、钻进速率、刃口距离、泥浆压力和流量等应通过试验确定。

③ 加荷等级应采用预期极限压力的 1/10~1/12,在试验初始阶段和软黏土层加荷等级宜取小值。

④ 每级压力应维持相对稳定的观测时间,黏性土、粉土、砂土宜为 2 min,碎石土、残积土、极软岩和软岩等宜为 1 min。当稳定时间维持在 1 min 时,加荷后宜按 15 s、30 s、60 s 测读变形量,维持 2 min 时,加荷后宜按 15 s、30 s、60 s、90 s、120 s 测读变形量。

⑤ 当测量腔的扩张体积相当于测量腔的固有体积时,或压力达到仪器的允许最大压力时,应终止试验。

5.8.3 试验资料整理与应用

① 对各级压力和相应的扩张体积(或换算为半径增量)分别进行约束力和体积修正后,绘制压力与体积曲线,需要时可绘制蠕变曲线。

② 根据压力与体积曲线,结合蠕变曲线确定初始压力、临塑压力和极限压力。

③ 根据压力与体积曲线的直线段斜率,按式(5-35)和式(5-36)计算旁压模量和旁压剪切模量。

$$E_{m} = 2(1+\mu)\left(V_{c} + \frac{V_{0}+V_{f}}{2}\right)\frac{\Delta p}{\Delta V} \tag{5-35}$$

$$G_{M} = \left(V_{c} + \frac{V_{0}+V_{f}}{2}\right)\frac{\Delta p}{\Delta V} \tag{5-36}$$

式中:E_{m}——旁压模量(kPa);

　　G_{M}——旁压剪切模量(kPa);

　　μ——土的泊松比;

　　V_{c}——旁压器测量腔初始固有体积(cm³);

　　V_{0}——与初始压力 p_{0} 对应的体积(cm³);

　　V_{f}——与临塑压力 p_{f} 对应的体积(cm³);

　　$\dfrac{\Delta p}{\Delta V}$——旁压曲线直线段的斜率(kPa/cm³)。

5.9　扁铲侧胀试验

5.9.1　试验原理及设备

扁铲侧胀试验是指将带有膜片的扁板压入土中预定深度,充气使膜片向孔壁土中侧向扩张,根据压力与变形的关系,测定土的模量及其他有关指标。试验适用于软土、一般黏性土、粉土和松散~中密的砂土。

扁铲侧胀试验设备包括扁铲探头和控制设备、贯入设备和压力源。试验设备应符合下列规定：

① 扁铲探头长 230～240 mm,宽度为 94～96 mm,厚度为 14～16 mm,探头前缘刃角为 12°～16°,探头侧面圆形钢膜片直径为 60 mm。

② 探头不能有明显弯曲,探杆弯曲度不大于 0.2%,不得有裂纹和损伤。

5.9.2 试验技术要求

扁铲侧胀试验应符合下列要求：

① 每孔试验前后均应进行探头率定,取试验前后的平均值作为修正值。膜片的合格标准为:率定时膨胀至 0.05 mm 的气压实测值 $\Delta A = 5～25$ kPa;率定时膨胀至 1.10 mm 的气压实测值 $\Delta B = 10～110$ kPa。试验时,应以静力匀速将探头贯入土中,贯入速率宜为 2 cm/s。试验点间距可取 20～50 cm。

② 探头达到预定深度后,应匀速加压和减压测定膜片膨胀至 0.05 mm、1.10 mm 和回到 0.05 mm 的压力 A、B、C 值。

③ 扁铲侧胀消散试验,应在需测试的深度进行,测读时间间隔可取 1 min、2 min、4 min、8 min、15 min、30 min、90 min,以后每 90 min 测读一次,直至消散结束。

5.9.3 试验资料整理与应用

① 对试验的实测数据按下式进行膜片刚度修正：

$$p_0 = 1.05(A - Z_m + \Delta A) - 0.05(B - Z_m - \Delta B) \tag{5-37}$$

$$p_1 = B - Z_m - \Delta B \tag{5-38}$$

$$p_2 = C - Z_m + \Delta A \tag{5-39}$$

式中:p_0——膜片向土中膨胀之前的接触压力(kPa);

p_1——膜片膨胀至 1.10 mm 时的压力(kPa);

p_2——膜片回到 0.05 mm 时的终止压力(kPa);

Z_m——调零前的压力表初读数(kPa);

A——膜片膨胀至 0.05 mm 时气压的实测值(kPa);

B——膜片膨胀至 1.10 mm 时气压的实测值(kPa);

C——膜片回到 0.05 mm 时气压的实测值(kPa);

ΔA、ΔB——空气标定膜片分别膨胀至 0.05 mm、1.10 mm 时气压的实测值(kPa)。

② 根据 p_0、p_1 和 p_2 计算下列指标：

$$E_D = 34.7(p_1 - p_0) \tag{5-40}$$

$$K_D = (p_0 - u_0)/\sigma_{v0} \tag{5-41}$$

$$I_D = (p_1 - p_0)/(p_0 - u_0) \tag{5-42}$$

$$U_D = (p_2 - u_0)/(p_0 - u_0) \tag{5-43}$$

式中:E_D——侧胀模量(kPa);

K_D——侧胀水平应力指数；

I_D——侧胀土性指数；

U_D——侧胀孔压指数；

u_0——试验深度处的静水压力(kPa)；

σ_{v0}——试验深度处土的有效上覆压力(kPa)。

③ 绘制 E_D、I_D、K_D、U_D 与深度的关系曲线。

5.10　波速测试

5.10.1　试验原理及设备

波速测试是指利用弹性波在介质中的传播速度与介质的动弹性模量、动剪切模量、动泊松比以及密度等的理论关系，从测定波的传播速度入手，求出土的动弹性参数。土的动弹性参数在工程抗震设计和动力机械基础等方面有广泛的应用。波速测试适用于测定压缩波、剪切波在各类岩土体中的传播速度，可根据工程要求或测试条件，采用单孔法、跨孔法等。

波速测试设备主要由激振器、检波器和放大记录系统三部分组成，应符合下列规定：

1) 振源

① 单孔法测试时，压缩波振源宜采用锤和金属板。

② 跨孔法测试时，剪切波振源宜采用剪切波锤，也可采用标准贯入试验装置。压缩波振源宜采用电火花或爆炸等。

2) 检波器

① 采用速度型检波器，其固有频率宜小于地震波主频率的 1/2。面波法波速测试宜采用固有频率不大于 4.0 Hz 的低频检波器。

② 同一排列的多个检波器之间其固有频率差不应大于 0.1 Hz，灵敏度和阻尼系数差不应大于 10%。

5.10.2　试验技术要求

1) 单孔法

① 测试孔应垂直且保证孔壁不坍塌掉块。

② 剪切波振源可采用地面激振或孔内激振。当采用贴壁式三分量检波器测量时，应将检波器紧贴在孔内壁预定深度处。测试工作宜自下而上进行，测点间距宜取 1~3 m，层位变化处加密。

③ 当采用孔中激发，地面接收方式测量时，应将地面接收传感器放在第一层土中，并去除周边杂物，必要时，将检波器放在挖好的坑中进行接收。

④ 当采用串式检波器 PS 测井法时，应保证孔内有充盈的井液，井液的浓度应保证悬浮式检波器串能顺利下到孔底。检波器串中振源不少于 1 个，接收检波器不少于 2 个，每个间距为 1 m。

2) 跨孔法

① 振源孔和所有测试孔，应布置在一条直线上。测试孔应垂直，当测试深度大于 15 m

时,应测量激振孔和测试孔的倾斜度和倾斜方位。

② 测试孔间距应根据岩性、地层厚度和测试要求而定,在土层中宜取 2～5 m,在岩层中宜取 8～15 m,测点垂直间距宜取 1 m。近地表测点宜布置在 0.4 倍孔距的深度处,振源和检波器应置于同一地层的相同标高处,并且尽量离开地层分界面,减少因折射波带来的时间判读误差。

③ 波速测试应有重复观测的记录,一般重复观测比例应不少于10%,重复观测的相对误差应小于5%。

5.10.3 试验资料整理与应用

① 在波形记录上识别压缩波和剪切波的初至时间,提供波列曲线。

② 计算由振源到达测点的距离。

③ 根据波的传播时间和距离确定波速,单孔法的波速确定宜采用斜距校正法。小应变动剪切模量、动弹性模量和动泊松比,可按下列公式计算:

$$G_d = \rho v_s^2 \tag{5-44}$$

$$E_d = \frac{\rho v_s^2 (3v_p^2 - 4v_s^2)}{v_p^2 - v_s^2} \tag{5-45}$$

$$\mu_d = \frac{v_p^2 - 2v_s^2}{2(v_p^2 - v_s^2)} \tag{5-46}$$

式中:v_s、v_p——分别为剪切波波速和压缩波波速(m/s);

G_d——土的动剪切模量(MPa);

E_d——土的动弹性模量(MPa);

μ_d——土的动泊松比;

ρ——土的质量密度(g/cm³)。

5.11 水文地质参数试验

5.11.1 抽水试验

1) 试验原理及设备

岩土工程勘察阶段的抽水试验是指稳定流单孔抽水试验和双孔抽水试验。稳定流单孔抽水试验仅在一个钻孔中进行试验,是一种方法简单、成本较低的抽水试验方法,但只能取得含水层钻孔出水量与水位下降关系的资料,以及概略算出含水层的渗透系数。稳定流多孔抽水试验是在抽水孔(或主孔)周围配置一定数量的观测孔,在试验过程中观测其周围试验层中地下水位变化的一种试验方法。稳定流多孔抽水试验除了能完成单孔抽水试验的全部任务外,还可测定试验段内含水层不同方向上的渗透系数、影响半径、水位下降漏斗形态及其扩展情况等,并可进行流速测定,因此稳定流多孔抽水试验具有精度高、获得资料全等优点。

抽水试验设备包括:抽水设备、过滤器及水位、流量、水温等测量器具和排水设备等。

（1）抽水设备

抽水设备种类较多，常用的有卧式离心泵和立式深井泵。低压卧式离心泵，具有排水量大、出水均匀、调节落程方便、能抽含沙浑水等优点，但吸程小，一般为 6～7 m。当地下水埋藏很浅、降深要求不大时，经常使用这种水泵进行抽水。立式深井泵的特点是扬程大、出水均匀，但要求孔径较大、孔斜小，当地下水埋藏较深，水量较大，且精度要求较高时多采用这类水泵抽水。

（2）过滤器

在钻孔中进行抽水试验时，除了在孔壁较完整的基岩中可直接安装抽水设备进行试验外，对破碎的岩层，特别是在松散沉积层中，必须在孔内安装过滤器。它起到防止孔壁坍塌和固体颗粒涌入孔内的滤水护壁作用，从而保证抽水试验正常进行。

（3）测水用具

常用测水用具有电测水位计、流量计两种。出水量测量以采用堰箱和孔板流量计较多。

2）试验技术要求

（1）准备工作

做好试验前准备工作。包括熟悉试验地段的地形地貌、水文地质条件和钻探抽水等施工技术资料，检查抽、排水设备和测水用具，以及准备各种记录表册等。

（2）洗井

抽水试验孔必须及时进行洗孔，以保证获得正确的抽水试验资料。

（3）抽水试验现场观测记录内容

① 测量抽水试验前后的孔深。

② 观测地下水天然水位、动水位和恢复水位。

③ 观测钻孔出水量。

④ 观测气温、水温。

（4）抽水试验技术要求

① 为了研究井（孔）抽水特征曲线（Q-S 关系曲线），正确选择计算水文地质参数的公式，并验证参数计算的准确程度以及推算抽水孔最大可能出水量，一般要求进行三次水位下降的抽水试验。

最大降深值 S_{max} 主要取决于潜水含水层的厚度、承压水的水头及现有抽水设备的能力。三次水位降深的间距应尽量均匀分配，最好符合下列要求：

$$若 S_1 = S_{max}，则 S_2 = \frac{2}{3}S_{max}，S_3 = \frac{1}{3}S_{max}。$$

式中：S_1、S_2、S_3——第 1、2、3 次抽水的降深值。

水位降深的顺序，取决于含水层的岩性。对于松散的砂质含水层，为了便于自然过滤层的形成，落程应由小到大。在粗大的卵石层或基岩含水层中抽水时，落程应由大到小进行，以利于再次冲洗含水层中的细颗粒，疏通渗流通道。

② 抽水试验的稳定延续时间主要取决于勘察的目的、要求和试验地段的水文地质条件。当地下水补给条件较好，含水层是透水性大的土层，或主要为了求渗透系数时，延续时间可短一些（8～24 h）。相反，若试验层为透水性较差的潜水层且补给贫乏，水位和水量不易稳定的地区，其延续时间就需要长一些（24～72 h）。

3）试验资料整理与应用

（1）绘制降深 S、流量 Q 历时曲线

一般在抽水试验正常时，S-t，Q-t 曲线在抽水初期表现为水位下降和出水量较大，且不稳定，随着抽水进行一段时间后，水位、流量逐渐趋向稳定状态，表现为水位降深、流量两曲线平行。

（2）绘制出水量与水位降深的关系曲线

出水量与水位降深的关系曲线即 Q-S 曲线（图5-6）。通过该曲线特征可确定钻孔出水能力，推算出钻孔的最大可能出水能力和单位出水量，判断含水层的水力性质，同时 Q-S 曲线也是检查抽水试验成果的重要依据。

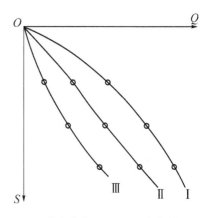

Ⅰ—潜水曲线；Ⅱ—承压水曲线；
Ⅲ—试验进行不正确时的曲线

图5-6 Q-S 曲线

（3）计算渗透系数

① 单（孔）井稳定流抽水试验，当利用抽水（孔）井的水位下降资料计算渗透系数时可按裘布衣公式进行计算。计算原理如图5-7所示。

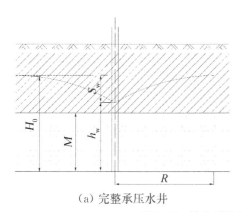

（a）完整承压水井

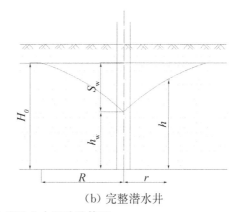

（b）完整潜水井

图5-7 抽水试验时地下水向（孔）井内运动计算图

引用自《岩土工程勘察与评价》（高金川、张家铭）。

当 Q-S 曲线为直线形时，按下式计算渗透系数：

对于完整承压水（孔）井：

$$K = \frac{Q}{2\pi S_w M}\ln\frac{R}{r_w} \qquad (5-47)$$

对于完整潜水（孔）井：

$$K = \frac{Q}{\pi(H_0^2 - h_w^2)}\ln\frac{R}{r_w} = \frac{Q}{\pi(2H_0 - S_w)S_w}\ln\frac{R}{r_w} \qquad (5-48)$$

式中：K——渗透系数（m/d）；

Q——出水量（m³/d）；

R——影响半径（m）；

r_w——抽水井过滤器的半径(m);

S_w——水位下降值(降深)(m);

M——承压含水层的厚度(m);

H_0——自然情况下潜水含水层的厚度(或承压水的原始水头值)(m);

h_w——抽水井中的水头值(m)。

对于非完整承压水井:

当 $M > 150r_w$,$L/M > 0.1$ 时,

$$K = \frac{Q}{2\pi S_w M}\left[\ln\frac{R}{r_w} + \frac{M-L}{L}\ln\frac{1.12M}{\pi r_w}\right] \quad (5-49)$$

或当过滤器位于含水层的顶部或底部时,

$$K = \frac{Q}{\pi(H_0^2 - h_w^2)}\left[\ln\frac{R}{r_w} + \frac{\overline{h}-L}{L}\ln\left(1 + 0.2\frac{\overline{h}}{r_w}\right)\right] \quad (5-50)$$

式中:$\overline{h}$——潜水含水层在自然情况下和抽水试验时厚度的平均值(m);

L——过滤器的长度(m);

其他符号意义同上。

② 多(孔)井稳定流抽水试验,利用观测孔中的水位下降资料计算渗透系数时,可利用下式计算:

对于完整承压水井:

$$K = \frac{Q}{2\pi M(S_w - S_1)}\ln\frac{r_1}{r_w} \qquad (\text{有一个观测孔})(5-51)$$

$$K = \frac{Q}{2\pi M(S_1 - S_2)}\ln\frac{r_2}{r_1} \qquad (\text{有两个观测孔})(5-52)$$

对于完整潜水井:

$$K = \frac{Q}{\pi(2H_0 - S_w - S_1)(S_w - S_1)}\ln\frac{r_1}{r_w} \quad (\text{有一个观测孔})(5-53)$$

$$K = \frac{Q}{\pi(2H_0 - S_1 - S_2)(S_w - S_1)}\ln\frac{r_1}{r_w} \quad (\text{有两个观测孔})(5-54)$$

式中:S_1、S_2——观测孔 1 和观测孔 2 的水位降深(m);

r_1、r_2——观测孔 1、观测孔 2 距抽水孔轴心的距离(m);

其他符号意义同上。

(4) 计算影响半径

利用稳定流抽水试验观测孔中的水位下降资料计算影响半径时,可采用下式:

对于完整承压水井:

$$\lg R = \frac{S_w \lg r_1 - S_1 \lg r_w}{S_w - S_1} \qquad (\text{有一个观测孔})(5-55)$$

$$\lg R = \frac{S_1 \lg r_2 - S_2 \lg r_1}{S_1 - S_2} \qquad \text{(有两个观测孔)} \quad (5-56)$$

对于完整潜水井：

$$\lg R = \frac{S_w(2H_0 - S_w)\lg r_1 - S_1(2H_0 - S_1)\lg r_w}{(S_w - S_1)(2H_0 - S_w - S_1)} \qquad \text{(有一个观测孔)} \quad (5-57)$$

$$\lg R = \frac{S_1(2H_0 - S_1)\lg r_2 - S_1(2H_0 - S_2)\lg r_1}{(S_1 - S_2)(2H_0 - S_1 - S_2)} \qquad \text{(有两个观测孔)} \quad (5-58)$$

当缺少观测孔的水位下降资料时，影响半径可采用经验数据。

抽水试验资料整理时，除了确定渗透系数、影响半径外，还经常涉及单位出水量、释水系数等参数，可根据相关试验规程或规范按要求确定。

5.11.2 注水试验

注水试验适用于地下水位埋藏较深，不便于进行抽水试验的场地，或在干的透水岩土层中需要求渗透系数时进行。裘布衣计算公式也可推广到完整注水井（图5-8）的计算中。注水试验的工作条件恰好与抽水试验相反，它是向（孔）井中注水，水从钻孔向周围岩土层渗透，水位漏斗是倒转的，即地下水位向四周逐渐降低，成锥体状。

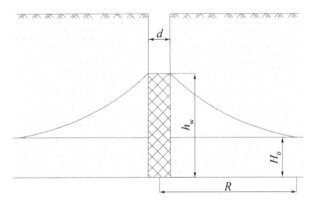

图5-8 完整注水井示意图

引用自《岩土工程勘察与评价》（高金川、张家铭）。

注水试验的试验设备包括注水设备、过滤器及测量水位和流量的仪器。注水方法一般采用固定水头法，即将（孔）井中的水位抬高到一定高度，保持水头不变连续注水。其试验步骤和技术要求如下：

① 注水前应清除（孔）井中的岩粉。

② 测量并记录（孔）井深度和地下水位，然后开始注水。

③ 注水量由小到大，源源不断，当动水位升高到设计高度以后，应控制注水量，使水头稳定。

④ 注水开始后，应每隔3 min、5 min、10 min、15 min观测一次水位、水量；当水位、水量近似稳定后，改为每隔30 min观测一次，至稳定后再延续2~4 h即可结束。

⑤ 稳定要求，稳定动水位的允许误差为±5 cm。

注水试验中渗透系数K或其他有关指标的计算，可根据试验条件选择抽水试验的有关公式，将水位降低值换成注水时的水位升高值，用注入钻（孔）井内的稳定流量代替钻孔抽水的稳定流量。

当地下水埋藏在孔底以下较深，且含水层介质为均质岩土层时，可用下式求K值：

$$K = 0.423 \frac{Q}{S^2} \lg \frac{4S}{d} \qquad (5-59)$$

式中:S——注水造成的水柱高度,$S = h_w - H_0$(符号意义同上)(m);

d——钻孔或过滤器直径(m);

Q——注水量(m³/d)。

根据水工建筑经验,在巨厚且水平分布的岩土层中做常流量注水试验时,可按下式计算渗透系数 K:

当 $0 < L/d \leqslant 2$ 时:

$$K = \frac{0.08Q}{\frac{dS}{2}\sqrt{\frac{L}{d}+\frac{1}{4}}} \tag{5-60}$$

当 $L/d > 2$ 时:

$$K = \frac{0.366Q}{LS}\lg\frac{4L}{d} \tag{5-61}$$

式中符号意义同上。

5.11.3 压水试验

1) 试验布置

在坚硬或半坚硬岩(土)体中,地下水埋深很大时,用压水试验测定岩(土)层的裂隙性和渗透性。试验时向钻孔中压水,取得单位吸水量 ω 等参数值,为评价岩(土)体渗透特性和设计防渗措施提供基本资料。该试验在水利水电工程中、岩溶塌陷勘察中使用比较广泛。

钻孔压水试验在收集已有地质资料的基础上,主要布置在下列地段:

① 拟建水工建筑枢纽地段,或已建库坝缺少资料的地段,常沿坝轴线布置。

② 引水渠道,沿渠道线布置。

③ 地表储水建筑地段。

④ 地下水位埋藏深,且有塌陷的地段。

压水试验数据具有统计规律,按试验规程试验数量为 3～6 组,一般不少于 3 组。

2) 试验技术要求

钻孔压水试验一般采用自上而下分段压水法。试验段长度一般为 5 m,如岩芯完整、透水性小 $[\omega < 0.01\,\text{L}/(\text{min} \cdot \text{m}^2)]$ 时,可适当加长,但不宜大于 10 m。对于透水性较强的构造破碎带、裂隙密集带、岩层接触带、岩溶等孔段,需单独了解其透水性,可视具体情况确定试验段长度。

试验采用三次压力(即 p_1、p_2、p_3 分别为 0.3 MPa、0.6 MPa、1.0 MPa)的压水试验,有时也采用一次压力法,压力值通常采用 0.3 MPa。压力值按下式计算:

$$p = p_p + p_z - p_s \tag{5-62}$$

式中:p——总压力(MPa)。

p_p——压力表压力(MPa)。

p_z——水柱压力(MPa)。按试验段与地下水位的关系,分三种情况计算,如图 5-9 所示。

① 地下水位在试验段以下时，p_z 为压力表中心至水位的深度减去试验段中心至水位的深度。

② 地下水位位于试验段内时，p_z 为压力表中心至水位的深度减去水位以上试验段的 1/2 处至水位的深度。

③ 地下水位位于试验段之上时，且试验段在该含水层中，p_z 为压力表中心至水位的深度。

p_s——管路压力损失（MPa），宜根据实测资料确定。

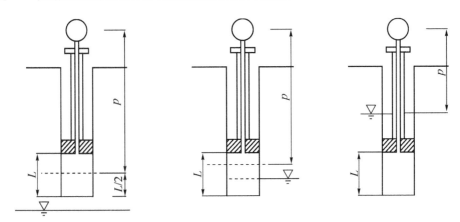

图 5-9 水柱压力 p_z 计算示意图

引用自《岩土工程勘察与评价》（高金川、张家铭）。

试验需注意如下事项：

① 试验孔应清水钻进，试验前应测静止水位。

② 试验稳定延续时间一般为 2～8 h，视试验目的和要求而定。

③ 流量稳定标准：在一定压力下，连续四次（每次间隔 4 min）流量读数的最大值和最小值之差小于最终值的 10%，或连续四次流量逐渐减小，且均小于 0.5 L/min，其最终量即为稳定流量，可作为压入耗水量。

④ 观测记录试验过程中出现的异常，如流量、压力突变等现象。

3）试验资料整理与应用

① 整理校核试验记录等原始资料，绘制有关图表。

② 计算单位吸水量 ω，即在单位水头压力下、单位试验段长度每分钟所吸收的水量，按下式计算。[单位吸水量国际单位制用吕荣，1 Lu 表示 1 MPa 时，每米试验段压入的水流量为 1 L/min。1 Lu=0.01 L/(min·m^2)]。

$$\omega = \frac{Q}{L \cdot p} \tag{5-63}$$

式中：ω——单位吸水量[L/(min·m^2)]；

Q——钻孔压水的稳定流量（L/min）；

L——试验段长度（m）；

p——钻孔压水所加压力（水头值）（m）。

③ 估算渗透系数。

a. 当试验段底部距隔水层底板的厚度大于试验段长度时:

$$K = 0.525\omega \lg \frac{0.66L}{r} \qquad (5-64)$$

式中:K——渗透系数(m/d);

r——钻孔半径(m)。

b. 当试验段底部距隔水层底板的厚度小于试验段长度时:

$$K = 0.525\omega \lg \frac{1.32L}{r} \qquad (5-65)$$

式中符号意义同上。

5.12 实例

沪苏浙高速公路水泥土搅拌桩试验段地基土原位测试与室内试验

5.12.1 概况

沪苏浙高速公路江苏段全部位于江苏省苏州吴江区境内,所经区域位于长江三角洲太湖湖积平原区,地势低平,自东北向西南缓缓倾斜,南北高差在 2.0 m 左右,水系发达,河道稠密,湖荡星罗棋布,水面积(不包括太湖水面)占全市面积的 22.07%,属典型的湖荡水网平原区。

水泥土搅拌桩试验段位于沪苏浙高速公路 K30+050～K30+450 段落,该段所在区域为滨湖平原区,表层为 2.0～3.0 m 厚的软塑状亚黏土,其下沉积着约 13 m 厚的淤泥质亚黏土,平均含水量约 50.1%,天然平均孔隙比为 1.427,试验段土层分布剖面图见图 5-10。

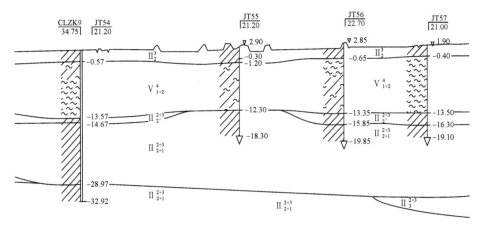

图 5-10 试验段土层剖面图

引用自《岩土工程勘察与评价》(高金川、张家铭)。

5.12.2 试验段勘察与原位测试

水泥土搅拌桩试验区分为四个分区,依据试验段现场工作大纲对试验区场地进行勘探,具体勘探内容见表 5-34。

表 5 - 34　勘探工作一览表

勘察内容	数量(孔)	深度(m)	数量	试验内容
取原状样	8	20	1 组/2 m	高压固结试验、三轴试验、常规物理力学性质试验
取扰动样	4	16	上部:1 组/2 m 下部:1 组/3 m	水泥土配合比、水泥土固结试验、化学成分分析试验、常规物理力学性质试验
静力触探试验	8	16	全程	锥尖阻力、侧壁摩阻力
多功能静力触探试验	8	20	孔压:1 点/2 m	电阻率、地震波、固结系数、不排水抗剪强度、超固结比、孔隙水压力、锥尖阻力、侧壁摩阻力
十字板试验	8	16	1 点/2 m	不排水抗剪强度

根据勘察,场地地层自上而下分为四层(试验区工程地质剖面图见图 5 - 10):

① 表层黏性土:耕植土,分布于地表,浅黄色,中密,为灰~灰褐色亚黏土,夹植物根茎,中等压缩性土,埋深为 0~1.0 m、1.2~2.0 m;中间夹泥炭层,黑色,软塑,颗粒较细,埋深为 1.0~1.2 m。

② 淤泥质亚黏土:灰褐色,冲湖积相,软流塑,很湿~饱和,颗粒较细,黏性较大,下部略含贝壳碎片,埋深为 2.0~14.0 m。

③ 亚黏土:灰绿色,冲湖积相,可塑~硬塑,湿,颗粒较细,黏性较大,下部略含粉性,含贝壳、钙质铁等结核,多呈中密状,埋深为 14.0~16.5 m。

④ 亚黏土:绿黄~黄色,上更新统冲湖积相,硬塑,稍湿,颗粒较细,黏性较大,含铁锰等结核,埋深在 16.5 m 以下。

场地地下水为潜水,上部耕植土层为隔水层,A 区地下水位约为 0.50 m,B 区地下水位约为 0.35 m,C、D 两区地下水位皆为 0.00 m。

5.12.3　原位测试成果及分析

试验段原位测试包括静力触探、十字板、CPTU 等试验。

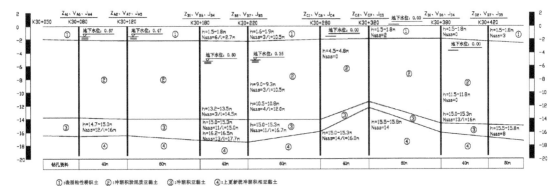

图 5 - 11　试验区工程地质剖面图

1) 静力触探试验

静力触探试验共进行了八个试验点,分别为 J_{A4}、J_{A5}、J_{B4}、J_{B5}、J_{C4}、J_{C5}、J_{D4}、J_{D5}。A 区、B 区、C 区、D 区试验结果如表 5 - 35(表中数据是根据本段补充试验的结果,按照土的分层计算得到的平均值）。

表 5-35 试验段静力测试指标一览表

土层编号	A 区			B 区			C 区			D 区		
	q_c (MPa)	f_s (kPa)	R (%)	q_c (MPa)	f_s (kPa)	R (%)	q_c (MPa)	f_s (kPa)	R (%)	q_c (MPa)	f_s (kPa)	R (%)
①	1.65	7.95	5.60	1.56	7.67	5.69	0.75	17.53	27.50	0.83	22.17	30.00
②	0.32	4.69	16.20	0.30	4.23	15.09	0.38	7.53	18.75	0.35	8.09	23.39
③	3.17	24.92	9.64	1.91	18.45	11.43	2.16	56.94	26.26	1.81	48.93	27.29
④	10.58	40.55	4.08	10.50	36.90	3.52	8.08	100.57	18.43	2.41	55.95	23.32

2）十字板试验

十字板剪切试验共进行了八个试验点，分别为 V_{A6}、V_{A7}、V_{B6}、V_{B7}、V_{C6}、V_{C7}、V_{D6}、V_{D7}，不同深度土层的抗剪强度值见表 5-36。

表 5-36 不同深度土层的原状土和扰动土抗剪强度值

深度 (m)	V_{A6}			V_{A7}			V_{B6}			V_{B7}		
	原状土抗剪强度 (kPa)	扰动土抗剪强度 (kPa)	S_t	原状土抗剪强度 (kPa)	扰动土抗剪强度 (kPa)	S_t	原状土抗剪强度 (kPa)	扰动土抗剪强度 (kPa)	S_t	原状土抗剪强度 (kPa)	扰动土抗剪强度 (kPa)	S_t
1	53.67	14.14	3.80	64.11	21.18	3.03	42.52	9.65	4.41	53.65	16.10	3.33
2.5	33.41	8.11	4.12	36.02	9.84	3.66	31.62	8.41	3.76			
4	21.07	5.43	3.88	17.47	3.78	4.62	15.63	3.53	4.43	19.27	6.20	3.11
7	24.17	5.10	4.74	27.01	5.81	4.65	10.21	5.21	1.96	25.31	5.26	4.81
10	22.00	5.03	4.37	25.36	6.06	4.18	17.02	7.29	2.33	26.13	7.44	3.51
13	39.17	6.66	5.88	39.67	8.64	4.59	19.02	8.24	2.31	31.60	6.89	4.59
深度 (m)	V_{C6}			V_{C7}			V_{D6}			V_{D7}		
	原状土抗剪强度 (kPa)	扰动土抗剪强度 (kPa)	S_t	原状土抗剪强度 (kPa)	扰动土抗剪强度 (kPa)	S_t	原状土抗剪强度 (kPa)	扰动土抗剪强度 (kPa)	S_t	原状土抗剪强度 (kPa)	扰动土抗剪强度 (kPa)	S_t
1	35.07	11.73	2.99	46.23	12.94	3.57	43.45	17.05	2.55	30.65	15.02	2.04
2.5	25.97	10.23	2.54	38.24	8.26	4.63	22.31	4.86	4.59	10.31	6.13	1.68
4	9.61	2.32	4.14	17.25	4.15	4.16	8.56	1.95	4.39	15.62	4.71	3.32
7	18.26	5.23	3.49	21.25	4.05	5.25	24.98	5.16	4.84	21.76	4.56	4.77
10	21.22	4.48	4.74	11.91	4.33	2.75	20.12	6.61	3.04	8.53	2.95	2.89
13	5.5	3.5	1.57	30.94			21.98	5.73	3.84	11.52	3.38	3.41
14.5	40.8						35.76	6.58	5.43	7.16	5.43	1.32

由各试验点的原状土与扰动土的抗剪强度随深度的变化曲线可以得到上层约 2 m 的土体为中等灵敏度土且强度比较高,2～13 m 为高灵敏度土且强度较弱。由十字板试验得到的土体抗剪强度,可以将土体从上至下大致分为 2 层,第 1 层 0～2 m,第 2 层 2～13 m。由各区的原状土和扰动土的黏聚力 c 随深度 h 的变化曲线得出,各区的原状土和扰动土的黏聚力 c 基本上接近,灵敏度 S_t 随深度逐渐增加,至深度 7 m 处一般达最大值。

5.12.4　室内土工试验成果及分析

表 5-37 为室内试验工作。

表 5-37　室内试验

项目	试验内容		数量	备注
常规物理试验	天然含水量		10 组	沿深度每 2 m 做一组
	天然密度			
	土粒相对密度		10 组	
	液限			
	塑限			
化学性质试验	有机质含量		3 组	
	酸碱度		3 组	
力学性质试验	固结试验	压缩系数	10 组	沿深度每 2 m 做一组
		固结系数		
		前期固结压力(高压)		
	无侧限抗压强度试验		10 组	
	三轴剪切试验	固结不排水 内聚力	10 组	
		固结不排水 内摩擦角		
		固结排水 内聚力	5 组	
		固结排水 内摩擦角		
水泥土试验	水泥土配合比	7 天	9 组	三种水泥掺入比、三种水灰比交叉
		14 天	9 组	
		28 天	9 组	
		90 天	9 组	
		180 天	9 组	
	水泥土固结试验	28 天前	27 组	

表 5-38 为室内土工试验结果汇总表,表 5-39 为冲湖积淤泥质亚黏土层②的特征值汇总表。

表 5-38 试验段室内土工试验结果汇总表

土层编号	深度 (m)	容重 (kN/m²)	含水量 (%)	比重	孔隙比	液限 (%)	塑限 (%)	固结快剪 C_g (kPa)	φ_g (°)	a_{v1} (MPa⁻¹)	E_s (MPa)	C_{v1} (10⁻⁴ cm²/s)	C_{v2} (10⁻⁴ cm²/s)	q_c (kPa)	q_u (kPa)
A 区															
Z_{A2}-2	2.5~3.0	18.3	39.5	2.71	1.066	39.7	22.4	3.8	30.1	0.58	3.6	20	28	92	5
Z_{A2}-3	4.0~4.5	17.3	47.6	2.72	1.321	43.2	23.9	8.5	18.6	1.86	1.2	24	8	71	19.6
Z_{A2}-4	5.5~6.0	17.3	52.9	2.72	1.404	57.4	27.2	5.8	17.8	1.61	1.5	12.4	7.2	68.5	35.8
Z_{A2}-5	10.0~10.3	16.8	51.1	2.74	1.464	55.7	22.4	7.2	18.5	1.81	1.4	8	4.8	63.1	34.4
Z_{A2}-6	11.5~11.8	16.7	51.4	2.74	1.484	55.1	25.1	17	12.5	1.70	1.5	8	4	73.1	35
Z_{A2}-7	13.0~13.3	17.3	41.2	2.74	1.236	52.7	21.1	39.6	9.3	1.36	1.6		6	75.3	41.3
Z_{A2}-8	14.5~14.8	20.5	21.4	2.74	0.623	36.2	17.6	54.2	19.6	0.215	7.5	154.8	38.4	154	80
Z_{A2}-9	16.0~16.3	20.8	23.3	2.72	0.612	36.9	19.0	63.5	28	0.075	21.5				
B 区															
Z_{B1}-2	2.5~3.0	18	40.9	2.71	1.121	41.8	23.1	7.7	24.8	0.52	4.1	68	68	84.3	15.3
Z_{B1}-3	5.0~5.5	16.5	55.8	2.72	1.568	47.7	23.5	7.4	16.6	1.75	1.5	4.8	4.4	45	24.8
Z_{B1}-4	7.0~7.5	16.3	59	2.74	1.673	62.1	27	10.6	16.3	1.67	1.6	4	4.4	50	14.1
Z_{B1}-5	8.5~8.8	16.6	53	2.74	1.525	55.8	26.3	13.3	14.6	1.35	1.9		6	90	
Z_{B1}-6	10.0~10.3	17	50.2	2.74	1.421	53.2	23.2			1.33	1.8	4.8	4.8	52	19.1
Z_{B1}-7	13.0~13.3	16.7	50.8	2.74	1.474	58.6	24.4	2.3	25.1	0.68	3.6	11.2	2.4	140	48.3
Z_{B1}-8	14.5~14.8	20.4	26	2.74	0.692	36	18.1	36	24.6	0.05	33.8			200	79.6
Z_{B1}-9	16.0~16.3	20.1	24.9	2.72	0.690	34.6	10.5	12.2	31.3	0.06	28.6				
C 区															
Z_{C2}-1	1.0~1.3	18.8	34.8	2.72	0.950	42.7	21.1	33.9	23.3	0.24	8.1	35	20	100	
Z_{C2}-2	4.0~4.3	17.6	45.4	2.72	1.247	43.6	22.4	17.9	11.5	0.78	2.9		4	100	27.6
Z_{C2}-3	7.0~7.5	16.9	57.8	2.74	1.558	63.1	30.3	21.5	8.1	1.96	1.3	3	2	77.6	25.3
Z_{C2}-4	10.0~10.3	17.1	48.7	2.74	1.383	58.2	20.9	12.4	14.4	1.70	1.4	2.9	1.3	80.2	26.9
Z_{C2}-5	15.0~15.3	20.1	24.9	2.73	0.696	55.8	26.7	23.6	33.1						
D 区															
Z_{D2}-1	1.0~1.3	19.1	35.1	2.72	0.924	41.1	26.0	28.4	26.7	0.203	9.5	34.2	13.6	45.8	108.7
Z_{D2}-2	4.0~4.3	17.2	50.2	2.72	1.375	44.7	23.8	8.82	13.1	1.47	1.6	2.2	2.8	50.0	26.0
Z_{D2}-3	7.0~7.5	16.1	64.4	2.74	1.798	68.8	23.7	20.6	8.4	2.34	1.2	5.8	0.8	61.9	32.8
Z_{D2}-4	10.0~10.3	16.5	56.7	2.74	1.602	63.2	23.2	9.78	16.8	2.38	1.1		1.2	100.0	16.7
Z_{D2}-5	15.0~15.3	20.0	23.4	2.73	0.684	58.6	24.4	47.5	16.5					64.4	

表 5-39　试验段冲湖积淤泥质亚黏土层②的特征值汇总表

区号	取值	容重 (kN/m³)	含水量 (%)	比重	孔隙比	液限 (%)	塑限 (%)	固结快剪		a_{v1-2} (Mpa⁻¹)	E_{s1-2} (MPa)	C_{v1}	C_2	p'_t	q_0
								C(kPa)	$\varphi(°)$						
A区	最大值	17.3	52.9	2.74	1.484	57.4	27.2	39.6	18.6	1.86	1.6	24	8	75.3	41.3
	最小值	16.7	41.2	2.72	1.236	43.2	21.1	5.8	9.3	1.36	1.2	8	4	63.1	19.6
	平均值	17.1	48.8	2.73	1.382	52.8	23.9	15.6	15.3	1.66	1.4	13	6	70.2	33.2
B区	最大值	17.0	59.0	2.74	1.673	62.1	27.0	13.3	25.1	1.75	3.6	11.2	6.0	140	48.3
	最小值	16.3	50.2	2.72	1.421	47.7	23.2	2.3	14.6	0.68	1.5	4.0	2.4	45	14.1
	平均值	16.6	53.7	2.73	1.532	55.4	24.8	8.4	18.1	1.35	2.1	6.2	4.4	75	26.5
C区	最大值	17.6	57.8	2.74	1.558	63.1	30.3	21.5	14.4	1.96	2.9	3.2	4.0	100	27.6
	最小值	16.9	45.4	2.72	1.247	43.6	20.9	12.4	8.1	0.78	1.3	2.9	1.3	77.6	25.3
	平均值	17.2	50.6	2.73	1.400	55.0	24.5	17.3	11.3	1.50	1.9	3.0	2.4	85.9	26.6
D区	最大值	17.2	64.4	2.74	1.798	68.8	23.8	20.6	14.8	2.38	1.6	5.8	2.8	100.0	32.8
	最小值	16.1	56.7	2.70	1.375	44.7	23.2	8.8	8.4	1.47	1.1	2.2	0.8	50.0	16.7
	平均值	16.6	57.1	2.72	1.600	58.9	23.6	13.1	12.8	2.10	1.3	4.0	1.6	70.6	25.2

5.12.5　工程地质评价

沪苏浙高速公路全线地基土层分四层,其中第一层Ⅱ₁₊₂层为软土的上覆硬壳层,灰黄~灰褐色黏土、亚黏土,硬塑~软塑状,分布连续,厚度变化不大;第二层Ⅴ⁴₁₊₂层为灰色~深灰色淤泥、淤泥质土,流塑状态,分布连续,沿线厚度变化较大;第三层Ⅱ₁层为灰黄~褐黄色黏土,软塑~硬塑,分布连续;第四层Ⅱ₂-1层为灰黄~褐黄色亚黏土,软塑~硬塑,分布连续,厚度较大。第二层Ⅴ⁴₁₊₂层为高压缩性软土,其压缩模量 E_{v1-2} 为 1.95~3.85 MPa,压缩系数为 0.83~1.25 MPa⁻¹,内摩擦角 φ_g 为 3.6°~7.7°,黏聚力 c_g 为 6.4~14.8 kPa,孔隙比 e 为 1.253~1.396,天然含水量 w 为 43.6%~49.4%。

试验段位于 K30+050~K30+450,地层上部为软塑状亚黏土,分布连续,厚度不大,其下为软土,岩性以淤泥质亚黏土为主,中间夹泥炭层,流塑,分布连续,厚度较大,最大揭露厚度为 14.00 m,顶板埋深为 1.50~2.50 m,底板埋深为 15.00~16.50 m,最小天然含水量为 41.2%,最大天然含水量为 64.4%,平均天然含水量为 53.16%,最小天然孔隙比为 1.236,最大天然孔隙比为 1.798,平均天然孔隙比为 1.392,平均锥尖阻力为 0.34 MPa,平均侧壁摩阻力为 6.1 kPa。软土下伏软塑状亚黏土,局部间夹硬塑状黏土,厚度小,变化不大,分布连续;下部以硬塑状黏土为主,间夹软~硬塑状亚黏土,沉积厚度较大,分布连续稳定。

试验段地质条件在苏南具有代表性,其中Ⅴ⁴₁₊₂层属典型东部平原区潟湖相软土。

思考题 🖱

（1）试述土体原位测试的优缺点。

（2）简述地基土平板载荷试验的基本原理、试验终止条件及试验结果的应用。

（3）简述静力载荷试验的技术要点。

（4）简述静力触探试验的技术要点。

（5）静力触探试验主要应用是什么？

（6）标准贯入试验主要应用是什么？

（7）简述如何根据标准贯入试验结果进行地基土的液化判别。

（8）简述动力触探试验的技术要点。

（9）简述十字板剪切试验的技术要点及适用条件。

（10）简述旁压试验的技术要点。

（11）扁铲侧胀试验的特点是什么？主要有哪些成果及如何应用？

（12）简述现场波速试验在岩土工程勘察中的应用。

（13）什么是地基承载力特征值？如何确定地基土承载力特征值？

（14）抽水试验的主要目的是什么？稳定流抽水试验与室内渗透试验相比，哪种方法测定的渗透系数更接近于实际？为什么？

（15）注水试验、压水试验的主要目的是什么？主要试验成果是什么？

计算题 🖱

（1）对某砂层做浅层平板载荷试验，承压板面积为 $0.5\ m^2$（方形），试验结果见下表，求该土层变形模量。

$p(kPa)$	25	50	75	100	125	150
$S(mm)$	0.88	1.76	2.65	3.53	4.41	5.30
$p(kPa)$	175	200	225	250	275	
$S(mm)$	6.13	7.05	8.50	10.54	15.80	

（2）某建筑基槽宽 5 m，长 20 m，开挖深度为 6 m，基底以下为粉质黏土。在基槽地面中间进行平板荷载试验，采用直径为 800 mm 的圆形承压板。荷载试验结果显示，在 p-S 曲线线性段对应 100 kPa 压力的沉降量为 8 mm，试问：基底土层的变形模量 E_0 为多少？

（3）某碎石土采用超重型圆锥重力触探试验，测得锤击数为 10，杆长 11 m，判断该碎石土的密实度。

（4）进行海上标贯试验时共用钻杆 9 根，其中 1 根钻杆长 1.20 m，其余 8 根钻杆，每根长 4.1 m，标贯器长 0.55 m。实测水深 0.5 m，标贯试验结束时水面以上钻杆余尺 2.45 m。标贯试验结果为：预击 15 cm，6 击；后 30 cm 每 10 cm，击数分别为 7 击、8 击、9 击。问：标贯试验段深度（从水底算起）及标贯击数为多少？

（5）某砂砾层中进行标准贯入试验，锤击数已达 50 击，实际贯入深度仅为 12 cm，则相当于贯入 30 cm 的锤击数 N 应为多少？

（6）在抗震烈度为 8 度的工程场地拟采用天然地基修建公路桥梁桥墩基础，设计时需要对埋藏于非液化土层之下的厚层饱和土进行液化判别。试初步判断上覆非液化土层厚 6 m，地下水位深度 5 m，基础埋深 1.5 m 是否需要考虑液化影响。

（7）某饱和黏性土的十字板剪切试验测得不排水抗剪强度为 36 kPa，修正后的不排水抗剪强度为 28 kPa，土的重度为 19.5 kN/m³，基础埋深为 3 m，则地基容许承载力为多少？

（8）某软黏土的十字板剪切试验结果见下表，试计算土的灵敏度。

顺序		1	2	3	4	5	6	7	8	9	10	11	12	13
十字板剪切	原状土	20	41	65	89	114	153	187	192	185	173	148	135	100
强度（kPa）	扰动土	11	21	33	46	58	69	70	68	63	57			

（9）在某粉质黏土层进行旁压试验，结果为测量腔初始固有体积 $V_c=496.0$ cm³，初始压力对应的体积 $V_0=134.5$ cm³，临塑压力对应的体积 $V_f=217.0$ cm³，直线段压力增量 $\Delta p=0.28$ MPa，泊松比为 0.38，试确定该土层的旁压模量 E_m。

（10）在地面下 8.0 m 处进行扁铲侧胀试验，地下水位为 2.0 m，土的重度为 18.5 kN/m³。试验前率定时膨胀至 0.05 mm 及 1.10 mm 的气压实测值分别为 $\Delta A=10$ kPa、$\Delta B=65$ kPa，试验时膜片膨胀至 0.05 mm、1.10 mm 和回到 0.05 mm 的气压实测值分别为 $A=10$ kPa、$B=65$ kPa 和 $C=65$ kPa，压力表读数 $Z_m=5$ kPa，求该试验点的侧胀水平应力指数。

（11）在水平均值具有潜水自由面的含水层中进行单孔抽水试验。已知水井半径 $r=0.15$ m，影响半径 $R=50$ m，含水层厚度 $H=10$ m，水位降深 $S=3.0$ m，渗透系数 $K=25$ m/d，试确定其流量 Q。

（12）某工程场地进行压水试验，压力和水流量关系见下表，试验段位于地下水位以下，试验段长度为 5 m，地下水位埋藏深度为 50 m，试确定该试验段的透水率。

压力 p（kPa）	0.3	0.6	1.0
水流量 Q（L/min）	30	65	100

（13）某钻孔进行压水试验，钻孔半径 $r=0.5$ m，试验段位于水位以上，采用安设在与试验段连通的测压管上的压力表测得水压力为 0.75 MPa，压力表中心至压力计算零线的水柱压力为 0.25 MPa，试验段长 5.0 m，试验时稳定水流为 50 L/min，试验段底部距隔水层厚度大于 5 m，试求透水率和土层渗透系数。

（14）某工程场地有一厚 11.5 m 的砂土含水层，其下为基岩，为测砂土的渗透系数，打一钻孔到基岩顶面，并以 1.5×10^3 cm³/s 的流量从孔中抽水，距抽水孔 4.5 m 和 10.0 m 处各打一观测孔，当抽水孔水位降深为 3.0 m 时，测得观测孔的降深分别为 0.75 m 和 0.45 m，用潜水完整公式计算砂土层渗透系数 K 值。

第 6 章
主要类别的岩土工程勘察

6.1 房屋建筑岩土工程勘察

6.1.1 概述

房屋建筑与构筑物指一般房屋建筑、高层建筑、大型公用建筑、工业厂房及烟囱、水塔、电视电信塔等高耸构筑物。我国工业与民用建筑划分标准见表 6-1。

表 6-1 我国工业与民用建筑划分标准

分类	高度（m）	层数	对建筑物结构起控制作用的荷载
低层建筑	<24	1～3	竖向荷载
多层建筑	<24	3～9	竖向荷载与水平荷载
高层建筑	24～100	10～40	水平荷载
超高层建筑	>100	>40	水平荷载

引用自《民用建筑设计统一标准》（GB 50352—2019）。

在房屋建筑与构筑物中，常常遇到以下几种岩土工程问题。

1）区域稳定性问题

区域地壳的稳定性直接影响着城市建设的安全和经济，在城市建设中必须首先考虑。影响区域稳定性的主要因素是地震和新构造运动，在选择建筑场址时，必须注意区域稳定性。在地震区兴建房屋建筑与构筑物时，应着重于场地地震效应的分析与评价。

2）斜坡稳定性问题

在斜坡地区兴建建筑物时，斜坡的变形和破坏危及斜坡地区建筑物的安全。建筑物的兴建，对斜坡施加了外荷载，增加了斜坡的不稳定因素，可能导致其滑动，引起建筑物的破坏。因此，必须对斜坡的稳定性进行评价，对不稳定斜坡提出相应的防治措施。

3）地基稳定性问题

研究地基稳定性是房屋建筑与构筑物岩土工程勘察中的最主要任务，地基稳定性包括地基强度和变形两部分。若建筑物荷载超过地基强度、地基的变形量过大，则会使建筑物出现裂隙、倾斜，甚至发生破坏。为了保证建筑物的安全稳定、经济合理和正常使用，必须评价地基的稳定性，提出合理的地基承载力和变形量，使地基稳定性同时满足强度和变形两方面的要求。

4）建筑物的配置问题

大型的工业建筑往往是由工业主厂房、车间、办公大楼及附属建筑构成的建筑群。由于各建筑物的用途和工艺要求不同，它们的结构、规模和对地基的要求不一样，因此，对各种建筑物进行合理的配置，才能保证整个工程建筑物的安全稳定、经济合理和正常使用。在满足建筑物对气候和工艺方面的条件下，工程地质条件是建筑物配置的主要决定因素，只有通过对场地工程地质条件的调查，才能为建筑物选择较优的持力层，确定合适的基础类型，提出合理的基础砌置深度，为各建筑物的配置提供可靠的依据。

5）地下水的侵蚀性问题

混凝土是房屋建筑与构筑物的建筑材料，当混凝土基础埋置于地下水位以下时，必须考虑地下水对混凝土的侵蚀性问题。大多数地下水不具有侵蚀性，只有当地下水中某些化学成分（如 HCO_3^-、SO_4^{2-}、Cl^-、侵蚀性 CO_2 等）含量过高时，才对混凝土产生侵蚀作用。地下水中的化学成分与环境及污染情况有关，在岩土工程勘察时，必须测定地下水的化学成分，并评价其对混凝土的侵蚀性。

6）地基的施工条件问题

修建房屋建筑与构筑物基础时，一般都需要进行基坑开挖工作，尤其是高层建筑设置地下室时，基坑开挖的深度大。在基坑开挖过程中，地基施工条件不仅会影响施工期限和建筑物的造价，而且对基础类型的选择起着决定性的作用。影响地基施工条件的主要因素是土体结构特征、土的种类及其特性、水文地质条件、基坑开挖深度、挖掘方法、施工速度，以及坑边荷载情况等。基坑开挖时，首先遇到的是坑壁应采用多大的坡角才能稳定、能否放坡、是否需要支护，若采取支护措施，采用何种支护方式较合适等问题；坑底下有无承压水存在，是否会造成基坑底板隆起或被冲溃；若基坑开挖到地下水位以下时，会遇到基坑涌水，出现流砂、流土等现象，必须采取相应的防治措施，如人工降低地下水位与帷幕灌浆等。

根据岩土工程勘察结果进行岩土工程问题分析评价是岩土工程勘察的精髓和关键部分，对于房屋建筑与构筑物而言，地基稳定性（地基承载力和沉降变形）是岩土工程分析评价中的主要问题。对采用桩基或进行深基坑开挖的建筑物，应进行相关问题的岩土工程评价。

6.1.2　房屋建筑岩土工程勘察基本技术要求

1）初步勘察

初步勘察应对场地内拟建建筑地段的稳定性作出评价，并进行下列的主要工作：

① 搜集拟建工程的有关文件、工程地质和岩土工程资料以及工程场地范围的地形图。

② 初步查明地质构造、地层结构、岩土工程特性、地下水埋藏条件。

③ 查明场地不良地质作用的成因、分布、规模、发展趋势，并对场地的稳定性作出评价。

④ 对于抗震设防烈度等于或大于 6 度的场地，应对场地和地基的地震效应作出初步评价。

⑤ 季节性冻土地区，应调查场地土的标准冻结深度。

⑥ 初步判定水和土对建筑材料的腐蚀性。

⑦ 高层建筑初步勘察时，应对可能采取的地基基础类型、基坑开挖与支护、工程降水方

案进行初步分析评价。

初步勘察勘探线、勘探点间距可按表 6－2 确定，局部异常地段应予以加密，探孔深度可按表 6－3 确定。

表 6－2　初步勘察勘探线、勘探点间距

地基复杂程度等级	勘探线间距（m）	勘探点间距（m）
一级（复杂）	50～100	30～50
二级（中等复杂）	75～150	40～100
三级（简单）	150～300	75～200

引用自《岩土工程勘察规范》(GB 50021—2001)(2009 年版)。

表 6－3　初步勘察勘探孔深度

工程重要性等级	一般性勘探孔深度（m）	控制性勘探孔深度（m）
一级（复杂）	≥15	≥30
二级（中等复杂）	10～15	15～30
三级（简单）	6～10	10～20

引用自《岩土工程勘察规范》(GB 50021—2001)(2009 年版)。

2）详细勘察

详细勘察应按单体建筑物或建筑群提出详细的岩土工程资料和设计、施工所需的岩土参数；对建筑地基作出岩土工程评价，并对地基类型、基础形式、地基处理、基坑支护、工程降水和不良地质作用的防治等提出建议。主要应进行下列工作：

① 搜集附近有坐标和地形的建筑总平面图，场区的地面整平标高，建筑物的性质、规模、荷载、结构特点，基础形式、埋置深度，地基允许变形等资料。

② 查明不良地质作用的类型、成因、分布范围、发展趋势和危害程度，提出整治方案的建议。

③ 查明建筑范围内岩土层的类型、深度、分布、工程特性，分析和评价地基的稳定性、均匀性和承载力。

④ 对需进行沉降计算的建筑物，提供地基变形计算参数，预测建筑物的变形特征。

⑤ 查明埋藏的河道、沟浜、墓穴、防空洞、孤石等对工程不利的埋藏物。

⑥ 查明地下水的埋藏条件，提供地下水位及其变化幅度。

⑦ 在季节性冻土区域，提供场地土的标准冻结深度。

⑧ 判断水和土对建筑材料的腐蚀性。

详细勘察的勘探点布置，应符合下列规定：

① 勘探点宜按建筑物周边线和角点布置，对无特殊要求的其他建筑物可按建筑物或建筑群的范围布置。

② 同一建筑范围内的主要受力层或有影响的下卧层起伏较大时，应加密勘探点，查明其变化。

③ 重大设备基础应单独布置勘探点；重大的动力机器基础和高耸构筑物，勘探点不宜

少于 3 个。

④ 勘探手段宜采用钻探与触探相配合,在复杂地质条件、湿陷性土、膨胀岩土、风化岩和残积土地区,宜布置适量探井。

详细勘察勘探点的间距可按表 6-4 确定。

表 6-4　详细勘察勘探点的间距

地基复杂程度等级	勘探点间距(m)
一级(复杂)	10～15
二级(中等复杂)	15～25
三级(简单)	25～35

引用自《岩土工程勘察规范》(GB 50021—2001)(2009 年版)。

详细勘察的勘探深度自基础底面算起,应符合下列规定:

① 勘探孔深度应能控制地基主要受力层,当基础底面宽度不大于 5 m 时,勘探孔的深度,对于条形基础不应小于基础底面宽度的 3 倍,对于单独基础不应小于 1.5 倍,且不应小于 5 m。

② 对高层建筑和需做变形验算的地基,控制性勘探孔的深度应超过地基变形计算深度;高层建筑的一般性勘探孔应达到基底下 0.5～1.0 倍的基础宽度,并深入稳定分布的地层。

③ 对仅有地下室的建筑或高层建筑的裙房,当不能满足抗浮设计要求,需设置抗浮桩或锚杆时,勘探孔深度应满足抗拔承载力评价的要求。

④ 当有大面积地面堆载或软弱下卧层时,应适当加深控制性勘探孔的深度。

⑤ 在上述规定深度内遇基岩或厚层碎石土等稳定地层时,勘探孔深度可适当调整。

详细勘察的勘探孔深度,除应符合上述要求外,尚应符合下列规定:

① 地基变形计算深度,对于中、低压缩性土层可取附加压力等于上覆土层有效自重压力 20%时的深度;对于高压缩性土层可取附加压力等于上覆土层有效自重压力 10%时的深度。

② 建筑总平面内的裙房或仅有地下室部分(或当基底附加压力≤0 时)的控制性勘探孔的深度可适当减小,但应深入稳定分布地层,且满足抗浮设计要求。

③ 当需进行地基整体稳定性验算时,控制性勘探孔深度应根据具体条件满足验算要求。

④ 大型设备基础勘探孔深度不宜小于基础底面宽度的 2 倍。

⑤ 勘探孔深度应满足地震效应评价要求。

6.1.3　桩基础岩土工程勘察

在房屋建筑与构筑物的基础设计中,桩基是常用形式之一。桩基具有施工方便、承载力高、沉降量小等优点。

1) 桩基类型及持力层选择

桩的种类很多,但在房屋建筑与构筑物的桩基础设计中,常用灌注桩和预制桩。灌注桩包括沉管灌注桩、大直径桩(钻孔、人工挖孔)、扩孔灌注桩等。

桩基持力层选择在稳定的硬塑～坚硬状态的低压缩性黏性土和粉土层、中密以上的砂土、碎石层或微、中风化的基岩。第四系土层作为桩端持力层其厚度宜超过6～10倍桩身直径或桩身宽度,扩底墩的持力层厚度宜超过2倍墩底直径。如果持力层下卧软弱地层时,应考虑持力层的整体强度及变形要求,保证持力层有足够厚度。对于预制打入桩,应考虑桩能顺利穿过持力层以上各地层的可能性。

2) 单桩承载力确定

在房屋建筑与构筑物的桩基础上,一般以受竖向荷载为主,故单桩承载力通常指的是单桩竖向承载力。单桩承载力一方面取决于制桩材料的强度,另一方面取决于土对桩的支承力,大多数情况下,桩的承载力都是由土的支承力控制的。如何根据地基土强度与变形确定单桩承载力是桩基础设计的关键问题,根据土对桩的支承力确定单桩承载力主要有静荷载试验与静力分析两种方法。

静力分析法主要是根据原位测试结果或土的物理性质指标与承载力参数之间的关系来确定单桩承载力。按静力分析法估算单桩承载力,不同规范所推荐的经验公式有所差别,有的用以估算单桩承载力设计值,有的则用以估算单桩承载力极限值,在房屋建筑与构筑物的桩基中,主要是估算单桩承载力极限值。桩静载荷试验是指先在准备施工的地方施工试验桩,在试验桩顶上分级施加静荷载,直至桩发生剧烈或不停滞的沉降(桩已丧失稳定性)为止,然后根据试验结果,绘制荷载-沉降(Q-S)关系曲线,从而可确定单桩竖向极限承载力标准值。

一级建筑桩基应采用现场静载荷试验,并结合静力触探、标准贯入等原位测试方法综合确定。二级建筑桩基应根据静力触探试验、标准贯入试验、经验参数等估算,并参照相同地质条件的试验桩资料,综合确定,当缺乏可参照的试验桩资料或地质条件复杂时,应由现场静载荷试验确定。三级建筑桩基,如无原位测试资料时,可利用承载力经验参数估算。

3) 桩基勘察的技术要求

(1) 勘探点平面布设原则

桩基勘察的勘探点平面布设原则如下:

① 对于以端承力为主的桩,勘探点应按柱列线布设,其间距一般为12～24 m。

② 对于以摩擦力为主的桩,勘探点间距可按20～35 m考虑。

③ 大直径(直径≥800 mm)的桩或扩底墩,当地质条件变化较大时,宜每个桩(墩)位上均布置一个勘探点。

④ 控制性勘探点占总数1/3以上。

(2) 桩基勘探点深度

桩基勘探点深度应符合如下要求:

① 以端承力为主的桩,控制性勘探点的深度应深入预计桩尖平面以下5～10 m,一般性勘探点应深入预计持力层内3～5 m。

② 以摩擦力为主的桩,控制性勘探点的深度应达群桩桩基沉降计算深度以下1～2 m,一般性勘探点应超过预计桩长3 m。

(3) 桩基勘察取土和原位测试勘探点的数量

桩基勘察取土和原位测试勘探点的数量应符合如下要求:

① 对于桩基勘探深度范围内的每一主要土层,取土数量或原位测试次数不应少于

6 组(次)。

② 对于嵌岩桩桩端持力层段岩层,取不少于 6 组的岩样进行饱和单轴抗压强度试验。

③ 以不同风化带作桩端持力层的甲级勘察桩基工程,控制性孔应进行波速测试,划分岩体完整程度和风化程度。

6.1.4　基坑工程岩土工程勘察

兴建房屋建筑与构筑物基础,一般都需要进行基坑开挖,尤其在建筑密集的城市中兴建超高层建筑时,为了利用有限的空间及降低基底的净压力,往往设有 1~3 层地下室,有的甚至达 6 层,基坑深度一般都超过 5 m,有的达数十米。实践证明,基坑开挖工作是否顺利,不仅影响基础施工质量,而且影响施工周期与工程造价。基坑开挖过程中,常遇到基坑壁过量位移或滑移倒塌、坑底卸荷回弹(或隆起)、坑底渗流(或突涌)、基坑流砂等基坑稳定性问题。为防止或抑制这些问题,使基坑开挖与基础施工顺利进行,需要采取相应的防护措施。

基坑工程勘察的范围和深度应根据场地条件和设计要求确定。勘察深度宜为开挖深度的 2~3 倍,在此深度内遇到坚硬黏性土、碎石土和岩层,可根据岩土类别和支护设计要求减少深度。

勘察的平面范围宜超出开挖边界外开挖深度的 2~3 倍。在深厚软土区,勘察深度和范围尚应适当扩大。在开挖边界外,勘察手段以调查研究、搜集已有资料为主,复杂场地和斜坡场地应布置适量的勘探点。

在受基坑开挖影响和可能设置支护结构的范围内,应查明岩土分布,分层提供支护设计所需的抗剪强度指标。

土的抗剪强度试验方法,应与基坑工程设计要求一致,符合设计采用的标准,并应在勘察报告中说明。

当场地水文地质条件复杂,在基坑开挖过程中需要对地下水进行治理(降水或隔渗)时,应进行专门的水文地质勘察。

当基坑开挖可能产生流砂、流土、管涌等渗透性破坏时,应有针对性地进行勘察,分析评价其产生的可能性及对工程的影响。当基坑开挖过程中有渗流时,地下水的渗流作用宜通过渗流计算确定。

基坑工程勘察,应进行环境状况的调查,查明邻近建筑物和地下设施的现状、结构特点,以及对开挖变形的承受能力。在城市地下管网密集分布区,可通过地理信息系统或其他档案资料了解管线的类别、平面位置、埋深和规模,必要时应采用有效方法进行地下管线探测。

在特殊性岩土分布区进行基坑工程勘察时,应对软土的蠕变和长期强度,软岩和极软岩的失水崩解,膨胀土的膨胀性和裂隙性以及非饱和土增湿软化等对基坑的影响进行分析评价。

基坑工程勘察,应根据开挖深度、岩土和地下水条件以及环境要求,对基坑边坡的处理方式提出建议。

基坑工程勘察应针对以下内容进行分析,提供有关计算参数和建议:

① 边坡的局部稳定性、整体稳定性和坑底抗隆起稳定性。

② 坑底和侧壁的渗透稳定性。

③ 挡土结构和边坡可能发生的变形。

④ 降水效果和降水对环境的影响。

⑤ 开挖和降水对邻近建筑物和地下设施的影响。

岩土工程勘察报告中与基坑工程有关的部分应包括下列内容：

① 与基坑开挖有关的场地条件、土质条件和工程条件。

② 提出处理方式、计算参数和支护结构选型的建议。

③ 提出地下水控制方法、计算参数和施工控制的建议。

④ 提出施工方法和施工中可能遇到的问题的防治措施的建议。

⑤ 对施工阶段的环境保护和监测工作的建议。

6.2 道路与桥梁工程地质勘察

6.2.1 概述

道路工程具有如下特点：

① 道路工程是线形工程，往往要穿过许多地质条件复杂的地区和不同地貌单元，使道路的结构复杂化。

② 线路的结构由三类建筑物所组成：第一类为路基工程，它们是线路的主体建筑物（包括路堤和路堑）；第二类为桥隧工程（如桥梁、隧道、涵洞等），它们的作用是使线路跨越河流、深谷、不良的地质和水文地质条件地段，穿越高山峻岭或使线路从河、湖、海底以下通过等；第三类是防护建筑物（如明硐、挡土墙、护坡、排水盲沟等）。在不同线路中上述各类建筑物的比例也不同，主要决定于线路所经地区工程地质条件的复杂程度。

当道路跨越河流、山谷或与其他交通线路交叉时，为了道路的畅通和安全，往往要建桥梁。它是道路建筑工程中的重要组成部分。桥梁由正桥、引桥和导流等工程组成，其中正桥是主体，位于河两岸桥台之间，桥墩均位于河中；引桥是连接正桥与线路的建筑物，常位于河漫滩或阶地之上，它可以是高路堤或桥梁；导流建筑包括护岸、护坡、导流堤和丁坝等，是保护桥梁等各种建筑物的稳定、不受河流冲刷破坏的附属工程。按桥梁结构划分，桥梁可分为梁桥、拱桥和钢架桥等，而跨越间歇性水流、无水的山涧或干谷等地段的桥梁，均称为旱桥。不同类型的桥梁，对地质有不同的要求。当桥梁为静定结构时，各桥孔是独立的，相互之间没有联系，对地质条件的适应范围较广；拱桥受力时，在拱脚处产生垂直和向外的水平力，因此，对拱脚处地基的地质条件要求较高，最好建在坚硬而完整的基岩上。所以，地质条件是选择桥梁结构的主要依据。

6.2.2 道路工程地质勘察

道路工程地质勘察的任务是运用工程地质学的理论和方法，查明道路通过地带的工程地质条件，为道路的设计和施工提供依据和指导，以正确处理道路工程与自然条件之间的关系，充分利用有利条件，避免或改造不利条件，使修建的道路能更好地实现多快好省的要求。道路是一种线形建筑物，它有着很长的长度，常常穿越许多自然条件十分不同的地区。道路又主要是一种表层建筑物，它受地质、地理因素的影响。因此，道路工程地质勘察在内容、要求与方法上都有其自己的特点。道路工程地质勘察应按照规定的设计程序分阶段进行，一般的勘察阶段是可行性勘察、初步勘察与详细勘察。不同测设阶段，对岩土工程勘察工作有不同的要求，在广度、深度和重点等方面都是有差别的。岩土工程勘察一般不应超越阶段的要求，也不应将工作遗留到下一阶段去完成。

1) 道路工程地质勘察的工作内容

(1) 路线工程地质勘察

在可行性勘察、初步勘察与详细勘察各阶段，与路线、桥梁、隧道专业人员密切配合，查明各路线方案的主要工程地质条件，选择地质条件相对良好的路线方案。在地形、地质条件复杂的地段，确定路线的合理布设。路线工程地质勘察并不要求查明全部工程地质条件，但对路线方案与路线布设起控制作用的地质问题，则应进行重点调查，得出正确结论。

(2) 特殊地质、不良地质地区(地段)的工程地质勘察

特殊地质地段及不良地质现象，诸如盐渍土、多年冻土、岩溶、沼泽、风沙、积雪、滑坡、崩塌、泥石流等，往往影响路线方案的选择、路线的布设与构造物的设计，在可行性勘察、初步勘察与详细勘察各阶段均应作为重点，进行逐步深入的勘察，查明其类型、规模、性质、形成及发生原因、发展趋势和危害程度，提出绕避据或处理措施。

(3) 路基路面工程地质勘察

在初步勘察、详细勘察阶段，根据选定的路线方案和确定的路线位置，对中线两侧一定范围的地带，进行详细的工程地质勘察，为路基路面的设计和施工提供工程、地质、水文及水文地质方面的依据。

(4) 筑路材料勘察

修建道路需要大量的筑路材料，其中绝大部分都是就地取材，特别是像石料、砾石、砂、黏土、水等天然材料更是如此。这些材料品质的好坏和运输距离的远近，直接影响工程的质量和造价，有时还会影响路线的布局。筑路材料勘察的任务是充分发掘、改造和利用沿线的一切就地材料，当就近材料不能满足要求时，则应由近及远扩大调查范围，以找到数量足够，品质适用，开采、运输方便的筑路材料产地。

2) 道路工程地质勘察的主要方法

道路工程地质勘察方法，主要有研究既有资料、调查与测绘、勘探、试验和监测等几种。

(1) 研究既有资料

搜集和研究路线通过地区既有的有关资料，不仅是野外工作之前准备工作的重要内容，也是工程地质勘察的一种主要方法。特别是在既有资料日益丰富、信息手段日益先进的今天，这种方法显得越来越重要。

搜集的资料一般应包括以下几个方面的内容：

① 区域地质资料。如地层、地质构造、岩性、土质及筑路材料等。

② 地形、地貌资料。如区域地貌类型及其主要特征、不同地貌单元与不同地貌部位的工程地质评价等。

③ 区域水文地质资料。如地下水的类型、分布情况、埋藏深度、变化规律等。

④ 物理地质作用和现象。如各种特殊岩土的分布情况、发育程度与活动特点等。

⑤ 地震资料。如沿线及其附近地区的历史地震情况、地震烈度、地震破坏情况及其与

地貌、岩性、地质构造的关系等。

⑥ 气象资料。如气温、降水、蒸发、湿度、积雪、冻结深度及风速、风向等。

⑦ 其他有关资料。如气候、水文、植被、土壤等。

⑧ 工程经验。区内已有公路、铁路的主要工程地质问题及其防治措施等。

上述资料，应包括政府和生产、科研、教学等部门所出的一切有参考价值的地质图、文献、调查报告等。当勘察地区面积较大以及地形、地质条件比较复杂时，应特别注意搜集利用既有的航空照片和卫星照片。对搜集到的资料进行分析研究和判释，可以初步掌握路线所经地区的工程地质条件概况和特点，粗略判定可能遇到的主要工程地质问题，并了解这些问题的研究现状和工程经验。这对做好准备工作和野外工作，无疑都是十分必要的。在道路岩土工程勘测工作中，正确地运用此种方法，可以减少野外工作的盲目性，提高工作质量。

(2) 调查与测绘

调查与测绘是工程地质勘察的主要方法。通过观察和访问，对路线通过地区的工程地质条件进行综合性的地面调查，将查明的地质现象和获得的资料，填绘到有关的图表与记录本中，这种工作统称为调查测绘。一般情况下，道路工程地质调查测绘采用沿线调查的方法，而不进行测绘；但对地质条件复杂地区或重点工程地段，则应根据需要进行较大面积的工程地质测绘。工程地质调查主要是采用野外观察和访问群众的方法，需要时可配合适量的勘探和试验工作。

工程地质测绘的内容应视要求而定。测绘的重点也因勘察设计阶段及工程类型的不同而各有所侧重，但其基本内容不外乎以下几个方面：① 地形、地貌。地形、地貌的类型、成因、特征与发展过程；地形、地貌与岩性、构造等地质因素的关系；地形、地貌与其他因素的关系，对路线布设及路基工程的影响等。② 地层、岩性。地层的层序、厚度、时代、成因及其分布情况；岩性、风化破碎程度及风化层厚度；土石的类别、工程性质及对工程的影响等。③ 地质构造。断裂、褶曲的位置、构造线走向、产状等形态特征和地质力学特征；岩层的产状和接触关系，软弱结构面的发育情况及其与路线的关系、对路基的稳定影响等。④ 第四纪地质。第四纪沉积物的成因类型、土的工程分类及其在水平与垂直方向上的变化规律；土的物理、水理、化学、力学性质；特殊土及地区性土的研究和评价。⑤ 地表水及地下水。河、溪的水位、流量、流速、冲刷、淤积、洪水位与淹没情况；地下水的类型、化学成分与分布情况，地下水的补给与排泄条件，地下水的埋藏深度、水位变化规律与变化幅度；地面水及地下水对道路工程的影响。⑥ 特殊地质、不良地质。各种不良地质现象及特殊地质问题的分布范围、形成条件、发育程度、分布规律及其对道路工程的影响。

(3) 勘探

勘探是工程地质勘察的重要方法，是获取深部地质资料必不可少的手段。在进行地质勘察时，应充分利用地面调查测绘资料，合理布置勘探点，以减少不必要的工作量；同时应充分利用地面调查测绘资料，分析勘探成果，以避免判断错误。道路岩土工程勘探的方法有坑探、钻探、地球物理勘探等几类。

(4) 试验

试验是工程地质勘察的重要环节，是对岩土工程性质进行定量评价的必不可少的方法,是解决某些复杂的工程地质问题的主要途径。工程地质试验可分为室内试验与野外试验两种。室内试验是对调查与测绘、勘探及其他过程中所采取的样品进行试验,这种试验通常在试验室中进行,野外试验是在岩土的原处并在自然条件下进行的。

(5)监测

物理地质现象与作用是在自然环境不断变化的情况下发生与发展的,其中某些具有周年的变化过程,如盐渍土、道路冻害等;某些具有多年的变化过程,如滑坡、泥石流等;而另一些则可能兼有两种变化,如沙漠、多年冻土等。通过直接观察和勘探,只能了解某一个短时期的情况,要了解其变化规律,就需要做长期的观测工作,而掌握其变化规律,有时则是工程设计所必需的,因此,长期观测是岩土工程勘察的重要方法,在某些情况下则是必需的。长期观测不仅可以为设计直接提供依据,而且可以为科学研究积累资料。在道路工程的实践中,对沙漠、盐渍上、滑坡、泥石流、多年冻土与道路冻害等物理地质现象与作用,都有设立长期观测站的实例和经验。

3)道路勘察要点

(1)路线

工程地质调绘应符合下列规定:

① 二级及以上公路,应进行路线工程地质调绘。三级及以下公路,当工程地质条件简单时,可仅做路线工程地质调查;当工程地质条件复杂或较复杂时,宜进行路线工程地质调绘。

② 路线工程地质调绘的比例尺为 1:2 000~1:10 000,应视地质条件的复杂程度选用。

③ 路线工程地质调绘应沿路线及其两侧的带状范围进行,调绘宽度沿路线左右两侧的距离均不宜小于 200 m。

④ 对有比较价值的工程方案应进行同深度工程地质调绘。

工程地质勘探、测试应符合下列规定:

① 隐伏于覆盖层下的地层接触线、断层、软土等对填图质量或工程设置有影响的地质界线、地质体,应辅以钻探、挖探、物探等予以探明。

② 特殊性岩土应选取代表性试样测试其工程地质性质。

(2)路基

一般路基工程地质调绘可与路线工程地质调绘一并进行;工程地质条件较复杂或复杂,填挖变化较大的路段,应进行补充工程地质调绘,工程地质调绘的比例尺宜为 1:2 000。

工程地质勘探、测试应符合下列规定:

① 勘探测试点的数量:工程地质条件简单时,每公里不得少于 2 个,做代表性勘探;工程地质条件较复杂或复杂时,应增加勘探测试点数量。

② 勘探深度不小于 2.0 m,可选择挖探、螺纹钻进行勘探。当深部地质情况需进一步探明时,可采用静力触探、钻探、物探等进行综合勘探。

③ 勘探应分层取样。粉土、黏性土应取原状样,取样间距为 1.0 m;砂土、碎石土取扰动样,取样间距为 1.0 m,可通过野外鉴定或原位测试判明其密实度。

④ 地下水发育时,应测量地下水的初见水位和稳定水位。

6.2.3　桥梁工程地质勘察

桥梁是道路建筑的附属建筑物,除特大型或重要桥梁外,一般不单独编制设计任务书,对于工程规模较小而工程地质条件又简单的桥梁,其工程地质勘察工作可在一个阶段内完成。

初步设计阶段工程地质勘察任务是在几条桥线比较方案范围内,全面查明各桥线方案的一般工程地质条件,并着重对桥线方案起控制作用的重大复杂地段进行详细勘察,特别是对其中关键性工程地质问题与不良地质现象的深部情况加以深入剖析,从技术可能性和经济合理性方面进行综合对比,为选择一条最优的桥线方案提供重要的工程地质依据。

施工图设计阶段工程地质勘察任务是在已选的最优方案基础上,进行钻探、试验和原位测试工作,着重查明个别墩基特殊的工程地质条件和局部地段存在的严重工程地质问题。为桥线选择基础类型及其最佳位置以及施工方法等提供必要的工程地质资料。

1) 桥址选择工程地质论证

桥址的选择应从经济、技术和使用角度出发,使桥址与线路互相协调配合,桥址的选择一般要考虑下列几个方面的问题。

桥址应选在河床较窄、河道顺直、河槽变迁不大、水流平稳、两岸地势较高而稳定、施工方便的地方。避免选在具有迁移性(强烈冲刷的、淤积的、经常改道的)河床、活动性大河湾、大沙洲或大支流汇合处。选择覆盖层薄、河床基底为坚硬完整的岩体。若覆盖层太厚,应选在无漫滩相和牛轭湖相淤泥或泥炭的地段,避免选在尖灭层发育和非均质土层的地区。选择在区域稳定性条件较好、地质构造简单、断裂不发育的地段,桥线方向应与主要构造线垂直或大交角通过。桥墩和桥台尽量不置于断层破碎带和褶皱轴线上,特别是在高地震基本烈度区,必须远离活动断裂和主断裂带。尽可能避开滑坡、岩溶、可液化土层等发育的地段。在山区峡谷河流选择桥址时,力争采用单孔跨越。在较宽的深切河谷,应选择两岸较低的地方通过,要求两岸岩质坚硬完整,地形稍宽一些,适当降低桥台的高度,降低造价,减少施工的困难。

2) 桥基勘察要点

桥基工程地质勘察的任务是为桥梁墩台设计提供地质资料,其方法是在调查与测绘的基础上进行勘探工作。对于大、中桥,目前均采用以钻探为主,辅以物探的方法。勘察的结果应提供:

① 桥位处的河床地质断面图。

② 钻孔柱状断面图与钻探记录。

③ 水、土的化验与试验资料。

桥基工程地质勘察应注意以下主要问题:

(1) 钻孔布设

钻孔布设应在桥位工程地质调查与测绘的基础上进行,以避免盲目性。钻孔数量取决于:① 设计阶段;② 桥位地质条件;③ 拟采用的基础类型。在初步设计阶段,一般布设 3～5 个钻孔;在技术设计阶段,钻孔数应不少于墩台数。如采用沉井基础,或基础在倾斜、锯齿状的基岩面上时,应增加辅助钻孔,复杂时每一墩台需要 4～5 个钻孔。

钻孔一般布设在桥梁中心线上。为了避免钻穿具有承压水的岩层而引起基础施工困难,也可布设在墩台以外。为了解沿河床方向基岩面的倾斜情况,在桥梁的上下游可加设辅助钻孔。钻孔布设应在桥位工程地质调查与测绘的基础上进行,以避免盲目性。

（2）钻孔深度

钻孔深度取决于河床地质条件、基础类型与基底埋深。河床地质条件包括:河床地层结构、基岩埋深、地基承载力、可能的冲刷深度等。基础类型要区分明挖、深井与桩基等。如遇基岩,要求钻入基岩风化层 1～3 m。这一点在山区河流上尤应注意,以免把孤石错定为基岩。钻孔的大概深度可参考表 6-5。

表 6-5　钻孔的大概深度

顺序号	土层名称		钻孔深度（m）	
			大桥	中桥
1	岩石		应在风化岩石下不少于 3 m	
2	砂砾	由河底最大计算冲刷标高算起	15	10
3	砂		20	15
4	黏质土		30	25
5	软性黏土		低于荷重土层表面以下不得少于 15 m	

引用自《岩土工程勘察》（项伟、唐辉明）。

6.3　城市轨道交通岩土工程勘察

6.3.1　概述

由于城市的不断扩大和发展,市内地面运输已经不能满足交通要求,修建地下铁道成为最有效的手段之一。地下铁道狭义上专指以地下运行为主的城市铁路系统或捷运系统,广义上通常涵盖了城市地区各种地下与地面上的高密度交通运输系统。城市轨道交通分为地铁和轻轨两种制式,轻轨是指在轨距为 1 435 mm 的国际标准双轨上运行的列车,列车运行利用自动化信号系统。地铁和轻轨都可以建在地下、地面或高架上。地铁与轻轨的勘察在很多方面相似,本节将其分为地下隧道勘察与地面上路基、高架线路和桥涵勘察两部分。

地下隧道现有的施工方法主要是明挖法和暗挖法。明挖法施工的主要岩土工程问题为:

1）边坡失稳或坍塌

城市轨道交通工程的基坑一般都比较深,基底埋深一般都大于 15 m,基坑侧壁土层分布不均,力学性质差异较大,如支护不利、地面堆载超限,易引起边坡失稳坍塌。

2）基坑附近建筑物（构筑物）倾斜或开裂

在基坑开挖过程中,由于应力释放、边坡受力状态改变,边坡易产生变形,从而引起建筑物邻近基坑一侧的沉降增加,导致建筑物倾斜或开裂。

3）中柱桩承载力不足、差异沉降过大

采用盖挖法施工的工点,站台内一般设有中柱桩,其承载力要求高,需采用大直径长桩,否则易导致单桩承载力不足;此外,由于持力层差异或局部存在软弱下卧层,各桩之间易产生差异沉降,严重影响主体结构的正常使用。

4)地下水控制措施不力或失效

出现渗水的主要原因有:

① 细粒土流失引起地表塌陷或周边建筑物不均匀沉降。

② 地面沉降。

③ 疏不干效应,在进行工程降水时,由于过水断面影响,含水层底部的水不容易被疏干,在隧道开挖过程中,出现基坑边坡渗水现象。

④ 降水失效,在卵石地层中进行降水施工时,由于成井质量问题或没有考虑地下水的年变幅等,导致地下水降深达不到设计深度,出现降水失效。

暗挖法施工的主要岩土工程问题为:

(1)根据已有工程经验,暗挖法施工可能存在的不利影响

在城市地下铁道浅埋暗挖施工中,经常遇到砂砾土、砂性土、黏性土或强风化基岩等不稳定地层,这类地层在隧道开挖过程中自稳时间短暂,易坍塌。特别是含水层透镜体的存在,成分多为粉细砂及其他粉土类物质,此类地层又不连续,周围被渗透系数小的黏性土层包围,形成透镜体,水源主要为上水或下水管道渗漏水。当地下工程施工,可能会产生突发性的涌水,危险性较大。

(2)不良地层条件对暗挖法施工的影响

① 未固结岩层

未固结围岩,包括第四纪洪积的砂层、黏土层、其他的冲积层、表土等。未固结围岩的问题,可归纳为以下几点:

a. 围岩强度小,掌子面自稳性差。

b. 围岩强度、刚度低,变形大。

c. 因涌水,掌子面变得不稳定。围岩强度小,掌子面自稳性差是未固结围岩所共有的问题,为此要采取确保掌子面自稳性的对策。在隧道周边有结构物和埋设物时,要控制围岩的变形,使其不对这些结构物产生影响。即使没有结构物时,因这类围岩会产生很大的变形,可能造成掌子面崩塌、不稳定等,因此尽量控制变形非常重要。隧道围岩中含有地下水时,特别是在砂层中,要确保掌子面的自稳性是很困难的。涌水会造成锚杆锚固不良、喷射混凝土剥离、支撑下沉等,施工影响极大。因此,对地下水进行处理是极为重要的。因此,在未固结围岩中,要采用各种辅助工法来确保施工的质量和安全。

② 砂层、砂砾层围岩

砂层、砂砾层围岩缺乏黏聚力,从开挖到喷射混凝土,都会发生拱顶掉块,造成超挖,或者还没有固结的混凝土剥离,造成施工困难。为此,在这种围岩中,要采用防止掉块的超前支护等辅助工法。同时,在这种围岩中,如掌子面长期放置,会反复剥离,而使掌子面不稳定。因此在施工中断时,要采取正面喷射混凝土的稳定措施。在砂层、砂砾层中有地下水时,涌水会造成围岩流失,甚至出现塌陷等事故。砂的粒径分布对有无流砂现象有很大的影响。

③ 软弱围岩

软弱围岩,指能产生膨胀性地压的岩类。膨胀性地压是指在因膨胀性而使净空断面缩

小的地质条件下,作用在衬砌和支护结构上的地压。其一般特征是随着时间的增长,围岩长期的位移或土压增大,产生使支护结构破损的土压。狭义地说,凡是由风化围岩和含有黏土矿物的围岩的体积膨胀以及因围岩塑性变形而引起的膨胀都属于此类。软弱的黏土质岩,因围岩强度小、细粒成分多(内摩擦角小)较易发生膨胀性地压。这些岩石有第三纪的泥岩、页岩等。第三纪的砂岩、页岩互层,少量的涌水可能使固结度低的砂岩层流出,残留的泥岩也会呈块状剥落。崩塌的程度因砂岩的固结度、层理面间隔、层理面的固结度、砂岩层的滞水水量及水压等而不同。在强风化的围岩中,会产生比较大的崩塌,有涌水时崩塌的规模更大。

6.3.2　地下隧道岩土工程勘察

1) 明挖法勘察

明挖法指的是先将隧道部位的岩(土)体全部挖除,然后修建洞身、洞门,再进行回填的施工方法,包括:放坡开挖、支护开挖和盖挖法。在进行岩土工程勘察前应取得:

① 线路平面图、隧道结构平面图和剖面图。

② 隧道结构类型、荷载、预埋深度及有关基础的设计方案。

③ 施工方案。

④ 施工方法所需要的场地环境条件、工程地质、水文地质、不良地质及特殊地质等资料,以及岩土工程设计参数。

勘探取样、原位测试及室内试验条件应与设计方案、施工工艺及运营时期的现场实际应力状态、地下水动态变化等相适应。明挖法的岩土工程勘察应提出埋设隧道适宜地层、埋设深度及其平面位置的建议。

(1) 边坡开挖勘察

边坡开挖勘察要点如下:查明场地岩土种类、成因、性质及软弱土夹层、粉细砂层分布。在覆盖层地区应查明上覆地层厚度,下伏基岩产状、起伏及其坡度。查明场地不良地质现象、特殊地质问题及古河道、地下洞穴、古文物等,并应判明有无可液化层。查明地下水类型、水位、水量、流向,岩土渗透性、上层滞水及其补给源,地下水动水压力对边坡稳定的影响,水质对混凝土及金属材料的腐蚀性。确定岩土物理力学性质指标、软弱结构面抗剪强度及边坡稳定性计算所需技术参数。查明场地附近既有建筑物基础类型、埋深与地下设施现状,并对坡顶与既有建筑基础间的安全距离作出评价。

放坡开挖勘察范围应扩大到可能发生边坡滑体以外,勘探深度不宜小于基坑深度的2倍。

(2) 支护开挖勘察

在基坑开挖深度大于自然稳定临界深度或放坡条件受限制时,应设置挡土结构支护,在挡墙支护稳定后继续开挖。支护开挖勘察要点如下:查明场地岩土种类、成因、性质及软弱土夹层、粉细砂层的分布。在覆盖层地区应查明上覆地层厚度,下伏基岩产状、起伏及其坡度。查明场地不良地质现象、特殊地质问题及古河道、地下洞穴、古文物等,并应判明有无可液化层。查明地下水类型、水位、水量、流向,隔水层、含水层分布及其渗透性,上层滞水及其补给源,水质对混凝土及金属材料的腐蚀性。确定基坑内、外产生的水头压差,对粉细砂层、粉土层的潜蚀、管涌、浮托破坏的可能性作出评价。根据支护开挖工程特点应提供重力密度、黏聚力、内摩擦角、静止侧压力系数、基床系数、回弹模量、弹性模量及渗透系数等岩土参数。支护开挖根据土的性质、工程类别和施工方法可分别采用不固结不排水剪、固结不排水剪和固结排水剪试验。判断基坑开挖人工降低地下水位的可能性,提供地下水参数。预测与评价水位降低对基底、坑壁以及地面建筑稳定性的影响。查明场地附近既有建筑物基础类型、基础埋深、地下设施现状对明挖施工影响的承受能力。

(3) 盖挖法勘察

盖挖法是指由地面向下开挖至一定深度后,将顶部封闭,其余的下部工程在封闭的顶盖下进行施工。主体结构可以顺作,也可以逆作。在城市繁忙地带修建地铁车站时,往往占用道路,影响交通。当地铁车站设在主干道上,而交通不能中断,且需要确保一定交通流量要求时,可选用盖挖法。盖挖法勘察部分与支护开挖勘察相同,此处不做重复阐述,仅对盖挖法中特有的内容进行补充,包括地下连续墙、护坡桩与大直径中间桩。

① 地下连续墙及护坡桩勘察要点

盖挖中地下连续墙及护坡桩应提供:土的重度、黏聚力、内摩擦角、压缩模量、无侧限抗压强度、基床系数等设计参数及静水头高度。对基坑抗倾覆的整体稳定性、抗隆起和抗管涌的稳定性及地下水浮托应进行预测与评价。应查明墙端、桩端持力层及隔水层位置、厚度。

② 大直径中间桩勘察要点

应查明桩基持力层及下卧软弱土层的埋深、厚度、性状及其变化。当采用基岩作为桩基持力层时,应查明基岩岩性、构造、风化程度及厚度,并应取岩样进行饱和单轴抗压强度试验。应估算桩的端承、摩阻力。

计算桩基沉降的勘探孔,深度应超过桩端以下压缩层计算深度,并应取样试验确定变形计算参数。相邻勘探孔的持力层层面高差大于 1 m,当岩土条件复杂时,勘探点可适当加密。车站中间桩、中柱基桩或大型十字桩等大直径钻孔灌注桩的控制性勘探孔,其深度应达到持力层以内不少于 3 倍的桩端直径,且不少于 5 m,一般勘探孔深度应达到桩端以下2～3 m。

2) 暗挖法勘察

隧道及地下建筑工程施工时,须先开挖出相应的空间,然后在其中修筑衬砌。施工方法的选择,应以地质、地形及环境条件以及埋置深度为主要依据,其中对施工方法有决定性影响的是埋置深度。埋置较浅的工程,施工时先从地面挖基坑或堑壕,修筑衬砌之后再回填,这就是明挖法。当埋深超过一定限度后,明挖法不再适用,而要改用暗挖法,即不挖开地面,采用在地下挖洞的方式施工。暗挖法适用于城市中不能采用明挖法施工的地方,亦适用于松散层及含水松散层地层。

隧道的地质勘察首先应查明水文地质条件及其有关参数,分析评价可能产生的后果,并提出建议。在复杂含水地层中,应加密勘探点,查明地层中有无古河道或使开挖面产生突发性涌水及坍塌的含水透镜体,并提供地质剖面;提供采用矿山法或盾构法施工所需的地层稳定性的特征指标及其有关参数;钻孔取样进行土工试验,试验中的应力状态应与施工过程中相接近。本节主要对采用矿山法和盾构法施工的隧道岩土工程勘察进行叙述。

（1）矿山法隧道勘察

矿山法是用开挖地下坑道的作业方式修建隧道的施工方法。隧道开挖后受爆破影响，造成岩体破裂形成松弛状态，随时都有可能坍落。基于松弛荷载理论，其施工方法是按分部顺序采取分割式的开挖，并要求边挖边撑以求安全。

① 矿山法施工隧道所需查明的内容

a. 当需要采用掘进机开挖隧道时，应查明沿线的地质构造、有无断层破碎带及溶洞等，并应进行岩石抗磨性试验，在含有大量石英或其他坚硬矿物的地层中，应做含量分析。

b. 当采用降低地下水位法施工，地层有可能产生固结沉降时，应进行固结试验。

c. 当采用气压法施工时，可向钻孔内加压缩空气，进行透气试验。

d. 当需要采用冻结法施工时，应提供以下参数：地下水流速、地下水含盐量、地层温度、地层的含水量、孔隙比和饱和度、地层的热物理指标。

e. 当在市区采用钻爆法施工时，应进行爆破振动检测。

② 矿山法隧道勘察

a. 配合隧道开挖进行围岩岩性的编录。

b. 绘制隧道轴线工程地质纵剖面图及工程地质横断面图。

c. 测试点的地质描述、围岩变形及松动范围量测、现场取样试验。

d. 围岩分类的确认与修正。

e. 围岩稳定性分析。

f. 施工超前地质预报及变更设计与施工方法的建议。

g. 施工地质日志。

h. 施工勘察报告。

矿山法施工隧道的勘察，应查明下列围岩条件及形态，包括：

a. 滑坡等活动性围岩。

b. 构造破碎带。

c. 含水松散围岩。

d. 膨胀性围岩。

e. 岩溶现状。

f. 可能产生岩爆的围岩。

g. 有地热、温泉、有害气体等的围岩。当采用弹塑性有限元模型分析围岩稳定性时，应提供描述岩土与结构关系的参数。

矿山法施工浅埋土质隧道的勘察，应特别注意如下内容：

a. 表层填土的组成、性质及厚度。

b. 隧道通过土层的性状、密实度及自稳性。

c. 上层滞水及各含水层的分布、补给及对成洞的影响，产生流砂及隆起的可能性。

d. 辅助施工方法所需的有关勘察资料。

e. 古河道、古湖泊、古墓穴及废弃工程的残留物。

f. 地下管线的分布及现状。

g. 隧道附近建筑物、构筑物的基础形式、埋深及基底压力等。

（2）盾构法隧道勘察

盾构法是暗挖法施工中的一种全机械化施工方法，它是将盾构机械在地下推进，通过盾构外壳和管片支承四周围岩防止发生往隧道内的坍塌，同时在开挖面前方用切削装置进行土体开挖，通过出土机械运出洞外，靠千斤顶在后部加压顶进，并拼装预制混凝土管片，形成隧道结构的一种机械化施工方法。

盾构法隧道勘察要点如下，包括：

① 在盾构试推阶段或地面变形敏感的地带进行土体变形和地面垂直及水平位移监测。

② 工作面取样并观测土体移动及涌水量，验证已提供的工程地质和水文地质资料，预报前方地质条件的变化。

③ 观测地下水位的变化。

④ 隧道沉降槽范围的地表下沉和建筑物、构筑物及地下管线的变形观测。

⑤ 采用气压法施工时，随时观察工作面的状态，测定涌水量，并对邻近水井、地下室等进行观测。

⑥ 洞内有害气体含量及环境监测。

⑦ 发生地质异常情况时的调查。

盾构法施工隧道的勘察，应查明下列复杂地层，包括：

① 灵敏度高的软土层。

② 透水性强的松散砂土层。

③ 高塑性的黏性土层。

④ 含有承压水的砂土层。

⑤ 含漂石或卵石的地层。

⑥ 开挖面的软、硬地层。

盾构法施工隧道的勘察，需要注意如下问题，包括：

① 当采用降低地下水位法或气压法施工时，应进行固结试验或透气试验。

② 在含卵石或漂石地层中采用机械化密闭型盾构时，应探明卵石或漂石的最大粒径，当采用破碎方式排土时，应进行破碎试验。

③ 位于饱和软土地层中的隧道，应进行竣工后的后期沉降观测，后期沉降观测期应根据地层特点及当地经验确定。

6.3.3 路基、高架线路和桥涵岩土工程勘察

1）路基岩土工程勘察

（1）路基对道路的影响及其勘察类型

路基指的是按照路线位置和一定技术要求修筑的作为路面基础的带状构造物，是用土或石料修筑而成的线形结构物。它承受着本身的岩土自重和路面重力，以及由路面传递而来的行车荷载，是整个公路构造的重要组成部分。为使路线平顺，在自然地面低于路基设计标高处要填筑成路堤，在自然地面高于路基设计标高处要开挖成路堑。路基必须具有足够的强度和稳定性，即在其本身静力作用下地基不应发生过大沉陷；在车辆动力作用下不应发生过大的弹性和塑性变形；路基边坡应能长期稳定而不坍滑。路基勘察包括路基、高路堤、深路堤及支挡建筑物。

（2）路基勘察

路基是指因填筑或开挖而形成的直接支承轨道的结构，也叫作线路下部结构。路基与桥梁、隧道相连，共同构成一条线路。铁路路基的作用是在路基面上直接铺设轨道结构。因此，路基是轨道的基础，它既承受轨道结构的重量，即静荷载，又同时承受列车行驶时通过轨道传播而来的动荷载。路基同轨道一起共同构成的这种线路结构是一种相对松散连接的结构形式，抵抗动荷载的能力弱。

路基勘察要点如下：

① 查明地层结构、土石性质、岩层产状、风化程度及水文地质特征；分段划分土、石可挖性等级；确定路堑边坡坡度；评价路基基底的稳定性。

② 工程地质纵剖面、横剖面上的勘探点，其数量与深度应满足设计需要。

③ 应分段取岩土试样进行物理力学试验，取水样进行水质分析。

（3）高路堤勘察

路堤是在天然地面上用土或石填筑的具有一定密实度的线路建筑物，基身顶面高于原地面的填方路基，在结构上分为上路提和下路堤，上路堤是指路面地面以下的 80～150 cm 范围内的填方部分，下路堤是指上路堤以下的填方部分，高路堤一般是指 18～20 m 高的路堤。

高路堤勘察要点如下：

① 查明基底地层结构，土、石性质，覆盖层与基岩接触面的形态。查明不利倾向的软弱夹层，并应评价其稳定性。

② 调查地表水汇水面积及地下水活动对基底稳定性的影响。

③ 查明基底和斜坡稳定性，地质复杂地区应布置横剖面。

④ 应分段取岩土试样，进行物理力学试验，并应提供验算基底稳定性的技术参数。

⑤ 应取水样进行水质分析。

（4）深路堑勘察

当铺设轨道或路面的路基面低于天然地面时，路基以开挖方式构成，这种路基称为路堑。路堑通过的地层，在长期的生成和演变过程中，一般具有复杂的地质结构。路堑边坡处于地壳表层，开挖暴露后，受各种条件与自然因素的作用，容易发生变形和破坏，应慎重对待。深路堑一般指挖方边坡高度大于 20 m 的路堑。

深路堑勘察要点如下：

① 查明地貌、植被、不良地质现象和特殊地质问题。调查沿线天然边坡、人工边坡的工程地质条件。

② 岩质边坡应查明岩层性质、厚度、成因、节理、裂隙、断层、软弱夹层的分布、风化破碎程度，主要结构面的类型、产状及充填物。

③ 松散地层边坡应查明土层厚度、地层结构、成因类型、密实程度及下伏基岩面形态和坡度。

④ 查明地下水类型、水位、水压、水量、补给和动态变化。评价岩土透水性及地下水出露情况对路堑边坡及地基稳定性的影响。

⑤ 进行岩土物理力学试验和软弱面抗剪试验，提供边坡稳定性计算参数。

⑥ 提出边坡最优开挖坡形和排水措施,边坡坡度允许值应按表6-6、表6-7的规定执行。

⑦ 调查雨期、暴雨量及雨水对坡面、坡脚的冲刷和地震对坡体稳定性的影响。

⑧ 勘探点间距不宜大于50 m,遇有软弱夹层或不利结构面时,勘探点可适当加密。孔深应探明软弱层厚度及软弱结构面产状,且应穿过潜在滑动面并深入稳定地层内2~3 m。

表6-6 岩石边坡坡度允许值(高宽比)

岩石名称	风化程度	边坡高度		
		<10 m	10~20 m	20~30 m
1. 各种岩浆岩 2. 厚层灰岩、硅(铁)质砂砾岩 3. 片麻岩、石英岩、大理岩	微风化	直立~1:0.1	1:0.1~1:0.2	1:0.1~1:0.2
	中等风化	1:0.1~1:0.2	1:0.1~1:0.3	1:0.2~1:0.4
	强风化	1:0.1~1:0.2	1:0.1~1:0.3	1:0.2~1:0.4
1. 中薄层砂砾岩 2. 中薄层灰岩 3. 较硬板岩、片岩、泥岩	微风化	1:0.1~1:0.2	1:0.1~1:0.3	1:0.3~1:0.4
	中等风化	1:0.12~1:0.3	1:0.2~1:0.4	1:0.3~1:0.5
	强风化	1:0.3~1:0.4	1:0.3~1:0.5	1:0.3~1:0.75
1. 薄层砂页岩互层 2. 板岩、片岩、泥岩	微风化	1:0.2~1:0.3	1:0.2~1:0.4	1:0.3~1:0.75
	中等风化	1:0.3~1:0.4	1:0.3~1:0.5	1:0.3~1:0.75
	强风化	1:0.4~1:0.5	1:0.5~1:0.75	1:0.75~1:1.0

引用自《建筑边坡工程技术规范》(GB 50330—2013)。

表6-7 土质边坡坡度允许值(高宽比)

土的名称	密实度或状态	边坡高度	
		<8 m	8~15 m
碎石土	密实	1:0.35~1:0.5	1:0.5~1:0.75
	中密	1:0.5~1:0.75	1:0.75~1:1.0
	稍密	1:0.75~1:1.0	1:1.0~1:1.25
粉土	$S_r \leqslant 0.5$	1:0.75~1:1.0	1:1.0~1:1.25
黏性土	坚硬	1:0.5~1:0.75	1:0.75~1:1.0
	硬塑	1:0.75~1:1.0	1:1.0~1:1.25
	可塑	1:1.0~1:1.25	1:1.25~1:1.5

引用自《建筑边坡工程技术规范》(GB 50330—2013)。

（5）支挡建筑物勘察

支挡建筑物主要具有阻止其后岩土体坍滑,保护与收缩边坡等功能。在路基工程中,支挡建筑物常用来防止路基填土或挖方坡体变形失稳,克服地形限制或地物干扰,减少土方量或拆迁和占地面积。支挡建筑物主要分为3类:① 抗滑桩;② 轻型支挡结构;③ 桩板式挡土墙。抗滑桩分为全埋式桩、悬臂式桩和预应力锚索;轻型支挡结构包括锚杆挡土墙、锚定板挡墙、加筋土挡墙、土钉墙和短卸荷板式挡墙;桩板式挡土墙是由钢筋混凝土组成的挡土结构,桩之间一般用挡土板维持岩土体稳定。

支挡建筑物勘察要点如下:

① 查明支挡地段地貌地质及不良地质现象和特殊地质问题,判定其稳定状态。

② 查明基底的地层结构及岩土性质,提供地基承载力。对于路堑挡土墙应提供墙后岩土物理力学指标。

③ 查明支挡地段水文地质条件,评价地下水对支挡建筑物的影响,提出处理地下水措施,并取水样进行水质分析。

④ 查明地基与被支挡岩土体的地质条件,按其复杂程度可适当增减勘探孔,但不得少于3个,孔深应穿过潜在滑动面并深入稳定地层内2~3 m。

2) 高架线路岩土工程勘察

高架线路是指用构筑物支承,架设在地面以上的公共交通线路。高架线路不同于一般的桥梁,有其单独的勘察过程。

(1) 工可阶段的岩土工程勘察要点

工可勘察应了解选择高架线路方案的工程地质条件和影响高架线路方案的主要工程地质问题,工可阶段勘察以搜集资料为主,每地貌单元或每公里内应有勘探资料,初步了解区域地质、水文地质条件,对线路通过地区的工程地质条件进行初步评价。对于控制线路方案的地段,应了解地层、岩性、构造、水文地质及不良地质现象和特殊地质问题,并进行可行性评价。

(2) 初步勘察阶段工作要点

初步勘察应在工可勘察基础上,进一步查明初定方案沿线的水文地质、工程地质条件。查明沿线的地形、地貌、地层、岩性、构造及水文地质对高架线路方案的影响。

查明不良地质、特殊地质的成因、类型、性质和范围,预测其发生和发展趋势及对高架线路危害程度和影响。查明沿线岩土的分类、密实程度、含水特征、物理力学性质,初步确定地基承载力并提出基础埋深意见。高架线路重点地段每100~200 m应布置一个勘探孔,查明墩台地质情况,并初步提出基础类型意见。取水样进行水质分析,取岩、土样进行物理力学试验。

(3) 详细勘察阶段工作要点

详细勘察应根据初步设计方案进行勘察。应详细查明沿线工程地质、水文地质条件,提供编制施工设计所需的工程地质资料。应查明高架柱基地层分布、埋藏条件,溶洞、土洞、人工洞穴、采空区等不良地质现象,地下管网和地基中的有害气体。提供岩土物理力学性质及有关技术参数,应对柱基的稳定性作出评价并提出基础处理措施。查明沿线水文地质条件,进行水文地质试验,确定施工设计需要的水文地质参数,提出控制地下水措施,判定地下水、地表水对混凝土和金属材料的腐蚀性。对各类柱基持力层、单桩承载力提出建议。当抗震设防烈度等于或大于7度时,应判别地基土液化势,并应对柱基设防提出建议。

勘探点数量应满足编制详细工程地质纵剖面图的要求。地质简单的直线柱基地段,每3~4个柱基布置一个勘探点。地质复杂、高架线路曲线以及大跨越地段,每个柱基应布置勘探点,并应进行原位测试。勘探点深度应满足下列要求:当基础置于无地表水地段时,应穿过最大冻结深度达持力层以下;当基础置于地表水水下时,应穿过水流最大冲刷深度,并达到持力层以下；当第四系覆盖层较薄时，应根据上部荷载的要求，结合基岩性质和风化带的强度确定。测定有关技术参数和具有特殊要求的钻孔，可配合物探测井，其数量与孔深应根据需要确定。

3）桥涵岩土工程勘察

桥涵勘察主要包括两部分内容：小桥、涵洞勘察及中桥、大桥、特大桥、跨线桥勘察。

（1）小桥、涵洞勘察

小桥、涵洞勘察要点如下：查明地貌、地层、岩性、地质构造、天然沟床稳定状态、隐伏的基岩斜坡、不良地质和特殊地质；查明小桥、涵洞地基水文地质条件，必要时进行水文地质试验，提供地下水参数并取水样进行水质分析；每座小桥、涵洞根据地形、地质复杂程度，勘探点可定为 1～3 个。各类土层应取样进行物理力学试验。

（2）中桥、大桥、特大桥、跨线桥勘察

桥梁位置应选在工程地质条件较好的地段，中桥、大桥、特大桥、跨线桥勘察要点如下：

① 查明桥址区的地形、地貌、地层、岩性、地质构造及岸坡稳定性，查明断层破碎带及其活动情况，查明墩台范围内有无软弱夹层，提出地基稳定性评价及处理意见。

② 查明土层成因类型、物质成分、结构特征、密实度、含水程度及下伏基岩面的形态。

③ 查明桥址区不良地质、特殊地质范围及对墩台稳定的影响提出工程措施建议。

④ 查明墩台及调节建筑物基底岩土的物理力学性质，确定地基承载力。

⑤ 查明桥址区水文地质条件及地基土层的渗透性，预测基坑可能出现涌水、流砂、液化等情况。

⑥ 黏性土和岩石应取样进行试验，砂类土地基应判别液化势。

⑦ 地表水及地下水应取样进行水质分析，并应提供地下水参数。

⑧ 每个墩台宜布置一个钻孔。当地质条件复杂时每个墩台可布置 2～5 个钻孔。

6.4　地下洞室岩土工程勘察

6.4.1　概述

人工开挖或天然存在于岩土体内作为各种用途的构筑物统称为地下洞室，或称为地下建筑或地下工程。较早出现的地下洞室是人类为了居住而开挖的窑洞和采掘地下资源而挖掘的矿山巷道，如我国铜绿山古铜矿遗址留下的地下采矿巷道，其开采年代最晚始于西周，其规模和埋深都很小。随着生产力的不断发展，地下洞室的规模和埋深也在不断增大，目前，地下洞室最大埋深可达 2 500 m，跨度已超过 50 m，且其用途也越来越广。

地下洞室按其用途可分为交通隧道、水工隧洞、矿山巷道、地下厂房和仓库、地下铁道及地下军事工程等类型；按其内壁是否有内水压力作用可分为无压洞室和有压洞室两类；按其断面形状可分为圆形、矩形、城门洞形和马蹄形等类型；按洞室轴线与水平面的关系可分为水平洞室、竖井和倾斜洞室三类；按围岩介质类型可分为土洞和岩洞两类；另外还有人工洞室与天然洞室之分等。各种类型的地下洞室所产生的岩土工程问题不尽相同，对地质条件的要求也不同，因而所采用的研究方法和研究内容也是有区别的。

地下洞室是以岩土体作为其建筑材料与环境的，因此，它的安全性、经济性和正常运营都与其所处的地质环境密切相关。地下开挖破坏了岩土体的初始平衡状态,引起岩土体内应力、应变重新分布。如果重分布应力、应变超过了岩土体的承受能力,围岩将产生破坏。为了维护地下洞室的稳定性,就要进行支护衬砌,以保证其安全性和正常使用,变形与破坏的围岩作用于支衬上的压力称为围岩压力。在有压洞室中,常存在很高的内水压力作用于洞室衬砌上,使衬砌产生变形并将压力传递给围岩,这时围岩将产生一个反力,称为围岩抗力。因此,围岩应力、围岩压力、围岩变形与破坏及围岩抗力是地下洞室主要的岩土工程问题。除此之外,在某些特殊地质条件下开挖地下洞室时,还存在诸如坑道涌水、有害气体及地温等岩土工程问题。本节主要叙述围岩分类、围岩稳定性评价、地下洞址选择、地下洞室岩土工程勘察等问题。

6.4.2　地下洞室围岩分类

围岩分类是地下洞室围岩稳定性分析的基础,也是解决地下洞室设计和施工工艺标准化问题的一个重要途径。目前国内外的围岩分类方案有数十种之多。有定性的分类,也有定量的分类;有单一因素分类,也有多种因素的综合分类。分类原则和考虑的因素也不尽相同,但一般都不同程度地考虑岩体完整性、成层条件、岩块强度、结构面发育情况及地下水等因素。本小节主要介绍国标《工程岩体分级标准》(GB/T 50218－2014)按岩体基本质量指标 BQ 进行洞室围岩质量分级的方法,并在此基础上介绍公路隧道、铁路隧道的围岩分级。

1) 洞室围岩质量分级

国标《工程岩体分级标准》(GB/T 50218－2014)提出按岩体基本质量指标 BQ 进行分级,BQ 表达式为:

$$BQ = 100 + 3\sigma_c + 250K_v \tag{6-1}$$

式中:σ_c——岩石(块)饱和单轴抗压强度(MPa);

　　　K_v——岩体完整性系数。

当 $\sigma_c > 90K_v + 30$ 时,将 $\sigma_c = 90K_v + 30$ 和 K_v 代入式(6-1)计算 BQ 值;当 $K_v > 0.04\sigma_c + 0.4$ 时,将 $K_v = 0.04\sigma_c + 0.4$ 和 σ_c 代入式(6-1)计算 BQ 值。K_v 应根据声波试验资料按式(6-2)确定:

$$K_v = (V_{pm}/V_{pr})^2 \tag{6-2}$$

式中:V_{pm}——岩体纵波速度(km/s);

　　　V_{pr}——岩块纵波速度(km/s)。

当无测试资料时,也可利用岩体体积节理数(单位岩体体积内结构面条数)J_v,查表 6-8 求得 K_v 值。

表 6-8　J_v 与 K_v 对照表

J_v(条/m³)	0	3~10	10~20	20~35	≥35
K_v	>0.75	0.75~0.55	0.55~0.35	0.35~0.15	≤0.15
完整程度	完整	较完整	较破碎	破碎	极破碎

引用自《工程岩体分级标准》(GB/T 50218—2014)。

岩体的基本质量指标主要考虑了组成岩体岩石的坚硬程度和岩体完整性。依据 BQ 值和岩体质量定性特征将岩体划分为 5 级,如表 6 - 9 所示。

表 6 - 9 围岩质量分级

质量级别	岩体基本质量的定性特征	岩体基本质量指标(BQ)
Ⅰ	坚硬岩($\sigma_c > 60$ MPa),岩体完整($K_v > 0.75$)	$\geqslant 550$
Ⅱ	坚硬岩($\sigma_c > 60$ MPa),岩体较完整($K_v = 0.55 \sim 0.75$) 较坚硬岩($\sigma_c = 30 \sim 60$ MPa),岩体完整($K_v > 0.75$)	$451 \sim 550$
Ⅲ	坚硬岩($\sigma_c > 60$ MPa),岩体较破碎($K_v = 0.35 \sim 0.55$) 较坚硬岩($\sigma_c = 30 \sim 60$ MPa)或较硬岩互层,岩体较完整($K_v = 0.55 \sim 0.75$) 较软岩($\sigma_c = 15 \sim 30$ MPa),岩体完整($K_v > 0.75$)	$351 \sim 450$
Ⅳ	坚硬岩($\sigma_c > 60$ MPa),岩体破碎($K_v = 0.15 \sim 0.35$) 较坚硬岩($\sigma_c = 30 \sim 60$ MPa),岩体较破碎至破碎($K_v = 0.35 \sim 0.55$) 较软岩($\sigma_c = 15 \sim 30$ MPa)或较硬岩互层,且以软岩为主,岩体较完整至较破碎($K_v = 0.55 \sim 0.75$) 软岩($\sigma_c = 5 \sim 15$ MPa),岩体完整至较完整($K_v = 0.55 \sim 0.75$)	$251 \sim 350$
Ⅴ	较软岩($\sigma_c = 15 \sim 30$ MPa),岩体破碎($K_v = 0.35 \sim 0.55$) 软岩($\sigma_c = 5 \sim 15$ MPa),岩体较破碎至破碎($K_v = 0.15 \sim 0.55$) 全部极软岩($\sigma_c < 5$ MPa)及全部极破碎岩($K_v < 0.15$)	$\leqslant 250$

引用自《工程岩体分级标准》(GB/T 50218—2014)。

当洞室围岩处于高天然应力区或围岩中有不利稳定的软弱结构面或地下水存在时,岩体的基本质量指标应进行修正,修正值$[BQ]$按式(6 - 3)计算:

$$[BQ] = BQ - 100 \times (K_1 + K_2 + K_3) \qquad (6 - 3)$$

式中:K_1——地下水影响的修正系数,按表 6 - 10 确定;

K_2——主要软弱结构面产状影响的修正系数,按表 6 - 11 确定;

K_3——天然应力影响的修正系数,按表 6 - 12 确定。

表 6 - 10 地下水影响修正系数(K_1)

地下水出水状态	BQ			
	> 450	$351 \sim 450$	$251 \sim 350$	< 250
潮湿或点滴状出水	0	0.1	$0.2 \sim 0.3$	$0.4 \sim 0.6$
淋雨状或涌流状出水,水压$\leqslant 0.1$ MPa 或单位出水量< 10 L/(min·m)	0.1	$0.2 \sim 0.3$	$0.4 \sim 0.6$	$0.7 \sim 0.9$
淋雨状或涌流状出水,水压> 0.1 MPa 或单位出水量> 10 L/(min·m)	0.2	$0.4 \sim 0.6$	$0.7 \sim 0.9$	1.0

引用自《工程岩体分级标准》(GB/T 50218—2014)。

表 6-11　主要软弱结构面产状影响修正系数(K_2)

结构面产状及其与洞轴线的组合关系	结构面走向与洞轴线夹角 $\alpha > 30°$，倾角 $\beta = 30°\sim 75°$	结构面走向与洞轴线夹角 $\alpha > 60°$，倾角 $\beta > 75°$	其他组合
K_2	0.4~0.6	0~0.2	0.2~0.4

引用自《工程岩体分级标准》(GB/T 50218—2014)。

表 6-12　天然应力影响修正系数(K_3)

围岩强度应力比 $\left(\dfrac{R_c}{\sigma_{max}}\right)$	BQ				
	>550	451~550	351~450	251~350	<250
极高应力区	1.0	1.0	1.0~1.5	1.0~1.5	1.0
高应力区	0.5	0.5	0.5	0.5~1.0	0.5~1.0

注：σ_{max} 为垂直洞轴线方向的最大初始应力。
引用自《工程岩体分级标准》(GB/T 50218—2014)。

根据修正值[BQ]的岩体分级,仍按表 6-9 进行。各级岩体的物理力学参数和围岩自稳能力可按表 6-13 和表 6-14 评价。

表 6-13　岩体物理力学参数表

岩体基本质量级别	重力密度 γ(kN/m³)	抗剪断峰值强度		变形模量 E(GPa)	泊松比 μ
		内摩擦角 φ(°)	黏聚力 c(MPa)		
I	>26.5	>60	>2.1	>33	>0.2
II		50~60	1.5~2.1	20~33	0.2~0.25
III	24.5~26.5	39~50	0.7~1.5	6~20	0.25~0.3
IV	22.5~24.5	27~39	0.2~0.7	1.3~6	0.3~0.35
V	<22.5	<27	<0.2	<1.3	>0.35

引用自《工程岩体分级标准》(GB/T 50218—2014)。

表 6-14　地下工程岩体自稳能力

岩体类别	自稳能力
I	跨度≤20 m,可长期稳定,偶有掉块,无塌方
II	跨度 10~20 m,可基本稳定,局部可发生掉块或小塌方;跨度<10 m,可长期稳定,偶有掉块
III	跨度 10~20 m,可稳定数日至 1 个月,可发生小至中塌方;跨度 5~10 m,可稳定数月,可发生局部块体位移及小至中塌方;跨度≤5 m,可基本稳定
IV	跨度>5 m,一般无自稳能力,数日至数月内可发生松动变形、小塌方,进而发展为中至大塌方(埋深小时,以拱部松动破坏为主;埋深大时,有明显塑性流动变形和挤压破坏);跨度≤5 m,可稳定数日至 1 个月
V	无自稳能力

注：小塌方,塌方高度<3 m,或塌方体积<30 m³;中塌方,塌方高度 3~60 m,或塌方体积 30~100 m³;大塌方,塌方高度>60 m,或塌方体积>100 m³。
引用自《工程岩体分级标准》(GB/T 50218—2014)。

6.4.3　地下洞址选择的工程地质论证

地下洞址选择需考虑一系列因素。对于一般洞室而言,主要围绕围岩稳定性来选择。一个好的洞址应当是不需要衬砌或衬砌比较简单就能维持围岩稳定,而且位于易于施工的位置。地下洞址选择应满足如下要求:

① 地形上要山体完整,洞顶及傍山侧应有足够的厚度,避免由于地形条件不良造成施工困难、洪水及地表沟谷水流倒灌等问题。同时也应避免埋深过大造成高天然应力及施工困难。另外相邻洞室间应有足够的间距。

② 岩性比较坚硬、完整,力学性能好且风化轻微。易于软化、泥化和溶蚀的岩体及膨胀性、塑性岩体则不利于围岩稳定。层状岩体以厚层状的为好,薄层状的易于塌方。遇软硬及薄厚相间的岩体时,应尽量将洞顶板置于厚层坚硬岩体中,同一岩性内的压性断层,往往上盘较破碎,应将洞室置于下盘岩体中。

③ 地质构造方面,应选择断裂少且规模较小及岩体结构简单的地段。区域性断层破碎带及节理密集带,往往不利于围岩稳定,应尽量避开。如不能避开时,应尽量直交通过,以减少其在洞室中的出露长度。当遇褶皱岩层时,应置洞室于背斜核部,以借岩层本身形成的自然拱维持洞室稳定。向斜轴部岩体较破碎,地下水富集,不利于围岩稳定,应予避开。另外洞轴线应尽量与区域构造线、岩层及区域性节理走向直交或大角度相交。高天然应力区的洞轴线应尽量与最大天然水平主应力平行,并避开活动断裂。

④ 水文地质方面,洞室干燥无水时,有利于围岩稳定。洞室最好选择在地下水位以上的干燥岩体或地下水量不大、无高压含水层的岩体内,尽量避开饱水的松散岩土层、断层破碎带及岩溶发育带。

⑤ 进出口应选在松散覆盖层薄、坡度较陡的反向坡,并避开地表径流汇水区。确定进出口边坡的稳定性,尽量将洞口置于新鲜完整的岩质边坡上,避免将进出口布置在可能滑动与崩塌岩体及断层破碎岩体上。

⑥ 在地热异常区及洞室埋深很大时,应注意研究地温和有害气体的影响。能避则避,不能避开时,则应研究其影响程度,以便采取有效的防治措施。

在实际选择地下洞址时,常常不是对某个单一因素进行研究和选择,而应在全面综合各种因素的基础上,结合地下洞室的不同类型和要求进行综合评价,选择好的洞址、进出口及轴线方位。

6.4.4　地下洞室岩土工程勘察技术要求

地下洞室岩土工程勘察的目的是查明建筑地区的岩土工程地质条件,选择优良的建筑场址、洞口及轴线方位,进行围岩分类和围岩稳定性评价,提出有关设计、施工参数及支护结构方案的建议,为地下洞室设计、施工提供可靠的岩土工程依据。地下洞室岩土工程勘察工作应与设计工作相适应,一般分阶段进行。

1) 可行性研究勘察及初步勘察

本阶段勘察的目的是选择优良的地下洞址和最佳轴线方位,其勘察研究内容有:

① 搜集已有地形、航片和卫片、区域地质、地震及岩土工程等方面的资料。

② 调查各比较洞线地貌、地层岩性、地质构造及物理地质现象等条件,查明是否存在不

良地质因素,如性质不良岩层、与洞轴线平行或交角很小的断裂和断层破碎的存在与分布等。

③ 调查洞室进出口和傍山浅埋地段的滑坡、泥石流、覆盖层等的分布,分析其所在山体的稳定性。

④ 调查洞室沿线的水文地质条件,并注意是否有岩溶洞穴、矿山采空区等存在。

⑤ 进行洞室工程地质分段和初步围岩分类。

勘察方法以工程地质测绘为主,辅以必要的物探、钻探与测试等工作。测绘比例尺一般为1:25 000～1:5 000。对于可行性研究阶段的小比例尺测绘,可在遥感资料解释的基础上进行。

本阶段的勘探以物探为主,主要用于探测覆盖层厚度及古河道、岩溶洞穴、断层破碎带和地下水的分布等。钻探孔距一般为200～500 m,主要布置在洞室进出口、地形低洼处及有岩土工程问题存在的地段。钻探中应注意搜集水文地质资料,并根据需要进行地下水动态观测和抽、压水试验。试验则以室内岩土物理力学试验为主。

2）详细勘察

本阶段的勘察是在已选定的洞址区进行的,其勘察研究内容有:

① 查明地下洞室沿线的工程地质条件。在地形复杂地段应注意过沟地段、傍山浅埋地段和进出口边坡的稳定条件。在地质条件复杂地段,应查明松软、膨胀、易溶及岩溶化地层的分布,以及岩体中各种结构面的分布、性质及其组合关系,并分析它们对围岩稳定性的影响。

② 查明地下洞室地区的水文地质条件,预测涌水及突水的可能性、位置及最大涌水量。在可溶岩分布区还应查明岩溶发育规律,溶洞规模、充填情况及富水性。

③ 确定岩体物理力学参数,进行围岩分类,分析预测地下洞室围岩及进出口边坡的稳定性,提出处理建议。

④ 对大跨度洞室,还应查明主要软弱结构面的分布和组合关系,结合天然应力评价围岩稳定性,提出处理建议。

⑤ 提出施工方案及支护结构设计参数的建议。

本阶段工程地质测绘、勘探及测试等工作同时展开。测绘主要补充校核可行性研究及初勘阶段的地质图件。在进出口、傍山浅埋及过沟等条件复杂地段可安排专门性工程地质测绘,比例尺一般为1:1 000～1:2 000或更大。钻探孔距一般为100～200 m,城市地区洞室的孔距不宜大于100 m,洞口及地质条件复杂的地段不宜少于3个孔。孔深应超过洞底设计标高3～5 m,当遇破碎带、溶洞、暗河等不良地质条件时,还应适当调整其孔距和孔深。在水文地质条件复杂地段,应有适当的水文地质孔,以求取岩层水文地质参数。坑、洞探主要布置在进出口及过沟等地段,同时结合孔探和坑、洞探,以围岩分类为基础,分组采取岩样进行室内岩土力学试验及原位岩土体力学试验,测定岩石、岩土体和结构面的力学参数。对于埋深很大的大型洞室,还需进行天然应力及地温测定,在条件允许时宜进行模拟试验。

3）施工勘察

本阶段的勘察主要根据导洞所揭露的地质情况,验证已有地质资料和围岩分类,对围岩稳定性和涌水情况进行预测预报。当发现与地质报告资料有重大不符时,应提出修改设计的建议。

本阶段的工作主要是编制导洞展示图,比例尺一般为 1∶200～1∶50,同时进行涌水与围岩变形观测。必要时可进行超前勘探,对不良地质条件进行超前预报。超前勘探常用地质雷达、水平钻孔及声波探测等手段,超前勘探预报深度一般为 5～10 m。

6.5 实例

6.5.1 南京青奥中心双塔楼及裙房工程岩土工程勘察

1）工程概况

（1）概述

南京青奥会议中心塔楼项目位于南京市建邺区,江山大道北侧,金沙江东路南侧,由两栋塔楼构成,其中 1 号塔楼总高度约 249.30 m,地上 60 层,地下 3 层(含夹层),2 号塔楼总高度约 306.30 m,地上 70 层,地下 3 层(含夹层),裙房地上 50 层,地下 3 层(含夹层),两栋塔楼与裙房地下连为一体,拟采用桩筏基础,地下室建筑地面标高－12.00 m,筏板底标高约－17.00 m。

工程重要性等级为一级,场地复杂程度为中等,地基复杂程度等级为中等,确定岩土工程勘察等级为甲级。拟建物地基基础设计等级为甲级,建筑抗震设防类别为乙类,基坑工程侧壁安全等级为一级。

（2）勘察依据的规程、规范、技术标准及本次详细勘察工作的目的及要求

① 勘察依据的技术标准

《岩土工程勘察规范》(GB 50021—2001)(2009 年版)

《高层建筑岩土工程勘察规程》(JGJ 72—2004)

《建筑地基基础设计规范》(GB 50007—2011)

《南京地区建筑地基基础设计规范》(DGJ 32/J 12—2005)

《建筑抗震设计规范》(GB 50011—2010)(2016 年版)

《工程岩体试验方法标准》(GB/T 50266—2013)

《土工试验方法标准》(GB/T 50123—2019)

《建筑基坑支护技术规范》(JGJ 120—99)

《建筑桩基技术规范》(JGJ 94—2008)

《建筑工程地质钻探技术标准》(JGJ 87—92)

《岩土工程勘察安全规范》(GB/T 50585—2019)

《岩土工程勘察报告编制标准》(CECS 99∶98)

② 本工程勘察工作的目的及要求

本次勘察的目的及要求为:

a. 查明场地不良地质作用的类型、成因、分布范围、发展趋势和危害程度,提出整治方

案的建议。

b. 查明建筑范围内岩土层的类型、深度、分布、工程特性，分析和评价地基的稳定性、均匀性和承载力。

c. 提供地基各岩土层室内试验各项指标和现场测试结果，预测各土层的变形特征，提出基础设计方案。

d. 查明埋藏的河道、沟浜、墓穴、孤石等对工程不利的埋藏物。

e. 查明地下水的类型、补给、排泄与埋藏条件。

f. 判别水和土对建筑材料的腐蚀性。

g. 评价场地地震效应，判定建筑场地类别、特征周期。

h. 提供地基基础方案的建议，提供可供选用的基础持力层及各有关岩土层的设计参数，提供基坑支护设计及施工工作的建议及相关的设计参数。

③ 勘察方法、勘探工作量布置及调整

a. 勘察方法

根据拟建建筑物特点及场地地基土层条件，本工程采用钻孔鉴别、取样、孔内标准贯入试验，对地基岩土层进行综合分层评价，以满足施工图设计阶段详细勘察的要求。

b. 勘探工作量布置

本次勘探工作量由设计单位布置，据规范要求、建筑荷载及柱网分布，沿建筑物周边、角点及基坑周边，共布置勘探点机钻孔 69 个，勘探点孔深按嵌岩桩考虑，塔楼场地孔深进入微风化基岩 10～20 m，裙房及基坑部位孔深进入中风化基岩 5～8 m。

建筑场地内选择 8 个勘探孔做孔内剪切波波速测试，测试深度至中风化基岩，以判定场地类别，计算各岩土层的动力设计参数，以满足抗震设计要求；取 2 组水（土）样进行水（土）的腐蚀性分析。

④ 勘察工作完成情况

a. 勘探点定位及高程测量

本工程各勘探点位置根据业主提供的建筑物平面图上各勘探点坐标，采用 GPS 进行放孔定位并测得勘探点高程。

b. 钻孔取样、原位测试

a）采用 10 台 GXY-1 型百米钻机，机钻孔采用泥浆循环钻进，表层填土段下套管护壁。采用 ϕ 110 螺纹钻头（黏性土）或 ϕ 108 岩芯管合金钻头，按回次钻进，提芯率不低于 80%，以满足分层鉴别及记录描述要求。

b）土样采用 ϕ 89 中厚壁取样器重锤少击，软土采用薄壁取土器静力压入保证取土质量，满足强度和固结试验要求。

c）原位测试进行了标准贯入试验、波速测试等，标准贯入试验采用自由落锤方式进行，锤重、落距、贯入器规格均符合国家标准；波速测试采用单孔波速法。

⑤ 室内岩土试验

室内岩土试验项目有：土的常规物理试验，强度试验包括快剪、固结快剪、UU 试验、CU 试验，侧压力系数 K_0 试验，室内基床系数试验，颗粒分析试验，渗透试验，岩石进行天然状态下及饱和状态下的单轴抗压强度试验。

2）场地地形、地貌及土层分布

拟建场地位于南京市建邺区,原为农田,场地较平缓。根据勘探揭露岩土层分布,结合南京市区地貌图及南京地区工程地质图,拟建场区位于长江漫滩地貌单元。岩土层分布较复杂。根据勘探资料分析,岩土层分布如下:

①层杂填土:杂色,松散,局部夹粉质黏土;层厚 2.10～7.20 m。

②—2 层淤泥质粉质黏土:灰色,饱和,流塑,无摇振反应,稍有光泽,韧性中等,干强度中等,高压缩性,局部夹粉土;层厚 5.30～12.90 m,层顶标高为 1.25～5.97 m。

②—3 层粉质黏土夹砂:灰色,饱和,软～流塑,以粉质黏土为主,局部夹粉土及粉细砂;层厚 0.50～6.60 m,层顶标高为 -7.74～-1.63 m。

③—1 层粉砂:灰色,饱和,中密;层厚 5.10～14.50 m,层顶标高为 -10.63～-3.67 m。

③—2 层中细砂:灰色,饱和,密实;层厚 10.50～28.50 m,层顶标高为 -19.21～-14.78 m。

③—2A 层粉质黏土夹砂:灰色,饱和,软～流塑,局部夹粉细砂;层厚 0.80～6.40 m。

④层中粗砂混砾石:灰色,饱和,粗砾砂为密实状,砾石为石英质,粒径为 20～50 mm 不等,含量约 10%～25%,呈层状分布;层厚 7.90～17.00 m,层顶标高为 -49.25～-40.76 m。

⑤—1 层强风化泥岩:棕红色,岩石风化强烈,呈砂土状,结构构造不清晰;层厚 0.90～4.90 m,层顶标高为 -60.56～-55.48 m。

⑤—2 层中风化泥岩:棕红色,岩体完整,岩芯呈柱状、长柱状,岩质较软,属极软岩,岩体基本质量等级为 V 级;层厚 6.40～23.00 m,层顶标高为 -63.06～-58.35 m。

⑤—3 层微风化泥岩:棕红色,岩体完整,岩芯呈柱状、长柱状,岩质较软,属极软岩,岩体基本质量等级为 V 级;未钻穿,最大揭露厚度约 20.50 m,层顶标高为 -70.06～-66.65 m。

3）场地土层物理力学性质指标

根据《建筑地基基础设计规范》规定的方法标准,场地各岩土层的物理力学性质指标综合分析确定如下:

（1）土层室内试验指标

① 各土层土工试验指标平均值见表 6 - 15。

表 6 - 15　各土层土工试验指标平均值

层号	指标						
	$\omega(\%)$	$\gamma(kN/m^3)$	e	I_P	I_L	$a_{0.1\sim}$ (MPa^{-1})	$E_s(MPa)$
②—2	39.9	17.7	1.128	15.3	1.24	0.79	2.80
②—3	29.7	18.6	0.850	8.7	1.42	0.32	6.53
③—1	25.1	18.9	0.753			0.22	9.28
③—2	23.0	19.0	0.706			0.19	9.82
③—2A	31.1	18.4	0.898	11.7	1.21	0.44	4.92
④	16.8	20.3	0.518			0.16	11.22

② 各土层剪切试验指标平均值及标准值见表 6-16、表 6-17。

表 6-16　直剪(快剪)、直剪(固快)指标平均值及标准值

| 层号 | 直剪(快剪) | | | | 直剪(固快) | | | |
| | C(kPa) | | φ(°) | | C(kPa) | | φ(°) | |
	平均值	标准值	平均值	标准值	平均值	标准值	平均值	标准值
②-2	12	11.9	6.3	6.0	18	17	9.4	9.0
②-3	15	13.3	22.3	19.3				
③-1	8	6.4	32.1	30.4	7	5	33.7	32.7
③-2	6	5.8	34.1	33.8	6	6	34.4	34.1
③-2A	18	15.4	17.7	14.3				
④	6	5.8	34.7	34.4				

注:标准值由平均值经统计修正得到,其统计修正系数 $\gamma_s = 1 - \left(\dfrac{1.704}{\sqrt{n}} + \dfrac{4.678}{n^2}\right)\delta_\circ \delta$ 为变异系数。

引用《岩土工程勘察规范》(GB 50021—2001)(2009 年版)

表 6-17　三轴试验指标平均值及标准值

| 层号 | 三轴(UU) | | | | 三轴(CU) | | | |
| | C(kPa) | | φ(°) | | C(kPa) | | φ(°) | |
	平均值	标准值	平均值	标准值	平均值	标准值	平均值	标准值
②-2	12		2.6		11.7	11.2	17.8	16.9
③-1					15.3	14.6	25.34	24.7

③ 有关土层其他物理力学试验统计表见表 6-18。

表 6-18　土层其他物理力学试验统计表

| 层号 | 静止土压力系数 K_0 | 原状土抗压强度 q_u(kPa) | 基床系数(MPa/m) | |
			垂直	水平
②-2	0.50	25	8.75	9.03
②-3	0.36			
③-1	0.30		16.3	
③-2	(0.28)		(17.0)	
④	(0.25)		(17.0)	

注:括号中为经验值。

（2）各土层原位测试指标平均值、标准值（表6-19）

表6-19　各土层原位测试指标平均值、标准值

层号	标准贯入 N（击）	
	平均值	标准值
②-2	3.3	3.2
②-3	8.1	7.5
③-1	14.1	13.8
③-2	21.7	21.4
③-2A	12.3	11.1
④	27.5	26.1
⑤-1	63.3	58.2

注:表中各土层标准贯入击数为经杆长修正后的击数,⑤-1层强风化岩贯入击数未经杆长修正。

（3）岩石抗压试验指标平均值、标准值（表6-20）

表6-20　岩石抗压试验指标平均值、标准值

层号	天然单轴抗压强度 f_r（MPa）		饱和单轴抗压强度 f_r（MPa）	
	平均值	标准值	平均值	标准值
⑤-2	1.14	0.95		
⑤-3	4.75	3.94	2.19	1.28

（4）各岩土层地基承载力评价（表6-21）

表6-21　各岩土层地基承载力评价

层号	综合建议值 f_{ak}（kPa）
②-1	120
②-2	65
②-3	110
③-1	180
③-2	220
③-2A	110
④	280
⑤-1	300
⑤-2	700
⑤-3	2 400

（5）各土层地基变形验算指标平均值（表 6 – 22）

表 6 – 22　各土层地基变形验算指标平均值

层号	重度 $\gamma(kN/m^3)$	各级压力下的孔隙比				
		0	50 kPa	100 kPa	200 kPa	400 kPa
②－2	17.7	1.126	1.037	0.976	0.897	0.811
②－3	18.6	0.858	0.824	0.799	0.766	0.727
③－1	18.9	0.768	0.746	0.729	0.705	0.676
③－2	19.0	0.708	0.691	0.678	0.658	0.633
③－2A	18.4	0.887	0.841	0.809	0.766	0.717
④	20.3	0.518	0.503	0.493	0.477	0.456

4）场地水文地质条件评价

（1）场地水文地质条件

根据勘察揭示的土层结构特征分析，场地上部地下水主要为潜水，主要赋存于浅部①层填土及②－2层新近沉积黏性土层中，地下潜水主要受大气降水及周边河道管网渗漏补给，以蒸发及径流的方式排泄。③－1层以下砂中富含地下水，该层地下水具弱承压性，该地下水层与长江有水力联系。

②－2层淤泥质粉质黏土层为微透水土层。勘探期间测得稳定地下水位约 6.39～7.53 m（标高），地下水水位年变化幅度约 0.50～1.00 m，历史最高水位可达到地表。③－1层以下砂中富含地下水，为中～强渗透性土层，该层地下水具弱承压性，详细勘察方案制定时，布置了部分水位长期观测孔及两个野外抽水试验钻孔，因勘察时有 100 多台钻机在青奥会议中心进行桩基施工，对试验有很大的影响而未能实施。野外抽水试验渗透系数可参见青奥会议中心报告。根据场地南侧会议中心勘探资料的两个承压水位量测钻孔量测的承压水稳定水位高程分别为 2.42 m、2.26 m。

（2）水（土）的腐蚀性评价

根据 J33、J53 两个钻孔水（土）质分析结果，场地地下水属 $HCO_3 - Ca \cdot Na^+ K$ 型水。按《岩土工程勘察规范》的腐蚀性评价，该场地属 Ⅱ 类环境，判定地下水和土对砼结构及钢筋砼结构中的钢筋具微腐蚀性。

5）场地稳定性及地震效应评价

（1）场地稳定性

根据南京地区地质资料，场地及其周边附近无影响建筑物稳定性的断裂带通过，应属稳定场地，适宜本工程建设。

（2）抗震设防烈度

根据《建筑抗震设计规范》附录 A"我国主要城镇抗震设防烈度、设计基本地震加速度和设计地震分组"，南京（11 个市辖区）抗震设防烈度为 7 度，设计基本地震加速度值为 0.10 g，设计地震分组为第一组。拟建场区位于长江漫滩地貌单元，岩土层分布较复杂，上部分布有厚层②－2 淤泥质粉质黏土，属建筑抗震不利地段。

（3）场地类别

根据《建筑抗震设计规范》的有关规定，选取八个勘探点进行现场剪切波速测试，结果如表 6-23 所示。

表 6-23　现场剪切波速测试结果

孔号	J13	J15	J18	J20	J42	J44	J52	J60
等效剪切波速 V_{se}（m/s）	148.0	149.6	147.9	145.9	148.1	149.2	133.3	129.7

场地基岩埋深约 60.0 m，判定该场区为Ⅲ类建筑场地。特征周期为 0.45 s。

（4）抗震设防补充计算

根据《建筑抗震设计规范》的有关规定，南京（11 个市辖区）抗震设防烈度为 7 度，拟建塔楼为超高建筑，应采用时程分析法进行多遇地震下的补充计算，业主已另行委托有关单位实施。

根据《高层建筑岩土工程勘察规程》的条文说明"波速试验"的有关说明，计算出的各土层动剪切模量 G_d 和动弹性模量 E_d，如表 6-24 所示。

表 6-24　各土层动剪切模量 G_d 和动弹性模量 E_d

层号	岩土层名称	动剪切模量 G_d（MPa）	动弹性模量 E_d（MPa）
②-2	淤泥质粉质黏土	32.1	89.9
③-1	粉砂	65.0	175.6
③-2	中细砂	133.1	360.5
④	中粗砂混砾石	194.0	525.0
⑤-1	强风化泥岩	352.0	952.6
⑤-2	中风化泥岩	605.0	1 633.5

（5）场地土液化判别

按照规范要求，南京（11 个市辖区）抗震设防烈度为 7 度，场地 20.0 m 深度范围内存在③-1 层粉砂，该层土为中密状态。根据《建筑抗震设计规范》的有关判别方法，通过现场标准贯入试验及室内土工试验对粉土测定黏粒含量，按照公式进行液化判别，判别结果为③-1 层粉砂上部局部地段为液化土层，综合判定地基液化等级为轻微液化。

6）场地岩土层特征评价、结论与基础方案的建议

（1）场地岩土层特征评价

根据勘察，拟建场区位于长江漫滩地貌单元，岩土层分布较复杂。表层为人工填土层，以下主要为长江漫滩相软黏性土层、粉细砂层；下伏基岩为泥岩，属极软岩，岩体基本质量等级为Ⅴ级。各岩土层工程特性评价如下：

①层杂填土：松散，局部夹粉质黏土，厚度变化较大，工程性质差。

②-2 层淤泥质粉质黏土，软弱土层，工程性质极差；②-3 层粉质黏土夹砂，软～流塑，工程性质差。

③-1 层粉砂为中密状态，状态较好，厚度小，分布稳定；③-2 层中细砂为密实状态，

状态好,厚度较大,分布稳定,可作为抗拔桩的桩端土层,桩长根据设计验算确定;③－2A层粉质黏土夹砂,软～流塑,工程性质差,呈透镜体,分布于③－2层中细砂层中。

④层中粗砂混砾石为密实状态,厚度较大,分布稳定,可作为抗拔桩的桩端土层,桩长根据设计验算确定。

⑤－1层为强风化泥岩,工程性质较好;⑤－2层为中风化泥岩,岩体完整,岩质软,属极软岩,岩体基本质量等级为Ⅴ级,岩石天然抗压强度标准值约为0.95 MPa;⑤－3层为微风化泥岩,岩体完整,岩质软,属极软岩,岩体基本质量等级为Ⅴ级,根据室内抗压试验成果,岩石天然抗压强度标准值约为3.94 MPa。

(2)基础方案的建议

拟建1号塔楼总高度约249.30 m,地上60层,地下3层(含夹层),2号塔楼总高度约306.30 m,地上70层,地下3层(含夹层),裙房地上50层,地下3层(含夹层),两栋塔楼与裙房地下连为一体,拟采用桩筏基础。

① 桩的选型

结合地基岩土层结构、厚度、埋深及其工程性质分析,适用桩型为钻孔嵌岩灌注桩。地下室抗拔桩可选择钻孔灌注桩,桩端选择③－2层中细砂层或④层中粗砂混砾石层;拟建裙楼可根据其荷载的大小及对沉降的敏感程度,选择钻孔灌注桩,桩端选择③－2层中细砂层或④层中粗砂混砾石层;拟建塔楼可选择钻孔嵌岩灌注桩,以⑤－3层微风化泥岩为桩端持力层。

② 桩基设计参数的确定

根据《南京地区建筑地基基础设计规范》,嵌岩桩的单桩竖向承载力特征值由桩周土总侧阻力、嵌岩段侧阻力(嵌固力)及桩端阻力三部分组成,即:

$$R_a = U\xi_s \sum q_{sia}L_i + U\xi_r f_{rk}h_r + m_0\xi_p f_{rk}A_p \tag{6-4}$$

式中:R_a——单桩竖向承载力特征值(kN)。

　　　U——桩身周边长度(m)。

　　　ξ_s——桩周土的侧阻力发挥系数,与桩的长径比有关。

　　　q_{sia}——各土层(含⑤－1强风化层)侧阻力特征值(kPa)。

　　　L_i——第 i 层岩土的厚度(m)。

　　　f_{rk}——岩石饱和单轴抗压强度标准值(MPa),对于黏土质岩可取天然湿度单轴抗压强度标准值,当 $f_{rk}<2$ MPa 时,按强风化岩计。

　　　h_r——桩身嵌入中等风化、微风化、未风化岩石的深度(m),对于硬质岩石超过 $5d$ 时,取 $h_r=5d$,当岩层表面倾斜时,以坡下方的嵌岩深度为准。

　　　m_0——清孔影响系数。桩底无沉渣时,$m_0=1.0$;沉渣厚度小于等于 50 mm 时,$m_0=0.7$;沉渣厚度大于 50 mm 且小于 100 mm 时,$m_0=0.5$;沉渣厚度大于等于 100 mm,$m_0=0.0$。

　　　ξ_r、ξ_p——嵌岩段侧阻力和端阻力修正系数,与嵌岩深径比 h_r/d(d 为 h_r 范围内的桩身直径)有关。

　　　A_p——桩底端横截面面积(m^2)。

如桩端为土层,则计算桩端土层阻力。

q_{pa}——土层端阻力特征值,可按下表(6-25)选用。

表 6-25 土层端阻力特征值

层号	岩土层名称	灌注桩桩周土侧阻力特征值 q_{sia}(kPa)	灌注桩桩端土阻力特征值 q_{pa}(kPa)
②-1	粉质黏土	25	
②-2	淤泥质粉质黏土	10	
②-3	粉质黏土夹砂	18	
③-1	粉砂	23	
③-2	中细砂	33	
③-2A	粉质黏土夹砂	18	
④	中粗砂混砾石	53	1 100
⑤-1	强风化泥岩	50	
⑤-2	中风化泥岩	90	1 000($h>30$ m)

③ 抗拔桩的设计参数、抗拔设计水位

因场地地下水位较高,受地下水浮力的影响,地下室上方无建筑部位应设置抗拔桩。根据场地的岩土层分布情况,建议抗拔桩桩端进入③-2 层中细砂层及该层以下各岩土层,各有关岩土层侧阻力特征值参照表 6-25 选用,抗拔系数如表 6-26 所示。

表 6-26 岩土层抗拔系数

层号	岩土层名称	抗拔系数 λ 值
②-1	粉质黏土	0.75
②-2	淤泥质粉质黏土	0.70
②-3	粉质黏土夹砂	0.70
③-1	粉砂	0.60
③-2	中细砂	0.60
③-2A	粉质黏土夹砂	0.70
④	中粗砂混砾石	0.70
⑤-1	强风化泥岩	0.70
⑤-2	中风化泥岩	0.70

抗浮设计最高水位建议按室外地坪设计标高下 0.50 m 考虑。

④ 单桩竖向承载力估算

现以 J14 钻孔为例,按上述公式及参数估算钻孔灌注桩单桩竖向承载力特征值,如表 6-27 所示。

表6-27 钻孔灌注桩单桩竖向承载力特征值

孔号	桩径（mm）	有效桩长(m)	桩间土侧阻力特征值 Q_{sk}(kN)	嵌岩段侧阻力特征值 Q_{rk}(kN)	桩端阻力特征值 Q_{pk}(kN)	单桩承载力特征值 R_a(kN)
J14	1 000	入⑤-3层 2.0	9 425	3 124	736	13 285

注:桩长自地表下25.0 m起算,入⑤-3层3.0 m计算。

⑤ 桩基设计及施工的建议

桩基施工过程中特别是钻孔灌注桩施工过程中应严格控制泥浆浓度及拔管速度,避免产生缩颈及断桩,另外,注意泥浆对环境的影响,泥浆面的标高应高于地下水位高程,孔底沉渣厚度应控制在50~100 mm。

（3）基坑支护方案的建议

① 基坑周边环境及支护设计参数

拟建塔楼设有地下室,开挖深度超过20.00 m,场地周边空旷开阔,按照有关规范的规定,基坑工程安全等级为一级。场地浅部土层以填土、②-2层淤泥质粉质黏土及③-1层粉砂为主,土的工程性质差,在基坑边缘外基坑影响范围内,土层分布稳定,无异常变化。因此,应选择适当的基坑支护方案,以保证建筑基坑在施工及使用期间的安全,支护方案可选择地下连续墙的支护形式。基坑设计的有关参数如表6-28所示。

表6-28 基坑设计有关参数

层号	γ(kN/m³)	C_q(kPa)	φ_q(°)
①	(18.0)	(15)	(15)
②-2	17.7	17	9
②-3	18.6	(14)	(20)
③-1	18.9	5	32.7
③-2	19.0	6	34.1
④	20.3	(2)	(40)
⑤-1	(20)	(20)	(36)

注:括号内为经验值。

② 基坑降（止）水方案的建议

拟建场地地下水位较高,因此,基坑开挖前,应采取适当的降（止）水措施。拟建场地开挖深度范围内主要为填土、②-2层淤泥质粉质黏土及③-1层粉砂,局部地段为③-2层中细砂。②-2层淤泥质粉质黏土层含水量大,但透水性弱(各有关土层渗透系数见表6-29),③-1层粉砂、③-2层中细砂透水性较强,易产生管涌和流砂,建议基坑降（止）水方案选择管井抽排的降水方案,水位降深至基坑开挖面以下0.5~1.0 m。

表 6-29　各土层渗透系数

层号	室内试验渗透系数	
	k_v（cm/s）	k_h（cm/s）
①	（1.00E—05）	（1.00E—05）
②—2	3.50E—07	4.72E—07
②—3	2.90E—04	3.28E—04
③—1	1.93E—03	2.45E—03
③—2	1.27E—03	1.54E—03
④	（1.00E—02）	（1.00E—02）

注：括号内为经验值。

详细勘察方案制定时，布置了部分水位长期观测孔及两个野外抽水试验钻孔，因勘察时有 100 多台钻机在青奥会议中心进行桩基施工，对试验有很大的影响而未能实施。野外抽水试验渗透系数可参见青奥会议中心报告。

③ 基坑工程设计施工的建议

本基坑工程安全等级为一级，基坑工程降水施工时，应注意制定合理的施工方案，并制定监测方案，对邻近道路及地下管线的沉降进行监测。基坑开挖时分布有软土，基底分布有砂性土，设计时应注意坑底抗隆起、突涌及整体稳定性验算。基坑工程施工时，应注意分段分层开挖，严禁超挖，注意控制基坑周边的堆载。

7）结论和建议

① 拟建场地位于长江漫滩地貌单元，区域地质资料显示，场区及周边地域无影响场地稳定性的活动性断裂或破碎带通过，近代历史上无大的破坏性地震发生。本区构造活动主要为缓慢沉降。从地质构造、地震活动等历史因素分析，本场地工程地质条件相对稳定。

② 根据勘察揭示的土层结构特征分析，场地上部地下水主要为潜水，主要赋存于浅部①层填土及②—2 层新近沉积黏性土层中，地下潜水主要受大气降水及周边河道管网渗漏补给，以蒸发及径流的方式排泄。③—1 层以下砂中富含地下水，该层地下水具弱承压性，该地下水层与长江有水力联系。②—2 层淤泥质粉质黏土层为微透水土层。勘探期间测得稳定地下水位约 6.39～7.53 m（标高），地下水水位年变化幅度约 0.50～1.00 m，历史最高水位可达到地表，建议抗浮设计水位取为室外整平标高下 0.50 m。③—1 层以下砂中富含地下水，为中渗透性土层，该层地下水具弱承压性，经青奥会议中心布置的两个承压水位量测钻孔量测的承压水稳定水位高程分别为 2.42 m、2.26 m。

③ 该场地属Ⅱ类环境，地下水和土对砼结构及钢筋砼结构中的钢筋具微腐蚀性。

④ 根据《建筑抗震设计规范》附录 A"我国主要城镇抗震设防烈度、设计基本地震加速度和设计地震分组"，南京（11 个市辖区）抗震设防烈度为 7 度，设计基本地震加速度值为 0.10g，设计地震分组为第一组。拟建场区位于长江漫滩地貌单元，岩土层分布较复杂，属建筑抗震不利地段。该场区为Ⅲ类建筑场地。特征周期为 0.45 s。

⑤ 按照规范要求，南京（11 个市辖区）抗震设防烈度为 7 度，场地 20.0 m 深度范围内

存在③—1 层粉砂,该层土为中密状态。根据《建筑抗震设计规范》的有关判别方法,通过现场标准贯入试验及室内土工试验对粉土测定黏粒含量,按照公式进行液化判别,判别结果为③—1 层粉砂上部局部为液化土层,地基液化等级综合判定为轻微液化。基坑开挖时已基本挖除该土层,故该土层轻微液化不会对本工程有影响。

⑥ 结合地基岩土层结构、厚度、埋深及其工程性质分析,适用桩型为预制桩及钻孔嵌岩灌注桩。地下室抗拔桩可选择钻孔灌注桩,桩端选择③—2 层中细砂层或该土层以下的各岩土层;拟建裙楼可根据其荷载的大小及对沉降的敏感程度,选择钻孔灌注桩,桩端选择⑤—2 层中风化泥岩或⑤—3 层微风化泥岩;拟建塔楼可选择钻孔嵌岩灌注桩,以⑤—3 层微风化泥岩为桩端持力层。本报告承载力的估算供设计参考使用,按规范要求,单桩竖向承载力及抗拔桩的抗拔力应根据现场静载荷试验及抗拔试验确定。

⑦ 拟建塔楼设有地下室,开挖深度超过 20.00 m,场地周边空旷开阔,按照有关规范的规定,基坑工程安全等级为一级。场地浅部土层以填土、②—2 层淤泥质粉质黏土及③—1 层粉砂为主,土的工程性质差,在基坑边缘外基坑影响范围内,土层分布稳定,无异常变化。因此,应选择适当的基坑支护方案,以保证建筑基坑在施工及使用期间的安全,支护方案可选择地下连续墙加多道内支撑的支护形式。建议基坑降水方案选择管井抽排的降水方案。

⑧ 因基底压力的不同及地下水浮力的影响,在主楼与纯地下室不同地段可能会因基底压力的不同引起基础底板的变形,建议设计及施工时采用不同的桩长或在底板结构上处理或设置沉降缝。

⑨ 根据规范要求,基坑施工时,应对影响范围内的土体、水体及周边道路及管线等进行监测。

⑩ 施工时进行验桩验槽。

8) 附件

① 勘探点平面位置图。

② 图例。

③ 工程地质剖面图。

④ 标准贯入试验成果分层统计表。

⑤ 土工试验成果分层总表。

⑥ 分层固结压缩曲线。

⑦ 岩石单轴抗压强度试验成果统计表。

⑧ 液化计算判别表。

⑨ 水(土)质分析报告。

⑩ 波速测试报告。

6.5.2　孟北保障房片区捷运大道建设工程勘察

1) 概述

(1) 工程概况

本项目为孟北保障房片区捷运大道建设工程,拟建捷运大道(香荼路—麒港大道)位于南京市栖霞区,规划为城市主干路,桩号范围为 K0+000.000～K2+051.176,全长约 2 051 m,全线为新建道路,红线宽为 45.0 m,道路设计标高约为 15.324～26.903 m,已开通运营的地铁 4 号线位于拟建捷运大道的正下方,位于地铁站东流站—孟北站—西岗桦墅站之间,该段地铁区间隧道洞顶埋深约为 4.60～29.20 m。

根据《市政工程勘察规范》(CJJ 56—2012)第 3.0.1 条,拟建道路市政工程重要性等级为一级,场地复杂程度等级为二级,岩土条件复杂程度等级为二级,道路市政工程的勘察等级为甲级。

(2) 勘察目的与任务

本次勘察旨在结合区域地质资料,查明勘察深度范围内的岩土层工程地质条件,为道路设计提供工程地质依据。具体任务为:

① 查明场地岩土层的类型、埋深、分布、工程特性,分析和评价地基土的稳定性、适宜性、均匀性。

② 查明不良地质作用的类型、成因、分布范围、发展趋势和危害程度,对可能影响工程稳定的不良地质作用进行分析、评价,提出整治方案的建议。

③ 查明场地地形、地貌特征,查明可能埋藏的河道、沟浜、墓穴、孤石等对工程不利的障碍物等,提出相应的防治建议。

④ 查明主要含水层的分布、厚度、埋藏条件以及地下水的类型、水位、补排条件、埋深等,提供地下水位及其变化幅度;分析、评价地下水对施工的影响,提出相应施工建议、防护措施。

⑤ 判别环境水、土对建筑材料的腐蚀性。

⑥ 提供各项岩土性质指标、岩土的强度参数、变形参数、地基承载力以及其他特殊性指标的建议值。

⑦ 对场地和地基的地震效应进行评价,提供抗震设计所需的有关参数。

⑧ 查明沿线各区段的土基湿度状况,并提供划分路基干湿类型所需参数。

⑨ 提供路基设计、施工方案的建议。

⑩ 提供岩土工程技术咨询,积极配合验槽等服务活动。

(3) 勘察依据

《市政工程勘察规范》(CJJ 56—2012)

《岩土工程勘察规范》(DGJ 32/TJ 208—2016)

《南京地区建筑地基基础设计规范》(DGJ 32/J 12—2005)

《岩土工程勘察安全规范》(GB/T 50585—2019)

《建筑地基基础设计规范》(GB 50007—2011)

《公路路基设计规范》(JTG D30—2015)

《公路工程抗震规范》(JTG B02—2013)

《公路工程地质勘察规范》(JTG C20—2011)

《城市道路路基设计规范》(CJJ 194—2013)

《建筑抗震设计规范》(GB 50011—2010)(2016 年版)

《中国地震动参数区划图》(GB 18306—2015)

《建筑工程抗震设防分类标准》(GB 50223—2008)

《土工试验方法标准》(GB/T 50123—2019)

《工程岩体试验方法标准》(GB/T 50266—2013)

《工程测量规范》(GB/T 50026—2016)

《建筑工程地质勘探与取样技术规程》(JGJ/T 87—2012)

《房屋建筑和市政基础设施工程勘察文件编制深度规定》(2010年版)

《工程地质手册》(第五版)

(4)勘探工作量布置

拟建道路路基属一般路基,场地及岩土条件复杂程度等级为二级,本工程位于地铁4号线东流站—孟北站—西岗桦墅站区段隧道的两侧,该段地铁区间隧道洞顶埋深约为4.60～29.20 m。

由于本工程位于地铁4号线东流站—孟北站—西岗桦墅站区段隧道的两侧,本次勘察施工的点位为经地铁部门同意后的勘探孔,勘探孔与地铁车站主体、附属、区间隧道结构边线最小水平距离均大于10.0 m。

本次详细勘察勘探点及孔深能够满足设计施工图设计阶段的需求,若后期施工期间发现场地地质条件变化较大,在得到地铁部门的同意后,必要时可进行施工勘察。

本阶段勘察现场原位测试主要为标准贯入试验、重型动力触探试验;室内试验包括土的物理力学性质常规试验、固结快剪、压缩试验、渗透系数、固结系数、颗粒分析、土的自由膨胀率和膨胀力、水质分析、土的易溶盐等。场地岩石强度以极软岩～软岩为主,主要做饱和单轴抗压强度试验、干燥单轴抗压强度试验、天然单轴抗压强度试验及岩石天然密度试验。

(5)勘察测试方法

① 钻探。

② 取样。

③ 原位测试。

④ 土工试验。

2)岩土体工程地质条件

(1)地形、地貌

拟建场地属于岗地～岗间坳沟地貌单元。本工程位于地铁4号线东流站—孟北站—西岗桦墅站区段隧道的两侧。拟建道路沿线为拆迁地、林地及建筑施工场地,场地沿线穿过七乡河,经调查,七乡河后期要进行改线处理。改线后七乡河与拟建捷运大道无交叉。测得拟建道路沿线地面高程约9.94～30.12 m,呈北高南低、西高东低趋势,相对最大高差为20.18 m。

(2)岩土体工程地质层特征

按地基岩土的成因、物理力学性质差异划分各工程地质层,层号用阿拉伯数字表示(如①、②、…),亚层则在该层层号后再加数字表示(如②-1、②-2、…)。

根据野外勘察揭露、现场测试及岩土体试验成果分析,在勘探深度范围内,拟建场地可划分5个工程地质大层,13个亚层,各岩土层工程地质特性详见表6-30。

表 6-30 岩土层工程地质特征一览表

层号	岩土层名称	颜色	状态	特征描述	厚度（m）最小/最大	底板埋深（m）最小/最大
①-1	杂填土	杂色	松散~稍密	以大量石块、砖块、混凝土块等建筑垃圾为主，粒径 2～8 cm，最大粒径 10 cm 左右，充填黏性土，均匀性及级配性差，硬物质含量约 40%～60%，填龄 8 年左右	0.5/4.1	0.5/4.1
①-2	素填土	黄灰色	松散	主要以软塑~可塑状粉质黏土为主，夹少量的碎砖、碎石、植物根茎，非均质，填龄 8 年左右	0.40/5.2	0.4/5.2
①-A	淤泥	灰黑色	流塑	分布于场地内水塘及七乡河底部，夹腐殖质，具臭味	0.30/0.8	0.3/2.7
②-1	粉质黏土	灰黄色	可塑	含铁锰质浸染斑块，稍有光泽，无摇振反应，韧性、干强度中等	0.7/4.7	1.6/8.7
②-2	淤泥质粉质黏土	灰色	流塑	含腐殖质，稍有光泽，无摇振反应，韧性、干强度中等	0.4/10.2	2.2/15.5
②-2A	中粗砂夹粉质黏土	灰色	稍密~中密	以中粗砂为主，其矿物成分主要为长石、石英，级配良好，磨圆度差，混粉土、粉质黏土，夹砾石，粒径 0.50～2.00 cm，个别达到 6 cm，含量在 10%～20%	0.7/3.8	12.1/13.5
②-3	粉质黏土	灰黄色、青灰色	可塑	含灰色条纹及铁锰质浸染斑块，稍有光泽，无摇振反应，韧性、干强度中等	0.5/3.7	4.1/18.3
③-1	粉质黏土	灰黄色、黄褐色	硬塑	含铁锰质结核，稍有光泽，无摇振反应，韧性、干强度中等。根据该层土所做的自由膨胀率试验，自由膨胀率为 27%～30%，不具有膨胀性	1.1/8.3	2.1/10.5
③-3	粉质黏土	褐黄色、黄褐色	硬塑	稍有光泽，无摇振反应，夹铁锰质结核，干强度、韧性中等，局部底部夹少量风化岩屑	1.0/8.2	6.0/17.5
④	圆砾	杂色	中密~密实	饱和，粒径 2～5 cm 不等，含量约 50%～60%，成分以石英质为主，亚圆形为主，级配一般，充填少量黏性土	0.6/3.2	14.0/19.6

（续表）

层号	岩土层名称	颜色	状态	特征描述	厚度（m）最小/最大	底板埋深（m）最小/最大
⑤—1	强风化砂岩	灰黄色、黄灰色	密实砂土状	夹有风化岩碎块,手捏易碎,遇水极易软化,为低强度岩基,岩体基本质量等级为Ⅴ级	0.5/5.3	5.6/22.7
⑤—2A	中风化泥质砂岩	灰黄色	碎屑结构、层理构造	岩芯呈短柱状～柱状,局部碎块状,节理、裂隙较发育,钙质及泥质胶结,锤击声哑,钻进较平稳,岩芯采取率约80%～85%,大于10 cm长的岩芯约占70%～80%,岩体完整程度分类为较完整,属极软岩,岩体基本质量等级为Ⅴ级	1.0/6.0	10.2/21.0
⑤—2	中风化砂岩	灰黄色、灰色	碎屑结构、层理构造	岩芯呈短柱状～柱状,局部碎块状,碎屑结构,层理构造,锤击不易碎,钻进较平稳,岩芯采取率约80%～85%,大于10 cm长的岩芯占70%～80%,岩体完整程度分类为较完整,属软岩,岩体基本质量等级为Ⅳ级	0.6/9.9	20.0/25.0

注：① ⑤—2、⑤—2A 层厚度为揭露厚度；
　　② 本次勘察期间在所有钻孔内均未发现有害气体。

3）岩土层物理力学性质指标的统计和选用

（1）物理力学性质指标的统计、评述

据《岩土工程勘察规范》（GB 50021—2001）（2009 年版）14.2 节,场地岩土层按工程地质单元进行分层,对岩土层物理力学性质指标、岩石试验指标及原位测试试验数据进行分层统计、分析,提供各项统计指标的样本数、最小值、最大值、平均值、标准差、变异系数、统计修正系数、标准值。统计过程中,对个别异常数据进行剔除处理。

各项物理力学指标的平均值用算术平均法计算。标准贯入试验、重型圆锥动力触探试验的锤击数为经杆长修正计算平均值（注：剖面图及钻孔柱状图中贯入击数为实测值）。各项物理力学指标的标准值用平均值乘统计修正系数计算,统计修正系数按下式计算,式中正负号按不利组合考虑。

$$\gamma_s = 1 \pm \left(\frac{1.704}{\sqrt{n}} + \frac{4.678}{n^2} \right) \cdot \delta \tag{6-5}$$

式中：γ_s——统计修正系数；

　　n——参数个数；

　　δ——岩土参数的变异系数。

（2）物理力学性质指标的选用

评价岩土性状的指标,如含水率、重度、孔隙比、液限、塑限、塑性指数、液性指数等选用指标的平均值；正常使用极限状态计算的岩土参数指标，如压缩系数、压缩模量、渗透系数等，一般选用指标的平均值；承载能力极限状态计算的岩土参数：抗剪强度指标，选用指标的标准值。

统计结果见表 6‑31 至表 6‑38。

表 6‑31　土的物理性质指标（平均值）

层号	岩土层名称	含水率 $\omega(\%)$	土重度 $\gamma(kN/m^3)$	孔隙比 e_0	液限 ω_L (%)	塑限 ω_P (%)	塑性指数 I_P	液性指数 I_L
①‑2	素填土	27.5	18.99	0.797	33.6	20.2	13.4	0.55
②‑1	粉质黏土	26.1	19.30	0.749	33.7	20.2	13.5	0.44
②‑2	淤泥质粉质黏土	37.5	17.70	1.085	35.5	21.2	14.4	1.14
②‑3	粉质黏土	26.3	18.91	0.791	34.2	20.6	13.6	0.42
③‑1	粉质黏土	23.0	19.76	0.668	35.0	20.7	14.3	0.16
③‑3	粉质黏土	22.6	19.79	0.660	34.1	20.3	13.8	0.17

表 6‑32　土的抗剪强度指标

层号	岩土层名称	指标类型	直剪快剪（q）		固结快剪（C_q）	
			C(kPa)	φ(°)	C(kPa)	φ(°)
①‑1	杂填土	平均值	—	—	—	—
		标准值	(5)	(18)	(8)	(20)
①‑2	素填土	平均值	18.7	11.5	28.7	13.0
		标准值	18.1	11.2	23.1	12.1
②‑1	粉质黏土	平均值	(30.0)	(14.0)	(38.0)	(17.0)
		标准值	(27.0)	(13.0)	(35.0)	(16.0)
②‑2	淤泥质粉质黏土	平均值	9.0	5.9	14.3	11.2
		标准值	8.7	5.5	13.2	10.7
②‑3	粉质黏土	平均值	43.5	14.4	—	—
		标准值	42.5	14.3	—	—
③‑1	粉质黏土	平均值	63.4	18.7	67.3	18.9
		标准值	58.7	18.4	62.6	18.6
③‑3	粉质黏土	平均值	63.1	18.7	—	—
		标准值	60.8	18.5	—	—

注：括号中为经验值。

表 6-33　土的压缩性指标（平均值）

层号	岩土层名称	压缩系数 $a_{0.1-0.2}$（MPa^{-1}）	压缩模量 $E_{a_{0.1-0.2}}$（MPa）
①-2	素填土	0.40	4.58
②-1	粉质黏土	0.26	6.87
②-2	淤泥质粉质黏土	0.68	3.18
②-2A	中粗砂夹粉质黏土	—	(10.0)
②-3	粉质黏土	0.24	7.35
③-1	粉质黏土	0.16	10.43
③-3	粉质黏土	0.16	10.50
④	圆砾	—	(16.0)
⑤-1	强风化砂岩	—	(20.0)

表 6-34　常规固结试验各土层变形特征指标（平均值）

层号	岩土层名称	孔隙比（e）				
		0	50 kPa	100 kPa	200 kPa	400 kPa
①-2	素填土	0.797	0.758	0.729	0.690	0.642
②-1	粉质黏土	0.749	0.727	0.710	0.685	0.650
②-2	淤泥质粉质黏土	1.085	1.004	0.949	0.882	0.796
②-3	粉质黏土	0.791	0.770	0.754	0.739	0.705
③-1	粉质黏土	0.668	0.655	0.644	0.627	0.602
③-3	粉质黏土	0.660	0.646	0.636	0.620	0.596

表 6-35　固结系数指标（范围值）

层号	岩土层名称	垂直固结系数 c_V（$\times 10^{-3}$ cm^2/s）				水平固结系数 c_V（$\times 10^{-3}$ cm^2/s）			
		50 kPa	100 kPa	200 kPa	400 kPa	50 kPa	100 kPa	200 kPa	400 kPa
①-2	素填土	1.336~2.336	1.256~2.275	1.185~2.203	1.069~2.145	1.336~1.869	1.245~1.775	1.176~1.663	1.102~1.549
②-1	粉质黏土	3.223~3.963	3.163~3.902	3.096~3.863	3.036~3.811	3.001~3.889	2.936~3.802	2.885~3.756	2.823~3.696
②-2	淤泥质粉质黏土	1.202~1.885	1.133~1.779	1.025~1.686	0.945~1.593	0.945~1.123	0.856~1.006	0.763~0.945	0.677~0.886
②-3	粉质黏土	3.226~3.758	3.163~3.696	3.089~3.622	3.006~3.576	2.889~4.123	2.802~4.063	2.736~3.989	2.669~3.938
③-1	粉质黏土	4.006~4.669	3.975~4.611	3.933~4.585	3.896~4.533	3.556~5.063	3.502~4.988	3.469~4.923	3.411~4.856

表 6-36 岩石试验指标统计表

层号	岩土层名称	指标类型	天然密度（g/cm³）	天然单轴抗压强度（MPa）	饱和单轴抗压强度（MPa）	干燥单轴抗压强度（MPa）	软化系数
⑤-2A	中风化泥质砂岩	平均值	2.37	1.28	—	—	—
		标准值	—	1.12	—	—	—
⑤-2	中风化砂岩	平均值	2.42	—	7.77	26.18	0.29
		标准值	—	—	7.20	24.12	

表 6-37 标准贯入试验指标

层号	岩土层名称	指标类型	标准贯入	
			实测击数 N（击）	校后击数 N'（击）
①-2	素填土	平均值	2.1	2.0
		标准值	1.9	1.8
②-1	粉质黏土	平均值	5.9	5.6
		标准值	5.6	5.4
②-2	淤泥质粉质黏土	平均值	2.8	2.4
		标准值	2.6	2.3
②-2A	中粗砂夹粉质黏土	平均值	15.4	12.2
		标准值	14.3	11.5
②-3	粉质黏土	平均值	9.0	7.2
		标准值	8.1	6.8
③-1	粉质黏土	平均值	12.2	11.6
		标准值	11.5	11.1
③-3	粉质黏土	平均值	13.3	11.4
		标准值	12.9	11.3

表 6-38 重型圆锥动力触探 $N_{63.5}$ 试验指标

层号	岩土层名称	指标类型	重型圆锥动力触探 $N_{63.5}$	
			实测击数 $N_{63.5}'$（击）	校后击数 $N_{63.5}$（击）
①-1	杂填土	平均值	2.5	2.4
		标准值	1.8	1.8
④	圆砾	平均值	28.4	14.0
		标准值	27.0	13.7
⑤-1	强风化砂岩	平均值	28.9	16.9
		标准值	28.4	16.4

根据统计结果可以看出,各地基岩土层物理性质指标、力学性质指标变异性为低~中等,故场地内地基岩土层划分基本合理,各指标客观地反映了地基土的实际情况。综上所述,本次各种试验结果相互印证,基本吻合,较好地反映了场地内各层土的物理力学性状,成果可靠,可以作为设计依据。

4) 水文地质条件

(1) 地下水类型

根据地下水的赋存、埋藏条件,场地地下水主要为孔隙潜水、承压水。

孔隙潜水赋存于①层填土孔隙和②层土体孔隙中,为统一潜水含水层,孔隙潜水补给来源主要是大气降水及周边地表水体侧向补给。场地地形相对较平坦,地下水径流缓慢。孔隙潜水排泄方式以自然蒸发、侧向径流排泄为主。

场区承压水含水土层主要有②-2A层中粗砂夹粉质黏土、④层圆砾,场地下伏基岩分布有基岩裂隙水,对本工程影响均较小,故本次勘察未进行专门的承压水和基岩裂隙水的水文地质工作。

(2) 地下水水位

勘察期间测得孔隙潜水初见水位埋深 0.30~4.80 m(水位 11.91~25.32 m),稳定水位埋深 0.40~4.90 m(水位 11.81~25.22 m)。

根据区域水文地质资料,水位受季节性变化及附近河水、水塘的水位影响较大,年变化幅度一般为 1.0~3.0 m。结合场地地形、地貌、地下水补给、排泄条件等因素综合确定:场地最高水位可按场地道路设计标高下 0.50 m 考虑。

(3) 岩土层渗透性评价

根据野外勘探,结合室内土工试验和地区经验,岩土层的渗透性评价见表 6-39。

表 6-39　岩土层渗透性一览表

层号	岩土层名称	渗透系数室内试验数据		推荐值	渗透性	备注
		垂直 k_v(cm/s)	水平 k_h(cm/s)	k(cm/s)		
①-1	杂填土	—	—	3.0×10^{-3}	中等透水	欠均质
①-2	素填土	$4.01\times10^{-5}\sim$ 5.46×10^{-5}	$4.36\times10^{-5}\sim$ 6.27×10^{-5}	5.0×10^{-4}	弱透水	欠均质
②-1	粉质黏土	$4.67\times10^{-7}\sim$ 4.67×10^{-6}	$4.36\times10^{-7}\sim$ 6.11×10^{-6}	5.0×10^{-6}	微透水	
②-2	淤泥质粉质黏土	$4.04\times10^{-7}\sim$ 6.19×10^{-7}	$3.28\times10^{-7}\sim$ 6.77×10^{-7}	5.0×10^{-6}	微透水	
②-2A	中粗砂夹粉质黏土			3.0×10^{-3}	中等透水	
②-3	粉质黏土	$5.05\times10^{-7}\sim$ 5.06×10^{-7}	$3.17\times10^{-7}\sim$ 6.19×10^{-7}	5.0×10^{-6}	微透水	
③-1	粉质黏土	$4.73\times10^{-7}\sim$ 5.66×10^{-7}	$5.07\times10^{-7}\sim$ 6.09×10^{-7}	6.0×10^{-7}	不透水	

注:岩土层渗透性按《岩土工程勘察规范》(DGJ 32/TJ 208—2016)条文说明 16.2 节表 32 进行评价。

（4）地下水、土的腐蚀性评价

根据《公路工程地质勘察规范》（JTG C20—2011）表 K.0.3，对本次拟建工程而言，该场地环境类型为Ⅱ类。

本次勘察在 ZK6、ZK15、ZK24、ZK33 勘探孔中取地下水水样各一组，在 ZK6、ZK15、ZK24、ZK33 勘探孔中取地下水位以上的土样各一组进行易溶盐检测。

① 场地水腐蚀性评价

根据《公路工程地质勘察规范》的有关规定对地下水的腐蚀性进行评价。综合判定：场地地下水及地表水对混凝土结构具微腐蚀性，对钢筋混凝土结构中钢筋具微腐蚀性。

② 土的腐蚀性评价

根据《公路工程地质勘察规范》的有关规定对土的腐蚀性进行评价。综合判定：场地地下水水位以上场地土对混凝土结构具微腐蚀性，对钢筋混凝土结构中钢筋具微腐蚀性。

根据对周边环境的调查了解，场地附近无重大工业污染源，结合当地勘察经验，参照水土分析资料，依据《公路工程地质勘察规范》对本场地水、场地土的腐蚀性进行评价。综合判定：场地地下水、地表水、场地土对混凝土结构和钢筋混凝土结构中的钢筋具微腐蚀性。

5）场地和地基的地震效应

（1）场地抗震设防烈度、设计基本地震加速度及分组

根据《建筑抗震设计规范》附录 A，场地位于南京市栖霞区，抗震设防烈度为 7 度，设计基本地震加速度为 0.10g，设计地震分组为第一组。

（2）场地类别的划分及设计特征周期

参照《建筑抗震设计规范》规范中表 4.1.3，各土层的剪切波速的经验值，选取部分代表性钻孔计算平均剪切波速。

道路范围内各孔平均剪切波速为 130.8～247.2 m/s，按不利因素考虑，判别本场地 K0+980～K1+720 区段场地类别为Ⅲ类，设计特征周期为 0.45 s，其余区段场地类别为Ⅱ类，设计特征周期为 0.35 s。

（3）抗震地段划分

拟建场地地势起伏较为平缓，填土普遍存在，局部厚度较大，场地中间区域下部分布有②－2 层淤泥质粉质黏土，综合判定拟建场地 K0+000～K0+280、K0+430～K0+670、K0+720～K0+980、K1+720～K2+051.176 区段属对建筑抗震一般地段；其余区段属对建筑抗震的不利地段。

（4）饱和砂性土液化判别

拟建场地分布有②－2A 层中粗砂夹粉质黏土层，有液化的可能，进一步采用标准贯入试验进行液化判别，根据砂土液化计算成果，②－2A 层为不液化砂性土层。

（5）软土震陷

场地存在②－2 层淤泥质粉质黏土，流塑状，参考《岩土工程勘察规范》（GB 50021—2001）（2009 年版）第 5.7.11 条文说明，该层土剪切波速 $V_s > 90$ m/s，因此此场地可不考虑软弱土震陷影响。

6）工程地质评价

（1）场地稳定性、适宜性

根据区域地质构造，本区无活动性断层通过，历史上无大的破坏性地震发生。考虑地

质构造和地震活动等因素,并结合勘探揭示的地层和本工程荷载情况,场地内填土及软弱土层等特殊性岩土对地基稳定性无不良影响,本工程整体地基稳定性较好,场地适宜本工程建设。

（2）地基岩土评价

拟建场地为岗地～岗间坳沟地貌单元。勘探查明,浅部分布的①层填土结构松散,土质不均,强度低,工程地质特性差;②层为 Q4 晚期沉积土层,工程地质性质一般;下部③层粉质黏土、④层圆砾、⑤层风化岩工程地质性质相对较好,具有一定的强度。地基岩土详细评价见表 6-40。

表 6-40　地基岩土评价一览表

层号	岩土层名称	强度	压缩性	均匀性	综合评价	土石可挖性等级
①-1	杂填土	低	较高	非均匀	未经处理不宜直接利用	Ⅱ级
①-2	素填土	较低	较高	非均匀	工程地质性质较差; 未经处理不宜直接利用	Ⅰ级
②-1	粉质黏土	中等	中等	较均匀	工程地质性质一般; 可作为拟建道路的基础持力层	Ⅱ级
②-2	淤泥质粉质黏土	低	中高	较均匀	工程地质性质差; 不可作为拟建道路的基础持力层	Ⅱ级
②-2A	中粗砂夹粉质黏土	中等	中等	非均匀	工程地质性质一般; 可作为拟建道路良好的下卧层	Ⅱ级
②-3	粉质黏土	中等	中等	较均匀	工程地质性质一般; 可作为拟建道路良好的下卧层	Ⅱ级
③-1	粉质黏土	中高	中低	较均匀	工程地质性质好; 可作为拟建道路的基础持力层或良好的下卧层	Ⅱ级
③-3	粉质黏土	中高	中低	较均匀	工程地质性质好; 为拟建道路的良好的下卧层	Ⅱ级
④	圆砾	中高	中低	非均匀	工程地质性质良好; 为拟建道路的良好的下卧层	—
⑤-1	强风化砂岩	低强度岩石			风化程度不一; 局部夹少量碎块状,不均匀	—
⑤-2A	中风化泥质砂岩	极软岩			岩体强度有差异,较均匀	—
⑤-2	中风化砂岩	极软岩～软岩			岩体强度差异较大,较均匀	—

（3）地基均匀性评价

根据工程地质剖面图及拟建道路的设计标高，拟建道路需填方，局部需开挖，开挖涉及土层为①层填土和③－1层粉质黏土，综合判定拟建场地为不均匀地基。

（4）特殊岩土及评价

① 填土

拟建场地浅部分布的①层填土主要为新近人工堆填而成，厚度变化较大，总体填龄约8年，未固结，强度低，工程地质特性差，特别是①－1层杂填土以石块、砖块、混凝土块等建筑垃圾为主，粒径为2～8 cm，最大粒径为10 cm左右，以粉质黏土、岩石风化物充填，均匀性及级配性差，硬物质含量在40％～60％，场地部分区域填土厚度较大，基槽开挖易坍塌，设计时应注意其影响。

② 软土

淤泥：拟建道路沿线分布有七乡河、水塘、暗塘，底部存在①－A层淤泥，厚度约0.2～1.0 m，施工前建议先进行排水清淤或进行抛石挤淤，再进行筑路填土分层压实至道路设计标高。

淤泥质土：场地内分布有②－2层淤泥质粉质黏土，具较高含水率、低强度，富水性和透水性相对较高，工程地质性质差，作为拟建道路的持力层时会引起道路不均匀沉降，需要进行地基处理。

③ 风化岩

⑤－1层强风化砂岩，呈砂土状夹碎块状，同时岩层遇水易软化、崩解。

（5）不良地质作用评价

根据南京地区地质图，场地无影响稳定性的断裂破碎带通过。场地所属区域不存在浅埋的全新世活动断裂，南京地区地震活动水平属中等偏下。

场地及周围不存在有影响地基稳定性的边坡和滑坡存在；勘探深度内岩土层分布虽有起伏变化，但不存在岩溶、土洞等影响场地稳定性的不良地质作用。

7）地基岩土承载力、基础方案

（1）地基承载力特征值

根据地基岩土的统计指标和地区实践经验，按《南京地区建筑地基基础设计规范》，对各层指标进行分析、计算，地基岩土承载力特征值见表6-41。

表6-41　地基岩土承载力特征值

| 层号 | 岩土层名称 | 地方经验 | | | 公式计算 | 综合建议值 f_{ak}（kPa） |
		土工（kPa）	标贯（kPa）	动探（kPa）	剪切 f_{ak}（kPa）	
②－1	粉质黏土	174	123	—	186	120
②－2	淤泥质粉质黏土	78	＜85		—	65
②－2A	中粗砂夹粉质黏土	—	161		—	150
②－3	粉质黏土	183	143	—	193	130

（续表）

层号	岩土层名称	地方经验			公式计算	综合建议值 f_{ak} （kPa）
		土工 （kPa）	标贯 （kPa）	动探 （kPa）	剪切 f_{ak} （kPa）	
③－1	粉质黏土	240	225	—	304	205
③－3	粉质黏土	245	228	—	306	210
④	圆砾	—	—	251		230
⑤－1	强风化砂岩	—	—	289		280
⑤－2A	中风化泥质砂岩	岩石天然单轴抗压强度标准值＝1.29 MPa				750
⑤－2	中风化砂岩	岩石饱和单轴抗压强度标准值＝8.93 MPa				3 000

注:① 公式法（特征值 $f_a = M_b \cdot \gamma \cdot b + M_a \cdot \gamma_m \cdot d + M_c \cdot c_k$）计算时,假设基础为条形基础,埋深为 0.50 m,基础宽度为 3.0 m,地下水位埋深为 0.50 m。未经软弱下卧层强度及变形验算。标准值 f_{ak} 仅作为评价土层工程特性之用,设计时应依据实际基础设计条件进行计算使用。

② 土试法、原位测试法参考了地区经验得出。

③ 地基承载力计算中各测试手段计算结果差异较大,主要是由于试验方法的局限性以及经验公式的局限性造成的,本报告中建议值系根据工程经验及测试结果综合确定。

（2）路基土干湿类型

根据不同深度内土的液、塑限指数,按《城市道路路基设计规范》第4.3条相关规定计算不同深度内土的平均稠度 W_c 并划分路基干湿类型。

场地为岗地～岗间坳沟地貌单元,路基土受地表水和地下水影响较大,根据邻近道路施工经验,路基干湿类型按过湿考虑,应做好翻晒、换填等改良措施。

（3）地基基础方案

拟建道路沿线浅表普遍分布有①－1层杂填土、①－2层素填土,局部厚度较大,七乡河、水塘、暗塘底部存在①－A层淤泥,厚度约0.2～1.0 m。根据工程地质剖面图与道路设计标高,拟建道路 K0＋000～K0＋010、K1＋760～K2＋051 区段以挖方为主,挖方厚度为 1.6～6.0 m,开挖涉及土层为①层填土和③－1层粉质黏土,①层填土以大量石块、砖块、混凝土块等建筑垃圾为主,充填黏性土,均匀性及级配性差,填龄在8年左右。

挖方段:拟建道路开挖至③－1层粉质黏土区段,建议以③－1层粉质黏土为路基持力层,其余区段建议清除道路设计标高下表层松散填土,并对下部老填土进行压实处理后换填至道路设计标高,以换填夯实后的土层作为路基持力层。

填方段:根据现地面标高及道路设计标高,拟建道路需要大面积回填,回填厚度为 0.5～5.0 m不等,建议后期回填应严格按设计要求进行,选择合适的工程性质较好的材料（如轻质堆填材料）,分层回填压实,按要求进行检测,合格并满足设计要求后方能使用,同时做好地表水排水系统。

回填对地铁隧道的影响:拟建捷运大道红线宽度为 45.0 m,已开通运营的地铁4号线位于拟建捷运大道正下方,位于地铁站东流站—孟北站—西岗桦墅站之间,场地 K0＋280～K0＋430、K0＋670～K0＋720、K0＋980～K1＋720 区段下部分布有软土,场地填土层厚度变化较大,填龄在8年左右,大面积回填会对回填区域附近(尤其是软土区间)下部地铁产生一定的竖向压力,对拟建道路下部地铁、管线及周边道路会产生不利影响。

为减小大面积回填对道路下部地铁、管线及周边道路产生的不利影响,建议后期回填应严格按设计要求进行,选择合适的工程性质较好的材料(如轻质堆填材料),分层回填压实,道路施工时应做好对周边环境的监测工作,内容包括地表变形及下部支护结构的监测。做好对周围的已有建筑物(构筑物)的保护措施。

拟建道路穿过七乡河、水塘区段的回填厚度为5.2~8.0 m,施工前建议先进行排水清淤或进行抛石挤淤,再进行筑路填土分层压实至道路设计标高。

路基设计参数见表6-42、表6-43。

表6-42 路基设计参数表

层号	岩土层名称	地基承载力基本容许值(kPa)	压缩模量建议值(MPa)	垂直固结系数 c_v($\times 10^{-3}$ cm²/s)				水平固结系数 c_h($\times 10^{-3}$ cm²/s)			
				50 kPa	100 kPa	200 kPa	400 kPa	50 kPa	100 kPa	200 kPa	400 kPa
①-2	素填土	—	(3.0)	1.88	1.79	1.69	1.59	1.60	1.51	1.42	1.32
②-1	粉质黏土	120	7.12	3.62	3.55	3.50	3.43	3.51	3.44	3.39	3.33
②-2	淤泥质粉质黏土	65	3.40	1.54	1.45	1.35	1.26	1.02	0.92	0.84	0.76
②-2A	中粗砂夹粉质黏土	150	(10.0)	—	—	—	—	—	—	—	—
②-3	粉质黏土	130	7.51	3.49	3.43	3.35	3.29	3.50	3.43	3.36	3.30
③-1	粉质黏土	205	10.64	4.30	4.26	4.23	4.18	4.19	4.14	4.09	4.04
③-3	粉质黏土	210	10.91	—	—	—	—	—	—	—	—

表6-43 路基设计参数建议值表

层号	岩土层名称	重度 γ(kN/m³)	固结快剪标准值		渗透系数 k(cm/s)
			C_{cq}(kPa)	φ_{cq}(°)	
①-1	杂填土	18.2	8	18	3.0×10^{-3}
①-2	素填土	18.5	15	12	5.0×10^{-4}
②-1	粉质黏土	19.0	(27)	(13)	5.0×10^{-6}
②-2	淤泥质粉质黏土	17.5	13	10	5.0×10^{-6}
②-2A	中粗砂夹粉质黏土	18.0	—	—	3.0×10^{-3}
②-3	粉质黏土	18.5	48	16	5.0×10^{-6}
③-1	粉质黏土	19.5	60	18	6.0×10^{-7}

注:重度、渗透系数数据为平均值;括号中为建议值。

（4）设计、施工应注意事项

① 已开通运营的地铁 4 号线位于拟建捷运大道正下方,位于地铁站东流站—孟北站—西岗桦墅站之间,该段地铁区间隧道洞顶埋深为 4.60～29.20 m。道路设计与施工建议由专业且具有类似工程经验的队伍负责,方案必须得到地铁负责相关单位的同意,通过其安排的安全和技术评审,道路施工过程应与地铁运营协调好。

② 道路施工前,应调查周边已有管线埋深、走向、功能等情况,切实做好对已有管线的保护措施,避免造成损坏及其他事故。

③ 拟建道路横穿孟岗路,有一定的车流、人流量,施工前应做好安全措施。对涉及新老路基交接部分,应做好衔接处理工作,以减小路面差异沉降。

④ 拟建道路横穿七乡河,经调查,七乡河后期要进行改线处理。改线后七乡河与拟建捷运大道无交叉。建议协调好道路新建和河道改线的建设关系。

⑤ 拟建道路路基换填填方时,换填材料应根据场地条件及路基回填土的含水率等指标综合确定,满足填筑材料的要求,路基回填施工方法、分层铺填厚度、每层压实遍数等宜通过现场试验确定。

⑥ 拟建场地周边为住宅用地,不存在永久性边坡,根据现地面标高,拟建道路需填方,填方路基最大高度约 5.0 m,道路施工完成后,考虑到道路标高与外围现状场地存在一定的高差,会形成临时边坡,建议采用放坡回填的支护方式进行处理。

⑦ 路基边坡坡度应符合规范要求,并做好坡面保护措施。

⑧ 放坡回填要按设计要求进行,选择合适的坡度和工程性质较好的材料,分层压实,并按要求进行检测,同时做好地表水排水系统,坡面可采用绿化、混凝土浇筑等方式,避免后期坡体沉降或水平位移导致的路面变形,影响安全使用。

已开通运营的地铁 4 号线位于拟建捷运大道正下方,位于地铁站东流站—孟北站—西岗桦墅站之间,拟建道路需大面积回填,大面积回填会对回填区域附近(尤其是软土区间)下部地铁产生一定的竖向压力,对拟建道路下部地铁、管线及周边道路会产生不利影响。

为减小大面积回填对道路下部地铁、管线及周边道路产生的不利影响,建议后期回填应严格按设计要求进行,选择合适的工程性质较好的材料(如轻质堆填材料),分层回填压实。

道路施工时应做好对周边环境的监测工作,内容包括地表变形及下部支护结构的监测。做好对周围的已有建筑物(构筑物)的保护措施。

⑨ 施工时应注意排水,一般不得在浸水条件下施工,必要时应采取降低地下水位的措施。

8）地质条件可能造成的工程风险

根据《危险性较大的分部分项工程安全管理规定》(中华人民共和国住房和城乡建设部令第 37 号)和《大型工程技术风险控制要点》(建质函〔2018〕28 号),结合本工程施工方法、场地地质及水文条件、周边环境条件,拟建项目可能产生的工程风险及应对措施详见表 6-44。

表 6-44 地质条件可能造成的工程风险

风险名称	风险描述	应对措施
特殊性岩土可能造成的风险	场地分布有填土、淤泥、淤泥质土、风化岩等特殊性岩土,填土成分混杂,淤泥质土承载力低,工程地质性质差,不经处理不能直接使用;风化岩由于埋深较深,对拟建道路工程基本无影响	建议将浅部填土挖除后进行换填处理,垫层的施工方法、分层铺填厚度、每层压实遍数等宜通过现场试验确定
环境可能造成的风险	已开通运营的地铁 4 号线位于拟建捷运大道正下方,位于地铁站东流站—孟北站—西岗桦墅站之间,该段地铁区间隧道洞顶埋深为 4.60~29.20 m	道路设计与施工建议由专业且具有类似工程经验的队伍负责,方案必须得到地铁负责相关单位的同意,通过其安排的安全和技术评审,道路施工过程应与地铁运营协调好
	拟建道路沿线目前为拆迁区及保障房施工区,穿孟岗路,道路交界处人流量大	施工时应注意施工安全,注意对周围已建构筑物的影响,同时做好排污工作,避免对周围环境造成污染
	拟建道路横穿七乡河	经调查,七乡河后期要进行改线处理。改线后七乡河与拟建捷运大道无交叉。建议协调好道路新建和河道改线的建设关系
	场地周边下部可能分布有地下管线	应查清可能分布的地下管线
大面积回填对地铁隧道的影响	拟建道路需大面积回填,大面积回填会对回填区域附近(尤其是软土区间)下部地铁产生一定的竖向压力,对拟建道路下部地铁、管线及周边道路会产生不利影响	为减小大面积回填对道路下部地铁、管线及周边道路产生的不利影响,建议后期回填应严格按设计要求进行,选择合适的工程性质较好的材料(如轻质堆填材料),分层回填压实,同时对地铁做好加强监测的工作
基槽开挖	拟建场地浅部普遍分布填土,局部厚度较大,地下水位埋深浅,基槽开挖若无围护措施,易产生侧壁坍塌,周边及坑底渗水等现象	为防止基槽侧壁坍塌、基槽内渗水造成周边地面沉降而危及临近建筑和道路安全,基槽开挖四周应采取必要的支护措施并采取有效的止水、防水措施

9) 结论与建议

(1) 结论

① 根据区域地质构造,本区无活动性断层通过,历史上无大的破坏性地震发生。考虑地质构造和地震活动等因素,并结合勘探揭示的地层和本工程荷载情况,场地内填土及软弱土层等特殊性岩土对地基稳定性无不良影响,本工程整体地基稳定性较好,场地适宜本工程建设。

② 本场地抗震设防烈度为 7 度,设计基本地震加速度为 $0.10g$,设计地震分组为第一组。

拟建道路 K0+980~K1+720 区段场地类别为Ⅲ类,设计特征周期为 0.45 s,其余区段场地类别为Ⅱ类,设计特征周期为 0.35 s。

拟建场地 K0+000~K0+280、K0+430~K0+670、K0+720~K0+980、K1+720~K2+051.176 区段属对建筑抗震一般地段;其余区段属对建筑抗震的不利地段。

拟建场地可不考虑砂性土液化和软弱土震陷的影响。

③ 场地地下水主要为孔隙潜水、承压水。

孔隙潜水赋存于①层填土孔隙和②层土体孔隙中，稳定水位埋深 0.40～4.90 m（水位 11.81～25.22 m）。

承压水含水土层主要有②-2A 层中粗砂夹粉质黏土、④层圆砾，场地下伏基岩分布有基岩裂隙水，对本工程影响均较小，故本次勘察未进行专门的承压水和基岩裂隙水的水文地质工作。

场地最高水位可按场地道路设计标高下 0.50 m 考虑。

场地地下水、地表水及场地土对混凝土结构具微腐蚀性，对钢筋混凝土结构中钢筋具微腐蚀性。

（2）建议

① 挖方段：拟建道路开挖至③-1 层粉质黏土区段，建议以③-1 层粉质黏土为路基持力层，其余区段建议清除道路设计标高下表层松散填土，并对下部老填土进行压实处理后换填至道路设计标高，以换填夯实后的土层作为路基持力层。

填方段：根据现地面标高及道路设计标高，拟建道路需要大面积回填，回填厚度为 0.5～5.0 m 不等，建议后期回填应严格按设计要求进行，选择合适的工程性质较好的材料（如轻质堆填材料），分层回填压实，按要求进行检测，合格并满足设计要求后方能使用，同时做好地表水排水系统。

回填对地铁隧道的影响：拟建捷运大道红线宽度为 45.0 m，已开通运营的地铁 4 号线位于拟建捷运大道正下方，位于地铁站东流站—孟北站—西岗桦墅站之间，场地 K0+280～K0+430、K0+670～K0+720、K0+980～K1+720 区段下部分布有软土，场地填土层厚度变化较大，填龄在 8 年左右，大面积回填会对回填区域附近（尤其是软土区间）下部地铁产生一定的竖向压力，对拟建道路下部地铁、管线及周边道路会产生不利影响。

为减小大面积回填对道路下部地铁、管线及周边道路产生的不利影响，建议后期回填应严格按设计要求进行，选择合适的工程性质较好的材料（如轻质堆填材料），分层回填压实，道路施工时应做好对周边环境的监测工作，内容包括地表变形及下部支护结构的监测。做好对周围的已有建筑物（构筑物）的保护措施。

拟建道路穿过七乡河、水塘区段的回填厚度为 5.2～8.0 m，施工前建议先进行排水清淤或进行抛石挤淤，再进行筑路填土分层压实至道路设计标高。

② 已开通运营的地铁 4 号线位于拟建捷运大道正下方，位于地铁站东流站—孟北站—西岗桦墅站之间，该段地铁区间隧道洞顶埋深为 4.60～29.20 m。

道路设计与施工建议由专业且具有类似工程经验的队伍负责，方案必须得到地铁负责相关单位的同意，通过其安排的安全和技术评审，道路施工过程应与地铁运营协调好。

③ 基础施工时，应及时进行验槽。

④ 由于本工程位于地铁 4 号线东流站—孟北站—西岗桦墅站区段隧道的两侧，因此本次勘察施工的点位为经地铁部门同意后的勘探孔，勘探孔与地铁车站主体、附属、区间隧道结构边线最小水平距离均大于 10.0 m。本次详细勘察勘探点及孔深能够满足设计施工图设计阶段的需求，若后期施工期间发现场地地质条件变化较大，在得到地铁部门的同意后，必要时可进行施工勘察。

思考题 🖱

（1）叙述房屋建筑岩土工程初步勘察的主要工作内容及有关技术要求。

（2）岩土工程勘察阶段主要分为哪几个阶段？简述房屋建筑工程在不同勘察阶段的主要工作内容、技术要求及特点。

（3）简述桩基础岩土工程勘察特点。

（4）叙述公路工程地质详细勘察的主要工作内容及有关技术要求。

（5）试分析高层建筑主要岩土工程问题，简述高层建筑桩基工程和基坑工程岩土工程详细勘察的主要工作内容和特点。

（6）试述高层建筑常采用的基础类型。根据高层建筑的特点，其岩土工程勘察主要解决什么问题？

（7）桥梁建筑的主要工程地质问题有哪些？桥梁的工程地质勘察要点有哪些？

（8）地下隧道勘察可分为哪几类？各类勘察可分为哪几个阶段？

（9）地下洞室危岩分类方法有哪些？分别依据哪些指标进行分类？

（10）地下洞室岩土勘察的目的是什么？有哪些要求？在不同的勘察阶段主要进行哪些勘察工作？

案例题 🖱

（1）某建筑物长 30 m，宽 30 m，地上 25 层，地下 2 层，基础埋深 6.0 m。地下水位埋深 5 m，地面以下深度 0～2 m 为人工填土（$\gamma=15$ kN/m³），2～10 m 为粉土（$\gamma=17$ kN/m³），10～18 m 为黏土（$\gamma=19$ kN/m³），18～26 m 为黏质粉土（$\gamma=18$ kN/m³），26～35 m 为卵石（$\gamma=21$ kN/m³），地基为复杂地基，进行详细勘察。试回答下列问题：

① 根据《岩土工程勘察规范》（GB 50021—2001）（2009 年版），应布置几个钻孔，其中控制性孔有几个？

② 根据该场地地基条件，钻孔深度有何要求？取土及现场测试有何要求？

③ 若基底压力为 420 kPa，则基底附加应力为多少？

④ 若在建筑物 1 角布置钻孔取土，假定基底附加应力为 300 kPa，对地面以下 24 m 处土做压缩试验的最大压力应为多少（已知基础角点下 18 m 处的附加应力系数为 0.223）？

⑤ 假定采用桩基础，根据该场地地基条件，钻孔深度有何要求？取土及现场测试有何要求？

⑥ 对桩基持力层提出建议。

（2）在滨海地区、7 度地震基本烈度区修建 6 层砖混住宅，建筑物基础宽 15 m、长 80 m，拟采用筏板基础。地下 3 m 为杂填土、3～7 m 为黏土、7～11 m 为粉质黏土、11～15 m 为粉砂、15～20 m 为粉质黏土、20～24 m 为黏土、24～28 m 为粉砂。应根据什么布置勘察工作，布置勘察工作时主要考虑什么？针对该工程和场地条件，岩土工程勘察工作必须注意什么问题？并简述原因。

(3) 某建筑物长 60 m,宽 20 m,地上 35 层,地下 3 层,拟定基底埋深 12 m,预估基底压力 600 kPa。根据已有资料,该场地地表下 0～2 m 为素填土($\gamma=15$ kN/m³),2～6 m 为粉质黏土($\gamma=18$ kN/m³),6～10 m 为粉土($\gamma=17$ kN/m³),10～12 m 为黏土($\gamma=19$ kN/m³,$\gamma_{sat}=19.5$ kN/m³),12～15 m 为卵石,15～25 m 为粉质黏土,25～30 m 为细砂,30～40 m 为粉土。地下水为承压水,水位为 10.5 m。7 度地震基本烈度区。地基复杂程度为二级,进行详细勘察。试回答下列问题:

① 基底附加应力为多少?

② 按现行《岩土工程勘察规范》,应布置几个钻孔,其中控制性孔有几个?

③ 根据该场地地基条件,钻孔深度有何要求? 取土及现场测试有何要求?

④ 针对该工程特点和场地条件,该工程岩土工程勘察评价的重点有哪些内容? 并简述原因。

(4) 某建筑物长 60 m,宽 20 m,地上 35 层,地下 3 层,拟定基础埋深 12 m,预估基底压力 600 kPa。根据已有资料,该场地地表下 0～2 m 为素填土,2～6 m 为粉质黏土,6～10 m 为粉土,10～11 m 为黏土,11～15 m 为卵石,15～25 m 为粉质黏土,25～30 m 为细砂,30～40 m 为粉土。地下水分为两层,第一层 3～4 m 为上层滞水,第二层 10.5 m 为承压水。8 度地震基本烈度区。地基复杂程度为二级,进行详细勘察。按现行规范要求进行详细勘察工作布置,并说明该工程主要解决的岩土主要问题。

(5) 在某 8 度地震基本烈度区修建地上 20 层、地下 3 层的高层住宅,建筑物基础宽 15 m、长 80 m,拟定基底埋深 12 m,预估基底压力 400 kPa。地基土层自地面向下 2 m 为杂填土、2～7 m 为黏土、7～12 m 为粉质黏土、12～16 m 为粉砂、16～20 m 为粉质黏土、20～23 m 为黏土、23～28 m 为粉砂、28～35 m 为粉土、35～40 m 为卵石。地基复杂程度为二级,按现行规范要求进行详细勘察工作布置,试回答下列问题:

① 按现行《岩土工程勘察规范》,应布置几个钻孔,其中控制性孔有几个?

② 根据该场地地基条件,钻孔深度有何要求? 取土及现场测试有何要求?

③ 针对该工程特点和场地条件,该工程岩土工程勘察评价的重点有哪些内容?

④ 该工程勘察主要解决的岩土工程问题是什么? 并简述原因。

(6) 某建筑物采用条形基础,基础埋深 1.5 m,条形基础轴线间距 8 m,按上部结构设计,传至基础底面荷载标准组合的基底压力值为每米 400 kN,地基承载力特征值为 200 kPa,无明显的软弱或坚硬的下卧层。按《岩土工程勘察规范》(GB 50021—2001)(2009 年版)进行详细勘察,勘探孔的孔深宜为多少?

第 7 章
特殊性岩土的勘察评价

7.1 湿陷性黄土

7.1.1 概述

1) 湿陷性黄土的分布及特性

黄土是一种第四纪沉积物,呈黄色,颗粒组成以 0.005～0.05 mm 的粉粒为主(含量在 40%以上),肉眼可见大孔隙,垂直节理发育。在天然含水量状态下的黄土一般具有较高的强度和较低的压缩性。但是有的黄土,在一定压力(即上覆土自重压力或上覆土自重压力与附加压力共同作用)下遇水浸湿后,土体的结构迅速破坏,并发生显著的附加下沉,其强度也随之迅速降低,称为湿陷性黄土。有的黄土并不发生湿陷,则称为非湿陷性黄土。湿陷性黄土主要分布在沙漠下风处,即秦岭以北 11 个省市,面积约 64 万 km²。主要分布在甘肃中部及东部、宁夏南部、陕西北部、山西北部,共约 41.2 万 km²,厚 100～200 m。

湿陷性黄土具有如下特征:

① 颗粒粒度:以粉砂为主,占 60%～70%,其次为黏土。

② 易溶盐含量高,碳酸盐类占 10%～30%,其次为氯化物和硫化物。

③ 质地均一,结构松散,孔隙大,孔隙度为 33%～64%。

④ 垂直节理发育。

⑤ 具湿陷性。

2) 湿陷发生的原因及影响因素

黄土湿陷现象是一个复杂的物理、化学变化过程,它受到多方因素的制约和影响。黄土湿陷必在一定压力下遇水后发生,但是如果没有黄土本身固有的特点,湿陷现象还是无从产生。在一定压力下受水浸湿是黄土湿陷现象产生所必需的外界条件,而黄土的物质成分(颗粒组成、矿物成分和化学成分)和结构特征(以粉粒为骨架的多孔结构,架空孔隙的存在)则是黄土产生湿陷的内在原因。

影响黄土湿陷性的因素很多:黄土中的黏粒含量的多寡、胶结物的多少和成分以及颗粒的组成和分布,对黄土的结构特点和湿陷性的强弱有着重要影响。黏粒和胶结物含量大,可在骨架颗粒间起到胶结包裹作用,形成稳定致密的结构,使湿陷性降低,力学性质得到改善。相反,当粒径大于 0.005 mm 的颗粒增多,黏粒和胶结物减少,骨架颗粒彼此直接接触,则土体结构疏松,强度降低,湿陷性增强。黄土中架空孔隙的存在是黄土产生湿陷的内在因素。黄土中盐类的类型和多少对黄土的湿陷性也有明显的影响,易溶盐含量高,湿陷敏感性强,沉陷突然;中、难溶盐含量高,则湿陷有滞后现象。黄土的湿陷性还与土体的天然孔隙比、含水量和所受压力有关。天然孔隙比愈大、含水量愈小则湿陷性愈强。在含水量和孔隙比不变的条件下,随着压力的增加,黄土的湿陷性增加,但是当压力超过某一数值后,再增加压力,湿陷性反而降低。特别是新近堆积黄土,在小压力下,对变形很敏感,呈现高压缩性。湿陷性黄土地基遇水概率的高低也对湿陷产生的可能性有很大影响,遇水量的多寡、时间的长短也将影响湿陷量的大小。

3）黄土湿陷性的评价

采用湿陷系数判定黄土的湿陷性,其定义如式(7-1),由室内压缩试验测定。

$$\delta_s = \frac{h_p - h'_p}{h_0} \tag{7-1}$$

式中:h_0——试样初始高度(mm);

h_p——保持天然湿度和结构的试样,加至一定压力时(基底 10 m 以内的土层应用 200 kPa,10 m 以下至非湿陷性黄土层顶面应用其上覆土的饱和自重压力,大于 300 kPa 时,仍应用 300 kPa;当基底压力大于 300 kPa 时,宜用实际压力),下沉稳定后的高度(mm);

h'_p——上述加压后稳定试样,在浸水(饱和)作用下,附加下沉稳定后的高度(mm)。

当 $\delta_s \geq 0.015$ 时,为湿陷性黄土;当 $\delta_s < 0.015$ 时,则为非湿陷性黄土。对于自重湿陷性的判定则是由自重湿陷系数 δ_{zs} 确定,其定义如式(7-2)。

$$\delta_{zs} = \frac{h_z - h'_z}{h_0} \tag{7-2}$$

式中:h_0——试样初始高度(mm);

h_z——保持天然湿度和结构的试样,加至上覆土饱和自重压力时,下沉稳定后的高度(mm);

h'_z——上述加压后稳定试样,在浸水(饱和)作用下,附加下沉稳定后的高度(mm)。

当 $\delta_{zs} \geq 0.015$ 时,为自重湿陷性黄土;当 $\delta_{zs} < 0.015$ 时,则为非自重湿陷性黄土。

湿陷性黄土地基的湿陷等级分为 4 类,具体划分指标如表 7-1 所示。

表 7-1　湿陷性黄土地基的湿陷等级

湿陷量(mm)	湿陷类型		
	非自重湿陷场地	自重湿陷场地	
	$\Delta_{zs} \leq 70$ mm	70 mm $< \Delta_{zs} \leq 350$ mm	$\Delta_{zs} > 350$ mm
$50 < \Delta_s \leq 100$	Ⅰ(轻微)	Ⅰ(轻微)	Ⅱ(中等)
$100 < \Delta_s \leq 300$		Ⅱ(中等)	
$300 < \Delta_s \leq 700$	Ⅱ(中等)	Ⅱ(中等)或Ⅲ(严重)	Ⅲ(严重)
$\Delta_s > 700$	Ⅱ(中等)	Ⅲ(严重)	Ⅳ(很严重)

注:对于 $300 < \Delta_s \leq 700$、$70 < \Delta_{zs} \leq 350$ 一档的划分,当湿陷量的计算值 $\Delta_s > 600$ mm、自重湿陷量的计算值 $\Delta_{zs} > 300$ mm 时,可判为Ⅲ级,其他情况可判为Ⅱ级。

引用自《湿陷性黄土地区建筑标准》(GB 50025—2018)。

4）湿陷性黄土的土质改良

湿陷性黄土的土质改良常用以下方法：

① 重锤表层夯实：一般采用 2.5～3.0 t 的重锤，落距 4.0～4.5 m，可消除地下 1.2～1.75 m 黄土层的湿陷性。

② 强夯：一般采用 8～40 t 的重锤（最重达 200 t），10～20 m（最大达 40 m）的高度自由下落，击实土层。

③ 换土垫层：先将处理范围内的黄土挖出，然后用素土或灰土在最佳含水量下回填夯实。可消除地表下 1～3 m 的黄土层的湿陷性。

④ 挤密桩：先在土内成孔，然后在孔中分层填入素土或灰土并夯实。在成孔和填土夯实过程中，桩周的土被挤压密实，从而消除湿陷性。

⑤ 化学灌浆加固：通过注浆管，将化学浆液注入土层中，使溶液本身起化学反应，或溶液与土体起化学反应，生成凝胶物质或结晶物质，将土胶结成整体，从而消除湿陷性。

7.1.2　勘察技术要求

湿陷性土场地勘察应符合下列要求：

① 勘探点的间距应按规范的规定取小值。对于湿陷性土分布极不均匀的场地应加密勘探点。

② 控制性勘探孔深度应穿透湿陷性土层。

③ 应查明湿陷性土的年代、成因、分布和其中的夹层、包含物、胶结物的成分和性质。

④ 对于湿陷性碎石土和砂土，宜采用动力触探试验和标准贯入试验确定其力学特性。

⑤ 不扰动土试样应在探井中采取。

⑥ 不扰动土试样除测定一般物理力学性质外，尚应做土的湿陷性和湿化试验。

⑦ 对不能取得不扰动土试样的湿陷性土，应在探井中采用大体积法测定其密度和含水量。

⑧ 对于厚度超过 2 m 的湿陷性土，应在不同深度处分别进行浸水载荷试验，并应不受相邻试验的浸水影响。

湿陷性土的岩土工程评价应符合下列规定：

① 湿陷性土的湿陷程度划分应符合表 7-2 的规定。

② 湿陷性土的地基承载力宜采用载荷试验或其他原位测试确定。

③ 对于湿陷性土边坡，当浸水因素引起湿陷性土本身或其与下伏地层接触面的强度降低时，应进行稳定性评价。

湿陷性土地基受水浸湿至下沉稳定为止的总湿陷量 Δ_s（cm），应按下式计算：

$$\Delta_s = \sum_{i=1}^{n} \beta \Delta F_{si} h_i \qquad (7-3)$$

式中：ΔF_{si}——第 i 层土浸水荷载试验的附加湿陷量（cm）；

h_i——第 i 层土厚度，从基础地面（初步勘察时自地面下 1.5 m）算起，$\Delta F_{si}/b < 0.023$ 的不计入（cm），b 为承压板宽度（m）；

β——修正系数，当承压板面积为 0.50 cm^2 时，$\beta = 0.014$ cm^{-1}，当承压板面积为 0.25 cm^2

时,$\beta=0.020 \text{ cm}^{-1}$。

表 7-2　湿陷程度分类

湿陷程度	附加湿陷量 ΔF_s（cm）	
	承压板面积为 0.50 cm²	承压板面积为 0.25 cm²
轻微	$1.6<\Delta F_s\leqslant 3.2$	$1.1<\Delta F_s\leqslant 2.3$
中等	$3.2<\Delta F_s\leqslant 7.4$	$2.3<\Delta F_s\leqslant 5.3$
强烈	$\Delta F_s>7.4$	$\Delta F_s>5.3$

引用自《岩土工程勘察规范》(GB 50021—2001)(2009 年版)。

湿陷性土地基的湿陷等级应按表 7-3 判定。

表 7-3　湿陷性土地基的湿陷等级

总湿陷量 Δ_s（cm）	湿陷性土总厚度（m）	湿陷等级
$5<\Delta_s\leqslant 30$	>3	Ⅰ
	≤3	Ⅱ
$30<\Delta_s\leqslant 60$	>3	
	≤3	Ⅲ
$\Delta_s>60$	>3	
	≤3	Ⅳ

引用自《岩土工程勘察规范》(GB 50021—2001)(2009 年版)。

7.2　膨胀岩土

7.2.1　概述

1）膨胀土的分布

膨胀土是指含有大量的强亲水性黏土矿物成分,具有显著的吸水膨胀和失水收缩特性,且胀缩变形往复可逆的高塑性黏土。它一般强度较高,压缩性低,易被误认为成工程性能较好的土,但由于具有膨胀和收缩特性,在膨胀土地区进行工程建筑,如果不采取必要的设计和施工措施,会导致建筑物(构筑物)的开裂和损坏,并往往造成坡地建筑场地崩塌、滑坡、地裂等。

我国是世界上膨胀土分布广、面积大的国家之一,据现有资料,广西、云南、湖北、河南、安徽、四川、河北、山东、陕西、浙江、江苏、贵州和广东等地均有不同范围的分布。按其成因大体有残坡积、湖积、冲洪积和冰水沉积等四个类型,其中以残坡积型和湖积型胀缩性最强。从形成年代看,一般为上更新统及其以前形成的土层。从分布的气候条件看,亚热带气候区的云南、广西等地的膨胀土与全国其他温带地区者比较,胀缩性明显强烈。

2）膨胀土的特征及其判别

（1）工程地质特征

① 地形、地貌特征

膨胀土多分布于Ⅱ级以上的河谷阶地或山前丘陵地区，个别处于Ⅰ级阶地。在微地貌方面有如下共同特征：

a. 呈垄岗式低丘，浅而宽的沟谷。地形坡度平缓，无明显的自然陡坎。

b. 人工地貌，如沟渠、坟墓、土坑等很快被夷平，或出现剥落、"鸡爪冲沟"；在池塘、库岸、河溪边坡地段常有大量坍塌或小滑坡发生。

c. 旱季地表出现地裂，长数米至数百米、宽数厘米至数十厘米，深数米。特点是多沿地形等高线延伸，雨季裂缝闭合。

② 土质特征

a. 颜色呈黄、黄褐、灰白、花斑（杂色）和棕红等色。

b. 多由高分散的黏土颗粒组成，常有铁锰质及钙质结核等零星包含物，结构致密细腻。一般呈坚硬～硬塑状态，但雨天浸水剧烈变软。

c. 近地表部位常有不规则的网状裂隙。裂隙面光滑，呈蜡状或油脂光泽，时有擦痕或水迹，并有灰白色黏土（主要为蒙脱石或伊利石矿物）充填，在地表部位常因失水而张开，雨季又会因浸水而重新闭合。

（2）膨胀土的物理力学特性

黏粒含量为 $35\%\sim85\%$，其中粒径 <0.002 mm 的黏粒含量一般也在 $30\%\sim40\%$ 范围内。液限一般为 $40\%\sim50\%$，塑性指数多在 $22\sim35$ 之间。

天然含水量接近或略小于塑限，常年不同季节变化幅度为 $3\%\sim6\%$，故一般呈坚硬或硬塑状态。

天然孔隙比小，变化范围常在 $0.50\sim0.80$ 之间。其天然孔隙比随土体湿度的增减而变化，即土体增湿膨胀，孔隙比变大，土体失水收缩，孔隙比变小。

自由膨胀量一般大于 40%，也有超过 100% 的。

膨胀土在天然条件下一般处于硬塑或坚硬状态，强度较高，压缩性较低。但这种土层往往由于干缩，裂隙发育，呈现不规则网状与条带状结构，破坏了土体的整体性，降低承载力，并可能使土体丧失稳定性。同时，当膨胀土的含水量剧烈增大或土的原状结构被扰动时，土体强度会骤然降低，压缩性增高。这显然是由于土的内摩擦角和内聚力都相应减小及结构强度破坏的缘故。

（3）膨胀土的胀缩性指标

① 自由膨胀率

将人工制备的磨细烘干土样，经无颈漏斗注入量杯，量其体积，然后倒入盛水的量筒中，经充分吸水膨胀稳定后，再测其体积。增加的体积与原体积的比值称为自由膨胀率。

$$\delta_{ef} = \frac{V_w - V_0}{V_0} \times 100\% \tag{7-4}$$

式中：V_0——土样原体积（mL）；

V_w——土样在水中膨胀稳定后的体积(mL)。

② 膨胀率与膨胀力

膨胀率表示原状土在侧限压缩仪中，在一定压力下，浸水膨胀稳定后，土样增加的高度与原高度之比。

$$\delta_\text{ep} = \frac{h_\text{w} - h_0}{h_0} \times 100\% \tag{7-5}$$

式中：h_0——土样原始高度(mm)；

h_w——土样浸水膨胀稳定后的高度(mm)。

以各级压力下的膨胀率 δ_ep 为纵坐标，压力 p 为横坐标，将试验结果绘制成 p-δ_ep 关系曲线，该曲线与横坐标的交点 p_1 称为试样的膨胀力。膨胀力表示原状土样，在体积不变时，由于浸水膨胀产生的最大内应力。膨胀力在选择基础形式及基底压力时，是个很有用的指标。在设计上如果希望减少膨胀变形，应使基底压力接近于膨胀力。

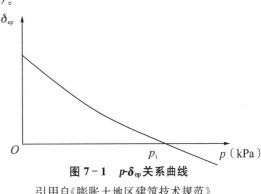

图 7-1　p-δ_ep 关系曲线

引用自《膨胀土地区建筑技术规范》

（GB 50112—2013）。

③ 线收缩率与收缩系数

膨胀土失水收缩，其收缩性可用线缩率与收缩系数表示。线缩率 δ_sr 是指土的竖向收缩变形与原状土样高度之比。

$$\delta_\text{sr} = \frac{h_0 - h}{h_0} \times 100\% \tag{7-6}$$

式中：h_0——土样原始高度(mm)；

h——土样在温度 $100 \sim 105$ ℃烘至稳定后的高度(mm)。

根据不同时刻的线缩率及相应含水量，可绘成收缩曲线(图 7-2)。利用直线收缩段可求得收缩系数 λ_s，其定义为：原状土样在直线收缩阶段内，含水量每减少 1% 时所对应的线缩率的改变值，即：

$$\lambda_\text{s} = \frac{\Delta \delta_\text{sr}}{\Delta w} \tag{7-7}$$

式中：$\Delta \delta_\text{sr}$——收缩过程中与两点含水量之差对应的竖向线收缩率之差(%)；

Δw——收缩过程中直线变化阶段两点含水量之差(%)。

（4）膨胀土的判别

凡具有下列工程地质特征的场地，且自由膨胀率 $\delta_\text{ef} \geqslant 40\%$ 的土应判定为膨胀土。

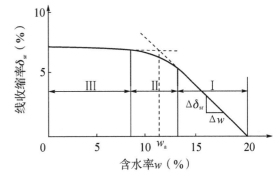

图 7-2　收缩曲线

引用自《膨胀土地区建筑技术规范》

（GB 50112—2013）。

① 裂隙发育,常有光滑面和擦痕,有的裂隙中充填着灰白、灰绿色黏土。在自然条件下呈坚硬或硬塑状态。

② 多出露于Ⅱ级或Ⅱ级以上阶地、山前和盆地边缘丘陵地带,地形平缓,无明显自然陡坎。

③ 常见浅层塑性滑坡、地裂,新开挖坑(槽)壁易发生坍塌等。

④ 建筑物裂缝随气候变化而张开和闭合。

3) 影响膨胀土胀缩变形的主要因素

(1) 影响膨胀土胀缩变形的主要内在因素

① 矿物成分

膨胀土主要由蒙脱石、伊利石等强亲水性矿物组成。蒙脱石矿物亲水性更强,具有既易吸水又易失水的强烈活动性。伊利石亲水性比蒙脱石低,但也有较高的活动性。蒙脱石矿物吸附外来的阳离子的类型对土的胀缩性也有影响,如吸附钠离子(钠蒙脱石)就具有特别强烈的胀缩性。

② 黏粒含量

由于黏土颗粒细小,比面积大,而且有很大的表面能,对水分子和水中阳离子的吸附能力强,因此,土中黏粒含量愈多,则土的胀缩性愈强。

③ 土的初始密度和含水量

土的胀缩表现于土的体积变化。对于含有一定数量的蒙脱石和伊利石的黏土来说,当其在同样的天然含水量条件下浸水,天然孔隙比愈小,土的膨胀愈大,而收缩愈小;反之,孔隙比愈大,收缩愈大。因此,在一定条件下,土的天然孔隙比是影响胀缩变形的一个重要因素。此外,土中原有的含水量与土体膨胀所需的含水量相差愈大时,则遇水后土的膨胀愈大,而失水后土的收缩愈小。

④ 结构强度

结构强度愈大,土体抵制胀缩变形的能力也愈大。当土的结构受到破坏以后,土的胀缩性随之增强。

(2) 影响膨胀土胀缩变形的主要外在因素

① 气候条件

气候条件是首要因素。从现有的资料分析,膨胀土分布地区年降雨量的大部分一般集中在雨季,尔后是延续较长的旱季。若建筑场地潜水位较低,则表层膨胀土受大气影响,土中水分处于剧烈变动之中。在雨季,土中水分增加,在干旱季节则减少。房屋建造后,室外上层受季节性气候影响较大,因此,基础的室内外两侧土的胀缩变形有明显差别,有时甚至外缩内胀,致使建筑物受到反复的不均匀变形的影响,从而导致建筑物的开裂。野外实测资料表明,季节性气候变化对地基土中水分的影响随深度的增加而递减。因此,确定建筑物所在地区的大气影响深度对防治膨胀土的危害具有实际意义。

② 地形地貌条件

如在丘陵区和山前区,不同地形和高程地段地基上的初始状态及其受水蒸发条件不同,因此,地基土产生胀缩变形的程度也各不相同。凡建在高旷地段膨胀土层上的单层浅基建筑物裂缝最多,而建在低洼处、附近有水田水塘的单层房屋裂缝就少。这是由于高旷地带蒸发条件好,地基土容易干缩,而低洼地带土中水分不易散失,且有补给源,湿度能保持相对稳定。

③ 日照、通风

有关膨胀土地基土建筑物开裂情况的许多调查资料表明:房屋向阳面,即南、西、东,尤其南、西两面外裂较多,背阳面即北面开裂很少,甚至没有。通风条件较好的情况下,地基土水分易于蒸发、土体收缩,从而引起砖墙裂缝。

④ 建筑物周围的阔叶树

在炎热和干旱地区,建筑物周围的阔叶树(特别是不落叶的桉树)会对建筑物的胀缩变形造成不利影响。尤其是在旱季,当无地下水或地表水补给时,由于树根的吸水作用,会使土中的含水量减少,更加剧了地基土的干缩变形,使近旁有成排树木的房屋产生裂缝。

⑤ 局部渗水

对于天然湿度较低的膨胀土,当建筑物内、外有局部水源补给(如水管漏水、雨水和施工用水未及时排除)时,必然会增大地基胀缩变形的差异。另外,在膨胀土地基上建造冷库或高温构筑物若无隔热措施,也会因不均匀胀缩变形而开裂。

7.2.2　勘察技术要求

膨胀岩土地区的工程地质测绘和调查应包括下列内容:

① 查明膨胀岩土的岩性、地质年代、成因、产状、分布以及颜色、节理、裂缝等外观特征。

② 划分地貌单元和场地类型,查明有无浅层滑坡、地裂、冲沟以及微地貌形态和植被情况。

③ 调查地表水的排泄和积聚情况以及地下水类型、水位和变化规律。

④ 搜集当地降水量、蒸发力、气温、地温、干湿季节、干旱持续时间等资料,查明大气影响深度。

⑤ 调查当地建筑经验。

膨胀岩土的勘察应遵守下列规定:

① 勘探点宜结合地貌单元和微地貌形态布置,其数量应较非膨胀岩土地区适当增加,其中采取试样的勘探点不应少于全部勘探点的1/2。

② 勘探孔的深度,除应满足基础埋深和附加应力的影响深度外,尚应超过大气影响深度。控制性勘探孔不应小于8 m,一般性勘探孔不应小于5 m。

③ 在大气影响深度内,每个控制性勘探孔均应采取Ⅰ、Ⅱ级土试样,取样间距不应大于1.0 m,在大气影响深度以下,取样间距可为1.5~2.0 m。一般性勘探孔从地表下1 m开始至5 m深度内,可取Ⅲ级土试样,测定其天然含水量。

膨胀岩土的室内试验尚应测定下列指标:

① 自由膨胀率。

② 一定压力下的膨胀率。

③ 收缩系数。

④ 膨胀力。

重要的和有特殊要求的工程场地,宜进行现场浸水载荷试验、剪切试验或旁压试验。对膨胀岩土应进行黏土矿物成分、体膨胀量和无侧限抗压强度试验。对各向异性的膨胀岩土,应测定其不同方向的膨胀率、膨胀力和收缩系数。

对初判为膨胀土的地区,应计算土的膨胀变形量、收缩变形量和胀缩变形量,并划分胀缩等级。计算和划分方法应符合现行国家标准《膨胀土地区建筑技术规范》(GB 50112—2013)的规定。有地区经验时,亦可根据地区经验分级。当拟建场地或其邻近有膨胀岩土损坏的工程时,应判定为膨胀岩土,并进行详细调查,分析膨胀岩土对工程的破坏机制,估计膨胀力的大小和胀缩等级。

膨胀岩土的岩土工程评价应符合下列规定:

① 对建在膨胀岩土上的建筑物,其基础埋深、地基处理、桩基设计、总平面布置、建筑和结构措施、施工和维护等应符合现行国家标准《膨胀土地区建筑技术规范》(GB 50112—2013)的规定。

② 一级工程的地基承载力应采用浸水载荷试验方法确定,二级工程宜采用浸水载荷试验,三级工程可采用饱和状态下不固结不排水三轴剪切试验计算或根据已有经验确定。

③ 对边坡及位于边坡上的工程,应进行稳定性验算,验算时应考虑坡体内含水量变化的影响。均质土可采用圆弧滑动法,有软弱夹层及层状膨胀岩土应按最不利的滑动面验算,具有胀缩裂缝和地裂缝的膨胀土边坡,应进行沿裂缝滑动的验算。

7.3 红黏土

7.3.1 概述

1) 红黏土的特征及分布

红黏土是指在亚热带湿热气候条件下,碳酸盐类岩石及其间所夹的其他岩石,经红土化作用形成的高塑性黏土。红黏土一般呈褐红、棕红等颜色,液限大于 50%。经流水再搬运后仍保留其基本特征,液限大于 45% 的坡、洪积黏土,称为次生红黏土,在相同物理指标情况下,其力学性能低于红黏土。

红黏土及次生红黏土广泛分布于我国的云贵高原、四川东部、广西、粤北及鄂西、湘西等地区的低山、丘陵地带顶部和山间盆地、洼地、缓坡及坡脚地段。黔、桂、滇等地古溶蚀地面上堆积的红黏土层,由于基岩起伏变化及风化深度的不同,造成其厚度变化极不均匀,常见为 5~8 m,最薄为 0.5 m,最厚达 20 m。在水平方向常见咫尺之隔,厚度相差达 10 m 之巨。上层中常有石芽、溶洞或土洞分布其间。

红黏土的一般特点是天然含水量和孔隙比很大,但其强度高、压缩性低,工程性能良好。它的物理力学性质间具有独特的变化规律,不能用其他地区的、其他黏性土的物理力学性质相关关系来评价红黏土的工程性能。

2) 红黏土的成分、物理力学特性及其变化规律

(1) 红黏土的组成成分

由于红黏土系碳酸盐类及其他类岩石的风化后期产物,母岩中的较活动性的成分 SO_4^{2-}、Ca^{2+}、Na^+、K^+ 经长期风化淋滤作用相继流失,SiO_2 部分流失,此时地表则多集聚含水铁铝氧化物及硅酸盐矿物,并继而脱水变为氧化铁铝,使土染成褐红至砖红色。因此,红黏土的矿物成分除仍含有一定数量的石英颗粒外,大量的黏土颗粒则主要由多水高岭石、

水云母类、胶体二氧化硅及赤铁矿、三水铝土矿等组成,不含或极少含有机质。

多水高岭石的性质与高岭石基本相同,它具有不活动的结晶格架,当被浸湿时,晶格间距极少改变,故与水结合能力很弱。而三水铝土矿、赤铁矿、石英及胶体二氧化硅等铝、铁、硅氧化物,也都是不溶于水的矿物,它们的性质比多水高岭石更稳定。

红黏土颗粒周围的吸附阳离子成分也以水化程度很弱的三价铁、铝为主。

红黏土的粒度较均匀,呈高分散性。黏粒含量一般为 $60\%\sim70\%$,最大达 80%。

(2) 红黏土的一般物理力学特征

红黏土具有如下物理力学特性:

① 天然含水量高,一般为 $40\%\sim60\%$,最高达 90%。

② 密度小,天然孔隙比一般为 $1.4\sim1.7$,最高达 2.0,具有大孔隙。

③ 高塑性。液限一般为 $60\%\sim80\%$,高达 110%;塑限一般为 $40\%\sim60\%$,高达 90%;塑性指数一般为 $20\sim50$。

④ 由于塑限高,尽管天然含水量高,但是一般仍处于坚硬或硬可塑状态,液性指数一般小于 0.25。由于其饱和度一般在 90% 以上,因此,甚至坚硬黏土也处于饱水状态。

⑤ 一般呈现较高的强度和较低的压缩性,固结快剪内摩擦角为 $8°\sim18°$,内聚力为 $40\sim90\,kPa$。变形模量为 $10\sim30\,MPa$,最高可达 $5\,MPa$,载荷试验比例界限为 $200\sim300\,kPa$。

⑥ 不具有湿陷性,其湿陷系数为 $0.0004\sim0.0008$。原状土浸水后膨胀量很小($<2\%$),但失水后收缩剧烈,原状土体积收缩率为 25%,而扰动土一般为 $40\%\sim50\%$。

综上所述,由于红黏土生成环境及其相应的组成物质和坚固的粒间连接特性,虽然其天然含水量高,孔隙比很大,但却具有较高的力学强度和较低的压缩性。

(3) 红黏土的物理力学性质变化范围及其规律性

从各地区已有资料可知,红黏土本身的物理力学性质指标又有相当大的变化范围,以贵州省的红黏土为例,其天然含水量的变化范围为 $25\%\sim88\%$,天然孔隙比为 $0.7\sim2.4$,液限指数为 $36\sim125$,塑性指数为 $18\sim75$,液性指数为 $0.45\sim1.4$,内摩擦角为 $2°\sim31°$,内聚力为 $10\sim140\,kPa$,变形模量为 $4\sim36\,MPa$。其物理力学性质变化如此之大,承载力自然会有显著的差别。貌似均匀的红黏土,其工程性能的变化却十分复杂,这也是红黏土的一个重要特点。

因此,为了对红黏土作出正确的工程地质评价,仅仅掌握红黏土的一般特点是不够的,还必须弄清决定其物理力学性质的因素,掌握其物理力学指标的变化规律。

① 在沿深度方向,随着深度的加大,其天然含水量、孔隙比和压缩性都有较大的增高,状态由坚硬、硬塑变为可塑、软塑甚至流塑状态,因而强度大幅度降低。红黏土的天然含水量及孔隙比从上往下得以增大的原因,一方面系地表水往下渗滤过程中,靠近地表部分易受蒸发,愈往深部则愈易集聚保存下来,另一方面可能直接受下部基岩裂隙水的补给及毛细作用所致。

② 在水平方向,随着地形地貌及下伏基岩的起伏变化,红黏土的物理力学指标也有明显的差别。在地势较高的部位,由于排水条件好,其天然含水量、孔隙比和压缩性均较低,强度较高,而地势较低处则相反。在地势低洼地带,由于经常积水,即使上部土层,其强度也大为降低。在古岩溶面或风化面上堆积的红黏土,由于其下伏基岩顶面起伏很大,造成

红黏土厚度急剧变化。同时处于溶沟、溶槽洼部的红黏土因易于积水,一般呈软塑至流塑状态。因此,在地形或基岩面起伏较大的地段,红黏土的物理力学性质在水平方向也是很不均匀的。

(4) 裂隙对红黏土强度和稳定性的影响

红黏土具有较小的吸水膨胀性,但具有强烈的失水收缩性,故裂隙发育是红黏土的一大特征。

坚硬、硬可塑状态的红黏土,在近地表部位或边坡地带,往往裂隙发育,土体内保存许多光滑的裂隙面。这种土体的单独土块强度很高,但是裂隙破坏了土体的整体性和连续性,使土体强度显著降低,试样沿裂隙面呈脆性破坏。当地基承受较大水平荷载、基础埋置过浅、外侧地面倾斜或有临空面等情况时,对地基的稳定性有很大影响,并且裂隙发育对边坡和基槽保护与土洞形成等有直接或间接的关系。

7.3.2 勘察技术要求

红黏土地区的工程地质测绘和调查应着重查明下列内容:

① 不同地貌单元红黏土的分布、厚度、物质组成、土性等特征及其差异。

② 下伏基岩岩性、岩溶发育特征及其与红黏土土性、厚度变化的关系。

③ 地裂分布、发育特征及其成因,土体结构特征,土体中裂隙的密度、深度、延展方向及其发育规律。

④ 地表水体和地下水的分布、动态及其与红黏土状态垂向分带的关系。

⑤ 现有建筑物开裂原因分析,当地勘察、设计、施工经验等。

红黏土地区勘探点的布置,应取较密的间距,查明红黏土厚度和状态的变化。初步勘察勘探点间距宜取 30～50 m,详细勘察勘探点间距对均匀地基宜取 12～24 m,对不均匀地基宜取 6～12 m。厚度和状态变化大的地段,勘探点间距还可加密。对不均匀地基,勘探孔深度应达到基岩。对不均匀地基、有土洞发育或采用岩面端承桩时,宜进行施工勘察,其勘探点间距和勘探孔深度应根据需要确定。

当岩土工程评价需要详细了解地下水埋藏条件、运动规律和季节变化时,应在测绘调查的基础上补充进行地下水的勘察、试验和观测工作。

红黏土的室内试验除常规试验外,还应对裂隙发育的红黏土进行三轴剪切试验或无侧限抗压强度试验。必要时,可进行收缩试验和浸水试验。当需评价边坡稳定性时,宜进行重复剪切试验。

当基础浅埋、外侧地面倾斜、有临空面或承受较大水平荷载时,应结合以下因素综合考虑确定红黏土的承载力:

① 土体结构和裂隙对承载力的影响。

② 开挖面长时间暴露,裂隙发展和浸水对土质的影响。

红黏土的岩土工程评价应符合下列要求:

① 建筑物应避免跨越地裂密集带或深长地裂地段。

② 轻型建筑物的基础埋深应大于大气影响急剧层的深度。炉窑等高温设备的基础应考虑地基土的不均匀收缩变形,开挖明渠时应考虑土体干湿循环的影响。在石芽出露的地段,应考虑地表水下渗形成的地面变形。

③ 选择适宜的持力层和基础形式,在满足承载力和变形要求时,基础宜浅埋,利用浅部硬壳层,并进行下卧层承载力的验算。不能满足承载力和变形要求时,应建议进行地基处理或采用桩基础。

④ 基坑开挖时宜采取保湿措施,边坡应及时维护,防止失水干缩。

7.4　软土

7.4.1　概述

1) 软土的工程特性与地基评价

软土泛指淤泥及淤泥质土,是第四纪后期于沿海地区的滨海相、潟湖相、三角洲相和溺谷相,内陆平原或山区的湖相和冲积洪积沼泽相等静水或非常缓慢的流水环境中沉积,并经生物化学作用形成的饱和软黏性土。软土富含有机质,天然含水量大于液限,天然孔隙比大于或等于 1。

软土可以按如下标准进行分类:

① 当 $e \geqslant 1.5$ 时,为淤泥;当 $1.5 > e \geqslant 1.0$ 时,为淤泥质土,它是淤泥与一般黏性土的过渡类型。

② 当土中有机质含量为 5％～10％,称有机质土;当有机质含量为 10％～60％时,称泥炭质土;当有机质含量大于 60％时,称泥炭。泥炭是未充分分解的植物遗体堆积而成的一种高有机土,呈深褐～黑色。其含水量极高,压缩性很大且不均匀,往往以夹层或透镜体构造存在于一般黏性土或淤泥质土层中,对工程极为不利。

2) 软土的组成和结构特征

软土的组成成分和结构特征是由其生成环境决定的。从组成成分来看,由于软土形成于水流不通畅、饱和缺氧的静水盆地,这类土主要由黏粒和粉粒等细小颗粒组成。淤泥的黏粒含量较高,一般为 30％～60％。黏粒的黏土矿物成分以水云母和蒙脱石为主,含大量的有机质。有机质含量一般为 5％～15％,最大达 25％。从结构特征来看,黏土矿物和有机质颗粒表面带有大量负电荷,与水分子作用非常强烈,因而在其颗粒外围形成很厚的结合水膜,且在沉积过程中由于粒间静电引力和分子引力作用,形成絮状和蜂窝状结构。因此软土含大量的结合水,并由于存在一定强度的粒间连接而具有显著的结构性。

由于软土的生成环境及粒度、矿物组成和结构特征,结构性显著且处于形成初期,呈饱和状态,这都使软土在其自重作用下难于压密,而且来不及压密。因此,软土具有高孔隙性和高含水量,淤泥一般呈欠压密状态,其孔隙比和天然含水量随埋藏深度变化小,因而土质特别松软。淤泥质土一般则呈稍欠压密或正常压密状态,其强度随深度有所增大。淤泥和淤泥质土一般呈软塑状态,但当其结构一经扰动破坏,就会使其强度剧烈降低甚至呈流动状态。

3) 软土的物理力学特性

(1) 高含水量和高孔隙性

软土的天然含水量总是大于液限。据统计,软土的天然含水量一般为 50％～70％,最大甚至超过 200％。天然含水量随液限的增大成正比增加。天然孔隙比一般在 1～2 之间,最大达 4。其饱和度一般大于 95％，因而天然含水量与其天然孔隙比呈直线变化关系。软土的高含水量和高孔隙性特征是决定其压缩性和抗剪强度的重要因素。

（2）渗透性弱

软土的垂直方向渗透系数一般在 $10^{-6} \sim 10^{-4}$ cm/s 之间，而大部分滨海相和三角洲相软土地区，由于该土层中夹有数量不等的薄层或极薄层粉、细砂、粉土等，故在水平方向的渗透性较垂直方向要大得多。

由于该类土渗透系数小、含水量大且呈饱和状态，这不但延缓其土体的固结过程，而且在加荷初期，常易出现较高的孔隙水压力，对地基强度有显著影响。

（3）压缩性高

软土均属高压缩性土，而且压缩系数随着土的液限和天然含水量的增大而增大。

4）软土在建筑荷载作用下的变形特征

（1）变形大

实际资料表明，对于砖墙承重的混合结构，如以层数来表示地基受荷的大小，则 4～6 层的民用房屋其平均沉降量一般为 25～50 cm；七层的则为 60～70 cm；对于大型构筑物，如水池、料仓、油罐等，其沉降量一般都大于 50 cm，甚至超过 100 cm。显然在相同条件下，软土地基的变形量比一般黏性土地基要大几倍至十几倍。因此上部荷重的差异和复杂的体型都会引起严重的差异沉降和倾斜。

（2）变形历时长

因软土的渗透性很弱，水分不易排出，故使建筑物沉降稳定历时较长。例如沿海闽、浙一带这种软黏土地基上的大部分建筑物在建成约 5 年之久的时间后，往往仍保持着每年 1 cm 左右的沉降速率，其中有些建筑物则每年下沉 3～4 cm。

（3）抗剪强度低

软土的抗剪强度小且与加荷速度及排水固结条件密切相关。不排水三轴快剪所得抗剪强度值很小，且与其侧压力大小无关，即其内摩擦角为零，其内聚力一般都小于 20 kPa；直剪快剪内摩擦角一般为 2°～5°，内聚力为 10～15 kPa；排水条件下的抗剪强度随固结程度的增加而增大，固结快剪的内摩擦角为 8°～12°，内聚力为 20 kPa 左右。这是因为在土体受荷时，其中孔隙水在充分排出的条件下，使土体得到正常的压密，从而逐步提高其强度。因此，要提高软土地基的强度，必须控制施工和使用时的加荷速度，特别是在开始阶段加荷不能过大，以便每增加一级荷重与土体在新的受荷条件下强度的提高相适应。如果相反，则土中水分将来不及排出，土体强度不但来不及得到提高，反而会由于土中孔隙水压力的急剧增大，有效应力降低，而产生土体的挤出破坏。

（4）触变性和蠕变性显著

由于软土的结构性在其强度的形成中占据相当重要的地位，因此触变性也是它的一个突出的性质。我国东南沿海地区的三角洲相及滨海、潟湖相软土的灵敏度一般在 4～10 之间，个别达 13～15。

在长期恒定应力作用下，软土将产生缓慢的剪切变形，并导致抗剪强度的衰减。在固结沉降完成之后，软土还可能继续产生可观的次固结沉降。上海等地许多工程的实测结果表明，当土中孔隙水压力完全消散后，建筑物还继续沉降。

7.4.2　勘察技术要求

软土勘察除应符合常规要求外,尚应查明下列内容:

① 成因类型、成层条件、分布规律、层理特征、水平向和垂直向的均匀性。

② 地表硬壳层的分布与厚度、下伏硬土层或基岩的埋深和起伏。

③ 固结历史、应力水平和结构破坏对强度和变形的影响。

④ 微地貌形态和暗埋的塘、浜、沟、坑、穴的分布、埋深及其填土的情况。

⑤ 开挖、回填、支护、工程降水、打桩、沉井等对软土应力状态、强度和压缩性的影响。

⑥ 当地的工程经验。

软土地区勘察宜采用钻探取样与静力触探结合的手段。勘探点布置应根据土的成因类型和地基复杂程度确定。当土层变化较大或有暗埋的塘、浜、沟、坑、穴时应予加密。软土取样应采用薄壁取土器。软土原位测试宜采用静力触探试验、旁压试验、十字板剪切试验、扁铲侧胀试验和螺旋板载荷试验。软土的力学参数宜采用室内试验、原位测试,结合当地经验确定。有条件时,可根据堆载试验、原型监测分析确定。抗剪强度指标室内宜采用三轴试验,原位测试宜采用十字板剪切试验。压缩系数、先期固结压力、压缩指数、回弹指数、固结系数等可分别采用常规固结试验、高压固结试验等方法确定。

软土的岩土工程评价应包括下列内容:

① 判定地基产生失稳和不均匀变形的可能性,当工程位于池塘、河岸、边坡附近时,应验算其稳定性。

② 软土地基承载力应根据室内试验、原位测试和当地经验,并结合下列因素综合确定:

a. 软土成层条件、应力历史、结构性、灵敏度等力学特性和排水条件。

b. 上部结构的类型、刚度、荷载性质和分布,对不均匀沉降的敏感性。

c. 基础的类型、尺寸、埋深和刚度等。

d. 施工方法和程序。

③ 当建筑物相邻高低层荷载相差较大时,应分析其变形差异和相互影响;当地面有大面积堆载时,应分析其对相邻建筑物的不利影响。

④ 地基沉降计算可采用分层总和法或土的应力历史法,并应根据当地经验进行修正,必要时应考虑软土的次固结效应。

⑤ 提出基础形式和持力层的建议。对于上为硬层,下为软土的双层土地基应进行下卧层验算。

7.5　填土

7.5.1　概述

1) 填土分布概况

填土是在一定的地质、地貌和社会历史条件下,由于人类活动而堆填的土。由于我国幅员广阔,历史悠久,因此在我国大多数古老城市的地表面,广泛覆盖着各种类别的填土层。这种填土层无论从堆填方式、组成成分、分布特征及其工程性质等方面,均表现出一定的复杂性。

各地区填土的分布和物质组成特征,在一定程度上可反映出城市地形、地貌变迁及发展历史,例如在我国的上海、天津、杭州、宁波、福州等地,填土分布和特征都各有其特点。

在一般的岩土工程勘察与设计工作中,如何正确评价、利用和处理填土层,将直接影响到基本建设的经济效益和环境效益。我国在20世纪三四十年代以前,对填土常不分情况一律采取挖除换土,或采用其他人工地基,这不仅大大增加了工程造价,而且给环境条件带来麻烦。到50年代,随着我国国民经济的发展,在利用表层填土作为天然地基方面取得不少有益经验,这些经验已逐步反映在一些地区的地基设计规范或技术条例中。

根据国内外资料,对填土的分类与评价主要是考虑其堆积方式、年限、组成物质和密实度等几个因素。关于按密实度划分问题,由于填土本身的复杂性,目前尚无统一的标准。在国内有些地区和单位曾用钎探或动力触探的方法判定杂填土的密实程度及其均匀性,有关经验资料尚待进一步积累和总结研究。

2) 填土分类及工程地质问题

(1) 素填土

素填土为由碎石、砂土、粉土或黏性土等一种或几种材料组成的填土,其中不含杂质或杂质很少。按其组成物质分为碎石素填土、砂性素填土、粉性素填土和黏性素填土。素填土经分层压实,则称为压实填土。

利用素填土作为地基应注意下列工程地质问题:

① 素填土的工程性质取决于它的密实度和均匀性。在堆填过程中,未经人工压实者,一般密实度较差,但堆积时间较长,由于土的自重压密作用,也能达到一定密实度。

② 素填土地基的不均匀性,反映在同一建筑场地内,填土的各项指标(干重度、强度、压缩模量)一般均具有较大的分散性,因而防止建筑物不均匀沉降问题是利用填土地基的关键。

③ 对于压实填土应保证压实质量,保证其密实度。

(2) 杂填土

杂填土为含有大量杂物的填土。按其组成物质成分和特征分为:

① 建筑垃圾土:主要由碎砖、瓦砾、朽木等建筑垃圾夹土石组成,有机质含量较少。

② 工业废料土:由工业废渣、废料,诸如矿渣、煤渣、电石渣等夹少量土石组成。

③ 生活垃圾土:由居民生活中抛弃的废物,诸如炉灰、菜皮、陶瓷片等杂物夹土类组成。一般含有机质和未分解的腐殖质较多,组成物质混杂、松散。

以生活垃圾和腐蚀性及易变性工业废料为主要成分的杂填土,一般不宜作为建筑物地基。对以建筑垃圾或一般工业废料为主要成分的杂填土,采用适当措施进行处理后可作为一般建筑物地基,当其均匀性和密实度较好,能满足建筑物对地基承载力要求时,可不做处理直接利用。

利用杂填土作为地基应注意下列工程地质问题:

① 不均匀性。杂填土的不均匀性表现在颗粒成分、密实度和平面分布及厚度的不均匀性。由于杂填土颗粒成分复杂,排列无规律,而瓦砾、石块、炉渣间常有较大空隙,且充填程度不一,造成杂填土密实程度的特殊不均匀性。杂填土的分布和厚度往往变化悬殊,但杂填土的分布和厚度变化一般与填积前的原始地形密切相关。

② 工程性质随堆填时间而变化。堆填时间愈久,则土愈密实,其有机质含量相对减少。堆填时间较短的杂填土往往在自重的作用下沉降尚未稳定。杂填土在自重下的沉降稳定速度决定于其组成颗粒大小、级配、填土厚度、降雨及地下水情况,以及外部荷载情况等因素。一般认为,堆填在 5 年左右其性质才逐渐趋于稳定,承载力则随堆填时间增长而提高。

③ 由于杂填土形成时间短,结构松散,干或稍湿的杂填土一般具有浸水湿陷性。这是杂填土地区雨后地基下沉和局部积水引起房屋裂缝的主要原因。

④ 含腐殖质及水化物问题。以生活垃圾为主的填土,其中腐殖质的含量通常较高。随着有机质的腐化,地基的沉降将增大。以工业残渣为主的填土,要注意其中可能含有水化物,因而遇水后容易发生膨胀和崩解,使填土的强度迅速降低,地基产生严重的不均匀变形。

（3）冲填土

冲填土系由水力冲填泥砂形成的沉积土,即在整理和疏浚江河航道时,有计划地用挖泥船,通过泥浆泵将泥砂夹大量水分吹送至江河两岸而形成的一种填土。在我国长江、上海黄浦江、广州珠江两岸,都分布有不同性质的冲填土。由于冲填土的形成方式特殊,因而具有不同于其他类填土的工程特性。

① 冲填土的颗粒组成和分布规律与所冲填泥砂的来源及冲填时的水力条件有着密切的关系。在大多数情况下,冲填的物质是黏土和粉砂,在冲填的入口处,沉积的土粒较粗,沿出口处方向则逐渐变细。如果为多次冲填而成,由于泥砂的来源有所变化,因此更将造成在纵横方向上的不均匀性,土层多呈透镜体状或薄层状构造。

② 冲填土的含水量大,透水性较弱,排水固结差,一般呈软塑或流塑状态。特别是当黏粒含量较多时,水分不易排出,土体形成初期呈流塑状态,后来土层表面虽经蒸发干缩龟裂,但下面土层仍处于流塑状态,稍加扰动即发生触变现象。因此冲填土多属未完成自重固结的高压缩性的软土。而在愈近于外围方向,组成土粒愈细,排水固结愈差。

③ 冲填土一般比同类自然沉积饱和土的强度低、压缩性高。冲填土的工程性质与其颗粒组成、均匀性、排水固结条件,以及冲填形成的时间均有密切关系。对于含砂量较多的冲填土,它的固结情况和力学性质较好,对于含黏土颗粒较多的冲填土,评估其地基的变形和承载力时,应考虑欠固结的影响,对于桩基则应考虑桩侧负摩擦力的影响。

7.5.2　勘察技术要求

填土勘察应包括下列内容:

① 搜集资料,调查地形和地物的变迁,填土的来源、堆积年限和堆积方式。

② 查明填土的分布、厚度、物质成分、颗粒级配、均匀性、密实性、压缩性和湿陷性。

③ 判定地下水对建筑材料的腐蚀性。

填土勘察应加密勘探点,确定暗埋的塘、浜、坑的范围。勘探孔的深度应穿透填土层。勘探方法应根据填土性质确定。对由粉土或黏性土组成的素填土,可采用钻探取样、轻型钻具与原位测试相结合的方法;对含较多粗粒成分的素填土和杂填土宜采用动力触探、钻探方式,并应有一定数量的探井。

填土的工程特性指标宜采用下列测试方法确定:

① 填土的均匀性和密实度宜采用触探法,并辅以室内试验。

② 填土的压缩性、湿陷性宜采用室内固结试验或现场载荷试验。

③ 杂填土的密度试验宜采用大容积法。

④ 对压实填土,在压实前应测定填料的最优含水量和最大干密度,压实后应测定其干密度,计算压实系数。

填土的岩土工程评价应符合下列要求:

① 阐明填土的成分、分布和堆积年代,判定地基的均匀性、压缩性和密实度;必要时应按厚度、强度和变形特性分层或分区评价。

② 对堆积年限较长的素填土、冲填土和由建筑垃圾或性能稳定的工业废料组成的杂填土,当较均匀和较密实时可作为天然地基;由有机质含量较高的生活垃圾和对基础有腐蚀性的工业废料组成的杂填土,不宜作为天然地基。

③ 当填土底面的天然坡度大于 20% 时,应验算其稳定性。

填土地基基坑开挖后应进行施工验槽。处理后的填土地基应进行质量检验。对复合地基,宜进行大面积载荷试验。

7.6 多年冻土

7.6.1 概述

1)冻土的分布及分类

(1)冻土分布

含有固态水,且冻结状态持续 2 年或 2 年以上的土,称为多年冻土。季节性冻土在我国分布很广,东北、华北、西北是季节性冻结层厚在 0.5 m 以上的主要分布地区;多年冻土主要分布在黑龙江的大、小兴安岭一带及内蒙古等纬度较大地区,青藏高原部分地区与甘肃、新疆的高山区,其厚度从不足 1 m 到几十米。

(2)冻土分类

① 按冻胀率分类

冻胀性是对多年冻土上层的季节融冻层评价的重要依据。在自然界,冻胀也常表现为土层表面的隆起,因此,也用冻土冻结前后高度的相对变化来表示其冻胀性,冻胀系数亦可按照下式计算:

$$\eta = \frac{h - h_0}{h} \times 100\% \qquad (7-8)$$

式中:h_0——冻结前土层高度(mm);

　　h——冻结后土层高度(mm)。

按冻胀率可对冻土进行评价:

Ⅰ类不冻胀土,冻胀系数 $\eta \leqslant 1\%$,冻结时基本无水分迁移,冻胀变形很小,对各种浅埋基础都没有任何危害。

Ⅱ类弱冻胀土,冻胀系数:$1\% < \eta \leqslant 3.5\%$,冻结时水分迁移很少,地表无明显冻胀隆起,对一般浅埋基础也没有危害。

Ⅲ类冻胀土,冻胀系数:$3.5\% < \eta \leqslant 6\%$,冻结时水分有较多迁移,形成冰夹层,如结构

物自重轻、基础埋置过浅,会产生较大的冻胀变形,冻深大时会由于切向冻胀力而使基础上拔。

Ⅳ类强冻胀土,冻胀系数:$6\% < \eta \leqslant 13\%$,冻结时水分大量迁移,形成较厚冰夹层,冻胀严重,即使基础埋深超过冻结线,也可能由于切向冻胀力而上拔。

Ⅴ类特强冻胀土,冻胀系数 $\eta > 13\%$,冻胀量很大,是使各类基础冻胀上拔破坏的主要原因。

② 按融沉系数分类

多年冻土的融沉性是评价其工程性质的一项重要指标。融沉性是在冻土融化过程中表现出的性能,即融沉性是冻土在融化过程中,固态冰转化为液态水时体积缩小的性能。多年冻土的融沉性可用融沉系数 δ_0 表示,融沉系数 δ_0 可按下式计算:

$$\delta_0 = \frac{h_1 - h_2}{h_1} \times 100\% = \frac{e_1 - e_2}{1 + e_1} \times 100\% \tag{7-9}$$

式中:h_1、e_1——冻土试样融化前的高度和孔隙比;

h_2、e_2——冻土试样融化后的高度和孔隙比。

按融沉系数可对冻土进行评价:

Ⅰ级(不融沉):$\delta_0 \leqslant 1\%$,是仅次于岩石的地基土,在其上修筑结构物时可不考虑冻融问题。

Ⅱ级(弱融沉):$1\% < \delta_0 \leqslant 5\%$,是多年冻土中较好的地基土,可直接作为结构物的地基,当控制基底最大融化深度在 3 m 以内时,结构物不会遭受明显融沉破坏。

Ⅲ级(融沉):$5\% < \delta_0 \leqslant 10\%$,具有较大的融化下沉量而且冬季回冻时有较大冻胀量。作为地基的一般基底融深不得大于 1 m,并采取专门措施,如深基、保温防止基底融化等。

Ⅳ级(强融沉):$10\% < \delta_0 \leqslant 25\%$,融化下沉量很大,因此施工、运营时均不允许地基发生融化,设计时应保持冻土不融化或采用桩基础。

Ⅴ级(融陷):$\delta_0 > 25\%$,为含土冰层,融化后呈流动、饱和状态,不能直接作地基,应进行专门处理。

2) 冻融危害

冻土是由土的颗粒、水、冰、气体等组成的四相体。冻土与未冻土的物理力学性质有着许多共性,但由于冻结时水相变化及其对结构和物理力学性质的影响,使冻土具有若干不同于未冻土的特点,冻胀和冻融现象会给季节性冻土和多年冻土地基上的结构物带来危害,因而对冻土地区基础工程除按一般地区的要求进行设计施工外,还要考虑季节性冻土或多年冻土的特殊要求。

土层冻融是地质灾害的种类之一。它可产生一系列灾害作用,从而给生产建设和人民生活造成危害。冻融灾害在我国北方冬季气温低于 0 ℃的各省区均有发育。但以青藏高原、天山、阿尔泰山、祁连山等高海拔地区和东北北部高纬度地区最为严重。

土层冻结产生体积膨胀,融化使土层变软产生沉陷,甚至土石翻浆,从而形成冻胀和融沉作用。这是季节性冻土地区中最主要的灾害作用。它常造成建筑物基础破坏,房屋开裂,地面下沉;道路路基变形,威胁行车安全,影响交通运输等。如大兴安岭铁路牙林线上,冬春季路基冻胀最大高度可达 35 cm,夏季沉陷量达几万立方米之多。

3) 多年冻土地区公路病害防治方法

根据多年冻土地区公路病害路段的冻土工程地质特点和公路等级,病害防治的方法有以下几种:

① 主动冷却路基保护冻土,譬如通风管路基、抛石(碎石)路基、抛石(片石、碎石)护坡路基、遮阳板护坡路基、坡脚埋设热桩等。

② 路面降温保护冻土。沥青路面的太阳辐射增温比较显著,选用浅色路面或者在路面喷涂热反射材料薄膜可以有效降低路面的温度,从而保护路基下的多年冻土。

③ 增加热阻,延缓冻土退化或者控制多年冻土退化速率,譬如路基下埋设保温材料、提高路基高度、设置护道等。

④ 挖除浅埋且厚度较薄的多年冻土层。

⑤ 采取结构力学措施加固路基,减小或者消除路基变形,防治路基纵向裂缝,譬如土工格栅或者柔性枕梁等。

⑥ 表面处置,采取短期和临时的病害治理措施,譬如填缝、坑洞修补等,常用于低等级公路的病害治理或者高等级公路的日常养护。

⑦ 采用旱桥通过不良多年冻土段,减少多年冻土对公路工程稳定性的影响程度。

7.6.2 勘察技术要求

多年冻土勘察应根据多年冻土的设计原则、多年冻土的类型和特征进行,并应查明下列内容:

① 多年冻土的分布范围及上限深度。

② 多年冻土的类型、厚度、总含水量、构造特征、物理力学和热学性质。

③ 多年冻土层上水、层间水和层下水的赋存形式、相互关系及其对工程的影响。

④ 多年冻土的融沉性分级和季节融化层土的冻胀性分级。

⑤ 厚层地下冰、冰锥、冰丘、冻土沼泽、热融滑塌、热融湖塘、融冻泥流等不良地质作用的形态特征、形成条件、分布范围、发生发展规律及其对工程的危害程度。

多年冻土地区勘探点的间距应适当加密。勘探孔的深度应满足下列要求:

① 对保持冻结状态设计的地基,不应小于基底以下 2 倍基础宽度,对桩基应超过桩端以下 3~5 m。

② 对逐渐融化状态和预先融化状态设计的地基,应符合非冻土地基的要求。

③ 无论何种设计原则,勘探孔的深度均宜超过多年冻土上限深度的 1.5 倍。

④ 在多年冻土的不稳定地带,应查明多年冻土下限深度;当地基为饱冰冻土或含土冰层时,应穿透该层。

多年冻土的勘探测试应满足下列要求:

① 多年冻土地区钻探宜缩短施工时间,宜采用大口径低速钻进,终孔直径不宜小于108 mm,必要时可采用低温泥浆,并避免在钻孔周围造成人工融区或孔内冻结。

② 应分层测定地下水位。

③ 保持冻结状态设计地段的钻孔,孔内测温工作结束后应及时回填。

④ 取样的竖向间隔在季节融化层应适当加密，试样在采取、搬运、贮存、试验过程中应避免融化。

⑤ 试验项目除按常规要求外，尚应根据需要，进行总含水量、体积含冰量、相对含冰量、未冻水含量、冻结温度、导热系数、冻胀量、融化压缩等项目的试验；对盐渍化多年冻土和泥炭化多年冻土，尚应分别测定易溶盐含量和有机质含量。

⑥ 工程需要时，可建立地温观测点，进行地温观测。

⑦ 当需查明与冻土融化有关的不良地质作用时，调查工作宜在二月至五月份进行；多年冻土上限深度的勘察时间宜在九、十月份。

多年冻土的岩土工程评价应符合下列要求：

① 多年冻土的地基承载力，应区别保持冻结地基和允许融化地基，结合当地经验用载荷试验或其他原位测试方法综合确定，对次要建筑物可根据邻近工程经验确定。

② 除次要工程外，建筑物宜避开饱冰冻土、含土冰层地段和冰锥、冰丘、热融湖、厚层地下冰，融区与多年冻土区之间的过渡带，宜选择坚硬岩层、少冰冻土和多冰冻土地段以及地下水位或冻土层上水位低的地段和地形平缓的高地。

7.7　混合土

7.7.1　概述

由细粒土和粗粒土混杂且缺乏中间粒径的土应定名为混合土。当碎石土中粒径小于 0.075 mm 的细粒土质量超过总质量的 25% 时，应定名为粗粒混合土；当粉土或黏性土中粒径大于 2 mm 的粗粒土质量超过总质量的 25% 时，应定名为细粒混合土。

混合土是由坡积、洪积、冰水沉积形成的，在颗粒分布曲线形态上反映出的是不连续状。混合土因其成分复杂多变，各种成分粒径相差悬殊，所以其性质变化很大。

一般来说，混合土的性质主要取决于土中粗、细颗粒含量的比例，粗粒的大小及其相互接触关系以及细粒土的状态。已有研究表明，黏性土、粉土中的碎石组分的质量只有超过总质量的 25% 时才能起到改善土的工程性质的作用；在碎石土中，特别是当含水量较大时，当黏粒组分的质量大于总质量的 25% 时，则对碎石土的工程性质有明显影响。

7.7.2　勘察技术要求

混合土的勘察应符合下列要求：

① 查明地形和地貌特征，混合土的成因、分布、下卧土层或基岩的埋藏条件。

② 查明混合土的组成、均匀性及其在水平方向和垂直方向上的变化规律。

③ 勘探点的间距和勘探孔的深度应适当加密加深。

④ 应有一定数量的探井，并应采取大体积土试样进行颗粒分析和物理力学性质测定。

⑤ 对粗粒混合土宜采用动力触探试验，并应有一定数量的钻孔或探井检验。

⑥ 现场载荷试验的承压板直径和现场直剪试验的剪切面直径都应大于试验土层最大粒径的 5 倍，载荷试验的承压板面积不应小于 0.5 m²，直剪试验的剪切面面积不宜小于 0.25 m²。

混合土的岩土工程评价应包括下列内容：

① 混合土的承载力应采用载荷试验、动力触探试验，并结合当地经验确定。

②混合土边坡的允许坡度值可根据现场调查和当地经验确定。对重要工程应进行专门试验研究。

7.8　盐渍（岩）土

7.8.1　概述

1）盐渍土基本工程性质

凡易溶盐含量超过一定量的土，统称为盐渍土。盐渍土分布很广，我国西北地区有大面积的内陆盐渍土，沿海各省则有滨海盐渍土。

盐渍土由于含有大量的盐类，它的三相组成中的固体部分除了土的颗粒外，还有结晶盐。难溶盐较稳定，而易溶盐则不稳定，它会随含水量变化而溶解或结晶。由于易溶盐含量和含水量的不同，土中液体的盐浓度不同，因此其比重不为恒值。当自然条件发生变化时，如水浸入时，固相中的结晶易溶盐将会被溶解为液体，盐渍土可由三相体变为二相体，伴随土体结构破坏和变形（通常是溶陷）；如果温度上升，干燥时，液体中的水分蒸发，易溶盐析出结晶，二相体转化为三相体，土体发生体积变化（通常为膨胀）。因此，盐渍土相态的变化对上部结构具有严重影响。

由于盐渍土的特殊性，通常定义 $\tilde{w}_B$ 含液量替代含水量指标反映盐渍土的基本性质：

$$\tilde{w}_B = \frac{\text{土样中含盐水量}}{\text{土样中土颗粒与难溶盐总量}} \times 100\% \qquad (7-10)$$

盐渍土由于富含易溶盐，使土中微颗粒胶结成小集粒，加之盐结晶本身也常会形成较大的颗粒，而使土中的细颗粒减少，但是，当水浸入后，随着土中盐分的溶解，土颗粒的分散度将增加。因此，盐渍土的颗分试验应在去掉盐后进行，以得到正确的结果。

盐渍土的渗透性随着渗透过程而变化，渗透系数随易溶盐含量的减少而增大。这是由于在渗透过程中，水不断将土中的盐溶解并带走，形成渗水通道，经过一段时间后，土中的盐将趋于零，渗透系数趋于稳定。盐渍土的抗剪强度与含盐量、土和盐的类别以及土的状态有关。浸水对盐渍土的黏聚力影响显著，浸水后的强度明显降低。

2）盐渍土的溶陷性、盐胀性和腐蚀性

盐渍土对工程的危害可以概括为溶陷性、盐胀性和腐蚀性三个方面。滨海盐渍土因常年处于饱和状态，其溶陷性和盐胀性不明显，主要为腐蚀危害。而内陆盐渍土则三种危害兼而有之，且较为严重。

盐渍土的溶陷性用溶陷系数 δ 评定。当 $\delta < 0.01$ 时，为非溶陷性；当 $\delta \geqslant 0.01$ 时，则为溶陷性。δ 可由室内压缩试验或现场浸水试验确定。由于盐渍土的溶陷变形速度一般较湿陷性黄土的湿陷变形快，因此危害更大，在工程中应引起足够重视。

盐渍土的膨胀主要发生于硫酸盐渍土中，当土中的硫酸钠含量不超过 2％时，可以不考虑其影响。

盐渍土对基础或地下设施可能产生腐蚀，一般来说为结晶性腐蚀。在地下水位深或水位变化幅度大的地区，以物理侵蚀显著，盐分在毛细管作用下侵入基础或墙体，水分蒸发盐类析出，使建筑物表面疏松剥落而危害结构。在地下水位浅、变化幅度小的地区，化学腐蚀作用显著，既有对混凝土的腐蚀作用，也有对钢筋的锈蚀作用。

7.8.2　勘察技术要求

盐渍岩土地区的调查工作,应包括下列内容:

① 盐渍岩土的成因、分布和特点。

② 含盐化学成分、含盐量及其在岩土中的分布。

③ 溶蚀洞穴发育程度和分布。

④ 搜集气象和水文资料。

⑤ 地下水的类型、埋藏条件、水质、水位及其季节变化。

⑥ 植物生长状况。

⑦ 含石膏为主的盐渍岩石膏的水化深度,含芒硝较多的盐渍岩,在隧道通过地段的地温情况。

⑧ 调查当地工程经验。

盐渍岩土的勘探测试应符合下列规定:

① 勘探点布置应满足查明盐渍岩土分布特征的要求。

② 采取岩土试样宜在干旱季节进行,对用于测定含盐离子的扰动土取样,宜符合表 7-4 的规定。

③ 工程需要时,应测定毛细水上升的高度。

④ 应根据盐渍土的岩性特征,选用载荷试验等适宜的原位测试方法,对于溶陷性盐渍土尚应进行浸水载荷试验确定其溶陷性。

⑤ 对盐胀性盐渍土宜现场测定有效盐胀厚度和总盐胀量,当土中硫酸钠含量不超过 1% 时,可不考虑盐胀性。

⑥ 除进行常规室内试验外,尚应进行溶陷性试验和化学成分分析,必要时可对岩土的结构进行显微结构鉴定。

⑦ 溶陷性指标的测定可按湿陷性土的湿陷试验方法进行。

表 7-4　盐渍土扰动土试样取样要求

勘察阶段	深度范围(m)	取土试样间距(m)	取样孔占勘探孔总数的百分比(%)
初步勘察	<5	1.0	100
	5~10	2.0	50
	>10	3.0~5.0	20
详细勘察	<5	0.5	100
	5~10	1.0	50
	>10	2.0~3.0	30

注:浅基取样深度达到 10 m 即可。

引用自《岩土工程勘察规范》(GB 50021—2001)(2009 年版)。

盐渍岩土的岩土工程评价应包括下列内容:

① 岩土中含盐类型、含盐量及主要含盐矿物对岩土工程特性的影响。

② 岩土的溶陷性、盐胀性、腐蚀性和场地工程建设的适宜性。

③ 盐渍土地基的承载力宜采用载荷试验确定,当采用其他原位测试方法时,应与载荷

试验结果进行对比。

④ 确定盐渍岩地基的承载力时,应考虑盐渍岩的水溶性影响。

⑤ 盐渍岩边坡的坡度宜比非盐渍岩的软质岩石边坡适当放缓,对软弱夹层、破碎带应部分或全部加以防护。

⑥ 盐渍岩土对建筑材料的腐蚀性评价。

7.9 风化岩与残积土

7.9.1 概述

地壳浅表层的岩石,在太阳辐射、大气、水和生物等风化营力的作用下,其结构、成分和性质已产生不同程度变异的岩石称为风化岩。已完全风化成土而未经搬运残留在原地的土称为残积土。

风化岩按其风化程度可分为全风化岩、强风化岩、中等风化岩、微风化岩四种。对风化岩及残积土的分类可参考表7-5。

表7-5 风化岩、残积土的野外特征及波速测试指标

岩石类别	风化程度	野外特征	风化程度参数指标		
			压缩波速度 v_p(m/s)	波速比 K_v	风化系数 K_f
硬质岩石	微风化	结构组织基本未变,仅节理面有铁锰质渲染或矿物略有变色。有少量风化裂隙	4 000～5 000	0.8～0.9	0.8～0.9
	中等风化	结构组织部分破坏,矿物成分基本未变化,仅沿节理面出现次生矿物。风化裂隙发育,岩体被切割成20～50 cm的岩块。锤击声脆,且不易击碎;不能用镐挖掘,用岩芯钻方可钻进	2 000～4 000	0.6～0.8	0.4～0.8
	强风化	结构组织已大部分破坏,矿物成分已显著变化,长石、云母已风化成次生矿物。裂隙发育,岩土破碎。岩体被切割成2～20 cm的岩块。可用手折断。用镐可挖掘,干钻不易钻进	500～1 000	0.2～0.4	＜0.4
	全风化	组织结构已全部破坏,但尚可辨认,并且有微弱的残余结构,可用镐挖,干钻可钻进	500～1 000	0.2～0.4	—
	残积土	组织结构已全部破坏。矿物成分除石英外,大部分已风化成土状。锹镐易挖掘,干钻易钻进,具可塑性	＜500	＜0.2	—
软质岩石	微风化	结构组织基本未变,仅节理面有铁锰质渲染或矿物略有变色。有少量风化裂隙	3 000～4 000	0.8～0.9	0.8～0.9

（续表）

岩石类别	风化程度	野外特征	风化程度参数指标		
			压缩波速度 v_p(m/s)	波速比 K_v	风化系数 K_f
软质岩石	中等风化	结构组织部分破坏，矿物成分基本未变化，仅沿节理面出现次生矿物。风化裂隙发育，岩体被切割成 20～50 cm 的岩块。锤击声脆，且不易击碎；不能用镐挖掘，用岩芯钻方可钻进	1 500～3 000	0.5～0.8	0.3～0.8
	强风化	结构组织已大部分破坏，矿物成分已显著变化，长石、云母已风化成次生矿物。裂隙发育，岩土破碎。岩体被切割成 2～20 cm 的岩块。可用手折断。用镐可挖掘，干钻不易钻进	4 000～5 000	0.8～0.9	0.8～0.9
	全风化	组织结构已全部破坏，但尚可辨认，并且有微弱的残余结构，可用镐挖，干钻可钻进	700～1 500	0.3～0.5	＜0.3
	残积土	组织结构已全部破坏。矿物成分除石英外，大部分已风化成土状。锹镐易挖掘，干钻易钻进，具可塑性	＜300	＜0.1	—

注：(1) 波速比 K_v 为风化岩石与新鲜岩石压缩波速度之比。
(2) 风化系数 K_f 为风化岩石与新鲜岩石饱和单轴抗压强度之比。
(3) 风化岩，除按表列野外特征和定量指标划分之外，也可根据当地经验划分。
(4) 泥岩和半成岩，可不进行风化岩划分。
引用自《岩土工程勘察与评价》(高金川、张家铭)。

7.9.2　勘察技术要求

风化岩和残积土的勘察应着重查明下列内容：

① 母岩地质年代和岩石名称。

② 岩脉和风化花岗岩中球状风化体(孤石)的分布。

③ 岩土的均匀性、破碎带和软弱夹层的分布。

④ 地下水赋存条件。

风化岩和残积土的勘探测试应符合下列要求：

① 勘探点间距应取规范规定的小值。

② 应有一定数量的探井。

③ 宜在探井中或用双重管、三重管采取试样，每一风化带不应少于 3 组。

④ 宜采用原位测试与室内试验相结合，原位测试可采用圆锥动力触探、标准贯入试验、波速测试和载荷试验。

⑤ 室内试验除常规试验外，对于相当于极软岩和极破碎的岩体，可按土工试验要求进行，对于残积土，必要时应进行湿陷性和湿化试验。

对于花岗岩残积土，应测定其中细粒土的天然含水量、塑限、液限。花岗岩类残积土的地基承载力和变形模量应采用载荷试验确定。有成熟地方经验时，对于地基基础设计等级为乙级、丙级的工程，可根据标准贯入试验等原位测试资料，结合当地经验综合确定。

风化岩和残积土的岩土工程评价应符合下列要求：

① 对于厚层的强风化和全风化岩石，宜结合当地经验进一步划分为碎块状、碎屑状和土状；厚层残积土可进一步划分为硬塑残积土和可塑残积土，也可根据含砾或含砂量划分为黏性土、砂质黏性土和砾质黏性土。

② 建在软硬互层或风化程度不同地基上的工程，应分析不均匀沉降对工程的影响。

③ 基坑开挖后应及时检验，对于易风化的岩类，应及时砌筑基础或采取其他措施，防止风化发展。

④ 对于岩脉和球状风化体（孤石），应分析评价其对地基（包括桩基）的影响，并提出相应的建议。

7.10　污染土

7.10.1　概述

《岩土工程勘察规范》（GB 50021—2001）（2009 年版）对污染土的定义为：由于致污物质的侵入，使土的成分、结构和性质发生了显著变异的土，此定义只是基于岩土工程意义给出的，不包括环境评价的意义。对于污染土的定名可在原分类名称前冠以"污染"二字。

1）污染土按污染源的分类

（1）工业污染土

因生产或储存中废水、废渣和油脂的泄漏，造成地下水和土中酸碱度的改变，重金属、油脂及其他有害物质含量增加，导致基础严重腐蚀，地基土的强度急剧降低或产生过大变形，影响建筑物的安全及正常使用，或对人体健康和生态环境造成严重影响。

（2）尾矿污染土

主要体现在对地表水、地下水的污染以及周围土体的污染，与选矿方法、工艺及添加剂和堆存方式等密切相关。

（3）垃圾填埋场渗滤液污染土

因许多生活垃圾未能进行卫生填埋或卫生填埋不达标，生活垃圾的渗滤液污染土体和地下水，改变了原状土和地下水的性质，对周围环境也造成不良影响。

（4）核污染土

核污染土主要是核废料污染，因其具有特殊性，故实际工程中如遇核污染问题时，应按国家相关标准进行专题研究。

2）污染土场地和地基的分类

（1）已受污染的已建场地和地基

对已受污染的已建场地和地基的勘察，主要针对污染土、水造成建筑物损坏的调查，是对污染土进行处理前的必要勘察，重点调查污染土强度和变形参数的变化、污染土和地下水对基础腐蚀程度等。此种类型的勘察目前涉及最多。

（2）已受污染的拟建场地和地基

对已受污染的拟建场地和地基的勘察，则在初步查明污染土和地下水空间分布特点的基础上，重点结合拟建建筑物基础形式及可能采用的处理措施，进行针对性勘察和评价。

（3）可能受污染的已建场地和地基

对可能受污染的已建场地和地基的勘察，则重点调查污染源和污染物质的分布、污染途径，判定土、水可能受污染的程度，为已建工程的污染预防和拟建工程的设计措施提供依据。

（4）可能受污染的拟建场地和地基

此种类型目前涉及极少。

7.10.2　勘察技术要求

污染土场地包括可能受污染的拟建场地、受污染的拟建场地和受污染的已建场地三类。污染土场地的勘察和评价应包括下列内容：

① 查明污染前后土的物理力学性质、矿物成分和化学成分等。

② 查明污染源、污染物的化学成分、污染途径、污染史等。

③ 查明污染土对金属和混凝土的腐蚀性。

④ 查明污染土的分布，按照有关标准划分污染等级。

⑤ 查明地下水的分布、运动规律及其与污染作用的关系。

⑥ 提供污染土的力学参数，评价污染土地基的工程特性。

⑦ 提出污染土的处理意见。

污染土的勘探点和采取试样间距应适当加密。当有地下水时，应在勘探孔的不同深度采取水试样。污染土的承载力宜采用载荷试验和其他原位测试确定，并进行污染土与未污染土的对比试验。

污染土的室内试验宜包括下列内容：

① 根据土在污染后可能引起的性质改变，增加相应的物理力学性质试验项目。

② 根据土与污染物相互作用特性，进行化学分析、矿物分析、物相分析，必要时做土的显微结构鉴定。

③ 进行污染物含量分析、水对混凝土和金属的腐蚀性分析。

④ 考虑土与污染物相互作用的时间效应，并做污染与未污染和不同污染程度的对比试验。

对污染土的勘探测试，当污染物对人体有害或对机具仪器有腐蚀性时，应采取必要的防护措施。

污染土的岩土工程评价应满足下列要求：

① 划分污染程度并进行分区。

② 评价污染土的变化特征和发展趋势。

③ 判定污染土、水对金属和混凝土的腐蚀性。

④ 评价污染土作为拟建工程场地和地基的适宜性，提出防治污染和污染土处理的建议。

思考题 🖱

(1) 评价黄土湿陷性、划分非自重湿陷性和自重湿陷性的指标和方法是什么？

(2) 简述膨胀土的基本特性，分析膨胀土地基岩土工程勘察的特点。

(3) 试述红黏土的工程特性。

(4) 简述软土的基本特性，分析软土地基岩土工程勘察的特点。

(5) 简述淤泥和淤泥质土的概念，比较两者的不同之处。在这类地基土中进行工程建筑的主要岩土工程问题有哪些？

(6) 何为填土？填土有哪些基本特性？简述填土地基岩土工程勘察特点。

(7) 冻土的特殊指标有哪些？如何对地基土的冻胀性、融陷性进行分类？

(8) 分析土体产生冻胀性的必要条件。

(9) 盐渍土的重要特征包括哪些方面？

(10) 花岗岩类岩石的全风化岩和残积土如何区别？

(11) 什么是污染土？其主要勘察评价内容是什么？

计算题 🖱

(1) 某湿陷性黄土试样的取样深度为 15 m，此深度以上土的天然含水率为 18.0%，天然密度为 1.57 g/m³，土颗粒相对密度（比重）为 2.74。取水的密度为 1 g/cm³。试问：在测定该土样的自重湿陷系数时，施加的最大压力为多少？

(2) 某黄土地区，采用探井取土样，取土深度分别为 2.0 m、4.0 m、6.0 m，土样高度 $h_0 = 20$ mm，对其进行试验室压缩浸水试验，试验结果见下表，试判断黄土地基是否属于湿陷性黄土。

试验编号	1	2	3
加 200 kPa 后沉降（mm）	0.4	0.57	0.37
浸水后沉降（mm）	1.64	1.93	0.90

(3) 陇东地区某湿陷性黄土场地的地层情况为：0～12.5 m 为湿陷性黄土，12.5 m 以下为非湿陷性土。探井资料见下表。假定场地地层水平均匀，地面标高与建筑物 ±0.00 标高相同，基础埋深 1.5 m。求该湿陷性黄土地基的湿陷等级。

取样深度（m）	δ_{si}	δ_{zsi}	取样深度（m）	δ_{si}	δ_{zsi}
1.0	0.076	0.010	8.0	0.037	0.020
2.0	0.070	0.013	9.0	0.011	0.010
3.0	0.060	0.015	10.0	0.036	0.028
4.0	0.055	0.017	11.0	0.018	0.026

（续表）

取样深度（m）	δ_{si}	δ_{zsi}	取样深度（m）	δ_{si}	δ_{zsi}
5.0	0.050	0.018	12.0	0.014	0.016
6.0	0.045	0.019	13.0	0.006	0.010
7.0	0.043	0.020	14.0	0.002	0.005

（4）某场地基础底面以下分布的湿陷性砂厚度为 7.5 m，按厚度平均分 3 层采用 0.50 m² 的承压板进行了浸水荷载试验，其附加湿陷量分别为 6.4 cm、8.8 cm 和 1.4 cm，试确定该地基的湿陷等级。

（5）某不扰动膨胀土试样在室内试验后得到含水率 w 与竖向线缩率 δ_s 的一组数据见下表，求该试样的收缩系数 λ_s。

试验次序	含水率 w（%）	竖向线缩率 δ_s（%）	试验次序	含水率 w（%）	竖向线缩率 δ_s（%）
1	7.2	6.4	4	18.6	4.0
2	12.0	5.8	5	22.1	2.6
3	16.1	5.0	6	25.1	1.4

（6）某组原状土样室内压力与膨胀率 δ_{ep} 的关系见下表。用插入法近似求解膨胀力 p。

试验次序	膨胀率 δ_{ep}（%）	垂直压力 p（kPa）	试验次序	膨胀率 δ_{ep}（%）	垂直压力 p（kPa）
1	8	0	3	1.4	85
2	4.7	25	4	−0.6	135

（7）某红黏土的含水率为：天然含水率 52%，液限 80%，塑限 46%，试判断该红黏土的状态。

（8）在均质厚层软土地基上修筑铁路路堤，当软土的不排水抗剪强度 $c_u = 8$ kPa，路堤填料压实后的重度为 18.5 kN/m³ 时，如不考虑列车荷载影响和地基处理，路堤可能填筑的临界高度接近多少？

（9）已知某地区淤泥土标准固结试验 $e\text{-lg}p$ 曲线上直线段起点在 50～100 kPa 之间。该地区某淤泥土样测得 100～200 kPa 压力段压缩系数 a_{1-2} 为 1.66 MPa^{-1}，试求其压缩指数 C_c。

（10）某多年冻土地区的地基土为粉质黏土，$d_s = 2.72$，$\rho = 2.0$ g/cm³，冻土总含水率 $w_0 = 40\%$，起始融沉含水率 $w = 22\%$，塑限 $w_p = 20\%$，试确定其融沉等级及类别。

（11）某季节性冻土地基冻土层冻结后的实测厚度为 2.0 m，冻结前原地面标高为 195.426 m，冻结后实测地面标高为 195.586 m，试确定该土层平均冻胀率。

(12) 某一盐渍土地段，地表下 1.0 m 深度内分层取样，化验含盐成分见下表。

取样深度（m）	盐分摩尔浓度（10^{-3}mol/100 g）		取样深度（m）	盐分摩尔浓度（10^{-3}mol/100 g）	
	$c(Cl^-)$	$c(SO_4^{2-})$		$c(Cl^-)$	$c(SO_4^{2-})$
0～0.05	78.41	111.32	0.5～0.75	25.96	13.80
0.05～0.25	35.80	85.15	0.75～1.0	25.30	11.89
0.25～0.5	26.58	13.92			

试确定其盐渍土类型。

(13) 已知花岗岩残积土土样的天然含水率 $w=28.8\%$，粒径小于 0.5 mm 的细粒土的液限 $w_L=50\%$，塑限 $w_p=26\%$。粒径大于 0.5 mm 的颗粒质量占总质量的百分比 $p_{0.5}=40\%$。试确定该土样的液性指数 I_L。

(14) 某污染土场地的污染土抗剪强度为 80 kPa，污染前土抗剪强度为 100 kPa，试判断污染对土的工程特性的影响程度。

第 8 章
不良地质作用和地质灾害的勘察评价

8.1　岩溶

8.1.1　概述

1) 岩溶概念

岩溶又称喀斯特,是指水对可溶性岩石进行以化学溶蚀作用为特征(包括水的机械侵蚀和崩塌作用以及物质的携出、转移和再沉积)的综合地质作用,以及由此所产生的现象的统称。

我国的岩溶无论是分布地域还是气候带,以及形成时代都有相当大的跨度,这使得不同地区岩溶发育各具特征。无论是何种类型的岩溶,其共同点是由于岩溶作用形成了地下架空结构,破坏了岩体完整性,降低了岩体强度,增加了岩石渗透性,也使得地表面强烈地参差不齐,以及碳酸盐岩极不规则的基岩面上发育出各具特征的地表风化产物——红黏土,这种由岩溶作用所形成的复杂地基常常会由于下伏溶洞顶板坍塌、土洞发育大规模地面塌陷、岩溶地下水的突袭、不均匀地基沉降等,对工程建设产生重要影响。

2) 岩溶主要形态

岩溶的形成是水对岩石的溶蚀结果。因而其形成条件是:① 必须有可溶于水而且是透水的岩石;② 水在其中是流动的、有侵蚀力的。由此可见,岩溶的形成、发育及发展是一个复杂的、漫长的地质过程,与岩溶发育密切相关的岩性、气候、地形地貌、地质构造、新构造运动的差异都会造成不同形态和类型的岩溶。

岩溶形态是可溶岩被溶蚀过程中的地质表现,可直观分为地表岩溶形态和地下岩溶形态两种类型。地表岩溶形态包括溶沟(槽)、石芽、漏斗、溶蚀洼地、坡立谷、溶蚀平原等。地下岩溶形态包括落水洞(井)、溶洞、暗河、天生桥等。

① 溶沟溶槽:微小的地形形态,它是生成于地表岩石表面,由于地表水溶蚀与冲刷而成的沟槽系统地形。

② 漏斗:是由地表水的溶蚀和冲刷并伴随塌陷作用而在地表形成的漏斗状形态。

③ 溶蚀洼地:是由许多漏斗不断扩大汇合而成。平面上呈圆形或椭圆形,直径由数米到数百米。溶蚀洼地周围常有溶蚀残丘、峰丛、峰林,底部有漏斗和落水洞。

④ 坡立谷和溶蚀平原:坡立谷是一种大型的封闭洼地,也称溶蚀盆地。面积由几平方公里到数百平方公里,坡立谷再继续发展形成溶蚀平原。

⑤ 落水洞和竖井：皆是地表通向地下深处的通道，其下部多与溶洞或暗河连通。它是岩层裂隙受流水溶蚀、冲刷扩大或坍塌而成。

⑥ 溶洞：是由地下水长期溶蚀、冲刷和塌陷作用而形成的近于水平方向发育的岩溶形态。溶洞内常有支洞、钟乳石、石笋和石柱等岩溶产物。

⑦ 暗河：是地下岩溶水汇集和排泄的主要通道。部分暗河常与地面的沟槽、漏斗和落水洞相通，暗河的水源经常是通过地面的岩溶沟槽和漏斗经落水洞流入暗河内。

⑧ 天生桥：是溶洞或暗河洞道塌陷直达地表而局部洞道顶板不发生塌陷，形成的一个横跨水流的石桥。

3）岩溶的岩土工程问题及防治

岩溶场地可能发生的岩土工程问题有如下几个方面：

① 地基主要受压层范围内，若有溶洞、暗河等存在，在附加荷载或振动作用下，溶洞顶板坍塌引起地基突然陷落。

② 地基主要受压层范围内，下部基岩面起伏较大，上部又有软弱土体分布时，引起地基不均匀下沉。

③ 覆盖型岩溶区由于地下水活动产生的土洞，逐渐发展导致地表塌陷，造成对场地和地基稳定的影响。

④ 在岩溶岩体中开挖地下洞室时，突然发生大量涌水及洞穴泥石流灾害。从更广泛的意义上讲，还包括有其特殊性的水库诱发地震、水库渗漏、矿坑突水、工程中遇到的溶洞稳定、旱涝灾害等一系列工程地质和环境地质问题。

岩溶地基的防治，应首先设法避开有威胁的岩溶和土洞区，实在不能避开时，再考虑处理方案。

① 挖填：挖除软弱充填物，回填以碎石、块石或混凝土等，并分层夯实。

② 跨盖：采用长梁式基础或刚性大平板等方案跨越。

③ 灌注：溶洞可采用水泥或水泥黏土混合灌浆于岩溶裂隙中，土洞可在洞体范围内的顶板打孔灌砂或砂砾，应注意灌满和密实。

8.1.2 勘察技术要求

岩溶勘察宜采用工程地质测绘和调查、物探、钻探等多种手段相结合的方法进行，并应符合下列要求：

① 可行性研究勘察应查明岩溶洞隙、土洞的发育条件，并对其危害程度和发展趋势作出判断，对场地的稳定性和工程建设的适宜性作出初步评价。

② 初步勘察应查明岩溶洞隙及其伴生土洞、塌陷的分布、发育程度和发育规律，并按场地的稳定性和适宜性进行分区。

③ 详细勘察应查明拟建工程范围及有影响地段的各种岩溶洞隙和土洞的位置、规模、埋深、岩溶堆填物性状和地下水特征，对地基基础的设计和岩溶的治理提出建议。

④ 施工勘察应针对某一地段或尚待查明的专门问题进行补充勘察。当采用大直径嵌岩桩时，尚应进行专门的桩基勘察。

岩溶场地的工程地质测绘和调查，除常规内容外，尚应调查下列内容：

① 岩溶洞隙的分布、形态和发育规律。

② 岩面起伏、形态和覆盖层厚度。

③ 地下水赋存条件、水位变化和运动规律。

④ 岩溶发育与地貌、构造、岩性、地下水的关系。

⑤ 土洞和塌陷的分布、形态和发育规律。

⑥ 土洞和塌陷的成因及其发展趋势。

⑦ 当地治理岩溶、土洞和塌陷的经验。

可行性研究和初步勘察宜以工程地质测绘和综合物探为主,岩溶发育地段应予以加密。测绘和物探发现的异常地段,应选择有代表性的部位布置验证性钻孔。控制性勘探孔的深度应穿过表层岩溶发育带。

详细勘察应符合下列规定:

① 勘探线应沿建筑物轴线布置,条件复杂时每个独立基础均应布置勘探点。

② 当预定深度内有洞体存在,且可能影响地基稳定时,应钻入洞底基岩面下不少于2 m,必要时应圈定洞体范围。

③ 对一柱一桩的基础,宜逐柱布置勘探孔。

④ 在土洞和塌陷发育地段,可采用静力触探、轻型动力触探、小口径钻探等手段,详细查明其分布。

⑤ 当需查明断层、岩组分界、洞隙和土洞形态、塌陷等情况时,应布置适当的探槽或探井。

⑥ 物探应根据物性条件采用有效方法,对异常点应采用钻探验证,当发现存在可能危害工程的洞体时,应加密勘探点。

⑦ 凡人员可以进入的洞体,均应入洞勘察;人员不能进入的洞体,宜用井下电视等手段探测。

施工勘察工作量应根据岩溶地基设计和施工要求布置。在土洞、塌陷地段,可在已开挖的基槽内布置触探或钎探。对于重要或荷载较大的工程,可在槽底采用小口径钻探进行检测。对大直径嵌岩桩,勘探点应逐桩布置,勘探深度应不小于底面以下桩径的 3 倍并不小于 5 m,当相邻桩底的基岩面起伏较大时应适当加深。

岩溶发育地区的下列部位宜查明土洞和土洞群的位置:

① 土层较薄、土中裂隙及其下岩体洞隙发育部位。

② 岩面张开裂隙发育,石芽或外露的岩体与土体交接部位。

③ 两组构造裂隙交会处和宽大裂隙带。

④ 隐伏溶沟、溶槽、漏斗等,其上有软弱土分布的负岩面地段。

⑤ 地下水强烈活动于岩土交界面的地段和大幅度人工降水地段。

⑥ 低洼地段和地表水体近旁。

岩溶勘察的测试和观测宜符合下列要求:

① 当追索隐伏洞隙的联系时,可进行连通试验。

② 评价洞隙稳定性时,可采取洞体顶板岩样和充填物土样做物理力学性质试验,必要时可进行现场顶板岩体的载荷试验。

③ 当需查明土的性状与土洞形成的关系时,可进行湿化、胀缩、可溶性和剪切试验。

④ 当需查明地下水动力条件、潜蚀作用、地表水与地下水联系,预测土洞和塌陷的发生、发展时,可进行流速、流向测定和水位、水质的长期观测。

当场地存在下列情况之一时,可判定为未经处理不宜作为地基的不利地段:

① 浅层洞体或溶洞群,洞径大,且不稳定的地段。

② 埋藏的漏斗、槽谷等,并覆盖有软弱土体的地段。

③ 土洞或塌陷成群发育地段。

④ 岩溶水排泄不畅,可能暂时淹没的地段。

当地基属下列条件之一时,对于二级和三级工程可不考虑岩溶稳定性的不利影响:

① 基础底面以下土层厚度大于独立基础宽度的 3 倍或条形基础宽度的 6 倍,且不具备形成土洞或其他地面变形的条件。

② 基础底面与洞体顶板间岩土厚度虽小于①的规定,但符合下列条件之一时:

a. 洞隙或岩溶漏斗被密实的沉积物填满且无被水冲蚀的可能。

b. 洞体为基本质量等级为Ⅰ级或Ⅱ级的岩体,顶板岩石厚度大于或等于洞跨。

c. 洞体较小,基础底面大于洞的平面尺寸,并有足够的支承长度。

d. 宽度或直径小于 1.0 m 的竖向洞隙、落水洞近旁地段。

当不符合上述条件时,应进行洞体地基稳定性分析,并符合下列规定:

① 顶板不稳定,但洞内为密实堆积物充填且无流水活动时,可认为堆填物受力,按不均匀地基进行评价。

② 当能取得计算参数时,可将洞体顶板视为结构自承重体系进行力学分析。

③ 有工程经验的地区,可按类比法进行稳定性评价。

④ 在基础近旁有洞隙和临空面时,应验算向临空面倾覆或沿裂面滑移的可能。

⑤ 当地基为石膏、岩盐等易溶岩时,应考虑溶蚀继续作用的不利影响。

⑥ 对于不稳定的岩溶洞隙可建议采用地基处理或桩基础。

岩溶勘察报告的分析评价应包括下列内容:

① 岩溶发育的地质背景和形成条件。

② 洞隙、土洞、塌陷的形态、平面位置和顶底标高。

③ 岩溶稳定性分析。

④ 岩溶治理和监测的建议。

8.2 滑坡

8.2.1 概述

1) 滑坡概念

滑坡是斜坡土体和岩体在重力作用下失去原有的稳定状态,沿着斜坡内某些滑动面(或滑动带)做整体向下滑动的现象。滑坡具有如下特点:

① 滑动的岩土体具有整体性。

② 斜坡上岩土体的移动方式为滑动,不是倾倒或滚动。

③ 规模大的滑坡一般是缓慢地往下滑动,其位移速度多在突变加速阶段才显著。

一个典型滑坡所具有的基本形态要素包括:滑坡体、滑坡床、滑动面(带)、滑坡周界、滑坡壁、滑坡裂隙、滑坡台阶、滑坡舌等,其中滑坡体、滑坡床和滑动面(带)是最主要的。除上述要素外,还有一些滑坡标志,如滑坡鼓丘、滑坡泉、滑坡沼泽(湖)、马刀树、醉汉林等。滑坡形成年代愈新,则其要素和标志愈清晰,人们越容易识别它。典型的滑坡形态要素如图8-1所示。

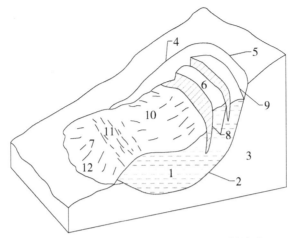

1—滑坡体；2—滑动面；3—滑坡床；4—滑坡周界；5—滑坡壁；6—滑坡台阶；
7—滑坡舌；8—张裂隙；9—主裂隙；10—剪裂隙；11—鼓胀裂隙；12—扇形裂隙

图 8-1　典型滑坡形态要素

引用自《岩土工程勘察与评价》(高金川、张家铭)。

2) 滑坡分类

为了便于分析和研究滑坡的发生原因及滑坡的发生、发展、演化规律,进行有效的预防和治理,对滑坡进行分类是非常有必要的。在实际工程中,按岩土体类型、滑面与岩层层面关系、滑面形态、滑坡体厚度以及滑坡始滑部位分类最为常见。表8-1列举了几种常见的滑坡分类及其主要特征。

表 8-1　常见滑坡分类表

分类依据	滑坡名称	特征
按岩土体类型分	堆积层滑坡	各种堆积层内的滑坡,或沿下伏基岩面或沿堆积层间歇面滑动
	黄土滑坡	发生在黄土层中,常见于高阶地边缘斜坡上,多群集出现
	黏土滑坡	黏土层中的滑坡,多沿裂缝面和下伏基岩面滑动,且多为平缓弧形滑面
	膨胀岩(土)滑坡	多呈弧形、倒椅子形浅层牵引式滑坡
	风化带滑坡	多种全风化带、强风化带中发生滑坡,滑面呈倒椅子形
	断层带滑坡	滑面多为弧形和折线形,多群集出现
	岩层滑坡	主要沿结构面发生滑坡,滑面呈椅子形、直线形和折线形
按滑面与岩层层面关系分	无层(匀质)滑坡	发生在匀质、无明显层理的岩土体中,滑坡面一般呈圆弧形
	顺层滑坡	沿岩层面发生,当岩层倾向与斜坡倾向一致,且其倾角小于坡角时,往往沿顺层间软弱结构面滑动
	切层滑坡	多发生于岩层近乎水平的平叠坡条件下,滑动面切过岩层面,常呈对数螺旋曲线形

分类依据	滑坡名称	特征
按剖面上滑面形态分	船底形滑面	由后缘段、主滑段和前缘段三部分组成完整的滑坡滑动面
	椅子形滑面	多发生在顺层坡中，船底形滑面缺失后缘段
	倒椅子形滑面	多发生在风化带和顺层坡中，船底形滑面缺失前缘段
	直线形滑面	在滑动面倾角陡于自然斜坡时发生，常出现在顺层坡中
	折线形滑面	主要分布在滑面陡于岩层倾角地区的切层滑坡中
	圆弧形滑面	主要分布在较均质的土质滑坡中
按滑坡体厚度分	浅层滑坡	滑体厚度在 6 m 内
	中层滑坡	滑体厚度在 6～20 m 之间
	深层滑坡	滑体厚度大于 20 m
按滑坡始滑部位分	推动式滑坡	中上部滑体挤压推动前缘滑体，滑体整体性较好，滑速快，危害大，多见于倒椅子形和直线形滑面滑坡
	牵引式滑坡	前缘段首先发生滑坡，因失去支撑面向后缘牵引，滑坡规模较小，滑速较慢
按成因分	工程滑坡	由于施工引起的滑坡，可细分为新生滑坡和老滑坡复活
	自然滑坡	自然营力作用产生的滑坡

引用自《岩土工程勘察与评价》（高金川、张家铭）。

3）滑坡发育过程

（1）蠕动变形阶段

在自然条件和人为因素作用下，导致斜坡的稳定状况受到破坏。在斜坡内部某一部分因抗剪强度小于剪切力而首先变形，产生微小的移动；之后变形进一步发展，直至坡面出现断续的拉张裂缝；随着拉张裂缝的出现，渗水作用加强，变形进一步发展，后缘拉张，裂缝加宽，两侧剪切裂缝也相继出现。

（2）滑动破坏阶段

滑坡在整体往下滑动的时候，滑坡后缘迅速下陷，滑坡壁越露越高，滑坡体分裂成数块，并在地面上形成阶梯状地形，滑坡体上的树木东倒西歪地倾斜，形成"醉林"。滑坡体上的建筑物（如房屋、水管、渠道等）严重变形以致倒塌毁坏。随着滑坡体向前滑动，滑坡体向前伸出，形成滑坡舌。滑动时往往伴有巨响并产生很大的气浪。

（3）渐趋稳定阶段

因此滑坡体在滑动过程中具有动能，所以滑坡体能越过平衡位置，滑到更远的地方，滑动停止后，除形成特殊的滑坡地形外，在岩性、构造和水文地质条件等方面都相继发生了一些变化。在自重的作用下，滑坡体上松散的岩土逐渐压密，地表的各种裂缝逐渐被充填，滑动带附近岩土的强度由于压密固结又重新增加，这时整个滑坡的稳定性也大为提高。

4）滑坡治理

滑坡治理原则为：

① 以防为主、以整治为辅。

② 尽量避开大型滑坡所影响的位置。

③ 尽可能综合治理。

④ 整治最危险、最先滑动的部位。

⑤ 注意做好排水工程。

具体可以采取如下几方面治理措施：

① 排水：地表排水主要是设置截水沟和排水明沟系统。截水沟可用来截排来自滑坡体外的坡面径流；排水明沟系统的作用是汇集坡面径流并将其引导出滑坡体外。地下排水为排除地下水可设置各种形式。

② 支挡：在滑坡体下部修筑挡土墙、抗滑桩或用锚杆加固等以增加滑坡下部的抗滑力。在使用支挡工程时，应该明确各类支撑物的控坡优势面。

③ 刷方减重：主要是通过削减坡角或降低坡高，以减轻斜坡不稳定部位的重量，从而减少滑坡上部的下滑力。如拆除坡顶处的房屋和搬走重物等。

④ 改善滑动面（带）岩土性质：主要是为了改良岩土性质、结构，以增加坡体强度。一般措施有对岩质滑坡采取水泥或化学灌浆等措施，但必须注意选择合适的灌浆压力，否则反而会促进斜坡的破坏。对于土质斜坡，可采用电化学加固法、冻结法，还可采用焙烧法。

8.2.2　勘察技术要求

拟建工程场地或其附近存在对工程安全有影响的滑坡或有滑坡可能时，应进行专门的滑坡勘察。滑坡勘察应进行工程地质测绘和调查，调查范围应包括滑坡及其邻近地段。比例尺可选用 $1:1000\sim1:200$，用于整治设计时比例尺应选用 $1:500\sim1:200$。

滑坡区的工程地质测绘和调查除常规内容外，尚应进行下列工作：

① 搜集地质、水文、气象、地震和人类活动等相关资料。

② 调查滑坡的形态要素和演化过程，圈定滑坡周界。

③ 调查地表水、地下水、泉和湿地等的分布。

④ 调查树木的异态、工程设施的变形等。

⑤ 调查当地治理滑坡的经验。对滑坡的重点部位应摄影或录像。

勘探线和勘探点的布置应根据工程地质条件、地下水情况和滑坡形态确定。除沿主滑方向应布置勘探线外，在其两侧滑坡体外也应布置一定数量勘探线。勘探点间距不宜大于 40 m，在滑坡体转折处和预计采取工程措施的地段，也应布置勘探点。勘探方法除钻探和触探外，应有一定数量的探井。勘探孔的深度应穿过最下一层滑面，进入稳定地层，控制性勘探孔应深入稳定地层一定深度，满足滑坡治理需要。

滑坡勘察应进行下列工作：

① 查明各层滑坡面（带）的位置。

② 查明各层地下水的位置、流向和性质。

③ 在滑坡体、滑坡面（带）和稳定地层中采取土试样进行试验。

滑坡勘察时，土的强度试验宜符合下列要求：

① 采用室内、野外滑面重合剪，滑带宜做重塑土或原状土多次剪试验，并求出多次剪和残余剪的抗剪强度。

② 采用与滑动受力条件相似的方法。

③ 采用反分析方法检验滑动面的抗剪强度指标。

滑坡的稳定性计算应符合下列要求：

① 正确选择有代表性的分析断面，正确划分牵引段、主滑段和抗滑段。

② 正确选用强度指标，宜根据测试成果、反分析和当地经验综合确定。

③ 有地下水时，应计入浮托力和水压力。

④ 根据滑面(带)条件，按平面、圆弧或折线，选用正确的计算模型。

⑤ 当有局部滑动可能时，除验算整体稳定外，尚应验算局部稳定。

⑥ 当有地震、冲刷、人类活动等影响因素时，应计及这些因素对稳定的影响。

滑坡稳定性的综合评价，应根据滑坡的规模、主导因素、滑坡前兆、滑坡区的工程地质和水文地质条件，以及稳定性验算结果进行，并应分析发展趋势和危害程度，提出治理方案的建议。滑坡勘察报告分析评价应包括下列内容：

① 滑坡的地质背景和形成条件。

② 滑坡的形态要素、性质和演化。

③ 滑坡的平面图、剖面图和岩土工程特性指标。

④ 滑坡稳定性分析。

⑤ 滑坡防治和监测的建议。

8.3 危岩和崩塌

8.3.1 概述

1) 危岩和崩塌概念

危岩和崩塌是威胁山区工程建设的主要地质灾害。危岩是指岩体被结构面切割，在外力作用下产生松动和塌落；崩塌是边坡破坏的一种形式，是指高、陡边坡的上部岩土体受裂隙切割，在重力作用下突然脱离母岩，翻滚坠落的急剧破坏现象，包括土崩、岩崩、山崩、岸崩等。

崩塌与滑坡相比，它有如下特点：

① 运动速度：滑坡运动多是缓慢的，而崩塌体运动速度快、发生猛烈。

② 运动面：滑坡多沿固定的面或带运动，而崩塌没有固定的运动面。

③ 形态：滑坡发生后，仍保持原来的相对整体性，而崩塌体原来的整体性则完全遭到破坏。

④ 位移：一般滑坡的水平位移大于垂直位移，而崩塌体以垂直位移为主。

2) 危岩及崩塌的形成条件

(1) 地形地貌条件

陡峻的斜坡地形是形成崩塌的必要条件，一般斜坡坡度大于 $45°$，高度超过 $30\ m$ 的地段，有利于发生崩塌。在河谷地貌中，峡谷两岸通常为坚硬基岩裸露，坡角为 $50°\sim70°$，发育有卸荷裂隙和风化裂隙，故崩塌容易发生；宽谷两岸坡多低缓，但河曲凹岸，河流的侧蚀作用致使岸坡底部被掏空，有利于崩塌的产生。冲沟岸坡、山坡陡崖，其边坡常常也发生崩塌。在丘陵或分水岭地区，崩塌较少。

(2) 地层岩性条件

高陡边坡多由硬岩构成，而易风化的软岩多构成低缓边坡。如果边坡底部有一层软岩,上部为硬岩,由于差异风化就会形成大规模的崩塌。如果软、硬岩相间分布,形成的崩塌规模较小。如果硬岩边坡的底部有一层可溶岩,当地下水或河水对可溶岩产生溶蚀后也可能产生崩塌。

（3）地质构造条件

① 褶皱：在核部,坡面方向与轴线垂直所产生的崩塌比两者平行时所产生的崩塌规模要小；在翼部,崩塌有可能沿岩层面形成。

② 断层：使岩石破碎,若线路与断裂带平行多易发生崩塌。

③ 节理：如果节理的产状和组合关系出现楔形体岩体时,这时有崩塌和落石的危险；如果其中充满黏土、风化矿物,干燥时较稳定,吸水后极危险。

（4）水条件

① 降雨："大雨大崩,小雨小崩,无雨不崩",崩塌多发生在雨季。

② 地下水：增加岩土体重量；产生静、动水压力、浮托力；降低岩土体力学性质。

（5）其他原因

① 列车振动、地震。

② 施工不当：开挖由下至上；大爆破开挖。

③ 设计不当：设计边坡过陡过高。

3）危岩和崩塌的分类

对危岩和崩塌进行分类,便于对潜在的崩塌体进行稳定性评价和预防治理。国内外对危岩和崩塌的分类尚无统一标准,以下介绍的是国内工程勘察单位较为常见的几种分类方法。

① 按危岩和崩塌体的岩性划分：岩体型、土体型、混合型。

② 按崩塌发生的原因划分：断层型、节理裂隙型、风化碎石型、硬软岩接触带型。

③ 根据崩塌区落石方量和处理的难易程度划分：

Ⅰ类：崩塌区落石方量大于 5 000 m³,规模大,破坏力强,破坏后果很严重。

Ⅱ类：崩塌区落石方量为 500～5 000 m³。

Ⅲ类：崩塌区落石方量小于 500 m³。

但实际上,由于对城市和乡村、建筑物和线路工程,崩塌造成的后果很不一致,难以用某一具体标准衡量,故在实际应用时应有所说明。

④ 根据崩塌的发展模式划分：倾倒式、滑移式、鼓胀式、拉裂式、错断式 5 种基本类型及其过渡类型。表 8-2 列举了此 5 种危岩和崩塌发生的岩性、结构面、地形地貌、崩塌体形状、受力状态、起始运动形式及失稳主要影响因素等特征。

表 8-2　按发展模式分类的危岩和崩塌及其主要特征

类型	岩性	结构面	地形地貌	崩塌体形状	受力状态	起始运动形式	失稳主要影响因素
倾倒式	黄土、石灰岩及其他直立岩层	多为垂直节理、柱状节理、直立岩面层	峡谷、直立岸坡、悬崖等	板状、长柱状	主要受倾覆力矩作用	倾倒	静水压力、动水压力、地震力、重力

类型	岩性	结构面	地形地貌	崩塌体形状	受力状态	起始运动形式	失稳主要影响因素
滑移式	多为软硬相间的岩层，如石灰岩夹薄层页岩	有倾向临空面的结构面	陡坡常常大于55°	可能组合成各种形状，如板状、楔形、圆柱状等	滑移面主要受剪切力作用	滑移	重力、静水压力、动水压力
鼓胀式	直立的黄土、黏土或坚硬岩石下有较厚软岩层	上部垂直节理、柱状节理，下部为近水平的结构面	陡坡	岩体高大	下部软岩受垂直挤压	鼓胀、滑移、倾斜	重力、水的软化作用
拉裂式	多见于软硬相间的岩层	风化裂隙和重力张拉裂隙	上部突出的悬崖	上部硬岩层以悬臂梁形式突出	张拉	张裂	重力作用
错断式	坚硬岩石或黄土	垂直裂隙发育，通常无倾向临空面的结构面	大于45°的陡坡	多为板状、长柱状	自重引起的剪切力	错断	重力作用

引用自《岩土工程勘察与评价》（高金川、张家铭）。

4）防治措施

（1）修筑遮挡建筑物

① 拱形明洞，由拱圈和两侧边墙构成。

② 板式棚洞，由钢筋混凝土顶板和两侧边墙构成。

③ 悬臂式棚洞，由悬臂顶板和内边墙组成。

（2）支挡加固

常用措施有：支护墙、支撑垛、嵌补、锚固、灌浆、勾缝等。

（3）拦截

常用措施有：拦石墙、拦石网、落石槽、落石平台等。

（4）其他防崩措施

① 绕避：以隧道、旱桥绕到河谷对岸的方式，绕过大规模、大范围的崩塌。

② 排水：注重截水沟对地表水的拦截。

③ 清除：对小规模的落石或危岩，采用清除方法，并做好坡面加固。

8.3.2 勘察技术要求

危岩和崩塌勘察宜在可行性研究或初步勘察阶段进行，应查明产生崩塌的条件及其规模、类型、范围，并对工程建设适宜性进行评价，提出防治方案的建议。危岩和崩塌地区工程地质测绘的比例尺宜采用 1∶1 000～1∶500，崩塌方向主剖面的比例尺宜采用 1∶200。

危岩和崩塌的勘察除常规内容外，尚应查明下列内容：

① 地形地貌及崩塌类型、规模、范围、崩塌体的大小和崩落方向。

② 岩体基本质量等级、岩性特征和风化程度。

③ 地质构造，岩体结构类型，结构面的产状、组合关系、闭合程度、力学属性、延展及贯穿情况。

④ 气象（重点是大气降水）、水文、地震和地下水的活动。

⑤ 崩塌前的迹象和崩塌原因。

⑥ 当地防治崩塌的经验。

当需判定危岩的稳定性时，宜对张裂缝进行监测。对有较大危害的大型危岩，应结合监测结果，对可能发生崩塌的时间、规模、滚落方向、途径、危害范围等做出预报。

各类危岩和崩塌的岩土工程评价应符合下列规定：

① 规模大，破坏后果很严重，难于治理的，不宜作为工程场地，线路应绕避。

② 规模较大，破坏后果严重的，应对可能产生崩塌的危岩进行加固处理，线路应采取防护措施。

③ 规模小，破坏后果不严重的，可作为工程场地，但应对不稳定危岩采取治理措施。

危岩和崩塌区的岩土工程勘察报告除常规内容外，尚应阐明危岩和崩塌区的范围、类型，以及作为工程场地的适宜性，并提出防治方案的建议。

8.4　泥石流

8.4.1　概述

1）概念

泥石流是发生在山区的一种携带有大量泥砂、石块的暂时性急水流，其固体物质含量有时超过水量，是介于挟砂水流和滑坡之间的土石、水、气混合流或颗粒剪切流。它往往突然暴发，来势凶猛，运动快速，历时短暂，破坏强烈，是严重威胁山区居民安全和工程建设的重要工程地质和岩土工程问题。尤其是近半个世纪以来，由于生态平衡破坏的不断加剧，世界上许多多山国家的建筑场地或居民区周围灾害性泥石流频频发生，造成了惨重损失。

泥石流现象经常发生在诸如干涸的山谷、峡谷、冲沟或河流这样一些陆域表面，有时也出现在江、湖、海底形成所谓的浊流运动。

2）形成条件

泥石流是在有利于大量地表径流突然聚集、有利于水流搬运大量泥砂石块的特定地形地貌、地质、气候条件下形成的，通常其形成必须具备下述三个基本条件。

（1）地形条件

泥石流大多起始于陡峻宽阔的山岳地区，沿纵坡降较大的狭窄沟谷活动，最后堆积于开阔平坦的沟口。泥石流流域的地形条件影响着流域内径流过程，进而和影响各种松散固体物质参与泥石流的形成和泥石流规模。典型的泥石流流域可划出形成区、流通区和堆积区三个区段（图 8-2），它包括分水岭脊线和泥石流活动范围内的面积，亦即清水汇流面积与堆积扇面积。

　　由于泥石流流域具体的地形地貌条件不同,上述三个区段,有时不可能明显分开,有时则可能缺乏某个区段。

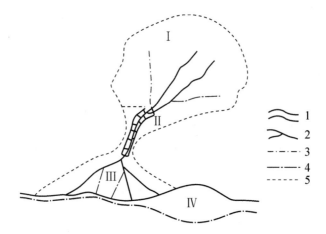

Ⅰ—泥石流形成区;Ⅱ—泥石流流通区;Ⅲ—泥石流堆积区;Ⅳ—泥石流堵塞河流形成的湖泊;
1—峡谷;2—有水沟床;3—无水沟床;4—分区界限;5—流域界限

图8-2　典型泥石流流域示意图

引用自《岩土工程勘察》(项伟、唐辉明)。

　　(2)地质条件

　　泥石流流域的地质条件决定了松散固体物质的来源、组成、结构、补给方式和补给速度等。泥石流强烈发育的山区,多是地质构造复杂、岩石风化破碎、新构造运动活跃、地震频发、崩滑灾害多发的地段。这样的地段,既因岩土体松散为泥石流的发生提供了丰富的固体物质来源,又因地形高耸陡峻,高差对比大,为泥石流活动提供了强大的势能储备。

　　(3)气象水文条件

　　强烈的地表径流是泥石流形成的必要条件,它是暴发泥石流的动力条件,通常来源于暴雨、高山冰雪强烈融化和水体溃决。由此可将泥石流划分为暴雨型、冰雪融化型和水体溃决型等类型。另外气象水文条件对泥石流的影响还体现在风化作用上,特别是物理风化的破碎作用,为泥石流提供固体物质来源。

　　除上述自然条件异常变化导致泥石流发生外,人类工程经济活动也不可忽略,它不但会直接诱发泥石流灾害,还往往会加重区域泥石流活动强度。人类工程经济活动对泥石流影响的消极因素颇多,如毁林、开荒与陡坡耕种、放牧、水库溃决、渠水渗漏、工程和矿山弃渣不当等。这些有悖于环境保护的工程活动,往往导致大范围生态失衡、水土流失,并产生大面积山体崩滑现象,为泥石流发生提供了充足固体物质来源,泥石流的发生、发展又反过来加剧环境恶化,从而形成一个负反馈增长的生态环境演化机制。为此必须采取固土、控水、稳流等措施,抑制因人类不合理工程活动所诱发的泥石流灾害,保护建筑场地稳定。

　　3)泥石流分类

　　泥石流的分类由于划分标准不同而有多种,既可以依据单一指标特征划分,也可按泥石流的综合特征划分。以下介绍几种常见的划分类型。

（1）按泥石流规模分类

按泥石流规模分为：特大型、大型、中型、小型。各类型的划分依据见表 8-3。

表 8-3　泥石流按规模分类表

指标	类型			
	特大型	大型	中型	小型
泥石流一次堆积总量（$10^4 m^3$）	＞100	10～100	1～10	＜1
泥石流洪峰量（m^3/s）	＞200	100～200	50～100	＜50

引用自《泥石流灾害防治工程勘察规范》（DZ/T 0220—2006）。

（2）按泥石流流体性质分类

按泥石流流体性质分为黏性和稀性两大类，泥流、泥石流、水石流三个亚类（表 8-4）。

表 8-4　泥石流按流体性质分类表

特性	黏性		稀性		
	泥流	泥石流	泥流	泥石流	水石流
泥石流流体密度 ρ_c（kg/m^3）	＞1.5×10^3	$1.6 \times 10^3 \sim$ 2.3×10^3	$1.3 \times 10^3 \sim$ 1.5×10^3	$1.2 \times 10^3 \sim$ 1.8×10^3	$1.2 \times 10^3 \sim$ 1.6×10^3
黏度 η（Pa·s）	＞0.3	＞0.3	＜0.3	＜0.3	＜0.3
流体特性	呈层流状态，固液两相物质呈整体等速运动。阵性流明显，黏滞性强，浮托力大	呈层流状态，固液两相物质呈整体等速运动，无垂直交换，流体黏稠，浮托力大，能使巨大的漂石悬移或滚动，阵性流明显	呈紊流状态，有时具波状流，有"泥浪"，砾石、碎石、块石呈滚动跃移前进	呈紊流状态，漂、块石流速慢于浆体流速，呈滚动或跃移前进	呈紊流状态，无阵性流现象。固体物流速慢于浆体流速，砾石、块石呈推移式前进
堆积特性	多呈舌状或坎坷不平土堆，表层常有"泥球"	呈扇状或舌状，表面坎坷不平	呈扇状或垄岗状，间有"泥球"	呈扇状或垄岗状	一般呈扇状
危害作用	大量泥土冲出沟口或沟外，堵塞桥涵，淤埋道路或农田村庄	泥石流来势迅猛，冲击破坏力大，能使大型桥梁、房屋、护岸建筑等在短时间内遭受破坏	冲击力较小，对建筑物产生慢性冲刷破坏，淹没农田、道路	冲击力较大，磨蚀力较弱，对建筑物产生慢性冲刷破坏	以冲刷为主，对护岸及桥涵建筑物产生慢性冲刷破坏

引用自《泥石流灾害防治工程勘察规范》（DZ/T 0220—2006）。

（3）泥石流工程分类

泥石流工程分类的目的是解决泥石流沟谷作为各类建筑场地的适应性问题，它综合反映了泥石流成因、物质组成、流域特征、危害程度等，属于综合性的分类，对泥石流的整治更具有实际指导意义。泥石流工程分类见表 8-5。

表 8-5 泥石流工程分类

类别	泥石流类型	流域特征	亚型	严重程度	流域面积（km²）	固体物一次冲出量（×10⁴ m³）	流量（m³/s）	堆积区面积（km²）
Ⅰ类（高频率泥石流沟谷）	基本上每年均有泥石流发生。固体物质主要来源于沟谷的滑坡、崩塌。暴发雨强小于 2～4 mm/10 min。除岩性因素外,滑坡、崩塌严重的沟谷多发生黏性泥石流,规模大;反之,多发生稀性泥石流,规模小	多位于强烈抬升区,岩层破碎,风化强烈,山体稳定性差。泥石流堆积新鲜,无植被或仅有稀疏草丛。黏性泥石流沟中下游沟床坡度大于 4%	Ⅰ₁	严重	>5	>5	>100	>1
			Ⅰ₂	中等	1～5	1～5	30～100	<1
			Ⅰ₃	轻微	<1	<1	<30	—
Ⅱ类（低频率泥石流沟谷）	暴发周期一般在 10 年以上。固体物质主要来源于沟床,泥石流发生时"揭床"现象明显。暴雨时坡面产生的浅层滑坡往往是激发泥石流形成的重要因素。暴发雨强一般大于 4 mm/10 min,规模一般较大,性质有黏有稀	山体稳定性相对较好,无大型活动性滑坡、崩塌。沟床和扇形地上巨石遍布。植被较好,沟床内灌木丛密布,扇形地多已辟为农田。黏性泥石流沟中下游沟床坡度小于 4%	Ⅱ₁	严重	>10	>5	>100	>1
			Ⅱ₂	中等	1～10	1～5	30～100	<1
			Ⅱ₃	轻微	<1	<1	<30	—

引用自《岩土工程勘察规范》(GB 50021—2001)(2009 年版)。

4）防治措施

泥石流防治措施的主要作用是削弱泥石流活动强度,引导规范泥石流活动途径和范围,保护受灾对象。根据防治功能大致分为下列七种类型:

① 治水工程:修建水库、水塘和引水渠道、排水渠道、隧洞工程,调蓄、引导泥石流流域的地表水,改善泥石流形成与发展的水动力条件。

② 拦挡工程:修建拦挡坝、谷坊等,拦截泥石流,削弱泥石流强度,沉积砂石,减小泥石流破坏能力。

③ 排导工程:修建排导沟、导流堤、顺水坝等工程,规范泥石流流径,削弱泥石流强度。

④ 停淤工程:开辟人工停淤场,引导规范泥砂淤积场所。

⑤ 跨越工程:铁路、公路、桥梁高架于沟谷上方,跨越泥石流。

⑥ 穿越工程:铁路、公路以隧道、明硐从下方穿越泥石流沟。

⑦ 防护工程:修建护坡、挡墙、顺坝、丁坝等,保护房屋、铁路、公路、桥梁等工程设施,抵御泥石流的冲击。

泥石流防治措施要多种工程联合运用,而且要与非工程措施相结合才能取得充分的防治效果。

8.4.2　勘察技术要求

泥石流勘察应在可行性研究或初步勘察阶段进行,应查明泥石流的形成条件和泥石流的类型、规模、发育阶段、活动规律,对工程场地做出适宜性评价,提出防治方案的建议。泥石流勘察应以工程地质测绘和调查为主,测绘范围应包括沟谷至分水岭的全部地段和可能受泥石流影响的地段。测绘比例尺,对全流域宜采用 1 : 50 000,对中下游可采用 1 : 10 000~1 : 2 000。

泥石流勘察除常规内容外,尚应调查下列内容:

① 冰雪融化和暴雨强度,一次最大降雨量,平均及最大流量,地下水活动等情况。

② 地形地貌特征,包括沟谷的发育程度、切割情况、坡度、弯曲、粗糙程度,并划分泥石流的形成区、流通区和堆积区,圈绘整个沟谷的汇水面积。

③ 形成区的水源类型、水量、汇水条件、山坡坡度,岩层性质和风化程度;查明断裂、滑坡、崩塌、岩堆等不良地质作用的发育情况及可能形成泥石流固体物质的分布范围、储量。

④ 流通区的沟床纵横坡度、跌水、急湾等特征;查明沟床两侧山坡坡度、稳定程度、沟床的冲淤变化和泥石流的痕迹。

⑤ 堆积区的堆积扇分布范围、表面形态、纵坡、植被、沟道变迁和冲淤情况;查明堆积物的性质、层次、厚度、一般粒径和最大粒径;判定堆积区的形成历史、堆积速度,估算一次最大堆积量。

⑥ 泥石流沟谷的历史,历次泥石流的发生时间、频数、规模、形成过程、暴发前的降雨情况和暴发后产生的灾害情况。

⑦ 开矿弃渣、修路切坡、砍伐森林、陡坡开荒和过度放牧等人类活动情况。

⑧ 当地防治泥石流的经验。

当需要对泥石流采取防治措施时,应进行勘探测试,进一步查明泥石流堆积物的性质、结构、厚度、固体物质含量、最大粒径、流速、流量、冲出量和淤积量。

泥石流地区工程建设适宜性的评价,应符合下列要求:

① Ⅰ₁ 类和 Ⅱ₁ 类泥石流沟谷不应作为工程场地,各类线路宜避开。

② Ⅰ₂ 类和 Ⅱ₂ 类泥石流沟谷不宜作为工程场地,当必须利用时应采取治理措施;线路应避免直穿堆积扇,可在沟口设桥(墩)通过。

③ Ⅰ₃ 类和 Ⅱ₃ 类泥石流沟谷可利用其堆积区作为工程场地,但应避开沟口;线路可在堆积扇通过,可分段设桥和采取排洪、导流措施,不宜改沟、并沟。

④ 当上游大量弃渣或进行工程建设,改变了原有供排平衡条件时,应重新判定产生新的泥石流的可能性。

泥石流岩土工程勘察报告的分析评价,除常规内容外,尚应包括下列内容:

① 泥石流的地质背景和形成条件。

② 形成区、流通区、堆积区的分布和特征,绘制专门工程地质图。

③ 划分泥石流类型,评价其对工程建设的适宜性。

④ 泥石流防治和监测的建议。

8.5　地面沉降

8.5.1　概述

1）概念

地面沉降又称为地面下沉或地陷，是指在自然或人类工程的影响下，地下松散土层的固结收缩压密作用，导致地表发生的下降运动。

地面沉降分为构造沉降、抽水沉降和采空沉降。

① 构造沉降：由地壳沉降运动引起的地面下沉现象。

② 抽水沉降：由于过量抽汲地下水（或油、气）引起水位（或油、气压）下降，在欠固结或半固结土层分布区，土层固结压密而造成的大面积地面下沉现象。

③ 采空沉降：因地下大面积采空引起顶板岩（土）体下沉而造成的地面碟状洼地现象。

2）沉降原因

（1）产生地面沉降的物质基础

地面沉降主要是抽取地下流体引起土层压缩而引起的，厚层松散细粒土层的存在构成了地面沉降的物质基础。易发生地面沉降的地质结构为砂层、黏土层的松散土层结构。随着抽取地下水，承压水位降低，含水层本身及其上下相对隔水层中孔隙水压力减小，地层压缩导致地面发生沉降。

（2）全球海平面上升

气候变暖导致全球海平面上升，使沿海地区沉降问题更加突出，中国沿海地区大都面临着海平面上升问题。海平面上升值叠加在地面沉降值上带来的诸多灾害性后果是不容忽视的。在这个方面尤以天津地区最为显著。天津沿海下降区从全新世以来一直处于下沉阶段，下沉速率为 1 mm/a，随着地下水开采量的增加，沉降速率也趋于加快。同时，渤海湾地区近几十年来海平面处于持续上升阶段，年绝对上升量为 1～5 mm，加上地壳升降影响，年上升量在 1.5～8 mm 之间。海平面上升和局部地面下沉的复合作用虽然短期内量不大，然而因其持续作用的周期较长，从长远来看，对天津地区的影响很大，应引起极大的关注。

（3）软土地基自然沉降的影响

沿海地区大多沉积有巨厚的第四纪松散沉积物，如天津塘沽新港区地基，土系第四纪全新世滨海沉积，地面下 2～4 m 多为吹填土和杂填土，地面下 10 m 左右的土层基本上是淤泥质的。这些沉积物含水量高，黏粒含量高，固结程度差，大多未固结，在达到完全固结之前，必然会自然沉降。

（4）过量抽取地下流体

地面沉降与地下水开采量和水位动态变化有着密切联系，过量抽取地下流体是产生地面沉降的主因。地面沉降中心与地下水开采漏斗中心具有明显一致性。地面沉降区与地下水集中开采区大体相吻合。地面沉降量等值线展布方向与地下水开采漏斗等值线展布方向基本一致，地面沉降速率与地下液体的开采量和开采速率有良好的对应关系。地面沉降量及各单层的压密量与承压水位的变化密切相关。许多地区已通过人工回灌或限制地下水开采来恢复和抬高地下水位,控制了地面沉降发展,有些地区还使地面有所回升。

（5）建筑施工造成的局部沉降

相对于因抽取地下水流体引起的地面下沉而言,城市建设造成的地面沉降是局部的,有时也是不可逆转的。城市建设施工造成局部地面沉降主要是以高层建筑基础工程为代表,如基坑开挖、降排水、沉桩等。沉降效应较为明显的工程措施有开挖、降排水、盾构掘进、沉桩等。若揭露有流砂性质的饱水砂层或具流变特性的饱和淤泥质软土,在开挖深度和面积较大的基坑时,则有可能造成支护结构失稳,从而导致基坑周边地区地面沉降。而规模较大的隧道、涵洞的开挖有时具有更显著的沉降效应。

（6）开采油气资源引起地面沉降

在油气田区,开采油气资源也会引起地面沉降。根据大港油田的有关资料,2 500 m 以下普遍出现了欠压密地层,当油气开采后,必将使流体压力降低,固体颗粒有效应力增加,使地层进一步固结压密,从而引起地面沉降。因此,石油天然气的开采也是引起油气田区地面沉降的因素之一。

3）地面沉降危害

① 防潮堤抗风暴潮能力降低,风暴潮频率、强度增加。

② 建筑物地基下沉,房屋开裂破坏,地下管道受损。

③ 地面水准点失效,地面高程资料失效。地面沉降影响河道输水,城市内涝严重。

④ 河床下沉,河道防洪排涝能力降低,影响南水北调等引水工程安全,桥下净空变小影响泄洪和航运。

⑤ 加剧了农业灾害,土质趋于恶化。

⑥ 铁路安全受到威胁,加厚路基碎石垫层。

4）地面沉降的研究、预测及防治

（1）地面沉降的工程地质研究

为了掌握地面沉降的规律和特点,合理拟定控制地面沉降的措施,研究工作主要包括下述内容:

① 地区地质结构的研究。

② 地面水准点的定期测量。

③ 地下水开采量统计及地下水位的长期观测。

④ 黏性土层孔隙水压力的观测。

⑤ 土层性质的测试。

⑥ 各土层实际沉降量的监测及土性参数的反算。

（2）地面沉降的预防措施

地面沉降一旦产生,很难恢复。因此,对于已发生地面沉降的地区,一方面应根据所处的地理环境和灾害程度,因地制宜采取治理措施,以减轻或消除危害;另一方面,还应在查明沉降影响因素的基础上,及时主动地采取控制地面沉降继续发展的措施。

① 对已发生地面沉降的地区,可根据工程地质、水文地质条件采取下列控制和治理方案:

a. 减小地下水开采量和水位降深,调整开采层次,合理开发。当地面沉降发展剧烈时,应暂时停止开采地下水。

b. 对地下水进行人工补给。回灌时应控制回灌水源的水质标准,以防止地下水被污染,并应根据地下水动态和地面沉降规律,制定合理的回灌方案。采用人工补给、回灌的方法在上海地面沉降的治理、控制中已取得较好的成效。

c. 限制工程建设中的人工降低地下水位。

d. 采取开源与节流并举的措施。

开源与节流是压缩地下水开采量的保证,也是控制地面沉降的间接措施。

开源就是开辟新的水源地,主要包括:修建引水明渠或输水廊道,引进沉降区以外的地表水;开发覆盖层下的基岩裂隙水和岩溶水;污水处理(中水)再利用;海水利用。

节流就是要调整城市供水计划,制定行政法规,如《地下水资源管理细则》《城市节约用水规定》等,以促进节水工作。

比如天津的引滦入津工程、西安的黑河引水工程就是实施开源、控制地面沉降的有力措施。

② 对可能发生地面沉降的地区应预测地面沉降的可能性和估算沉降量,并可采取下列预测和防治措施:

a. 根据场地工程地质、水文地质条件,预测可压缩层的分布。

b. 根据抽水试验、渗透试验、先期固结压力试验、流变试验、载荷试验等测试成果和沉降观测资料,计算分析地面沉降量和发展趋势。

c. 提出合理开发地下水资源、限制人工降低地下水位及在地面沉降区进行工程建设应采取措施的建议。

在提出地下水资源合理开采方案之前,应先根据已有条件确定开采区的临界水位值。因为临界水位值就是不引起地面沉降或不引起明显地面沉降的地下水位,它是决策部门制定合理开发地下水资源方案的重要科学依据。在我国,对于超固结地层,常用先期固结压力确定临界水位值,即:

$$h_{临} = h_0 - \frac{p_c - p_0}{\gamma_w} \tag{8-1}$$

式中:$h_{临}$——地下水临界水位标高(m);

h_0——原有效上覆压力(P_0)时的地下水位标高(m);

p_0——有效上覆压力(kPa);

p_c——先期固结压力(kPa);

γ_w——水的重度(kN/m³)。

8.5.2 勘察技术要求

对已发生地面沉降的地区,地面沉降勘察应查明其原因和现状,并预测其发展趋势,提出控制和治理方案。对可能发生地面沉降的地区,应预测发生的可能性,并对可能的沉降层位做出估计,对沉降量进行估算,提出预防和控制地面沉降的建议。

对地面沉降原因进行探求,应调查下列内容:

① 场地的地貌和微地貌。

② 第四纪堆积物的年代、成因、厚度、埋藏条件和土性特征,硬土层和软弱压缩层的

分布。

③ 地下水位以下可压缩层的固结状态和变形参数。

④ 含水层和隔水层的埋藏条件和承压性质,含水层的渗透系数、单位涌水量等水文地质参数。

⑤ 地下水的补给、径流、排泄条件、含水层间或地下水与地面水的水力联系。

⑥ 历年地下水位、水头的变化幅度和速率。

⑦ 历年地下水的开采量和回灌量,开采或回灌的层段。

⑧ 地下水位下降漏斗及回灌时地下水反漏斗的形成和发展过程。

对地面沉降现状的调查,应符合下列要求:

① 按精密水准测量要求进行长期观测,并按不同的结构单元设置高程基准标、地面沉降标和分层沉降标。

② 对地下水的水位升降,开采量和回灌量,化学成分,污染情况和孔隙水压力消散、增长情况进行观测。

③ 调查地面沉降对建筑物的影响,包括建筑物的沉降、倾斜、裂缝及其发生时间和发展过程。

④ 绘制不同时间的地面沉降等值线图,并分析地面沉降中心与地下水位下降漏斗的关系及地面回弹与地下水位反漏斗的关系。

⑤ 绘制以地面沉降为特征的工程地质分区图。

对已发生地面沉降的地区,可根据工程地质和水文地质条件,建议采取下列控制和治理方案:

① 减少地下水开采量和水位降深,调整开采层次,合理开发,当地面沉降发展剧烈时,应暂时停止开采地下水。

② 对地下水进行人工补给,回灌时应控制回灌水源的水质标准,以防止地下水被污染。

③ 限制工程建设中的人工降低地下水位。

对可能发生地面沉降的地区应预测地面沉降的可能性和估算沉降量,并可采取下列预测和防治措施:

① 根据场地工程地质、水文地质条件,预测可压缩层的分布。

② 根据抽水压密试验、渗透试验、先期固结压力试验、流变试验、载荷试验等的测试成果和沉降观测资料,计算分析地面沉降量和发展趋势。

③ 提出合理开采地下水资源、限制人工降低地下水位及在地面沉降区内进行工程建设应采取措施的建议。

8.6 采空区

8.6.1 概述

1) 采空区地表变形特征

采空区按开采的现状分为老采空区、现采空区、未来采空区三类。由于采空区是人为采掘地下固体资源留下的地下空间,会导致地下空间周围的岩土体向采空区移动。当开采空间的位置很深或尺寸不大时,则采空区围岩的变形破坏将局限在一个很小的范围内,不会波及地表;当开采空间位置很浅或尺寸很大时,采空区围岩变形破坏往往波及地表,使地表产生沉降,形成地表移动盆地,甚至出现崩塌和裂缝,以致危及地面建筑物安全,发生采空区场地特有的岩土工程问题。作为地下采空区场地,不同部位其变形类型和大小各不相同,且随时间发生变化,对建设工程都有重要影响。如铁路、高速公路、引水管线工程、工业与民用建筑等工程的选址及其地基处理都必须考虑采空区场地的变形及发展趋势影响。此外,采空区还会诱发冒顶、片帮、突水、矿震、地面塌陷等地质灾害。

大量采空区调查资料表明,采空区的地表变形特征主要表现如下:

(1) 地表变形分区

当地下固体矿产资源开采影响到地表以后,在地下采空区上方地表将形成一个凹陷盆地,或称为地表移动盆地。一般来说,地表移动盆地的范围要比采空区面积大得多,盆地呈近似椭圆形。在矿层平缓和充分采动的情况下,发育完全的地表移动盆地可分为 3 个区(图 8-3):① 中间区。位于采空区正上方,其地表下沉均匀,地面平坦,一般不出现裂缝,地表下沉值最大。② 内边缘区。位于采空区内侧上方,其地表下沉不均匀,地面向盆地中倾斜,呈凹形,一般不出现明显的裂缝。③ 外边缘区。位于采空区外侧矿层上方,其地表下沉不均匀,地面向盆地中心倾斜,呈凸形,常有张裂缝出现。地表移动盆地和外边界,常以地表下沉 10 mm 的标准圈定。

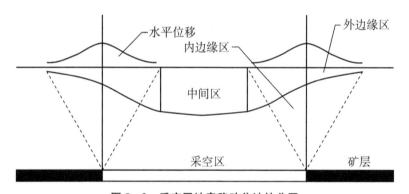

图 8-3 采空区地表移动盆地的分区
引用自《岩土工程勘察与评价》(高金川、张家铭)。

(2) 影响地表变形的因素

研究表明,采空区地表变形的大小及其发展趋势、地表移动盆地的形态与范围等受多种因素的影响,归纳起来主要有以下几种:

① 矿层因素

表现在矿层埋深愈大(即开挖深度愈大),变形扩展到地表所需的时间愈长,地表变形值愈小,地表变形比较平缓均匀,且地表移动盆地范围较大。矿层厚度愈大,采空区愈大,促使地表变形值增大。矿层倾角愈大,使水平位移增大,地表出现裂缝的可能性加大,且地表移动盆地与采空区的位置也不对称等。

② 岩性因素

上覆岩层强度高且单层厚度大时,其变形破坏过程长,不易影响到地表。有些厚度大的坚硬岩层,甚至长期不产生地表变形;而强度低、单层厚度薄的岩层则相反。脆性岩层易出现裂缝,而塑性岩层则往往表现出均匀沉降变形。另外,地表第四系堆积物愈厚,则地表变形值愈大,但变形平缓均匀。

③ 地质构造因素

岩层节理裂隙发育时,会促使变形加快,变形范围增大,扩大地表裂隙区。而断层则会破坏地表变形的正常规律,改变移动盆地的范围和位置。同时,断层带上的地表变形会更加剧烈。

④ 地下水因素

地下水活动会加快变形速率,扩大变形范围,增大地表变形值。

⑤ 开采条件因素

矿层开采和顶板处理方法及采空区的大小、形状、工作面推进速度等都影响着地表变形值、变形速度和变形方式。若以柱房式开采和全充填法处理顶板时,对地表变形影响较小。

2) 采空区防治措施

采空区的防治以预防为主,如采用充填法采矿。其治理视具体情况而论,如小窑浅部采空区可用全充填压力注浆法或用钻孔灌注桩嵌入采空区底板。

在采空区通常采取下列措施防止地表和建筑物变形:

(1) 开采工艺措施

① 采用充填法处置顶板,及时全部充填或两次充填,以减少地表下沉量。

② 减少开采厚度,或采用条带法开采,使地表变形不超过建筑物的允许变形值。

③ 增大采空区宽度,使地表移动均匀。

④ 控制开采,使开采推进速度均匀、合理。

(2) 采空区场地上建筑物的设计措施

① 建筑物长轴应垂直工作面的推进方向。

② 建筑物平面形状应力求简单。

③ 基础底部应位于同一标高和岩性均一的地层上,否则应设置沉降缝分开。当基础埋深不相等时,应采用台阶过渡。建筑物不宜采用柱廊和独立柱。

④ 加强基础刚度和上部结构强度。

⑤ 建筑物的不同结构单元应相对独立,建筑物长高比不宜大于 2.5。

8.6.2　勘察技术要求

采空区勘察应查明老采空区上覆岩层的稳定性,预测现采空区和未来采空区的地表移动、变形特征和规律,判定其作为工程场地的适宜性。

采空区的勘察宜以搜集资料、调查访问为主,并应查明下列内容:

① 矿层的分布、层数、厚度、深度、埋藏特征和上覆岩层的岩性、构造等。

② 矿层开采的范围、深度、厚度、时间、方法和顶板管理,采空区的塌落、密实程度、空隙和积水等。

③ 地表变形特征和分布,包括地表陷坑、台阶、裂缝的位置、形状、大小、深度、延伸方向及其与地质构造开采边界、工作面推进方向等的关系。

④ 地表移动盆地的特征,划分中间区、内边缘区和外边缘区,确定地表移动和变形的特征值。

⑤ 采空区附近的抽水和排水情况及其对采空区稳定性的影响。

⑥ 搜集建筑物变形和防治措施的经验。

对于老采空区和现采空区,当工程地质调查不能查明采空区的特征时,应进行物探和钻探。对于现采空区和未来采空区,应通过计算预测地表移动和变形的特征值,计算方法可按现行标准《建筑物、水体、铁路及主要井巷煤柱留设与压煤开采规程》(2017 版)执行。

采空区宜根据开采情况、地表移动盆地特征和变形大小,划分为不宜作为建筑场地和相对稳定的场地,并宜符合下列规定:

① 下列地段不宜作为建筑场地:

a. 在开采过程中可能出现非连续变形的地段。

b. 地表移动活跃的地段。

c. 特厚矿层和倾角大于 55°的厚矿层露头地段。

d. 地表移动和变形引起边坡失稳和山崖崩塌的地段。

e. 地表倾斜大于 10 mm/m,地表曲率大于 0.6 mm/m²,或地表水平变形大于 6 mm/m 的地段。

② 下列地段作为建筑场地时,应评价其适宜性:

a. 采空区采深采厚比小于 30 的地段。

b. 采深小,上覆岩层极坚硬,并采用非正规开采方法的地段。

c. 地表倾斜为 3～10 mm/m,地表曲率为 0.2～0.6 mm/ m² 或地表水平变形为 2～6 mm/m 的地段。

采深小、地表变形剧烈且为非连续变形的小窑采空区,应通过搜集资料、调查、物探和钻探等工作,查明采空区和巷道的位置、大小、埋藏深度、开采时间、开采方式、回填塌落和充水等情况;并查明地表裂缝、陷坑的位置、形状、大小、深度、延伸方向及其与采空区的关系。

小窑采空区的建筑物应避开地表裂缝和陷坑地段。对次要建筑且采空区采深采厚比大于 30,地表已经稳定时可不进行稳定性评价;当采深采厚比小于 30 时,可根据建筑物的基底压力、采空区的埋深、范围和上覆岩层的性质等评价地基的稳定性,并根据矿区经验提出处理措施的建议。

8.7　场地和地震效应

8.7.1　概述

1) 场地和地震效应危害

我国是一个多地震的国家,在华北、华东、西南、西北等区域地震频繁,历史上许多大的、灾难性的地震基本都发生在这些地区。所以,《岩土工程勘察规范》(GB 50021—2001)(2009 年版)规定:抗震设防烈度等于或大于 6 度的地区,应进行场地和地基地震效应的岩土工程勘察。

对于场地和地基的地震效应,不同的烈度区有不同的考虑,一般包括下列内容:

① 相同的基底地震加速度,由于覆盖层厚度和土的剪切模量不同,会产生不同的地面运动。

② 强烈的地面运动会造成场地和地基的失稳或失效,如地裂、液化、震陷、崩塌、滑坡等。

③ 地表断裂造成的破坏。

④ 局部地形、地质结构的变异引起地面异常波动造成的破坏。

饱和砂土、饱和粉土在地震作用下丧失抗剪强度和承载力,土颗粒处于悬浮状态或流动状态的地震液化作用能使较大区域内出现喷水冒砂、地面下沉、塌陷、流滑,使许多道路、桥梁、工业设施、民用建筑、水利工程堤防等工程遭受破坏。所以,在场地和地基的地震效应岩土工程勘察中,地震液化是一定地震烈度在特定地质环境中造成的一种最为突出的区域稳定性问题。

2)地震液化的形成条件

(1)土的类型和性质

土的类型和性质是地震液化的物质基础。根据我国一些地区地震液化统计资料,细砂土和粉砂土最易液化。但随着地震烈度的增高,粉土、中砂土等也会发生液化。可见砂土、粉土是地震液化的主要土类。究其原因,主要是由于砂土、粉土的粒组成分有利于地震时形成较高的超孔隙水压力,且不利于超孔隙水压力的消散。砂土、粉土的密实度、粒度及级配等也是影响地震液化的重要因素。

(2)饱和砂土、粉土的埋藏条件

饱和砂土、粉土的埋藏条件包括地下水埋深和液化土层上的非液化黏性土盖层厚度。由地震液化机理分析可知:松散的砂土层、粉土层埋藏越浅,上覆不透水黏性土盖层越薄,地下水埋深越小,就越容易发生地震液化。

(3)地震动强度及持续时间

引起饱和砂土、粉土液化的动力是地震的加速度,显然地震愈强、加速度愈大,则愈容易引起地震液化。地震的持续时间长,将使液化土体中产生的超孔隙水压力增长快,土体中有效应力降低到零的时间就短,地震液化就容易发生。

3)地震液化的判别方法

地震液化是多种内因(土的颗粒组成、密度、埋藏条件、地下水位、沉积环境和地质历史等)和外因(地震动强度、频谱特征和持续时间等)综合作用的结果,而地震液化判别的方法基本上是经验方法,具有一定的局限性和模糊性,因此,地震液化的判别宜选用多种方法进行综合判定。

(1)H. B. Seed 剪应力比判别法

美国学者 H. B. Seed 提出的剪应力比判别法,是国内外较早使用的一种方法。其原理是根据某一深度液化土层的实际应力状态,计算出能够引起该土层液化的剪应力 τ(实际上此剪应力就相当于该液化土层抵抗液化的抗剪强度),如果该值小于据地震最大加速度求出的等效平均地震剪应力 τ_a,则有可能液化。

根据 H. B. Seed 的研究,按下式计算 τ_a:

$$\tau_a = 0.65\xi\frac{\gamma h}{g}a_{\max} \tag{8-2}$$

式中:γ——液化土层的天然重度;

h——液化土层的埋深;

$a_{\max}$——地震时最大地面加速度;

g——重力加速度;

ξ——折减系数,其值因土的性质而异,并随深度而变化,但在深度 $h<12$ m 的范围内可采用表 8-6 中提供的数据。

表 8-6 ξ 的平均值

深度(m)	0	1.5	3	4.5	6	7.5	9	10.5	12
ξ	1.00	0.985	0.975	0.965	0.955	0.935	0.915	0.895	0.856

引用自《岩土工程勘察与评价》(高金川、张家铭)。

按下式计算 τ:

$$\frac{\tau}{\sigma_0} = \frac{\sigma_d/2}{\sigma_a} \cdot C_r \tag{8-3}$$

式中:σ_0——某一深度处的有效覆盖压力(kPa);

$\dfrac{\sigma_d/2}{\sigma_a}$——动三轴压缩试验所求得的动应力比,即最大动循环剪应力 $T_{\max}$ 与初始围压 σ_a

之比[其中 $T_{\max} = (\sigma_1 - \sigma_3)/2 = \sigma_d/2$,$\sigma_d/2$ 为施加的循环荷载];

C_r——小于 1 的校正系数,用它来考虑室内动三轴压缩试验与地震现场应力状态之间的差别,它随土的相对密度而改变,可按图 8-4 选取。

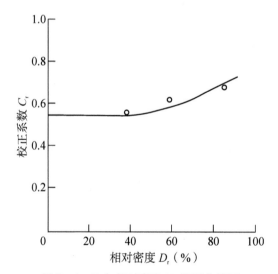

图 8-4 C_r 与相对密度 D_r 关系曲线图

引用自《岩土工程勘察与评价》(高金川、张家铭)。

有效覆盖压力 σ_0 的计算有以下三种情况:

① 若计算点以上土层在地下水位以上,则 $\sigma_0 = \gamma Z$。

② 若计算点以上部分土层在地下水位以下,则 $\sigma_0 = \gamma h + \gamma'(Z - h)$。

③ 若地下水位出露于地面,则 $\sigma_0 = \gamma' Z$。

式中:γ、γ'——分别为土的天然重度和浮重度(kN/m³);

　　　h——地下水位埋深(m);

　　　Z——计算点深度(m)。

H. B. Seed 的这种简化判别方法从地震液化的机理出发,综合影响液化的一些主要因素,从力学计算角度来判别地震液化的可能性,有一定的理论和试验依据。但近年来国内外很多试验结果表明动应力比 $\dfrac{\sigma_d/2}{\sigma_a}$ 远不是一个稳定的参量,且国外有学者发现,若以动剪变幅 γ 代替动应力比判别地震液化会更合理。

(2)静力触探试验方法

详见第 5 章第 5.3 节。

(3)波速测试方法

用剪切波速判别地面下 15 m 范围内饱和砂土和粉土的地震液化,可采用以下方法:

实测剪切波速值 v_s 大于临界剪切波速值 v_{scr} 时,可判为不液化。换言之,当实测剪切波速值 v_s 小于或等于临界剪切波速值 v_{scr}(即 $v_s \leqslant v_{scr}$)时,可判为液化。临界剪切波速值 v_{scr} 按下式计算:

$$v_{scr} = v_{s0}(d_s - 0.013\,3d_s^2)^{0.5}\left[1.0 - 0.185\left(\frac{d_w}{d_s}\right)\right]\left(\frac{3}{\rho_c}\right)^{0.5} \tag{8-6}$$

式中:v_{scr}——饱和砂土或饱和粉土液化剪切波速临界值(m/s);

　　　v_{s0}——与设防烈度、土类有关的经验系数,按表 8-7 取值;

　　　d_s——剪切波速测点深度(m);

　　　d_w——地下水位埋深(m);

　　　ρ_c——黏粒含量百分率(%),当小于 3 或为砂土时,应采用 3。

表 8-7　与设防烈度、土类有关的经验系数 v_{s0}

土类	v_{s0}(m/s)		
	7 度	8 度	9 度
砂土	65	95	130
粉土	45	65	90

引用自《岩土工程勘察与评价》(高金川、张家铭)。

4)抗液化措施

① 凡判别为可液化的地基土层,应根据建筑类别和地基液化等级按下列规定提出抗液化措施的建议:

a. 甲类建筑宜避开地基液化等级为严重或中等的场地;乙类建筑在地基液化等级为严重的场地,应避开或全部消除液化,在进行技术经济对比后确定其抗震措施;丙、丁类建筑可不考虑避开措施。

b. 各类建筑均应避开可能产生液化滑移的地段。当无法避开时,应采取保证场地地震时整体稳定的措施。

c. 各类建筑和构筑物的液化措施,应根据现行国家标准《建筑抗震设计规范》(GB 50011—2010)(2016 年版)的规定提出建议。

② 通常采用的抗液化措施有:

a. 换土填层。将液化土层全部挖除,并回填以压实的非液化土,是彻底消除液化的措施。

b. 加密。采取振冲、振动加密、砂桩挤密、强夯等方法改善液化土层的密实程度,以提高地基抗液化能力。加密法可以全部或部分消除液化的影响。

c. 增加盖层。该措施是在地面上堆填一定厚度的填土,以增大有效覆盖压力。

d. 围封法。该措施是在建筑物地基范围内用板桩、混凝土截水墙、沉箱等,将液化土层截断封闭,以切断液化土层对地基的影响,增加地基内土层的侧向压力。

e. 采用深基础。基础穿过液化土层,且基础底面埋入可液化深度以下稳定土层中的深度不应少于 50 mm。

8.7.2　勘察技术要求

抗震设防烈度等于或大于 6 度的地区,应进行场地和地基地震效应的岩土工程勘察,并应根据国家批准的地震动参数区划和有关的规范,提出勘察场地的抗震设防烈度、设计基本地震加速度和设计特征周期分区。在抗震设防烈度等于或大于 6 度的地区进行勘察时,应划分场地类别,划分对抗震有利、不利或危险的地段。

对需要采用时程分析法的工程,应根据设计要求,提供土层剖面、覆盖层厚度和剪切波速度等有关参数。任务需要时,可进行地震安全性评估或抗震设防区划。

为划分场地类别布置的勘探孔,当缺乏资料时,其深度应大于覆盖层厚度。当覆盖层厚度大于 80 m 时,勘探孔深度应大于 80 m,并分层测定剪切波速。10 层和高度 30 m 以下的丙类和丁类建筑,无实测剪切波速时,可按现行国家标准《建筑抗震设计规范》(GB 50011—2010)(2016 年版)的规定,按土的名称和性状估计土的剪切波速。

抗震设防烈度为 6 度时,可不考虑液化的影响,但对沉陷敏感的乙类建筑,可按 7 度进行液化判别。甲类建筑应进行专门的液化勘察。场地地震液化判别应先进行初步判别,当初步判别认为有液化可能时,应再做进一步判别。液化的判别宜采用多种方法,综合判定液化可能性和液化等级。

液化初步判别除按现行国家有关抗震规范进行外,尚宜包括下列内容以进行综合判别:

① 分析场地地形、地貌、地层、地下水等与液化有关的场地条件。

② 当场地及其附近存在历史地震液化遗迹时,宜分析液化重复发生的可能性。

③ 倾斜场地或液化层倾向水面或临空面时,应评价液化引起土体滑移的可能性。

地震液化的进一步判别应在地面以下 15 m 的范围内进行;对于桩基和基础埋深大于 5 m 的天然地基,判别深度应加深至 20 m。为判别液化而布置的勘探点不应少于 3 个,勘探孔深度应大于液化判别深度。地震液化的进一步判别,除应按现行国家标准《建筑抗震设计规范》(GB 50011—2010)(2016 年版)的规定执行外,尚可采用其他成熟方法进行综合判别。当采用标准贯入试验判别液化时,应按每个试验孔的实测击数进行。在需做判定的土层中,试验点的竖向间距宜为 1.0～1.5 m,每层土的试验点数不宜少于 6 个。

凡判别为可液化的土层应按现行国家标准《建筑抗震设计规范》(GB 50011—2010)(2016 年版)的规定确定其液化指数和液化等级。勘察报告除应阐明可液化的土层、各孔的液化指数外,尚应根据各孔液化指数综合确定场地液化等级。

抗震设防烈度等于或大于 7 度的厚层软土分布区,宜判别软土震陷的可能性和估算震陷量。

场地或场地附近有滑坡、滑移、崩塌、塌陷、泥石流、采空区等不良地质作用时,应进行专门勘察,分析评价在地震作用时的稳定性。

8.8　实例

秦淮河(溧水石臼湖—江宁彭福段)航道整治工程护岸工程地质勘察(右岸 34K＋715～34K＋795 段)

8.8.1　概述

1) 工程概况

秦淮河是长江下游的支流,是南京水运入江的唯一通道,也是连接长江与芜申运河的一条重要航道。本项目秦淮河全长约 94.1 km,南起芜申运河杨家湾船闸,由南向北依次途径高淳区、石臼湖、溧水区、江宁区、南京市区,于秦淮河船闸入江口门汇入长江,其中入江口门至东山码头段又称秦淮新河,是 20 世纪 70 年代开挖建设的人工河道。秦淮河航道通航标准为四级,设计最大船舶为 500 t 级。航道标准尺度:限制性航道段底宽不小于 40 m,最小设计水深为 2.5 m,最小弯曲半径为 320 m,湖区段航道最小弯曲半径为 340 m。施工期勘察地理位置见图 8-5。

右岸 34K＋715～34K＋7950 位于平地开河段。右岸 34K＋715～34K＋795 段开挖标高为 38.5～15.0 m,开挖时间为 2019 年 8 月至 2021 年 3 月,开挖形成 5 级边坡,标高为 38.5～34.2 m 的边坡平坡率为 1∶2.5,为混凝土拱圈绿化护坡;标高为 34.2～29.2 m 的边坡坡率为 1∶1.5,为喷锚支护结构;标高为 29.2～19.2 m(两级坡)的边坡坡率为 1∶1.5,为拱圈＋六角块结构;19.2～15.0 m 左右坡面开挖中。滑塌主要位于 29.2～19.2 m 高程范围内的边坡。

右岸 34K＋715～34K＋795 滑塌段初次变形始于 2021 年 6 月,因暴雨引起变形,导致航道坡面出现裂缝,此后变形逐渐加剧,航道坡面开裂显著且错动,局部坡面隆起。受 2021 年 7 月份持续降雨影响,滑塌段变形进一步加剧,整个滑体已经松动,滑坡进入强变形阶段。2021 年 7 月 28 日因连续暴雨,右岸 34K＋715～34K＋795 段滑坡发生垮塌。

项目区岩性变化大,节理、裂隙发育,风化层厚度大,岩体结构复杂,地下水的补给、径流、排泄条件复杂。整体判别两处滑塌段工程勘察地质条件复杂程度为复杂。

2) 勘察目的

① 充分利用已有的地质基础资料,对滑坡进行专项勘察,勘察工作精度应满足防治工程设计的需要。

② 查明滑坡的形态特征、结构特征、水文地质条件及岩土体物理力学特征。

③ 查明现场滑坡原因,分析其变形破坏机制。

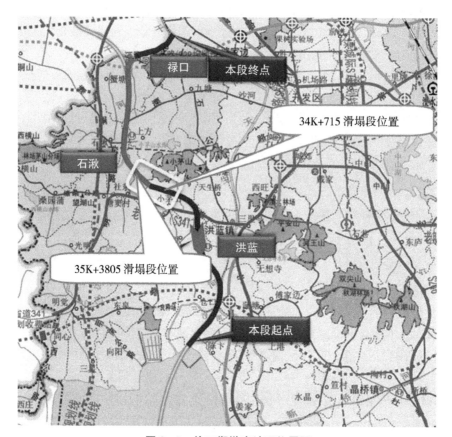

图 8-5 施工期勘察地理位置图

④ 查明治理工程的工程地质条件,提出岩土物理力学参数,为治理工程设计提供所需的勘察成果资料。

⑤ 提出滑坡的治理与监测建议。

3）执行的技术标准、规范规程

《水运工程岩土勘察规范》(JTS 133—2013)

《水利水电工程地质勘察规范》(GB 50487—2008)

《建筑边坡工程技术规范》(GB 50330—2013)

《滑坡工程防治勘查规范》(GB/T 32864—2016)

《滑坡防治工程勘查规范》(DZ/T 0218—2006)

《岩土工程勘察规范》(GB 50021—2001)(2009 年版)

《堤防工程地质勘察规程》(SL 188—2005)

《水运工程抗震设计规范》(JTS 146—2012)

《建筑抗震设计规范》(GB 50011—2010)(2016 年版)

《中国地震动参数区划图》(GB 18306—2015)

《水运工程测量规范》(JTS 131—2012)

《土工试验方法标准》(GB/T 50123—2019)

《工程岩体试验方法标准》(GB/T 50266—2013)

《工程地质钻探标准》(CECS 240:2008)

《建筑工程地质勘探与取样技术规程》(JGJ/T 87—2012)

《岩土工程勘察安全标准》(GB/T 50585—2019)

遵守并执行现行国家相关法律法规。

4) 勘察工作量的布置及完成情况

(1) 勘察工作量

① 钻探工作量布置

根据《水运工程岩土勘察规范》(JTS 133—2013)滑坡勘察要求布置勘察工作量。在滑塌段主滑方向布置勘探线,在滑塌段边缘位置各增加1条勘探线,每条勘探线上布置不少于3个勘探孔。一般勘探孔的深度穿过最下一层滑面,进入稳定地层不少于3 m。对于主滑方向的勘探孔,孔深应适当加深。对存在漏浆情况的勘探孔,漏浆勘探孔周边间距10 m左右加密勘探孔。本次勘察于2021年10月26日至2021年11月2日进行,共投入GXY-100型钻机6台次,根据以上布孔原则,共完成陆域机钻孔20个,进尺491.5 m,挖探2处。完成钻探及试验工作量详见表8-8、表8-8。

表8-8 勘探工作量一览表

工作项目	工作量	工作项目	工作量
钻孔	491.5 m/20 孔	利用钻孔	28.0 m/1 孔
挖探	9.0 m/2 孔		

表8-9 土工试验工作量一览表

工作项目	天然单轴抗压强度	饱和单轴抗压强度	干燥单轴抗压强度	天然块体密度	饱和块体密度	干燥块体密度	天然直剪	饱和直剪	含水率	吸水率	耐崩解性指数
数量(组)	34	46	10	74	9	3	8	3	84	5	8

工作项目	天然纵波	自由膨胀率	休止角	反复剪	薄片鉴定	液塑限试验	直剪试验	固结快剪	固结试验	颗粒分析	垂直渗透系数
数量(组)	6	14	11	4	5	30	5	1	18	18	2

② 物探工作量布置

物探测线:在滑塌段结合勘探孔的位置,沿航道走向和垂直航道走向分别布置物探线。右岸34K+715～34K+795滑塌段:以滑塌体范围为中心,沿24.2 m平台、14.2 m平台布设反磁通瞬变电磁测线L1、L4,沿滑塌段临时施工便道布设反磁通瞬变电磁测线L2、L3,自坡顶至坡脚布设反磁通瞬变电磁测线L12,沿坡脚向布设测线L13。波速测试(电阻率测试):选择具有代表性勘探孔HZK5、HZK13进行全孔波速测试及电阻率测试。

勘察工作量严格按照设计部门的技术要求,及时沟通,保证勘察方案有效合理。在充分利用既有资料的基础上,布置适当的工作量,以满足滑坡专项勘察对地质资料的要求。

（2）勘探质量评述

① 工程地质调查

针对滑塌地段及邻近段落进行工程地质调绘，根据设计部门提供的 1∶1 000 地形图，对航道开挖后的坡面进行地质调绘、现场验槽，包括出露岩体的岩性、裂隙的发育程度、结构面的产状，核查有无软弱结构面，调查沿线水文地质情况（有无渗水现象等）。

② 现场定位和孔口高程测读

野外勘探孔定位采用 GPS 测放，钻孔施工完毕后进行复测，并测取孔口高程。陆域定位误差小于 0.25 m，陆域高程误差小于 0.05 m。

③ 现场钻探技术要求及具体的实施情况

a. 采用 GXY-1 型工程地质钻机，全断面取芯，选择钻具岩芯外管不小于 108 mm。本次勘探主要针对岩层，完整的和较完整的岩体岩芯采取率不得低于 90%，较破碎和破碎的岩体岩芯采取率不得低于 65%，滑体岩芯采取率不小于 75%，滑床岩芯采取率不小于 85%，滑带岩芯采取率不小于 90%。岩土芯样自上而下排放于岩芯箱中，钻孔结束后拍照存档。

每回次进尺不得超过 0.5 m，在滑动面、风化界面、岩性分界范围内，每回次进尺不得超过 0.3 m，滑动面以上须采用干钻。

b. 钻孔深度：一般勘探孔的深度穿过最下一层滑面，进入稳定地层大于 3 m。对于主滑方向和坡脚的勘探孔，孔深应适当加深。遇特殊地层，根据实际情况并征求项目负责人认可后，孔深适当调整。

c. 取样：黏性土、全风化岩采取原状样，强风化、中风化岩采取代表性岩样。重点在滑带及其上下岩土层采取岩土样。发现滑动面时，取滑动面附近的滑带土。对于泥化带较厚的软弱夹层、滑坡层面，取靠近滑裂面 1~2 mm 的土；对于泥化带较薄的滑动面，取泥化的土；对于无泥化带的裂隙面，取靠裂隙面两边的土。

d. 标准贯入试验：对于土层、全风化岩层，钻探时进行标准贯入试验。一般于土样采取后进行。试验间距等同取样间距。砂性土标准贯入样保留带回做试验。试验时先清孔，确保孔底无残留岩芯，导杆需垂直，重锤自由下落，先预击 15.0 cm，之后每 10.0 cm 记录 1 次，累计 30.0 cm 的锤击数。

e. 重型动力触探试验：主要针对圆砾土层及强风化岩层等进行，评定地层的均匀性。操作要求按照《岩土工程勘察规范》（GB 50021—2001）（2009 年版）执行。动探头下至孔底后，保持钻杆垂直，每贯入 10 cm 为一试验点，要求连续贯入，直至连续三次每 10 cm 超过 50 击或达到试验目的，并记录每贯入 10 cm 的锤击数。

f. 钻孔须量测初见水位和地下水稳定水位。钻孔结束待地下水位稳定后（一般 8 h 后）测量地下水位埋深。钻孔施工结束后立即采取封孔措施。

g. 编录技术要求：编录员跟班作业，跟钻观察并记录钻进状况，及时记录岩芯特征，分析并记录关键界面深度和特征，对特殊钻孔过程（掉钻、漏浆等）做详细描述。野外记录清晰、准确；正确丈量钻杆长度，终孔进行孔深校正。细心观察岩芯，进行详细地质编录；按回次编写，并记录岩芯采取率，同一回次变层应分层描述；标准贯入写明试验杆长，记录每 10 cm 的锤击数。

h. 钻探工作卡、送样清单等签署齐全,与土样一并带回试验室交接样员验收。在装车时逐孔核对、清点土样个数,并检查样品卡是否符合要求。

④ 物探技术要求

a. 高密度电法测试

高密度电阻率法是一种新型的电阻率方法。由于高密度电法可以实现电阻率的快速采集和现场数据的实时处理,从而改变了电法勘探的传统工作模式。它集电剖面和电测深于一体,采用高密度布点,进行二维地电断面测量,提供的数据量大、信息多,并且观测精度高、速度快。

高密度电法勘探的前提条件是地下介质间的导电性差异,和常规电法一样,它通过 A、B 电极向地下供电(电流为 I),然后测量 M、N 极电位差 ΔU,从而求得该记录点的视电阻率值 $\rho_s = K \cdot \Delta U / I$。根据实测的视电阻率剖面进行计算、处理、分析,便可获得地层中的电阻率分布情况,从而解决相应的工程地质问题。

b. 反磁通瞬变电磁法测试

瞬变电磁法(TEM)是指利用不接地回线或接地线源向地下发射一次脉冲电磁场,且在一次脉冲间歇观测地下涡流场的方法。目前瞬变电磁法普遍的接收方式是采用感应线圈测量磁场的变化率。由于发射电流关断时,接收线圈本身产生感应电动势,并叠加在地下涡流场产生的感应电动势之上,因而造成瞬变电磁实测早期信号失真,形成探测盲区。

为了从实测总场中剔除一次场来获得地下二次场,进而减小盲区获取更多浅层的地质信息,我们提出基于等值反磁通原理的瞬变电磁法。该方法采用上下平行共轴的两个相同线圈通以反向电流作为发射源(双线圈源),并在双线圈源的中间平面接收地下二次场。由于接收面为上下两线圈的等值反磁通平面,其一次场磁通始终为零,而地下空间却仍然存在一次场,因此一次场关断时,接收线圈测量的是地下的纯二次场响应。由于该方法采用的两个发射线圈相同,但它们的电流大小相等方向相反,因而我们称之为反磁通瞬变电磁法。

本次勘察各滑塌段计划沿航道方向布置纵测线 2 条,分别位于护坡顶面平台及沿护坡间排水沟布设,测线位置结合钻孔位置布置。针对每处滑塌段垂直航道方向增加布置横向测线。

⑤ 岩土水试验技术要求

a. 常规物理特性试验

a) 黏性土原状样均做室内常规物理力学试验,提供天然含水率、天然重度、相对密度、饱和度、孔隙比、塑限、液限、塑性指数、液性指数等;粉土则增加颗分试验。

b) 力学试验

压缩试验:按照土样深度处不同应力水平进行固结试验,并提供 e-p 曲线,用于提供土层的压缩系数、压缩模量;在各土层中进行。

直剪试验(每层选取部分土样进行固快试验):提供 c、φ 值;在各土层中进行。

c) 同时各地层增加固结快剪试验、渗透系数等。对滑带土或软弱结构面的土样进行排水反复直接剪切试验。

b. 岩石试验

全风化岩石试验:提供天然含水率、密度,同时加做固结快剪试验、渗透系数试验等。

强风化岩石试验:提供天然含水率、密度、吸水性、膨胀性、耐崩解性试验、天然单轴抗压强度试验、点荷载强度试验。条件允许时提供岩石直剪试验、饱和抗压强度试验。

中风化岩石试验:提供天然含水率、密度、吸水性、膨胀性、耐崩解性试验、天然单轴抗压强度试验、饱和抗压强度试验、干燥抗压强度试验、岩石直剪试验。

针对风化成砂土状的岩样,进行颗分试验、水上水下休止角试验。

不同岩性的岩样做薄片鉴定(含矿物成分、含量)。

选择不同岩性的岩样进行岩块弹性纵波波速测试。

8.8.2　场地工程地质条件

1)工程地质层特征

K34+250～K36+000 段为岗地丘陵区,基岩面有起伏,岩性变化,局部地段变化较大。其具体岩、土性及分布特征如下:

(1)第四系全新统地层

1-1层粉质黏土:黄灰色,可塑,具中等压缩性。

(2)第四系上更新统地层

3-1黏土:灰黄色,可塑～硬塑,具中等压缩性,含碎石。

4-1残积土:灰黄色,可塑～硬塑,具中等压缩性,含卵砾石。

(3)侏罗系西横山组的凝灰质安山岩、凝灰质角砾岩、砂岩、泥质砂岩(砂质泥岩)

7-1层全风化凝灰质安山岩:灰黄色、灰色,岩芯外形柱状,风化强烈,手可捻碎。

7-2层强风化凝灰质安山岩:灰绿色,岩芯碎块状,节理发育,锤击声闷,易碎,遇水易软化、崩解。

7-3a层强偏中风化(破碎中风化)凝灰质安山岩:灰白色、灰绿色,岩芯柱状夹碎块状,裂隙发育,锤击声闷,易碎,遇水易软化、崩解。

8x-2层强风化凝灰质角砾岩:灰紫色、灰白色,岩芯主要呈块状、短柱状,砾石成分主要为安山岩、灰岩。

8x-3层中风化凝灰质角砾岩:灰白色,岩芯呈柱状、短柱状、块状,主要为凝灰质胶结,局部钙质胶结,砾石成分主要为安山岩,锤击声闷,易碎。

8x-3a层破碎中风化凝灰质角砾岩:灰白色,岩芯呈碎块状、块状,局部夹短柱状,局部为强—偏中风化岩层,主要为凝灰质胶结,局部钙质胶结,砾石成分主要为凝灰质安山岩、砂岩,局部为灰岩。

8-1层全风化泥质砂岩:灰紫色,岩芯风化呈土状,局部夹小砾石,局部夹强化碎块。

8-2层强风化砂质泥岩:褐紫色,局部为砂质泥岩,泥砂质结构,层状构造,岩芯呈碎块状、块状,局部夹中风化岩块。

8-3层中风化砂质泥岩:褐紫色,局部为砂质泥岩,泥砂质结构,层状构造,岩芯呈柱状、短柱状,锤击声闷,易碎。

各岩土层分布详见《工程地质剖断面图》以及《钻孔柱状图》。

2)水文地质条件

(1)地表水

本项目两段护岸为平地开河,开挖前项目周边地表水系不甚发育,主要分布若干水塘,沿沟部分低洼处地表潮湿,有少量积水,枯水期沟谷未见有水流,雨季时节大气降水顺坡面向低洼处汇聚顺沟下流。

（2）地下水

经钻孔揭露,该段地下水埋深变化较大,为 0.5～7.5 m,主要为上部覆盖层孔隙水及基岩裂隙水。孔隙水主要接受大气降水补给,地下水的排泄主要是蒸发排泄及人工开采排泄;基岩裂隙水以地下径流补给为主。

（3）水土腐蚀性

根据《秦淮河航道整治工程施工图设计工程地质勘察报告》,场地地表水对钢筋混凝土具微腐蚀性,长期浸水条件下对砼中的钢筋具微腐蚀性,处于干湿交替环境中对砼中的钢筋具微腐蚀性。场地地下水对钢筋混凝土具微腐蚀性,长期浸水条件下对砼中的钢筋具微腐蚀性,处于干湿交替环境中对砼中的钢筋具弱腐蚀性。场地土对混凝土结构具微腐蚀性,对混凝土结构中的钢筋具微腐蚀性。

8.8.3　滑坡工程地质特征

1）滑坡形态及规模

右岸 34K＋715～34K＋795 段护岸开挖标高为 38.5～15.0 m（开挖深度为 23.5～24.5 m）,在 2021 年 6 月 9 日至 2021 年 7 月 28 日期间多日连续暴雨的影响下,在 29.2 m 标高平台至 19.2 m 标高平台发生滑塌,29.2 m 标高平台揭示后缘深度 4.5 m 左右,剪出口位于开挖 19.2 m 标高平台坡脚附近,滑坡周界清楚,横向平均宽度约 50 m,轴向长度约 22 m,滑坡体厚度为 1.0～4.5 m,体积为 2.5×10^3～2.9×10^3 m^3,滑动方向在 178°左右,滑坡体上覆盖拱圈、六角块护坡,坡面角度在 33°左右,该滑坡为小型浅层滑动岩质滑坡。

2）滑坡结构

（1）滑体结构

右岸 34K＋715～34K＋795 段滑体由褐红色、灰白色凝灰质安山岩构成,下部凝灰质安山岩含角砾,滑动体后缘潮湿,未见明显积水,原滑动体厚度为 1.0～4.5 m。

（2）滑动带（面）特征

根据现场挖探成果,滑动带（面）主要分布在褐红色软塑状软弱结构面,滑动带土较薄,厚 0.5～1.5 cm,属泥型、泥夹岩屑型。右岸 34K＋715～34K＋795 段护岸软弱结构面产状为 151°∠24°。

（3）滑床结构

根据钻探资料综合分析,右岸 34K＋715～34K＋795 段滑坡床为凝灰质安山岩,局部含角砾,岩层产状为 135°∠14°,岩石饱和单轴抗压强度为 0.79～4.97 MPa,属极软岩。

3）滑坡面确定

右岸 34K＋715～34K＋795 段滑坡,根据工程地质剖面图揭示,滑体主要由强风化凝灰质安山岩、强偏中风化凝灰质安山岩组成,揭示地层如图 8-6、图 8-7 所示。

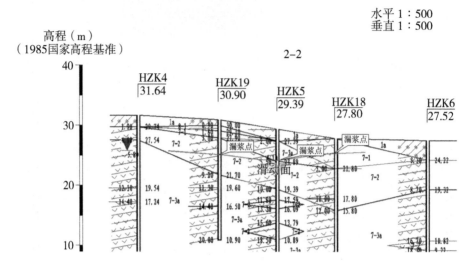

图8-6 工程地质剖面图（1）

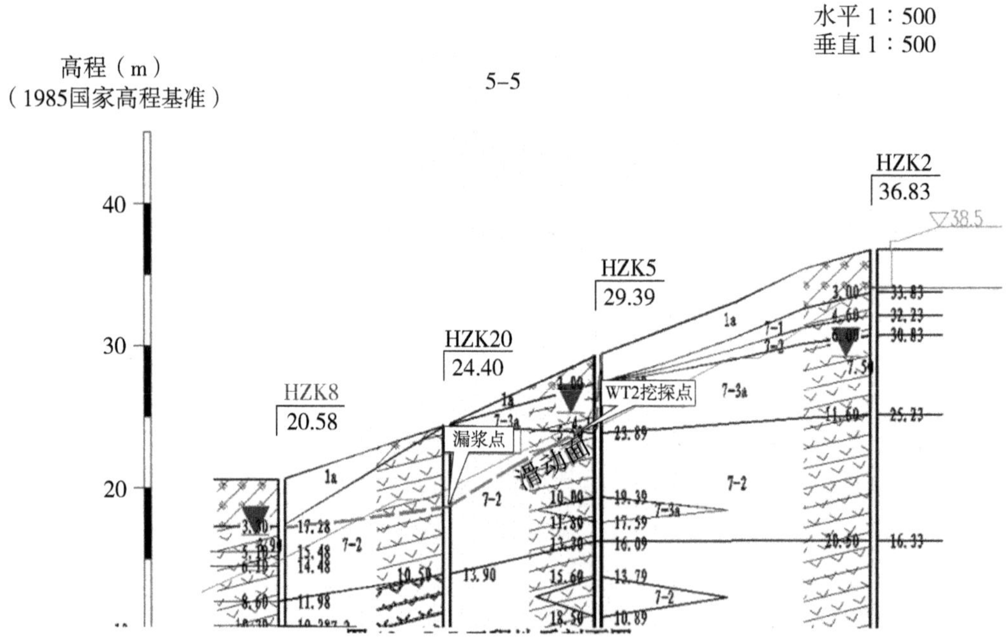

图8-7 工程地质剖面图（2）

HZK5 勘探孔2.0～5.5 m揭示强偏中风化凝灰质安山岩，其下揭示强风化凝灰质安山岩，且钻探过程中5.5 m附近揭示漏浆；HZK18 勘探孔上部5 m揭示全风化凝灰质安山岩，成土状、砂土状，局部夹强风化硬块，软硬不均，且钻探过程中2.2 m附近揭示漏浆；HZK19 勘探孔3.0～9.2 m揭示强风化凝灰质安山岩，岩芯呈砂土状、块状，夹角砾，其中5.5 m揭示泥质夹层，且5.5 m附近揭示漏浆；HZK20 勘探孔上部10.5 m为强风化凝灰质安山岩，岩芯呈短柱状、碎块状，其中5.5～6.0 m揭示岩芯呈泥状，且该深度附近揭示漏浆，对应位置岩芯如图8-8～图8-10所示。

图 8-8 HZK5 0~10 m 岩芯

图 8-9 HZK19 5~10 m 岩芯   图 8-10 HZK18 0~5 m 岩芯

根据垂直岸坡方向物探测线 L12 解译成果,滑塌区全风化~强风化凝灰质安山岩视电阻率值低,含水量相对高,滑塌体主要集中在低阻异常区,推测此处含水量高,岩层风化程度较高,稳定性差(图 8-11);根据顺坡向 L1 测线解译成果,滑塌段位置浅层见有低阻异常区,其视电阻率值为 50~100 Ω·m,推测为富水软弱体,稳定性差,易于滑塌(图 8-12)。

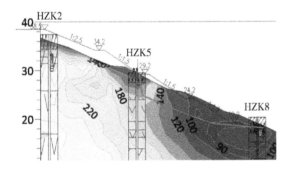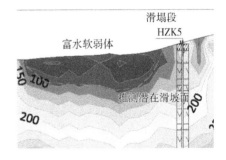

图 8-11 L12 物探测线解译成果   图 8-12 L1 物探测线解译成果

于 34K+746R61.08 附近布设挖探点 WT2,挖探点高程在 24.30 m 左右,根据 WT2 挖探揭示成果,凝灰质安山岩节理裂隙发育,夹泥质夹层,局部可见岩体轻微错动迹象,如图 8-13 所示。

图 8 - 13　WT2 物探现场照片

综合分析,右岸 34K＋715～34K＋795 段滑动面如图 8 - 11～图 8 - 13 粗线所示。

4) 滑坡段调查成因分析

根据地质调查,右岸 34K＋715～34K＋795 段护岸滑塌区域主要层面产状:135°∠14°;节理裂隙产状:180°∠27°、137°∠70°、230°∠80°、135°∠14°、138°∠16°、198°∠32°,右岸开挖边坡倾向 178°。

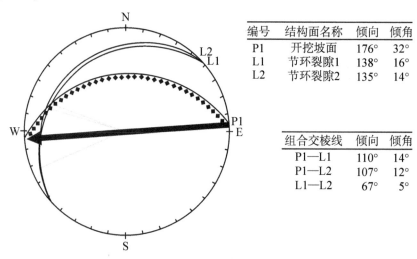

编号	结构面名称	倾向	倾角
P1	开挖坡面	176°	32°
L1	节环裂隙1	138°	16°
L2	节环裂隙2	135°	14°

组合交棱线	倾向	倾角
P1—L1	110°	14°
P1—L2	107°	12°
L1—L2	67°	5°

图 8 - 14　34K＋715～34K＋795 段赤平投影

根据上述赤平投影(图 8 - 14)分析,34K＋715～34K＋795 右岸揭示层面、节理裂隙产状与开挖坡面产状相近或基本一致,存在顺坡向滑动的先天条件。

分析认为两段滑塌主要成因为:

① 存在与开挖坡面产状基本一致的软弱结构面。

② 凝灰质安山岩结构面发育,遇水易软化、崩解。

③ 2021 年 6 月 9 日至 2021 年 7 月 27 日连续多天降雨,雨量过大,雨水沿裂隙入渗软弱结构面,造成软弱结构面进一步软化,引发边坡岩体沿软弱结构面的顺坡向滑动。

5) 滑坡体稳定性验算

(1) 计算公式选取

按《建筑边坡工程技术规范》(GB 50330—2013)附录 A.0.3 采用传递系数法隐式解计算公式进行验算。边坡稳定性系数依据滑动面形态特征,运用传递系数法进行滑坡稳定性系数及剩余下滑推力计算。

$$p_n = 0 \tag{8-7}$$

$$p_i = p_{i-1}\psi_{i-1} + T_i - R_i/F_s \tag{8-8}$$

$$\psi_{i-1} = \cos(\theta_{i-1} - \theta_i) - \sin(\theta_{i-1} - \theta_i)\tan\varphi_i/F_s \tag{8-9}$$

$$T_i = (G_i + G_{bi})\sin\theta_i + Q_i\cos\theta_i \tag{8-10}$$

$$R_i = c_i l_i + [(G_i + G_{bi})\cos\theta_i - Q_i\sin\theta_i - U_i]\tan\varphi_i \tag{8-11}$$

式中:F_s——边坡稳定性系数;

θ_i——第 i 计算条块滑面倾角(°),滑面倾向与滑动方向相同时取正值,相反时取负值;

φ_i——第 i 计算条块滑面内摩擦角(°)

G_i——第 i 计算条块单位宽度自重(kN/m);

G_{bi}——第 i 计算条块单位宽度竖向附加荷载(kN/m),方向指向下方时取正值,指向上方时取负值;

Q_i——第 i 计算条块单位宽度水平荷载(kN/m),方向指向坡外时取正值,指向坡内时取负值;

ψ_{i-1}——第 $i-1$ 计算条块时第 i 计算条块的 c_i——第 i 计算条块滑面黏聚力(kPa);

l_i——第 i 计算条块滑面长度(m);

U_i——第 i 计算条块滑面单位宽度总水压力(kN/m)。

(2) 计算方案选取

经综合分析,本次选定三种工况来计算评价其稳定性。工况 1:天然状态。工况 2:持续暴雨状态。工况 3:天然+地震状态。

(3) 计算参数的分选

原航道护岸边坡滑塌前已按原设计方案做好边坡防护,坡体表面为混凝土喷锚及六角块,滑体主要由凝灰质安山岩构成,因此滑坡稳定性验算采用凝灰质安山岩对应重度。

条块面积:各条块的面积从计算机内 1:500 工程地质剖面图上直接读取。

水的影响:在持续暴雨状态下,地表水渗入,导致土体重量增加,同时水对滑带土起软化作用。

(4) 计算剖面选择、参数选定

① 计算剖面

本次勘察选定主滑方向 5 号、11 号剖面对滑坡进行稳定性计算评价,计算剖面如图 8-15、图 8-16 所示。

② c、φ 值取值分析

本次稳定性分析计算仅针对 34K+715～34K+795 段滑塌段原边坡形状。稳定性验

算参数采取室内试验数据、结合斜坡稳定性现状、参考类似工程经验、结合现状稳定状态反演的综合确定原则选取,参数选取见表 8-10,计算结果见表 8-11。

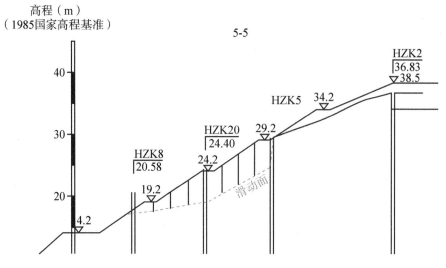

图 8-15 5-5 计算剖面示意图

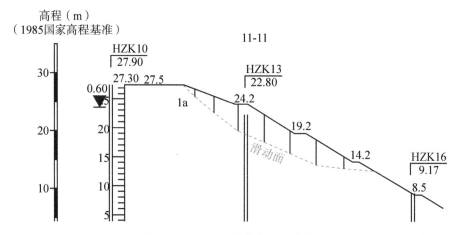

图 8-16 11-11 计算剖面示意图

表 8-10 滑带土力学参数选取表

段落	滑带土类型	参数选取方式	黏聚力 c(kPa)	摩擦角 φ(°)
右岸 34K+715~ 34K+795	泥夹岩屑型	室内试验	14.0	20.1
		滑坡反算	9.5	14.0
		地区经验	12.0	16.0
		综合取值	9.5	14.0

通过滑动边坡稳定性验算确定滑带土综合指标:右岸 34K+715~34K+795 段 $c=$ 9.5 kPa,$\varphi=14.0°$;左岸 35K+380~35K+460 段 $c=9.5$ kPa,$\varphi=12.0°$。

根据《水利水电工程地质勘察规范》(GB 50487—2008)附录 E 表 E.0.5 可知：

表 8-11　结构面抗剪断强度参数经验值

段落	滑带土类型	黏聚力 c'(kPa)	抗剪断摩擦系数 f'	抗剪强度摩擦系数 f'
右岸 34K+715～ 34K+795	泥夹岩屑型	10～20	0.25～0.35	0.22～0.28

③ 稳定性验算评价

根据《建筑边坡工程技术规范》(GB 50330—2013)的评价标准：稳定系数 F_s<1.0 为不稳定状态；$1.0≤F_s$<1.05 为欠稳定状态；$1.05≤F_s$<F_{st} 为基本稳定状态；$F_s≥F_{st}$ 为稳定状态。

根据《建筑边坡工程技术规范》(GB 50330—2013)表 5.3.2 边坡稳定安全系数 F_{st}，天然工况 $F_{st}=1.35$；暴雨工况 $F_{st}=1.00$；地震工况 $F_{st}=1.15$。计算结果如下：

表 8-12　稳定性系数验算结果表

段落	计算剖面	天然状态	暴雨状态	地震状态
右岸 34K+715～ 34K+795	5#（主滑）	$F_s=1.484$	$F_s=0.990$	$F_s=1.384$

计算结果表明航道开挖原防护坡面在天然工况下处于稳定状态，在地震工况下处于稳定状态。经过暴雨工况下的反算，右岸 34K+715～34K+795 段 c 小于 9.5 kPa，φ 小于 14°时处于不稳定状态。

8.8.4　结论及建议

1) 结论

① 通过现场钻探、物探、挖探，滑塌段岩性变化大，节理、裂隙发育，风化层厚度大，岩体结构复杂，地下水的补给、径流、排泄条件复杂。整体判别滑塌段工程地质条件复杂程度为复杂。

② 右岸 34K+715～34K+795 段护岸滑塌主要是雨水入渗造成软弱结构面软化的顺层滑动，滑坡为小型浅层滑动岩质滑坡。

2) 建议

① 建议清除滑动体，放缓边坡，做好排水、防水措施。

② 根据钻探、物探勘察成果，两段护岸滑塌区岩性变化大、风化不均匀、存在顺坡向软弱夹层，后续施工过程中应加强现场验槽，核查岩性变化情况，加强边坡支护。

右岸 34K+715～34K+795 段：根据勘探孔 HZK8 揭示地层，上部 8.6 m 地层以强风化凝灰质安山岩为主，风化强烈，岩心呈砂土状、短柱状；HZK20 勘探孔 0.0～10.5 m 揭示强风化凝灰质安山岩，风化呈短柱状、碎块状，局部砂土状；HZK5 勘探孔 5.5～13.3 m 揭示强风化凝灰质安山岩，风化呈短柱状、碎块状，局部砂土状，夹少量角砾(图 8-17)；根据 L12 测线反磁通瞬变电磁反演成果(图 8-18)，本段 19.2 m 平台附近普遍分布低阻区、含水较高，强风化凝灰质安山岩节理裂隙发育，导水性较强，易风化崩解，软弱结构面强度软化后衰减较快,开挖后在水作用下稳定性差,易产生顺层滑动。

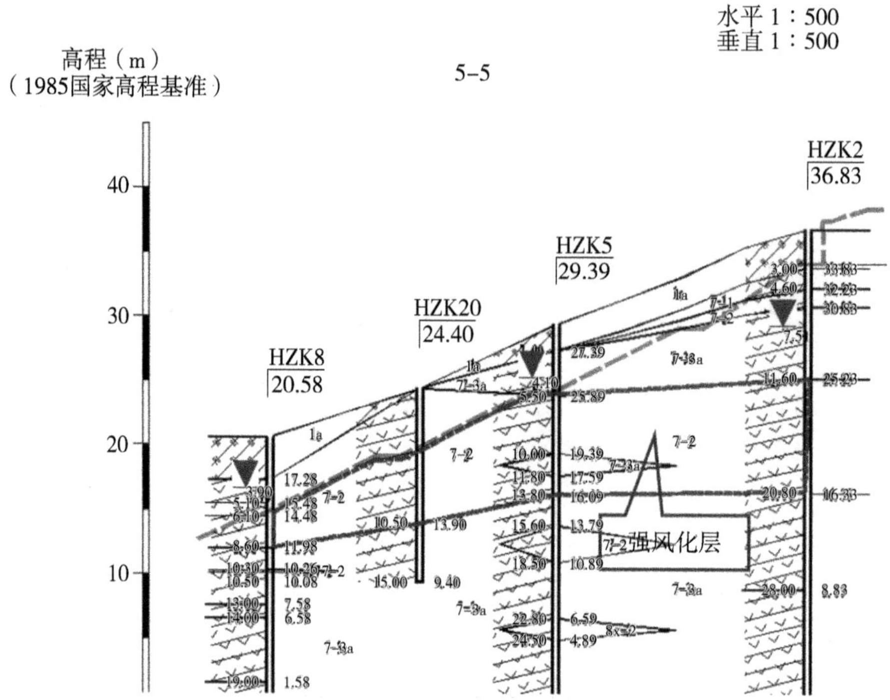

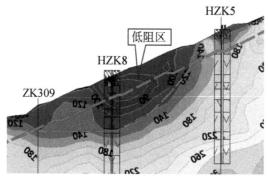

图8-17 5-5工程地质剖面图

图8-18 L12物探测线解译成果图

综合以上勘察成果,两段护岸仍存在顺坡向软弱夹层,建议坡顶坡面做好防排水措施,同时加强边坡支护。

③ 建议加强施工及运营期间护岸边坡的安全监测。

思考题 🖱️

(1) 简述岩溶的定义及形态。

(2) 简述岩溶发育机理以及影响岩溶发育的因素。

(3) 试述土洞和地面塌陷的成因机制。

（4）试述岩溶地面塌陷的预测与防治措施。

（5）岩溶岩土工程评价方法有哪些？

（6）岩溶地基的工程措施有哪些？

（7）简述岩溶场地的勘察要点。

（8）试分析滑坡的形成原因并提出处理措施。

（9）简述危岩体和崩塌的概念。

（10）泥石流场地岩土工程勘察的主要勘察方法有哪些？泥石流的防治原则是什么？

（11）试分析地面沉降的形成原因并提出处理措施。

（12）地下水位变化对土的自重应力有何影响？试分析大面积抽取地下水后地面沉降的原因。

（13）试述地下采空区地表变形的因素。

（14）按现行《岩土工程勘察规范》的规定，抗震设防烈度大于或等于多少时，应判定场地和地基的地震效应，如何判定？

（15）试以一不良的工程地质作用与现象为例，分析其形成原因并进行初步评价。

计算题

（1）某溶洞跨度 $l=8$ m，宽度 $B=3$ m，其顶板为近似水平厚层状裂隙不发育坚硬完整的岩层，沿跨度方向的顶板总荷载 $q=12\,000$ kN/m。已知顶板岩体的抗弯强度为 4.0 MPa。顶板按梁板受力抗弯计算，其最大弯矩 $M=\dfrac{1}{12}ql^2$，试计算该溶洞顶板最小安全厚度。

（2）某一滑坡体，其参数见下表，滑坡推力安全系数 $\gamma_t=1.05$，试计算推力 F_3。

块号	滑体重力 $G(\text{kN})$	滑带长度 $l(\text{m})$	倾角 $\beta(°)$	黏聚力 $c(\text{kPa})$	摩擦角 $\varphi(°)$	传递系数
①	11 000	50	40	20	20.3	0.733
②	53760	100	18	18	19	1.0
③	5220	20	18	18	19	

（3）一无黏性土坡与水平面的夹角为 α，土的饱和重度 $\gamma_{sat}=20.4$ kN/m³，$\varphi=30°$，$c=0$，地下水沿土坡表面渗流，求土坡稳定系数 $K_s=1.2$ 时的角容许值。

（4）某悬崖上突出一矩形截面的完整岩体，如图所示，长度 $L=6$ m，高度 $h=4.2$ m，重度为 22 kN/m³，其允许抗拉强度 $[\delta_{拉}]=1.2$ MPa，试计算该拉裂型围岩的稳定系数。

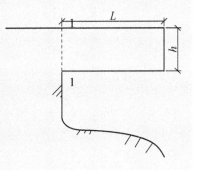

(5) 某小流域小区泥石流沟,泥石流中固体物质占 80%,固体物质密度为 2.8×10^3 kg/m³,洪水设计流量为 100 m³/s,泥石流堵塞系数为 2.0。试按雨洪修正法估算泥石流流量。

(6) 某小型泥石流流沟,泥石流中固体物质占 70%,固体物质密度为 2.86×10^3 kg/m³,泥石流补给区中固体物质的含水量为 20%,洪水设计流量为 20 m³/s。试按西北地区泥石流的配方法计算泥石流流量。

(7) 某厚层黏性土组成的冲积相地层,由于大量抽汲地下水引起大面积地面沉降。经 20 年观测,地面总沉降量为 1 250 mm,从地面深度 60 m 以下沉降观测标未发生沉降,在此期间,地下水位深度由地面下 5 m 下降到地面下 45 m。试计算该黏性土层的平均压缩模量 E_s(MPa)。

(8) 某市位于长江一级阶地上,基岩面以上地层具有明显的二元结构,上部 0~30 m 为黏性土,孔隙比 $e_0 = 0.7$,压缩系数 $a_v = 0.35$ MP^{-1},平均竖向固结系数 $C_v = 4.5 \times 10^{-3}$ cm²/s;30 m 以下为砂砾层。目前,该市地下水位位于地表下 2.0 m,由于大量抽汲地下水引起的水位年平均降幅为 5 m。假设不考虑 30 m 以下地层的压缩量,试问:该市抽水一年后引起的地表沉降量为多少?

(9) 某粉土层,$\gamma = 18$ kN/m³,$e = 0.78$,$a = 0.2$ MPa^{-1},地下水位为 -5.0 m,当地下水位降至 -35 m 时,试计算地面沉降量(35 m 以下为岩层)。

(10) 某建筑场地属于煤矿采空区范围,煤层倾角为 15°,开采深度 $H = 100$ m,移动角(即主要影响角)$\beta = 55°$,地面最大下沉值 $W_{cm} = 1 280$ mm。现拟作为某房屋建筑物的建筑场地。试评价该地段的适宜性。

(11) 某 7 层高度为 23 m 的一般民用框架结构房屋,其柱下地理基础的基础埋深为 2.0 m,地下水位距地表 1.0 m,建于 8 度抗震设防区(0.20g),设计地震分组为第一组。工程地质分布情况:地下 0~8 m 为粉土,黏粒含量为 13.2%;地下 8~22 m 为细砂。现场标准贯入试验测得:深度 10 m 处,$N_i = 14$(临界值 $N_{cr} = 18$);深度 12 m 处,$N_i = 16$(临界值 $N_{cr} = 20$);深度 15 m 处,$N_i = 18$(临界值 $N_{cr} = 23$)。试计算该场地的液化指数 I_{lE}。

第 9 章 岩土工程分析评价

9.1 岩土工程分析评价的内容与方法

9.1.1 分析评价的内容和要求

岩土工程勘察的最终成果是岩土工程勘察报告,而岩土工程勘察报告中岩土工程分析评价是勘察报告的核心内容,它是在搜集已有资料和分析整理各项勘察工作成果的基础上,依据工程的特点和任务要求进行的。岩土工程分析评价的内容主要包括:

① 场地的稳定性和适宜性。

② 为岩土工程设计提供场地地层结构和地下水空间分布特征、岩土体工程性质和地基基础设计参数。

③ 分析评估拟建工程施工和运营过程中可能出现的岩土工程问题,并提出相应的解决措施。

④ 提出地基与基础、基坑工程、边坡工程、地下洞室等各类岩土工程设计方案的建议。

⑤ 预测拟建工程施工及运营过程中对周边环境的影响,提出保护环境的建议。

为了做好分析评价工作规定的各项内容,应做到以下几点:

② 充分了解工程结构的类型、特点、荷载情况和变形控制要求。

② 充分掌握场地的地质背景,考虑岩土材料的非均匀性、各向异性和随时间的变化,合理评估岩土参数的不确定性,确定其最佳估值。

③ 充分考虑当地经验和类似工程的经验。

④ 对于理论依据不足、实践经验不多的岩土工程,可通过现场模型试验和足尺试验进行分析评价。

⑤ 必要时可通过施工监测,调整设计和施工方案。

9.1.2 分析评价的方法

1) 定性分析与定量分析相结合的方法

一般在定性分析评价的基础上,进行定量分析评价。不经过定性分析评价是不能直接进行定量分析评价的。对工程建设的有些问题,仅做定性分析评价即可,如建设场地的稳定性及适宜性评价。定性分析和定量分析都应在详细查明场地的工程地质条件、水文地质条件以及建筑物荷载、变形要求的基础上,运用成熟的理论和类似工程的经验进行论证,并宜提出多个方案进行比较。

岩土体的变形、强度和稳定性应做定量评价分析,场地的适宜性、场地的稳定性可仅做定性评价。

2)定量分析方法

解析法是使用最多的方法,它以经典的刚体极限平衡理论为基础。这种方法的数学意义严格,但由于地质条件的复杂性,应用时先设定一定的前提假设条件,边界条件的确定和计算参数的选取也都存在误差和不确定性,甚至有一定的经验性,因此应有足够的安全储备以保证设计方案的可靠性。解析法可分为定值法和概率分析法。

(1)定值法

定值法也称稳定性系数法或安全系数法。勘察成果分析评价后,对各类计算参数取定值,而稳定性系数是各种参数的函数,即 $K = f(c, \varphi, \gamma, \cdots)$,因而所计算的稳定性系数也是定值。在实际应用中,根据工程的重要性和地质条件的复杂程度,一般用安全系数来保证计算成果的安全度,即在强度上根据经验予以折减,作为安全储备,其表达式为:

$$K = R/S \geqslant [K] \tag{9-1}$$

式中:R、S、K、$[K]$分别为抗力、作用力、稳定性系数和安全系数。

(2)概率分析法

岩土性质的差异性以及勘探、取样和测试的误差,导致许多岩土参数并不是一个确定值,而是具有某种分布的随机变量,所获取的稳定性系数亦相应为随机变量。因而采用概率分析法进行稳定性评价更为合理,即按破坏概率量度设计的可靠性,将安全储备建立在概率分析的基础上。

概率分析法的表达式为:

$$P_f = P\{K < 1\} \leqslant [P_f] \tag{9-2}$$

式中:P_f、$[P_f]$分别为破坏概率和目标破坏概率。而安全可靠的概率则为:

$$R = 1 - P_f \tag{9-3}$$

对确定稳定性系数 K 的各种计算参数需要进行许多次随机抽样,才能获得 K 值的概率分布图(图9-1)。

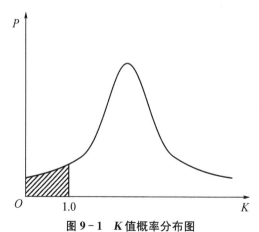

图9-1 K值概率分布图

目前国内的岩土工程计算一般都采用定值法，对于特殊工程需要时可辅以概率分析法进行综合评价。

9.1.3　岩土工程计算的极限状态

根据《岩土工程勘察规范》(GB 50021—2001)(2009年版)的规定，岩土工程计算应按极限状态进行。所谓"极限状态"指的是，整个结构或结构的一部分，超过某一特定状态就不能满足设计规定的功能要求，这一特定状态即称为该功能的极限状态。各种极限状态都有明确的标志或限值。按工程使用功能，可将极限状态分为承载能力极限状态和正常使用极限状态两类。

1）承载能力极限状态

承载能力极限状态又称破坏极限状态，对应于岩土体达到最大承载力或不适于继续承载的变形的状态，可分为两种情况：

① 岩土体中形成破坏机制，地基的整体性滑动、边坡失稳、挡土结构倾覆、隧洞冒顶或塌方、渗透破坏等。

② 岩土体的过量变形或位移导致工程的结构性破坏。土体的湿陷、震陷、融陷或其他大变形，造成工程的结构性破坏；岩土过量的水平位移，导致桩的倾斜、管道破裂、邻近工程的结构性破坏；地下水的浮托力、静水压力或动水压力造成的工程结构性破坏等。

2）正常使用极限状态

正常使用极限状态又称功能极限状态。这种极限状态对应于工程达到正常使用或耐久性能的某种规定限值。属于正常使用极限状态的情况有：影响正常使用的外观变形、局部破坏、振动以及其他特定状态。例如，由于岩土变形而使工程发生超限的倾斜、沉降、表面裂隙或装修损坏；由于岩土刚度不足而影响工程正常使用的振动；因地下水渗漏而影响工程（地下室）的正常使用等。

岩土工程的分析评价，应根据岩土工程勘察等级区别进行。对丙级岩土工程勘察，应根据邻近工程经验进行分析评价，结合静探和钻探取样试验资料进行；对乙级岩土工程勘察，应在详细勘探、测试工作的基础上，结合邻近工程经验进行，并提供岩土强度和变形指标；对甲级岩土工程勘察，除按乙级要求进行外，还应提供荷载试验资料，必要时应对其中的复杂问题进行专项研究，并结合监测工作对评价结论进行核查。

9.2　岩土参数的分析与选取

9.2.1　岩土参数的可靠性和适用性

岩土参数的分析与选取是岩土工程分析评价和岩土工程设计的基础。岩土工程分析评价是否符合客观实际，设计计算是否可靠，很大程度上取决于岩土参数选取的合理性。岩土参数可分为两类：一类是评价指标，用以评价岩土的性状，作为划分地层、鉴定岩土类别的主要依据；另一类是计算指标，用于岩土工程设计，预测岩土体在荷载作用、各类施工工况下的应力变化情况，指导施工和监测。

工程上对这两类岩土参数的基本要求是可靠性和适用性。可靠性是指参数能正确反映岩土体在规定条件下的性状，能比较有把握地估计参数真值所在的区间。适用性是指参数能满足岩土工程设计计算的假定条件和计算精度要求。岩土工程勘察报告应对主要参数的可靠性和适用性进行分析,并在分析的基础上选定参数。岩土参数的可靠性和适用性在很大程度上取决于岩土体受到扰动的程度和试验标准。按下列内容评价其可靠性和适用性。

岩土参数应根据工程特点和地质条件选用,并按下列内容评价其可靠性和适用性:

① 取样方法和其他因素对试验结果的影响。

② 采取的试验方法和取值标准。

③ 不同测试方法所得结果的分析比较。

④ 测试结果的离散程度。

⑤ 测试方法与计算模型的匹配性。

9.2.2 岩土参数的统计

岩土参数的统计应符合下列要求:

① 岩土的物理力学指标,应按场地的工程地质单元和土层层位分别统计。

② 应按下列公式计算平均值、标准差和变异系数:

$$\phi_m = \frac{\sum\limits_{i=1}^{n} \phi_i}{n} \tag{9-4}$$

$$\sigma_f = \sqrt{\frac{1}{n-1}\left[\sum_{i=1}^{n}\phi_i^2 - \frac{(\sum\limits_{i=1}^{n}\phi_i)^2}{n}\right]} \tag{9-5}$$

$$\delta = \frac{\sigma_f}{\sigma_m} \tag{9-6}$$

式中:ϕ_m——岩土参数的平均值;

ϕ_i——岩土参数值;

σ_f——岩土参数的标准差;

δ——岩土参数的变异系数。

③ 分析数据的分布情况,并说明数据的取舍标准。

主要参数宜绘制沿深度变化的图件,并按变化特点划分为相关型和非相关型两种类型。需要时应分析参数在水平方向上的变异规律。

相关型参数宜绘制岩土参数与深度的经验关系图,按下式计算剩余标准差,并用剩余标准差计算变异系数。

$$\sigma_r = \sigma_f \sqrt{1-r^2} \tag{9-7}$$

$$\delta = \frac{\sigma_r}{\phi_m} \tag{9-8}$$

式中:σ_r——剩余标准差;

r——相关系数,对于非相关型,$r = 0$。

岩土参数的标准值 ϕ_k 可按下式确定:

$$\phi_k = \gamma_s \phi_m \qquad (9-9)$$

$$\gamma_s = 1 \pm \left\{ \frac{1.704}{\sqrt{n}} + \frac{4.678}{n^2} \right\} \delta \qquad (9-10)$$

式中: γ_s ——统计修正系数。

注:式中正负号按不利组合考虑。

岩土工程勘察报告中一般应提供岩土参数的平均值、标准差、变异系数、数据的分布范围和数据的数量,承载能力极限状态计算所需要的岩土参数的标准值,应按上式计算。

地基土工程特性指标的代表值应分别取标准值、平均值及特征值。抗剪强度指标应取标准值,压缩性指标应取平均值,荷载试验指标应取特征值。

9.3 地基承载力特征值确定

地基承载力是指地基承受荷载的能力,即地基在同时满足变形和强度两个条件时,单位面积所能承受的最大荷载值。在岩土工程勘察报告中,必须给出不同岩土层的承载力特征值。《建筑地基基础设计规范》(GB 50007—2011)对地基承载力特征值的定义为:由载荷试验测定的地基土压力变形曲线线性变形段内规定的变形所对应的压力值,其最大值为比例界限值。地基承载力特征值经过基础宽度和埋深修正后,称为修正后的地基承载力特征值。

地基承载力特征值可根据荷载试验或其他原位测试、理论公式计算,并结合工程实践经验等方法综合确定。

9.3.1 理论计算法

通过理论计算确定地基承载力主要用于一级工程的岩土工程勘察中。采用的公式都是基于土的强度理论,根据地基土中塑性变形区发展范围以及整体剪切破坏等不良情况,在一定的假设条件下推导出来的,主要有临塑荷载计算公式、控制塑性区计算公式、极限承载力计算公式三种。《建筑地基基础设计规范》(GB 50007—2011)中根据土的抗剪强度指标确定地基承载力特征值的方法实际上就是控制塑性区计算公式的应用。

1) 对应塑性变形区 $Z_{max}=0$ 的临塑荷载计算公式

$$p_{cr} = \frac{\cot \varphi_k + \frac{\pi}{2} + \varphi_k}{\cot \varphi_k - \frac{\pi}{2} + \varphi_k} \gamma_0 d + \frac{\pi \cot \varphi_k}{\cot \varphi_k - \frac{\pi}{2} + \varphi_k} \cdot c_k \qquad (9-11)$$

式中: p_{cr} ——临塑荷载(kPa);

c_k ——地基土内聚力标准值(kPa);

φ_k ——地基土内摩擦角标准值(°);

γ_0 ——基础底面以上土层的平均重度(kN/m³);

d ——基础埋置深度(m),一般自室外地面算起。

2) 控制塑性区的临界荷载计算公式

$$f_v = K_r(M_b \gamma K_b b + M_d \gamma_0 d + M_c c_k) \qquad (9-12)$$

当塑性区深度取 $Z_{max} = \dfrac{1}{4}b$ 和 $Z_{max} = \dfrac{1}{3}$ 时,分别对应下列临界荷载计算公式:

$$p_{\frac{1}{4}} = K_r\left(\frac{1}{4}M_b \gamma K_b b + M_d \gamma_0 d + M_c c_k\right) \qquad (9-13)$$

$$p_{\frac{1}{3}} = K_r\left(\frac{1}{3}M_b \gamma K_b b + M_d \gamma_0 d + M_c c_k\right) \qquad (9-14)$$

式中:f_v——由控制塑性区公式计算的地基承载力特征值(kPa),常有 $Z_{max} = \dfrac{1}{4}b$ 和 $Z_{max} = \dfrac{1}{3}b$ 两种情况;

M_b、M_d、M_c——承载力系数,根据基础底面以下土的内摩擦角标准值,按表 9-1 确定;

γ——基底下土的重度,地下水位以下时取浮重度(kN/m³);

c_k——基底下一倍短边宽深度内土的黏聚力标准值(kPa);

b——基础底面宽度(m);

K_r——结构刚度系数,根据建筑物长高比 l/H_g,按表 9-2 确定;

K_b——系数,当基础底面宽度 $b < 10$ m 时,取 $K_b = 1$,当 $b \geqslant 10$ m 时,取 $K_b = \dfrac{8}{b} + 0.2$;其他符号意义同上。

表 9-1 承载力系数 M_b、M_d、M_c

土的内摩擦角标准值 φ_k(°)	M_b	M_d	M_c
0	0	1.00	3.14
2	0.03	1.12	3.32
4	0.06	1.25	3.51
6	0.10	1.39	3.71
8	0.14	1.55	3.93
10	0.18	1.73	4.17
12	0.23	1.94	4.42
14	0.29	2.17	4.69
16	0.36	2.43	5.00
18	0.43	2.72	5.31
20	0.51	3.06	5.66
22	0.61	3.44	6.04
24	0.80	3.87	6.45
26	1.10	4.37	6.90
28	1.40	4.93	7.40

（续表）

土的内摩擦角标准值 φ_k（°）	M_b	M_d	M_t
30	1.90	5.59	7.95
32	2.60	6.35	8.55
34	3.40	7.21	9.22
36	4.20	8.25	9.97
38	5.00	9.44	10.80
40	5.80	10.84	11.73

引用自《建筑地基基础设计规范》（GB 50007—2011）。

表 9-2　结构刚度系数 K_r

l/H_g	碎石土和砾、粗中砂	细砂、粉砂	粉土和黏性土	
			$I_L \leqslant 0.025$	$I_L > 0.025$
$\geqslant 4$	1.2	1.1	1.0	1.0
$\leqslant 1.5$	1.3	1.2	1.1	1.0

注：H_g——自室外地面起算的建筑物高度（m），不包括突出屋面的电梯间、水箱等局部附属建筑；
l——建筑物长度（m），当 l/H_g 在 1.5～4 之间时，K_r 采用插入法。
引用自《建筑地基基础设计规范》（GB 50007—2011）。

3）极限承载力计算公式

$$f_u = \frac{1}{2} N_r \xi_r b\gamma + N_q \xi_q \gamma_0 d + N_c \xi_c c_k \tag{9-15}$$

式中：f_u——极限承载力（kPa）；

N_r、N_q、N_c——承载力系数，根据基础底面以下土的内摩擦角标准值 φ_k，按表 9-3 确定；

ξ_r、ξ_q、ξ_c——基础形状系数，按表 9-4 确定；

γ、γ_0——分别为基底以下土的重度和基底以上土的平均重度，地下水位以下取浮重度（kN/m³）；

其余符号意义同上。

表 9-3　承载力系数 N_r、N_q、N_c

φ_k（°）	N_r	N_q	N_c	φ_k（°）	N_r	N_q	N_c
0	5.14	1.00	0	26	22.25	11.85	12.54
1	5.38	1.09	0.24	27	23.94	13.20	14.47
2	5.63	1.20	0.34	28	25.80	14.72	16.72
3	5.90	1.31	0.45	29	27.86	16.44	19.34
4	6.19	1.43	0.57	30	30.14	18.40	22.40

（续表）

$\varphi_k(°)$	N_r	N_q	N_c	$\varphi_k(°)$	N_r	N_q	N_c
5	6.49	1.57	0.71	31	32.67	20.63	25.99
6	6.81	1.72	0.86	32	35.49	23.18	30.22
7	7.16	1.88	1.03	33	38.64	26.09	35.19
8	7.53	2.06	1.22	34	42.16	29.44	40.06
9	7.92	2.25	1.44	35	46.12	33.30	48.03
10	8.35	2.47	1.69	36	50.59	37.75	56.31
11	8.80	2.71	1.97	37	55.63	42.92	66.19
12	9.28	2.97	2.65	38	61.35	48.93	78.0
13	9.81	3.26	3.06	39	67.87	55.96	92.25
14	10.37	3.59	3.53	40	75.31	64.20	109.41
15	10.98	3.94	4.07	41	83.86	73.90	130.22
16	11.63	4.34	4.68	42	93.71	85.38	155.55
17	12.34	4.77	5.39	43	105.11	99.02	186.54
18	13.10	5.26	6.2	44	108.37	115.31	224.64
19	13.93	5.80	7.13	45	133.88	134.88	271.76
20	14.83	6.40	8.2	46	152.10	158.51	330.35
21	15.82	7.07	10.88	47	173.64	187.21	403.67
22	16.88	7.82	0	48	199.26	222.31	496.01
23	18.05	8.66	0.24	49	229.93	265.51	613.16
24	19.32	9.60	0.34	50	266.89	319.07	762.86
25	20.72	10.66	0.45				

引用自《建筑地基基础设计规范》(GB 50007—2011)。

表 9-4　基础形状系数

基础形式	ξ_r	ξ_q	ξ_c
条形	1.00	1.00	1.00
矩形	$1-0.4\dfrac{b}{l}$	$1+\dfrac{b}{l}\tan\varphi_k$	$1+\dfrac{b}{l}\cdot\dfrac{N_q}{N_c}$
圆形和方形	0.60	$1+\tan\varphi_k$	$1+\dfrac{N_q}{N_c}$

注：b、l——基础包括箱形基础或筏基的底面宽度和长度(m)。
引用自《建筑地基基础设计规范》(GB 50007—2011)。

取临塑荷载 p_{cr} 作为地基的承载力特征值一般偏于安全。工程实践证明：容许地基土中出现不大的塑性区，对建筑物的安全也是有保证的，故也可根据当地建筑经验取 $p_{\frac{1}{4}}$ 或 $p_{\frac{1}{3}}$ 的临界荷载或用极限荷载除以安全系数 K 作为地基承载力特征值（K 值可根据建筑的重要程度、破坏后果的严重性、试验数据的可信度等因素确定，可在 $2\sim3$ 范围内选取）。

9.3.2　原位测试法

对于地基基础设计等级为甲级及缺乏经验或地质条件复杂的乙级建筑物，当采用天然地基基础设计方案时，基础持力层的天然地基承载力特征值应通过现场载荷试验确定。其他情况可通过现场载荷试验、原位测试、土工试验及地区经验方法等确定，并应符合下列要求：

① 素填土、黏性土、粉土可根据室内土工试验和原位测试成果综合确定。

② 冲填土、砂土、碎石土、全风化岩、强风化岩和残积土等宜根据原位测试成果或静载荷试验成果综合确定。

③ 中等风化岩和微风化岩可根据室内岩石单轴抗压试验成果或岩基载荷试验成果综合确定。

④ 当杂填土、混合土作为基础持力层或主要受力层时，其地基承载力特征值宜采用静载荷试验方法确定，其他情况可采用地区经验或原位测试方法确定。

根据静载荷试验确定地基承载力应符合下列规定：

① 浅层平板载荷试验：同一土层参加统计的试验点不应少于 3 点，当实测试验值的极差不超过其平均值的 30% 时，可取其平均值作为该土层的地基承载力特征值，当其超过 30% 时，应增加相应数量的试验点；试验得到的地基承载力特征值可进行深宽修正。

② 深层平板载荷试验、螺旋板载荷试验：同一土层同一深度参加统计的试验点不应少于 3 点，当实测试验值的极差不超过其平均值的 30% 时，可取其平均值作为该土层既定深度的地基承载力特征值，当其超过 30% 时，应增加相应数量的试验点；试验得到的地基承载力特征值为土体既定深度的地基（原位）承载力，不再进行深度修正，可作为大直径桩端土承载力特征值。

③ 岩石地基载荷试验：同一场地同一岩层的试验数量不应少于 3 个，取试验值的最小值作为岩石地基承载力特征值，且不进行深宽修正。

当按旁压试验确定地基土承载力特征值时，同一土层参加统计的试验点不应少于 6 点，当取其统计标准值作为该土层的地基承载力特征值时，特征值可进行深宽修正。

《南京地区建筑基础设计规范》（DGJ 32/J 12—2005）规定，当根据经杆长修正后的标准贯入锤击数标准值 N、轻便触探试验锤击数标准值 N_{10}、静力触探比贯入阻力 p_s 统计计算标准值、重型动力触探锤击数标准值 $N_{63.5}$ 确定地基承载力特征值时，可按表 9-5 至表 9-11 确定。

表 9-5　粉细砂地基承载力特征值

N(击数)	3~10	10~15	15~30	>30
p_s(kPa)	1 500~3 500	3 500~6 000	6 000~12 000	>12 000
地基承载力特征值(kPa)	110~140	140~180	180~240	240~330

注:N——经杆长修正后的锤击数统计标准值,杆长校正系数见表 9-6。

引用自《南京地区建筑基础设计规范》(DGJ 32/J 12—2005)。

表 9-6　标准贯入试验杆长校正系数

杆长(m)	≤3	6	9	12	15	18	21	25	30	40	50	75
校正系数	1.00	0.92	0.86	0.81	0.77	0.73	0.70	0.70	0.68	0.64	0.60	0.50

引用自《南京地区建筑基础设计规范》(DGJ 32/J 12—2005)。

表 9-7　中粗砂地基承载力特征值

N(击数)	10	15	30	50
地基承载力特征值(kPa)	180	250	340	500

引用自《南京地区建筑基础设计规范》(DGJ 32/J 12—2005)。

表 9-8　黏性土地基承载力特征值

N(击数)	3	5	7	9	11	13	15	17	19
p_s(kPa)	700	1 200	1 700	2 100	2 600	3 000	3 200	3 700	4 200
地基承载力特征值(kPa)	85	115	150	190	225	240	260	300	335

引用自《南京地区建筑基础设计规范》(DGJ 32/J 12—2005)。

表 9-9　粉土地基承载力特征值

p_s(kPa)	1300~2 000	2 000~4 000	4 000~6 000
地基承载力特征值(kPa)	100~130	130~160	160~2 000

引用自《南京地区建筑基础设计规范》(DGJ 32/J 12—2005)。

表 9-10　黏性土地基承载力特征值

N_{10}(击数)	10	20	30	40
地基承载力特征值(kPa)	70	90	110	130

引用自《南京地区建筑基础设计规范》(DGJ 32/J 12—2005)。

表 9-11　卵砾石地基承载力特征值

$N_{63.5}$(击数)	5	10	15	20	25	30	35	40
地基承载力特征值(kPa)	150	200	270	350	400	450	500	550

注:① 雨花台砾石层地基承载力特征值应适当增大,可乘 1.2 的增大系数。

② 当卵砾石中充填软塑~流塑粉质黏土和粉土,饱和稍密粉砂时,地基承载力特征值应适当减小,可乘 0.8 的折减系数。

引用自《南京地区建筑基础设计规范》(DGJ 32/J 12—2005)。

9.3.3　根据岩土参数确定

随着我国将以"变形控制"作为地基设计的重要原则,以及各地区土质存在较大差异的情况,按室内土工试验获取的物理、力学指标平均值查表确定地基承载力特征值的方法在现行《岩土工程勘察规范》(GB 50021—2001)(2009 年版)、《建筑地基基础设计规范》(GB 50007—2011)中均已取消,但在很多地区还应视实际工程情况,参照地方规范、尊重当地建筑经验加以利用。

《南京地区建筑基础设计规范》(DGJ 32/J 12—2005)规定,当根据室内物理、力学指标平均值确定地基承载力特征值时,应按下列规定将表 9 - 12 至表 9 - 15 中的承载力基本值乘回归修正系数 Ψ_f:

$$\Psi_f = 1 - \left(\frac{2.884}{\sqrt{n}} + \frac{7.918}{n^2}\right)\delta \qquad (9-16)$$

式中:Ψ_f——回归修正系数;

$\quad n$——据查表的物性指标参加统计的数据个数;

$\quad \delta$——变异系数。

① 当 Ψ_f 小于 0.75 时,应分析过大的原因(如分层是否合理,试验有无差错等),并应同时增加试样数量。

② 当表中并列两个指标时,变异系数应按下式计算:

$$\delta = \delta_1 + \xi\delta_2 \qquad (9-17)$$

式中:δ_1——第一指标的变异系数;

$\quad \delta_2$——第二指标的变异系数;

$\quad \xi$——第二指标的折算系数,见有关承载力表的注。

表 9 - 12　黏性土地基承载力基本值(kPa)

第一指标 e	第二指标 I_L					
	0.00	0.25	0.50	0.75	1.00	1.20
0.5	425	385	350	(325)	—	—
0.6	360	325	290	265	(235)	—
0.7	295	265	250	220	180	140
0.8	260	230	210	180	140	115
0.9	220	200	180	155	125	100
1.0	190	170	145	115	90	(75)
1.1	—	150	125	90	75	(65)

注:① 有括号者仅供内插用。

② 折算系数为 0.1。

③ 在沟谷与河漫滩地段的新近沉积黏性土,其工程性能较差,可按上表查得之数乘 0.8～0.9 的折减系数(当 $e \leqslant 0.8$ 时乘 0.8;当 $e > 0.8$ 时乘 0.9)。

引用自《南京地区建筑基础设计规范》(DGJ 32/J 12—2005)。

表 9-13　粉土地基承载力基本值(kPa)

第一指标 e	第二指标 $\omega(\%)$				
	20	25	30	35	40
0.6	280	270	—	—	—
0.7	230	220	(205)	—	—
0.8	185	175	165	—	—
0.9	145	140	130	(125)	—
1.0	120	115	110	105	(100)

注:① 有括号者仅供内插用。

② 折算系数为 0。

引用自《南京地区建筑基础设计规范》(DGJ 32/J 12—2005)。

表 9-14　淤泥和淤泥质土地基承载力基本值(kPa)

第一指标 $\omega(\%)$	第二指标 $E_{s1-2}(\text{MPa})$			
	1.5	2.5	3.5	4.0
35	—	65	70	80
40	55	60	65	(75)
45	50	55	(60)	—
50	45	(50)	—	—
55	40	—	—	—

注:① 有括号者仅供内插用。

② 折算系数为 0。

引用自《南京地区建筑基础设计规范》(DGJ 32/J 12—2005)。

表 9-15　素填土地基承载力基本值(kPa)

压缩模量 $E_{s1-2}(\text{MPa})$	7	6	5	4	3	2
$f(\text{MPa})$	130	115	105	85	65	50

注:本表只适用于堆填时间超过 10 年的黏性土以及超过 5 年的粉土。

引用自《南京地区建筑基础设计规范》(DGJ 32/J 12—2005)。

江苏省地方标准中的地基土承载力特征值的计算方法,当偏心距小于或等于 0.033 倍的基础底面宽度,根据地基土的抗剪强度指标确定地基承载力特征值时,可按下式计算,并应满足变形要求:

$$f_{\text{v}} = M_{\text{b}}\gamma K_{\text{b}}b + M_{\text{d}}\gamma_0 d + M_{\text{c}}c_{\text{k}} \tag{9-18}$$

各符号意义同上。

岩石地基承载力特征值可根据室内饱和单轴抗压强度按下式计算:

$$f_{\text{a}} = \Psi_{\text{r}}f_{\text{rk}} \tag{9-19}$$

式中:f_{a}—岩石地基承载力特征值(kPa);

f_{rk}—岩石饱和单轴抗压强度标准值(kPa);

Ψ_r—折减系数。根据岩体完整程度、坚硬程度以及结构面间距、宽度、产状和组合,由地区经验确定。无经验时,对于完整岩体可取 0.5;对于较完整岩体可取 0.2~0.5;对于较破碎岩体可取 0.1~0.2。

9.4 地基沉降变形计算

9.4.1 变形允许值

建筑物的地基变形计算值,不应大于地基变形允许值。地基变形特征可分为沉降量、沉降差、倾斜、局部倾斜。在计算地基变形时,应符合下列规定:

① 由于建筑地基不均匀、荷载差异很大、体型复杂等因素引起的地基变形,对于砌体承重结构应由局部倾斜值控制;对于框架结构和单层排架结构应由相邻柱基的沉降差控制;对于多层或高层建筑和高耸结构应由倾斜值控制;必要时尚应控制平均沉降量。

② 在必要情况下,需要分别预估建筑物在施工期间和使用期间的地基变形值,以便预留建筑物有关部分之间的净空,选择连接方法和施工顺序。

建筑物的地基变形允许值应按表 9-16 的规定采用。对表中未包括的建筑物,其地基变形允许值应根据上部结构对地基变形的适应能力和使用上的要求确定。

表 9-16　建筑物的地基变形允许值

变形特征		地基土类别	
		中、低压缩性土	高压缩性土
砌体承重结构基础的局部倾斜		0.002	0.003
工业与民用建筑相邻柱基的沉降差	框架结构	$0.002l$	$0.003l$
	砌体墙填充的边排柱	$0.0007l$	$0.001l$
	当基础不均匀沉降时不产生附加应力的结构	$0.005l$	$0.005l$
单层排架结构(柱距为 6 m)柱基的沉降量(mm)		(120)	200
桥式吊车轨面的倾斜(按不调整轨道考虑)	纵向	0.004	
	横向	0.003	
多层和高层建筑的整体倾斜	$H_g \leqslant 24$	0.004	
	$24 < H_g \leqslant 60$	0.003	
	$60 < H_g \leqslant 100$	0.0025	
	$H_g > 100$	0.002	
体型简单的高层建筑基础的平均沉降量(mm)		200	
高耸结构基础的倾斜	$H_g \leqslant 20$	0.008	
	$20 < H_g \leqslant 50$	0.006	
	$50 < H_g \leqslant 100$	0.005	

（续表）

变形特征		地基土类别	
		中、低压缩性土	高压缩性土
高耸结构基础的倾斜	$100<H_g\leqslant150$	0.004	
	$150<H_g\leqslant200$	0.003	
	$200<H_g\leqslant250$	0.002	
高耸结构基础的沉降量(mm)	$0<H_g\leqslant100$	400	
	$100<H_g\leqslant200$	300	
	$200<H_g\leqslant250$	200	

注：① 本表数值为建筑物地基实际最终变形允许值；
② 有括号者仅适用于中压缩性土；
③ l 为相邻柱基的中心距离(mm)，H_g 为自室外地面起算的建筑物高度(m)；
④ 倾斜指基础倾斜方向两端点的沉降差与其距离的比值；
⑤ 局部倾斜指砌体承重结构沿纵向 $6\sim10$ m 内基础两点的沉降差与其距离的比值。
引用自《南京地区建筑基础设计规范》(DGJ 32/J 12—2005)。

9.4.2 规范法

计算地基变形时，地基内的应力分布，可采用各向同性均质线性变形体理论，其最终变形量可按下式进行计算：

$$s = \psi_s s' = \psi_s \sum_{i=1}^{n} \frac{p_0}{E_{si}}(z_i \bar{\alpha}_i - z_{i-1} \bar{\alpha}_{i-1}) \qquad (9-20)$$

式中：s——地基最终变形量(mm)；

s'——按分层总和法计算出的地基变形量(mm)；

ψ_s——沉降计算经验系数，根据地区沉降观测资料及经验确定，无地区经验时可根据变形计算深度范围内压缩模量的当量值($\bar{E}_s$)、基底附加压力按表 9-17 取值；

n——地基变形计算深度范围内所划分的土层数(图 9-2)；

p_0——相应于作用的准永久组合时基础底面处的附加压力(kPa)；

E_{si}——基础底面下第 i 层土的压缩模量(MPa)，应取土的自重压力至土的自重压力与附加压力之和的压力段计算；

z_i、z_{i-1}——基础底面至第 i 层土、第 $i-1$ 层土底面的距离(m)；

$\bar{\alpha}_i$、$\bar{\alpha}_{i-1}$——基础底面计算点至第 i 层土、第 $i-1$ 层土底面范围内平均附加应力系数。

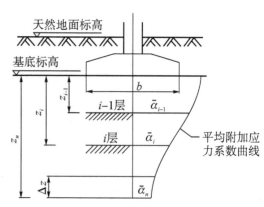

图 9-2 基础沉降计算的分层示意图
引用自《建筑地基基础设计规范》
(GB 50007—2011)。

表 9 - 17　沉降计算经验系数 ψ_s

基底附加压力	$\overline{E}_s$(MPa)				
	2.5	4.0	7.0	15.0	20.0
$p_0 \geqslant f_{ak}$	1.4	1.3	1.0	0.4	0.2
$p_0 \leqslant 0.75 f_{ak}$	1.1	1.0	0.7	0.4	0.2

引用自《建筑地基基础设计规范》(GB 50007—2011)。

变形计算深度范围内压缩模量的当量值($\overline{E}_s$),应按下式计算:

$$\overline{E}_s = \frac{\sum A_i}{\sum \dfrac{A_i}{E_{si}}} \tag{9-21}$$

式中:A_i——第 i 层土附加应力系数沿土层厚度的积分值;

　　E_{si}——基础底面下第 i 层土的压缩模量(MPa)。

地基变形计算深度 z_n(图 9 - 2),应符合式(9 - 20)的规定。当计算深度下部仍有较软土层时,应继续计算。

$$\Delta s'_n \leqslant 0.025 \sum_{i=1}^{n} \Delta s'_i \tag{9-22}$$

式中:$\Delta s'_i$——在计算深度范围内,第 i 层土的计算变形值(mm);

　　$\Delta s'_n$——在由计算深度向上取厚度为 Δz 的土层计算变形值(mm),Δz 见图 9 - 2 并按表 9 - 18 确定。

表 9 - 18　Δz

b(m)	$0 < b \leqslant 2$	$2 < b \leqslant 4$	$4 < b \leqslant 8$	$b > 8$
Δz(m)	0.3	0.6	0.8	1.0

引用自《建筑地基基础设计规范》(GB 50007—2011)。

当无相邻荷载影响,基础宽度在 1～ 50 m 范围内时,基础中点的地基变形计算深度可按简化公式(9 - 23)进行计算。当计算深度范围内存在基岩时,z_n 可取至基岩表面;当存在较厚的坚硬黏性土层,其孔隙比小于 0.5、压缩模量大于 50 MPa,或存在较厚的密实砂卵石层,其压缩模量大于 80 MPa 时,z_n 可取至该层土表面。此时,地基土附加压力分布应考虑相对硬层存在的影响。

$$z_n = b(2.5 - 0.4\ln b) \tag{9-23}$$

式中:b——基础宽度(m)。

当存在相邻荷载时,应计算相邻荷载引起的地基变形,其值可按应力叠加原理,采用角点法计算。当建筑物地下室基础埋置较深时,地基土的回弹变形量可按下式进行计算:

$$s_c = \psi_c \sum_{i=1}^{n} \frac{p_c}{E_{ci}} (z_i \overline{\alpha}_i - z_{i-1} \overline{\alpha}_{i-1}) \tag{9-24}$$

式中：s_c——地基的回弹变形量（mm）；

ψ_c——回弹量计算的经验系数，无地区经验时可取 1.0；

p_c——基坑底面以上土的自重压力，地下水位以下应扣除浮力（kPa）；

E_{ci}——土的回弹模量（kPa）。

回弹再压缩变形量计算可采用再加荷的压力小于卸荷土的自重压力段内再压缩变形线性分布的假定按下式进行计算：

$$s'_c = \begin{cases} r'_0 s_c \dfrac{p}{p_c R'_0} & p < R'_0 p_c \\[3mm] s_c \left[r'_0 + \dfrac{r'_{R'=1.0} - r'_0}{1 - R'_0} \left(\dfrac{p}{p_c} - R'_0 \right) \right] & R'_0 p_c < p < p_c \end{cases} \tag{9-25}$$

式中：s'_c——地基土回弹再压缩变形量（mm）；

s_c——地基的回弹变形量（mm）；

r'_0——临界再压缩比率，对应于再压缩比率与再加荷比关系曲线上两段线性交点对应的再压缩比率，由土的固结回弹再压缩试验确定；

R'_0——临界再加荷比，对应于再压缩比率与再加荷比关系曲线上两段线性交点对应的再加荷比，由土的固结回弹再压缩试验确定；

$r'_{R'=1.0}$——对应于再加荷比 $R' = 1.0$ 时的再压缩比率，由土的固结回弹再压缩试验确定，其值等于回弹再压缩变形增大系数；

p——再加荷的基底压力（kPa）。

在同一整体大面积基础上建有多栋高层和低层建筑，宜考虑上部结构、基础与地基的共同作用进行变形计算。

9.4.3 固结历史法

对于甲级建筑，宜采用考虑地基土固结应力历史的方法，用以下公式计算地基变形量：

1）超固结土（$OCR > 1$）

① 当 $p_{zi} + p_{0i} \leqslant p_{ci}$ 时，用回弹指数 C_s 计算。若地基压缩层深度内有 m 层土属此类情况，则可按下式计算：

$$S_m = \sum_{i=1}^{n} \frac{h_i}{1 + e_{0i}} \left[C_{si} \lg \left(\frac{p_{zi} + p_{0i}}{p_{0i}} \right) \right] \tag{9-26}$$

式中：S_m——m 层范围内的沉降变形量（mm）；

h_i——第 i 层分层厚度（mm）；

e_{0i}——第 i 层初始孔隙比；

C_{si}——第 i 层土的回弹指数；

p_{zi}——第 i 层土自重压力平均值（kPa）；

p_{0i}——相应于荷载效应准永久组合时第 i 层土附加压力平均值（kPa）；

p_{ci}——第 i 层土前期固结压力（kPa）。

② 当 $p_{zi} + p_{0i} > p_{ci}$ 时，分两段考虑。p_c 值以前用 C_s，p_c 值以后用 C_c。若地基压缩层深度内有 n 层土属此种情况，则可按下式计算：

$$S_n = \sum_{i=1}^{n} \frac{h_i}{1+e_{0i}}\Big[C_{si}\lg\frac{p_{ci}}{p_{0i}} + C_{ci}\lg\Big(\frac{p_{zi}+p_{0i}}{p_{ci}}\Big)\Big] \tag{9-27}$$

式中：S_n——n 层范围内的沉降变形量（mm）；

$\quad\quad C_{ci}$——第 i 层土的压缩指数；

$\quad\quad$ 其他符号同上。

③ 地基压缩层范围内有上述两种情况的土层，则其总沉降变形量为上述两部分之和，即：

$$S = S_m + S_n \tag{9-28}$$

式中：S——压缩层范围内总沉降量（mm）。

2）正常固结土（$OCR=1$）

正常固结土按下式计算：

$$S = \sum_{i=1}^{n} \frac{h_i}{1+e_{0i}}\Big[C_{ci}\lg\Big(\frac{p_{zi}+p_{0i}}{p_{0i}}\Big)\Big] \tag{9-29}$$

按以上公式计算沉降变形量时，地基压缩层深度，对于粉土、一般黏性土和饱和黄土，自基础底面算起，算到附加压力等于自重压力 20%处；对于软土，算到附加压力等于自重压力 10%处。若有相邻建筑，附加压力应考虑其影响。

9.5 岩土工程勘察报告

勘察报告是岩土工程勘察的总结性文件，一般由文字部分和所附图表组成。岩土工程勘察报告是在岩土工程勘察过程中所进行的各种原始资料编录的基础上进行的。因此，对岩土工程分析所依据的一切原始资料，均应进行整理、检验、分析，确认无误后方可使用。

为了保证勘察报告的质量，原始资料必须完整、真实准确、数据无误、图表清晰、结论有据、建议合理、便于使用和长期保存，并应因地制宜、重点突出，有明确的过程针对性。

9.5.1 报告的基本内容

岩土工程勘察报告应根据任务要求、勘察阶段、地质条件、工程特点等具体情况编写。鉴于岩土工程的规模大小各不相同，目的要求、工程特点、自然条件等差别很大，要编制一个统一的适用于每个过程的岩土工程勘察报告内容和章节内容，显然是不现实的。因此，只能给出勘察报告的基本内容，一般应包括下列各项内容：

① 勘察目的、任务要求和依据的技术标准。

② 拟建工程概况。

③ 勘察方法和勘察工作量布置。

④ 场地地形、地貌、地层、地质构造、岩土性质及其均匀性。

⑤ 各项岩土性质指标，岩土的强度参数、变形参数、地基承载力的建议值。

⑥ 地下水埋藏情况、类型、水位及其变化。

⑦ 土和水对建筑材料的腐蚀性。

⑧ 可能影响工程稳定的不良地质作用的描述和对工程危害程度的评价。

⑨ 场地稳定性评价。

岩土工程勘察报告应对岩土利用、整治和改造的方案进行分析论证,提出建议;对工程施工和使用期间可能发生的岩土工程问题进行预测,提出监控和预防措施的建议。

9.5.2 报告应附的图表

勘察报告应附的图表,主要包括:

① 勘察点平面位置图。

② 工程地质柱状图。

③ 剖面图或立体投影图。

④ 原位测试成果图表。

⑤ 室内试验成果图表。

当需要时,尚应附综合工程地质图、综合地质柱状图、地下水等水位线图、素描、照片、综合分析图和岩土利用、整治和改造方案的有关图表、岩土工程计算简图以及计算成果图表等。

9.5.3 专项报告

除上述综合性岩土工程勘察报告外,也可根据任务要求提交专项报告,主要有:

① 岩土工程测试报告(如旁压试验报告等)。

② 岩土工程检验或监测报告(如验槽报告、沉降观测报告等)。

③ 岩土工程事故调查与分析报告(如倾斜原因报告)。

④ 岩土利用、整治和改造方案报告(如深基坑开挖降水设计)。

⑤ 专门岩土工程问题的技术咨询报告(如场地地震反应分析)。

勘察报告的文字、术语、代号、符号、计量单位、标点应符合国家有关规范的规定。

最后需要指出的是,勘察报告的内容可根据岩土工程勘察等级酌情简化或加强。例如:对丙级岩土工程勘察的成果报告可适当简化,以图表为主,附以适当的文字说明;而对于甲级的岩土工程勘察报告除应符合本章规定外,尚应对专门性的岩土工程问题提交专门的实验报告、研究报告或监测报告。

9.6 实例

南京河西南部鱼嘴金融集聚区项目 A、E 地块岩土工程勘察

9.6.1 工程概况

本项目地块位于南京河西新城南部,临近河西商务中轴,属于南京市建邺区,总占地面积约为 16 万 m²,总建设体量约为 86 万 m²。项目周边交通系统汇集了地铁、有轨电车及城市交通,规划地铁线路分别为地铁 2 号线西延线和地铁 9 号线。地铁 9 号线站点位于 A 地块与鱼嘴公园之间的头关街,地铁 2 号线与 9 号线在秦新路与头关街交叉路口处换乘。目前,有轨电车 1 号线已建成运行,有轨电车 2 号线为规划线路。

项目 A 地块规划建设一栋建筑高度在 580 m 以上的超高层 5A 级写字楼及高度约为 24 m 的裙房,本项目 ±0.00 标高为绝对标高 9.300 m,地下室底板底标高为绝对标高 −18.750～ −12.600 m,A、E 地块规划暂定 4 层地下室,主塔楼区地下室底板厚度设计估算为

6 000 mm,裙房区地下室底板厚度为 1 500 mm,室外地坪标高,绝对标高 8.800～9.100 m,由北向南逐渐升高。预计地下室底板底地面下埋深为 28 m,基底平均压力暂按 1 850 kPa(基底尺寸按 65 m×65 m 计)考虑。场地位置概况及场地周边交通概况见图 9 - 3。拟建建筑物见表 9 - 19。

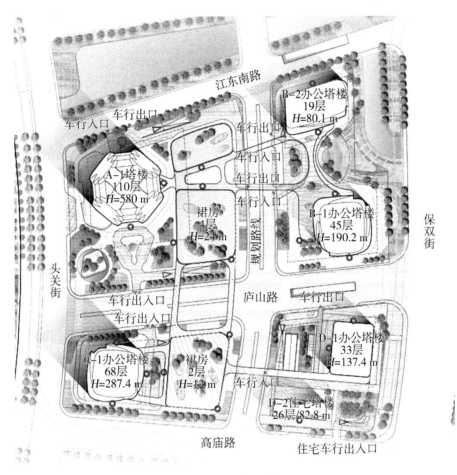

图 9 - 3　场地位置概况

表 9 - 19　拟建建筑物一览表

所在区域	建筑物名称	建筑高度(m)	层数	结构体系	基础形式	基底荷载效应组合的平均压力(kN/m²)
A 区	塔楼	580	110	带加强层的框架-核心筒混合结构	桩筏	850(塔楼重约 6 600 000 kN,筏板面积 65 m×65 m)
	裙楼	24	4	框架结构	桩基	约 160
A 区	地下室	地下 22.85	4	框架结构	桩基	约 100
E 区	地下室	地下 22.85	4	框架结构	桩基	约 100

引用自《建筑地基基础设计规范》(GB 50007—2011)。

　　本项目的工程重要性等级为一级,场地复杂程度为中等,地基复杂程度等级为中等,场地周边环境较复杂,综合确定岩土工程勘察等级为特级(主楼高度超过 250 m),基坑工程安全等级为一级,拟建物地基基础设计等级为甲级,桩基设计等级为甲级。建筑抗震设防类主楼为重点设防类(乙类),建筑抗震设防类裙楼及地下室为标准设防类(丙类)。

9.6.2 勘察目的、勘察依据、勘察方法及完成工作量

1) 勘察目的、任务要求

本次勘察目的是查明场地的工程地质条件,有无不良地质作用及影响地基稳定性的因素,对场地工程地质条件作出详细评价,为建筑物基础和基坑设计提供必要的地质依据和设计参数。

本工程勘察的具体任务如下:

① 在充分熟悉和掌握区域地质资料的基础上,开展现场地质调查工作,详细查明区域地质条件、地形地貌、地质构造、岩土工程特性等特征。

② 详细查明场地范围内的不良地质现象(如暗河、暗浜、流砂、墓穴、孤石、浅气层等),分析其成因、性质、分布规律及范围,详细评价其对工程设计可能产生的不利影响和潜在威胁。

③ 采用多种勘察手段,详细查明本项目地块各岩土层的分布特征,提供其主要物理力学指标及详细设计、施工所需要的相关地质参数。

④ 详细查明本项目地块地下障碍物埋藏特征,并评价其对工程的影响,调查项目附近重要建筑物的地基条件、基础类型、上部结构和使用状态,搜集相关资料。

⑤ 详细查明本项目场地内可能存在的不良地质(砂土液化、渗透变形等),尤其注意查明砂层(含夹层、互层)的分布、厚度、渗透性、液化特征等,分析已有地震资料,划分场地土类型和场地类别,详细判定场地地基土的地震效应,提供抗震设计基本参数和处理措施等。

⑥ 详细查明本项目场地内的特殊岩土(填土、软土及风化岩等)的分布范围、厚度、固结状态、富水性和震陷特征、地下硬土层、基岩面的埋深与起伏情况,分析评价工程性质及其对工程和施工的危害性,提出处理措施建议。

⑦ 详细查明本项目场地内地下水类型和分布、埋藏条件、补给来源、历年最高和最低水位、水质、流速、流向、抗浮和抗压设计水位等,给出地下水动态和周期变化规律及其与地表水(含长江)的水力联系,评价其对建筑材料的腐蚀性。

⑧ 详细评价本项目场地的稳定性和适宜性,提出工程设计及施工措施的具体建议,包括不良地质与特殊岩土的处理对策、地表水和地下水对工程造成的不利影响及处理对策、基坑设计及施工中的注意事项等。

⑨ 根据上部结构的结构形式和荷载大小,建议桩基持力层,提供桩基设计参数,估算单桩竖向承载力和抗拔力;对超高层塔楼、裙房和纯地下室基础分别进行选型分析,提出经济合理可行的基础方案。如采用桩基础(含后注浆)时,基础选型分析应考虑不同桩径、不同持力层的单桩承载力估算,同时给出对应的计算文件。

⑩ 结合基坑工程的要求,对基坑工程作出评价,提供基坑设计所需要的各种参数,对基坑的支护形式、降止水方案提出建议并就基坑施工对周边道路、管线及建(构)筑物的影响进行分析评价。并针对工程降水方案进行相关分析评价,提供抽水试验的有关成果资料,为基坑设计施工的降止水提供依据。

　　结合勘察和试验结果,为设计提供桩基承载力(含后注浆)的合理计算参数并建议计算方法。对于塔楼桩基(含后注浆),考虑桩端入岩深度超过 8 倍桩径的情况,提供桩侧、桩端阻力参数随入岩深度的变化规律。

　　对设计单位做好岩土工程勘察报告技术交底,并参与相关技术方案的研究。

　　2) 勘察依据的技术标准

　　本次勘察工作以甲方提供的有关图纸资料,如拟建物总平面布置图为依据,遵循以下现行的规范进行:

　　(1) 中华人民共和国国家规范和标准

　　《岩土工程勘察规范》(GB 50021—2001)(2009 年版)

　　《土工试验方法标准》(GB/T 50123—2019)

　　《建筑抗震设计规范》(GB 50011—2010)(2016 年版)

　　《建筑工程抗震设防分类标准》(GB 50223—2008)

　　《建筑地基基础设计规范》(GB 50007—2011)

　　《地基动力特性测试规范》(GB/T 50269—2015)

　　《岩土工程基本术语标准》(GB/T 50279—2014)

　　《土的工程分类标准》(GB/T 50145—2007)

　　《工程岩体分级标准》(GB/T 50218—2014)

　　《工程岩体试验方法标准》(GB/T 50266—2013)

　　《民用建筑工程室内环境污染控制规范》(GB 50325—2010)(2013 年版)

　　《岩土工程勘察安全规范》(GB 50585—2010)

　　(2) 中华人民共和国行业标准

　　《土工试验规程》(SL 237—1999)

　　《建筑桩基技术规范》(JGJ 94—2008)

　　《高层建筑箱形与筏形基础技术规范》(JGJ 6—2011)

　　《高层建筑岩土工程勘察标准》(JGJ/T 72—2017)

　　《建筑工程地质勘探与取样技术规程》(JGJ/T 87—2012)

　　《建筑基坑支护技术规程》(JGJ 120—2012)

　　《建筑地基处理技术规范》(JGJ 79—2012)

　　《房屋建筑和市政基础设施工程勘察文件编制深度规定》(2010 年版)

　　(3) 中国工程建设标准化协会标准

　　《静力触探技术标准》(CECS 04:88)

　　(4) 江苏省地方标准

　　《江苏省岩土工程勘察规范》(DGJ 32/TJ 208—2016)

　　《南京地区建筑地基基础设计规范》(DGJ 32/J 12—2005)

　　《孔压静力触探技术规程》(DB32/T 2977—2016)

　　当上述规范和标准的有关规定不一致时,应按较严格的要求执行。

　　甲方、设计方及顾问单位的技术要求。

　　河西南部鱼嘴金融集聚区 A、E 地块岩土工程勘察(详勘)技术要求。

3）勘探方法

（1）钻探

本次钻探工作始于 2018 年 3 月 5 日，完成于 2018 年 4 月 6 日，同期进行室内试验，所有外业工作及室内试验均有业主及综合岩土顾问现场见证。勘探采用 GXY-1 型工程钻机 18 台及配套设备，开孔孔径 127 mm，终孔孔径 91 mm，采用机械回转钻进、套管与泥浆护壁结合、全断面取芯的施工工艺，施工现场技术人员跟班作业，现场指导，控制每一回次进尺，并即时进行地质编录、钻探记录。

（2）取样

控制性取土钻孔 20 m 以浅取样间距为 1.0～1.5 m，20 m 以深取样间距为 1.5～2.0 m，土层厚度较大时适当放宽，每层土的各种试验项目不得少于 6 组（夹层厚度大于 50 cm 的透镜体，必须有原状土样或原位测试数据，如夹层较薄且分布范围较小，需采取连续取样等措施），中风化基岩需采取原状样；钻探过程中如发现有地下水，钻探结束后按不同地下水类型采取水样和地下水位以上土的易溶盐试样；岩样直接在岩芯中采取。原状土样取样方法：淤泥质土等软土层采用 ϕ 73 mm 薄壁取土器静压法采取原状土样；黏性土层采用 ϕ 108 mm 对开式厚壁取土器压入法采取原状土样；粉土及砂性土层在代表性地段采用 ϕ 73 mm 内置环刀式取砂器采取少量原状砂样。

（3）原位测试

原位测试进行了标准贯入试验、重型动力触探、静力触探试验、十字板剪切试验、旁压试验、波速测试、多功能孔压静力触探（CPTU）测试、土壤氡检测及现场抽水试验等。

① 标准贯入试验

标准贯入试验作为主要的原位测试手段，用于判别地基土的软硬及密实程度以及对饱和的砂土（粉土）的液化判别，并可按地区经验确定承载力。

② 重型动力触探试验

重型动力触探作为主要的原位测试手段，用于判别碎石土和砂卵砾石土的密实程度，并可按地区经验确定承载力。

③ 静力触探试验

静力触探作为主要的原位测试手段，用于判别地基土的软硬及密实程度，并可按地区经验确定地基各土层的承载力。

④ 多功能静力触探（CPTU）测试

试验所用孔压静力触探仪为美国原装进口多功能数字式车载 CPTU 系统，配备了最新的多功能数字式探头。系统由钻探车、静力触探系统两部分组成，配备有四功能 5 t、10 t、15 t、20 t 数字式孔压探头，具有常规 CPT、孔压、倾斜、地震波和电阻率功能模块，E4FCS 实时数据计算机采集系统，CONEPLOT 及 CLEANUP 数据处理软件。

孔隙水压力静力触探通过在常规静力触探（CPT）探头上安装孔压传感器元件，除可测锥尖阻力 q_c、侧壁摩擦力 f_s 外，还可测试地下水位以下各土层的孔隙水压力 u 及超孔隙水压力消散过程。根据测得的超孔隙水压力消散曲线，可以推求土层的渗透系数 k 及固结系数 c_h 等重要的土的工程性质参数，对土层进行有效应力分析及计算，亦可对其渗透固结及沉降变形进行分析计算。

⑤ 十字板剪切试验

主要用于测定软土层的不排水抗剪强度值及灵敏度,为估算地基承载力和基坑围护设计及桩基础参数提供参考依据。

⑥ 旁压试验

根据所测结果绘制压力和测管水位下降值关系曲线,得到旁压曲线。根据曲线可确定地基土体的承载力并计算其变形模量和压缩模量的力学指标。

⑦ 波速测试

主要用于测定各类岩、土体的剪切波速(v_s)和压缩波速(v_p),并现场采取岩芯进行岩块的压缩波速(v_p)测试,用于划分场地类别、岩体完整性及风化程度。可根据岩土层的剪切波速(v_s)值计算有关岩土层的动力设计参数。

⑧ 土壤氡检测

通过土壤氡析出率测试结合场地是否存在断裂构造的调查,为项目是否需要采取防氡工程措施提供依据。

⑨ 现场抽水试验

a. 单井抽水试验

a)试验区域设置在本工程 A 地块中部、远离周边敏感环境区域。

b)试验内容:对于承压水层进行单井抽水试验,并对水头进行观测,以获得承压水层的影响半径、涌水量以及承压水含水层的渗透系数 K、导水系数 T 及弹性释水系数 S 等参数,并确定合理的降水井深度及构造。

b. 群井抽水试验

a)试验区域设置在本工程 A 地块中部、远离周边敏感环境区域。

b)试验内容:对于承压水层进行多井抽水试验,并对水头以及周边沉降变形、深层土体进行观测。

(4)室内岩土试验

土的常规试验项目主要为:含水量、密度、比重、天然孔隙比、饱和度、液限、塑限、液性指数、塑性指数、剪切、压缩、颗粒分析、渗透系数(水平、垂直)等。含水量采用烘干法,密度采用环刀法,液限、塑限采用联合测定法,黏性土渗透系数采用变水头法,砂性土渗透系数采用常水头法。

除常规项目外,砂性土加做休止角(水上、水下)、相对密实度等试验;一般黏性土加做固结快剪(提供固快强度峰值及 70% 峰值)试验、三轴 CU(测孔压)试验;软黏性土加做固结系数(水平、垂直)试验、三轴 UU 试验、有机质含量及无侧限抗压强度(提供灵敏度)试验;提供各土层静止侧压力系数 K_0。

颗粒分析试验:粉土、砂土均做颗粒分析试验。颗粒分析试验对粒径大于 0.075 mm 的土用筛分法,对粒径小于 0.075 mm 的土用比重计法,并提供粒径级配曲线、颗粒组成百分数、不均匀系数 d_{60}/d_{10} 及 d_{70} 等。颗粒分析采用比重计筛析联合测定法和筛分法。

固结试验:固结试验应包括常规固结、高压固结试验及固结回弹再压缩试验,以测得黏性土与粉土的超固结比值、先期固结压力、压缩系数、压缩指数、固结系数。进行回弹试验时,其压力的施加应根据基坑开挖卸荷和再加荷的实际情况,模拟实际的加卸荷状态。对基底土层还需进行高压回弹试验，提供回弹指数、回弹模量等。

三轴剪切试验：对细粒土和粒径小于 20 mm 的粗粒土，应根据工程需要分别采用不固结不排水（UU）、固结不排水（CU）、固结排水（CD）试验测定土的抗剪强度参数，并提供轴向应力与主应力关系曲线和强度包络线。对各黏土和粉质黏土层应进行不固结不排水（UU）和固结不排水并量测孔隙水压力的试验，取得不排水和有效应力（c'、φ'）的剪力强度参数。粉土层应进行固结不排水并量测孔隙水压力的试验，取得有效应力（c'、φ'）的剪力强度参数。

基床系数：利用标准固结试验、三轴试验指标计算基床系数。

岩石试验项目：密度、吸水率、天然/饱和单轴抗压强度、抗剪断、软化试验、岩块超声波测试、单轴压缩变形试验（回弹模量、泊松比）等。报告中应说明取样日期及试验日期（钻取岩样后应在当天送至试验室，第二日进行室内试验）。

水土质分析测试：pH、酸度、碱度、硬度、溶解氧、导电率、有机质、游离 CO_2、侵蚀性 CO_2、矿化度、Ca^{2+}、Mg^{2+}、K^+、Na^+、NH_4^+、Fe^{2+}、Fe^{3+}、SO_4^{2-}、Cl^-、HCO_3^-、CO_3^{2-}、NO_3^-、OH^-。

有机质试验：适用于黏性土与粉土，测定土的有机含量。

易溶盐试验：适用于地下水位上的土类，为土的腐蚀性评价提供依据。

4）勘察工作量

本工程勘探点位置和孔数均遵照招标文件的要求，经优化后进行布设，报请业主及设计单位复核确认，各勘探点基本上按方格网布设，并考虑拟建建筑物及地下室周边缘，共计布设 160 个勘探点。按相关规范、规程要求，勘探点间距控制在不大于 24 m。勘探点深度根据场地地质条件，按满足构筑物地基基础设计及相关要求确定。

拟定工作量完成后，因场地岩土层分布有变化，特别是局部地段作为持力层的中风化基岩面变化较大，按相关规范的规定提出补勘建议，经业主、综合岩土顾问、设计方的审核，业主召开了专项专家论证会论证，确定补充勘探点 21 个。

本次钻探工作始于 2018 年 3 月 5 日，完成于 2018 年 4 月 6 日，同期进行室内试验，所有外业工作及室内试验均有业主及综合岩土顾问现场见证。累计完成工作量见表 9 - 20。

表 9 - 20　主要工作量统计

工作内容		工作量		工作内容		工作量	
		单位	数量			单位	数量
钻探进尺	钻探孔	个	181	取样	原状样	件	2 454
		m	13 793.3		岩石样	件	1 203
	静探孔	个	17		扰动样	件	219
		m	817.9		水样	件	9
	CPTU	个	8	原位测试	标贯试验	次	2 901
		m	159.4		波速试验	孔	6
	抽水试验孔	个	6		重型动力触探	m	57.4
					十字板剪切试验	点次	42
	注水试验孔	个	1		旁压试验	孔	6

(续表)

工作内容		工作量		工作内容		工作量	
		单位	数量			单位	数量
土工试验	物理试验	件	2 350	岩石试验	天然单轴抗压度	组	1 185
	压缩试验	件	2 350		饱和单轴抗压度	组	111
	直剪快剪	件	1 629		干燥单轴抗压度	组	111
	固结快剪	件	115		岩石纵波速	组	8
	三轴 UU	件	89		天然块体密度	组	67
	三轴 CU	件	89		岩石抗剪断	组	8
	三轴 CD	组	48		回弹模量	组	8
	颗分试验	件	1978		吸水率	组	10
	渗透系数	组	224		膨胀性	组	10
	无侧限抗压强度	件	10				
	机床系数	组	48				
	高压固结	件	75	水土易溶盐试验	水腐蚀分析	件	5
	固结系数	组	280		易溶盐	件	4
	静止侧压力系数	件	89				
	休止角	件	94				
	相对密度	件	52				
	有机质含量	件	8				

5）孔位放样及孔口高程测量

本工程各勘探点位置根据业主提供的总地形图，以拟建场地北边保双街上（甲方提供）的控制点 A1 点（$X=138\ 853.979$，$Y=119\ 123.908$、$H=7.404$）、A2 点（$X=138\ 987.651$，$Y=118\ 980.13$、$H=7.141$），坐标系统为 92 南京地方坐标系（新），高程系统为吴淞高程系，利用 RTK（中海达 R-V8GPS，仪器编号 0881362）仪进行放孔定位。

各孔口高程均以坐标控制点 A1 点为高程引测点（$H=7.404$ m），采用 RTK 仪器引测而得。

9.6.3 地形、地貌

本项目地块位于南京河西新城南部，临近河西商务中轴，属于河西南部鱼嘴金融集聚区的核心。长江在场地西侧近南北向通过，秦淮新河在场地南侧呈近东西向接入长江。场地经过整平基本平缓，局部地段（场地西南侧）未经整平，并有土堆，地势稍高，从孔口测得场地高程 6.78~14.37 m，最大高差 7.60 m。根据搜集到的老地形图，场地内存在西南—东北向的一条河流，河宽约 20 m，河底深度距现地表下 3.50~5.1 m；局部存在暗沟、暗塘。后期均经人工填平。

宗地东至天保街，南至高庙街，西至头关街，北至规划支路和庐山路。

拟建工程场地属长江漫滩地貌单元。

9.6.4　自然环境与地理

南京市位于北亚热带季风气候区,四季分明,由于三面环山、一面临水的地形制约,小气候特征明显,夏季炎热、多雨,冬季干冷、干燥,春秋季短,以干燥、凉爽天气为主。多年平均气温 14.4 ℃,年平均最高气温 20.4 ℃,年平均最低气温 11.6 ℃,极端最高气温 43.0 ℃(1934.7.13),极端最低气温 −14 ℃(1955.1.6);年平均降水量 1 026 mm,日最大降水量 198.5 mm(1934.7.24),降雨主要集中在 6~8 月份,约占全年降水量的 60%;全年无霜期 200~300 天。

距离场地最近的地表水体为长江,位于场地西侧约 1 000 m。南京位于长江下游,长江自西南向东北贯穿南京市区,长度约 92.3 km,上游来水量大,据水文站多年观测资料统计,多年平均水位标高 5 m 左右(吴淞高程),最高水位标高 10.22 m(1954.8.7),最低水位标高 1.54 m(1956.1.9)。受潮汐影响,最大潮差为 1.56 m(1962 年),最小潮差为 0.00 m(1965 年)。最大洪流量 92 600 m³/s,一般每年从 5 月份开始流量增大,7~8 月份达最大值,10 月份以后开始减小,至次年 1~2 月份出现最低值。南京附近江面比较开阔,一般都在 2 km 以上,平均水深 20~30 m,最深达 40 m,水流较平缓,平均流速 1 m/s 左右,实测最大流速 3.09 m/s。江面从不封冻,享有"黄金水道"的盛誉。

南京市处下扬子凹陷,它是华北地台边缘的一个沉降带,有着长期的沉积和构造发展历史。印支运动使之褶皱成陆,形成弧形的基底褶皱构造,市区处于南京复向斜之中;燕山运动则表现为断块运动,形成和缓的盖层褶皱和断陷,为老山隆起及宁芜断陷两个基本构造单元。经印支、燕山、喜马拉雅多期构造变动,形成了现存的构造格局,其中次级构造江浦坳陷形成于构造期的后期(白垩纪),地壳下降,沉积了巨厚的湖相棕红色及棕褐色的泥岩及泥质砂岩,晚第三纪坳陷内地壳继续下降,在低洼处沉积。它们构成南京基岩构造的基本轮廓。

拟建场地位于宁芜火山断陷内,该断陷西北侧以龙洞山南缘断裂和江浦—六合断裂与老山凸起相接,东南以方山—小丹阳断裂与溧水火山断陷为界,东北侧以南京—湖熟断裂与宁镇断凸相邻。在新构造运动期,近场区内主要表现断块差异升降运动、断裂活动、岩浆活动和地震活动等几种活动形式,第四纪早、中更新世或其末期,区域上以抬升为主,晚更新世及全新世以来,气候转暖,活动强度已逐渐减弱,长江沿岸以下降为主,沉积了较厚的 Q_3 及 Q_4 的松散层。

与拟建场区有关或距离较近的断裂主要有 2 条:南京—湖熟断裂(F1)和江浦—六合断裂(F3)。与拟建场区有关或距离较近的断层主要为西善桥—雨花台断层(f3)和板桥—谷里断层(f4)。

拟建场地范围内无活动断裂通过,亦无 5 级以上破坏性地震发生的记载,本工程场地属地震地质条件相对稳定场地。

本次勘探查明本场地内亦无滑坡、土洞、地下采空区等其他不良地质作用。对本工程而言,采取适当的处理措施后,如采用桩基础,场地内填土及软土等特殊性岩土对地基稳定无不良影响,场地适宜本工程建设。

9.6.5　场地岩土层分布

根据野外钻孔揭示、原位测试及室内土工试验成果综合分析,本场地地基土层在钻探深度范围内自上而下可分为 5 层,如有亚层则在该层层号后加一横再加数字表示(如⑤－2、⑤－3),现将各岩土层特征分述如下(表 9－21)。

表 9－21　岩土层特征描述

地质成因	层号	土层名称	颜色	平均厚度（m）	深度平均值（m）	状态	特征描述
Q_4^{ml}	①－2	素填土	褐灰色～灰色	3.68	3.72	松散～稍密	主要由粉质黏土夹少量碎石组成,局部夹较多碎砖、碎石和混凝土块,部分为耕植土,含少量植物根系,土质不均匀,填龄约8年。分布于场区表层
Q_4^{al+pl}	②－1	粉质黏土	灰黄色～灰色	2.08	5.19	软塑～可塑	含少量铁锰质斑纹,无摇振反应,刀切面稍有光泽,干强度中等,韧性中等。场区局部分布
Q_4^{al+pl}	②－2	淤泥质粉质黏土	灰色	7.46	11.99	流塑	含少量贝壳碎片及腐殖质,局部夹薄层粉土、粉砂,偶呈互层状,无摇振反应,刀切面稍有光泽,干强度中等,韧性中低
Q_4^{al+pl}	②－3a	粉砂夹粉质黏土	灰色	9.81	27.77	稍密～中密	饱和,粉砂矿物成分以石英、长石和云母片为主,颗粒呈圆形和亚圆形,级配一般,夹薄层粉质黏土,0.2～0.4 m 厚,粉质黏土软塑～流塑,刀切面稍有光泽,干强度中等,韧性中低,土质不均匀
Q_4^{al+pl}	②－3	粉砂	青灰色	7.47	19.2	中密,局部稍密	饱和,局部夹薄层粉质黏土,粉砂矿物成分以石英、长石和云母片为主,颗粒呈圆形和亚圆形,级配一般
Q_3^{al+pl}	③－1	粉细砂	青灰色	9.76	38.56	密实,局部中密	饱和,局部夹薄层粉质黏土,粉细砂矿物成分以石英、长石和云母片为主,颗粒呈圆形和亚圆形,级配一般
Q_3^{al+pl}	③－1a	粉质黏土夹粉砂	灰色	9.51	48.72	软塑	见铁质浸染,无摇振反应,切面稍有光泽,干强度中等,韧性中等。粉砂,稍密,粉砂矿物成分以石英、长石和云母片为主,颗粒呈圆形和亚圆形,级配一般,本层以透镜体状分布在③－1层粉细砂中

（续表）

地质成因	层号	土层名称	颜色	平均厚度（m）	深度平均值（m）	状态	特征描述
Q_3^{al+pl}	③—2	细砂	青灰色	2.26	36.88	密实	饱和,细砂矿物成分以石英、长石和云母片为主,颗粒呈圆形和亚圆形,级配一般
Q_3^{al+pl}	③—e	中粗砂含卵砾石	青灰色	9.63	58.4	密实	以中粗砂为主,主要矿物成分为石英、长石和云母片,卵砾石含量 5%～20%,砾石直径 2～50 mm,最大可达80 mm,次圆、次棱角状,成分为燧石、石英等,均一性较差
K_{2p}	⑤—2	强风化泥岩	棕红色	3.75	62.13		岩体结构已基本破坏,岩芯多呈碎块状,节理裂隙发育,属极软岩,岩体基本质量等级为 V 级
K_{2p}	⑤—3a	中风化泥岩（破碎层）	棕红色	4.42	66.36		局部为粉砂质泥岩、泥质结构,块状构造,岩芯呈短柱～长柱状,间夹碎块状,裂隙较发育,多为闭合状,岩质软硬不均,岩体较破碎,属极软岩,岩体基本质量等级为 V 级
K_{2p}	⑤—3	中风化泥岩	棕红色	最大揭露厚度57.4			泥质结构,块状构造,岩芯呈短柱～长柱状,裂隙稍发育,多为闭合状,岩质软硬较为均匀,岩石强度和剪切波速从上至下无明显变化,岩体较完整,属极软岩,岩体基本质量等级为 V 级

9.6.6 岩土层参数分析与选用

本次勘察所采取的土试样质量等级达到规范要求,满足物理力学试验的要求,土工试验严格遵照《土工试验方法和标准》(GB/T 50123—2019)和《工程岩体试验方法标准》(GB/T 50266—2013)的要求进行,将地质成因、性质相近的土划分为一层,并对其物理力学性质指标进行统计,提供最大值、最小值、样本个数、平均值、标准差、变异系数、标准值。本场地地层物理力学性质指标中除少数指标存在中等以上变异性外,大部分指标为低～很低变异性,说明地层划分合理且地层尚存在不均匀性。对于②—3a 粉砂夹粉质黏土层,在室内试验进行分开统计,在地层剖面上无法细分出来,最终根据该②—3a 层的实际情况,综合分析后给出该一层土的设计所需的各项参数。

1）室内试验岩土层指标（表 9-22—表 9-31）

表 9 – 22　土层物理力学性质指标

层号	土层名称	指标	含水率 $w(\%)$	重度 γ (kN/m^3)	孔隙率 e_0	塑性指数 I_P	液性指数 I_L	压缩系数 a_{1-2} (MPa^{-1})	压缩模量 E_{s1-2} (MPa)	静止侧压力系数 K_0
①－2	素填土	平均值	31.0	18.01	0.947	13.3	0.81	0.50	3.99	0.58
		标准值	31.3	17.94	0.956		0.81	0.52	3.87	
②－1	粉质黏土	平均值	31.5	18.16	0.942	14.1	0.73	0.38	5.16	0.57
		标准值	32.1	18.05	0.960		0.75	0.40	4.97	
②－2	淤泥质粉质黏土	平均值	39.4	17.34	1.158	14.7	1.21	0.73	3.05	0.62
		标准值	39.7	17.3	1.166		1.22	0.74	3.00	
②－3a	粉砂夹粉质黏土（粉砂）	平均值	23.1	19.05	0.700			0.2	8.57	0.41
		标准值	23.3	18.99	0.708			0.2	8.48	
②－3a	粉砂夹粉质黏土（粉质黏土）	平均值	33.2	17.47	0.999	13.0	0.97	0.50	4.12	
		标准值	33.6	17.43	1.010			0.51	4.01	
②－3	粉砂	平均值	21.7	19.38	0.652			0.18	9.47	0.39
		标准值	21.8	19.35	0.656			0.18	9.4	
③－1	粉细砂	平均值	20.3	19.83	0.594			0.14	11.26	0.35
		标准值	20.4	19.8	0.597			0.15	11.13	
③－1a	粉质黏土夹粉砂	平均值	31.1	18.03	0.945	13	0.84	0.44	4.49	0.56
		标准值	31.4	17.94	0.959		0.85	0.45	4.40	
③－2	细砂	平均值	18.9	19.92	0.569			0.11	14.64	0.31
		标准值	19.1	19.89	0.573			0.11	14.42	
③－e	中粗砂含卵砾	平均值	17.5	20.21	0.530			0.1	16.21	0.30
		标准值	17.8	20.18	0.534			0.1	15.87	

注：统计修正系数 $\gamma_s = 1 \pm \left(\dfrac{1.704}{\sqrt{n}} + \dfrac{4.678}{n^2} \right) \delta$，式中正负号按不利组合考虑。

表 9 – 23　土层剪切强度指标

层号	土层名称	指标	直剪快剪（q）		固结快剪（Cq）		三轴剪切（UU）		总应力（CU）		有效应力（CU）	
			$c(kPa)$	$\varphi(°)$	$c(kPa)$	$\varphi(°)$	$c(kPa)$	$\varphi(°)$	$c(kPa)$	$\varphi(°)$	$c(kPa)$	$\varphi'(°)$
①－2	素填土	平均值	14.9	11.53	22	12.23	24.9	2.5	30.7	11.68	29.6	14.13
		标准值	14.1	11.33	20.4	11.21	23.5	2.29	28.4	9.8	27.2	11.97
②－1	粉质黏土	平均值	18.6	11.98	23.6	12.34	34.1	3.04	35.6	13.54	34.8	16.13
		标准值			20.5	12.12	33.1	2.78	33.2	13.32	32.3	15.88

（续表）

层号	土层名称	指标	直剪快剪(q)		固结快剪(Cq)		三轴剪切(UU)		总应力(CU)		有效应力(CU)	
			c(kPa)	φ(°)	c(kPa)	φ(°)	c(kPa)	φ(°)	c(kPa)	φ(°)	c(kPa)	φ'(°)
②－2	淤泥质粉质黏土	平均值	11.6	9.70	15.8	11.6	21.2	1.73	21.2	10.05	20.2	12.81
		标准值	11.5	9.55	14.7	11.5	19.4	1.41	20.0	9.85	19.3	12.14
②－3a	粉砂夹粉质黏土(粉砂)	平均值	4.9	28.39	4.1	29.61	7.3	22.89	6.8	29.83	5.8	31.52
		标准值	4.7	28.27	3.9	29.29	6.5	21.48	6.0	28.42	4.9	30.3
②－3a	粉砂夹粉质黏土(粉质黏土)	平均值	14.0	12.74	14.6	12.5						
		标准值	13.7	12.11								
②－3	粉砂	平均值	3.9	30.05	3.5	31.02	6.8	23.61	6.5	29.87	5.7	31.64
		标准值	3.7	29.96	3.3	30.66	6.2	22.65	5.7	28.5	5.0	30.44
③－1	粉细砂	平均值	3.2	31.9	2.8	33.09	5.7	23.79	6.7	30.94	5.8	32.52
		标准值	3.1	31.8	2.6	32.61	4.6	22.43	5.9	29.82	5.0	31.45
③－1a	粉质黏土夹粉砂	平均值	14.2	14.1	19.8	13.53	26.9	3.78	30.4	13.09	28.2	16.08
		标准值	12.0	11.01	18.3	11.61	24.3	1.8	27.9	12.73	25.1	15.47
③－2	细砂	平均值	2.5	33.3	2.3	34.28	5.4	24.71	5.0	31.98	3.4	33.65
		标准值	2.5	33.22	2.3	33.78	4.6	23.84	4.3	30.68	2.5	32.29
③－e	中粗砂含卵砾石	平均值	2.4	34.35	2.2	35.37	3.5	27.16	4.3	32.28	3.0	33.88
		标准值	2.4	34.19	2.1	34.9	2.9	26.51	3.0	30.4	1.8	31.95

注：统计修正系数 $\gamma_s = 1 - \left(\dfrac{1.704}{\sqrt{n}} + \dfrac{4.678}{n^2}\right)\delta$。

表 9－24　固结系数指标（平均值）

层号	土层名称	固结系数(C_v 垂直)($\times10^{-3}$ cm²/s)				固结系数(C_h 水平)($\times10^{-3}$ cm²/s)			
		50 kPa	100 kPa	200 kPa	400 kPa	50 kPa	100 kPa	200 kPa	400 kPa
①－2	素填土	1.232	1.142	1.041	0.952	1.028	0.923	0.826	0.736
②－1	粉质黏土	1.402	1.273	1.172	1.069	1.146	1.041	0.945	0.835
②－2	淤泥质粉质黏土	0.892	0.774	0.674	0.572	0.702	0.579	0.496	0.409
③－1a	粉质黏土夹粉砂	1.265	1.153	1.069	0.968	1.021	0.929	0.813	0.724

表 9－25　软黏性土试验指标

层号	土层名称	指标	无侧限抗压强度 q_u(kPa)	灵敏度 S_t	有机质含量 W_n(%)
②－2	淤泥质粉质黏土	平均值	32.7	2.65	9.6
		标准值	31.6	2.46	8.7
综合评价：②－2层淤泥质粉质黏土属于中等灵敏度的有机质软土					

表 9 - 26 砂性土试验指标（平均值）

层号	土层名称	相对密度 D_r	水上休止角 $\theta(°)$	水下休止角 $\theta(°)$
②—3	粉砂	0.78	38.9	28.3
③—1	粉细砂	0.84	37.2	26.2
③—2	细砂	0.84	37.6	26.4
③—e	中粗砂含卵砾石	0.87	38.0	29.0

表 9 - 27 高压固结试验指标（1）

层号	土层名称	指标	压缩指数 C_c	回弹指数 C_s	回弹模量 E_s （MPa）	回弹再压缩模量 E_e （MPa）
②—1	粉质黏土	平均值	0.048			
		标准值	0.032			
②—2	淤泥质 粉质黏土	平均值	0.162	0.043	28.57	22.04
		标准值	0.114			
②—3a	粉砂夹 粉质黏土	平均值	0.062	0.045		
		标准值				
②—3	粉砂	平均值	0.057	0.014	77.51	57.71
		标准值	0.042	0.009		
③—1	粉细砂	平均值	0.069	0.016	75.04	61.31
		标准值	0.053	0.009		
③—1a	粉质黏土 夹粉砂	平均值	0.183	0.027	34.77	30.14
		标准值	0.145	0.016		
③—2	细砂	平均值	0.06	0.014	80.14	65.43
		标准值	0.05	0.007		
③—e	中粗砂 含卵砾石	平均值	0.066	0.01	94.69	67.89
		标准值	0.06	0.009		

表 9 - 28 高压固结试验指标（2）

层号	土层名称	指标	先期固结压力 p_c	超固结比 OCR	评价
②—2	淤泥质粉质黏土	平均值	88.8	0.99	正常固结
综合评价：②—2层淤泥质粉质黏土属于正常固结土					

表 9－29　三轴剪切试验准备（CD）

层号	土层名称	水平基床系数 K_h（MPa/m）	垂直基床系数 K_y（MPa/m）	三轴剪切（CD）	
				c'（kPa）	φ'（°）
①－2	素填土	11.8	6.7		
②－1	粉质黏土	14.5	7.4		
②－2	淤泥质粉质黏土	4.3	8.5	13.2	20.4
②－3a	粉砂夹粉质黏土（粉砂）	15.4	12.1	5.3	31.5
②－3	粉砂	30.6	28.6	3.8	36.7
③－1	粉细砂	40.8	37.7	4.2	35.8
③－1a	粉质黏土夹粉砂	15.4	8.9		
③－2	细砂	50.3	44.5		
③－e	中粗砂含卵砾石	65.4	70.3		

表 9－30　岩石试验指标（1）

层号	岩层名称	指标	天然密度（g/cm³）	天然单轴抗压强度 f_{ck}（MPa）	饱和单轴抗压强度 f_{rk}（MPa）	干燥单轴抗压强度 f_{rk}（MPa）	软化系数	吸水率 ω（%）	轴向自由膨胀率 V_h（%）	径向自由膨胀率 V_d（%）
⑤－2	强风化泥岩	平均值	—	1.03	0.66	3.88	0.16			
		标准值	—	0.97						
⑤－3a	中风化泥岩（破碎层）	平均值		2.34	1.87	7.91	0.24			
		标准值		1.31	1.47	7.72				
⑤－3	中风化泥岩	平均值	2.33	2.74	1.31	6.11	0.20	9.53	1.088	0.653
		标准值	—	2.69	1.23	5.84	0.20			

注：⑤－3 层中风化泥岩轴向自由膨胀率 V_h 为 0.502～1.410，径向自由膨胀率 V_d 为 0.362～0.918。

表 9－31　岩石试验指标（2）

层号	岩层名称	指标	抗剪断		岩块超声波（m/s）	单轴压缩变形指标	
			黏聚力（MPa）	内摩擦角（°）		弹性模量（×10³ MPa）	泊松比
⑤－2	强风化泥岩	经验值	0.1	35			0.20
⑤－3a	中风化泥岩（破碎层）	经验值	0.2	40			0.20
⑤－3	中风化泥岩	平均值	1.159	47.98	2 423.625	3.163	0.183
		标准值	0.843	47.84			

2) 场地岩土层原位测试指标(表 9-32～表 9-34)

表 9-32　场地岩土层原位测试指标

层号	土层名称	指标	实测值 标贯 N(击)	修正值 标贯 N(击)	动力触探 $N_{63.5}$(击)	静力触探		十字板前切试验	
						q_c(MPa)	f_s(kPa)	原状土 c_u(kPa)	重塑土 c'_u(kPa)
①-2	素填土	平均值	5	4.9		0.527	15.5		
		标准值	4.8	4.7		0.791	31.5		
②-1	粉质黏土	平均值	5.6	5.3		0.542	24.9		
		标准值	5.5	5.1		—	—		
②-2	淤泥质 粉质黏土	平均值	4	3.4		0.751	11.8	26.65	9.50
		标准值	4	3.4		0.604	9.1		
②-3a	粉砂夹 粉质黏土	平均值	12.1	9.1		4.271	50.1		
		标准值	11.9	8.9		3.777	43.6		
②-3	粉砂	平均值	26.0	17.7		8.225	81.7		
		标准值	25.8	17.6		7.128	70.4		
③-1	粉细砂	平均值	40.9	24.3		10.847	85.9		
		标准值	40.4	24.1		10.343	82.6		
③-1a	粉质黏土 夹粉砂	平均值	11.4	6.6		2.82	91.5		
		标准值	11	6.4		2.51	84.9		
③-2	细砂	平均值	58.2	31.3		15.27	117		
		标准值	57.8	31.1		14.23	110.7		
③-e	中粗砂 含卵砾石	平均值	73.5	37.9	17.3	20.88	115.1		
		标准值	73.2	37.7	17.3	18.48	92.2		
⑤-2	强风化泥岩	平均值	77.2	39.4	19.2				
		标准值	76.7	39.1	18.9				

注:① 统计修正系数 $\gamma_s = 1 - \left(\dfrac{1.704}{\sqrt{n}} + \dfrac{4.678}{n^2}\right)\delta$。

② 标贯 N(击)和动力触探 $N_{63.5}$ 的击数为经杆长修正后的统计值。

表 9-33　CPTU 测试成果

层号	q_t (MPa)	f_s (kPa)	摩阻比	重度 (kN/m³)	OCR	K_0	灵敏度	不排水 抗剪 强度	压缩 模量 E_s(MPa)	t_{50}(s)	固结 系数 c_h(×10^{-3} cm²/s)	渗透 系数 k_h(×10^{-6} cm/s)	地基 承载 力
①-2	0.28	7.36	1.55	18.57									
②-2	0.41	6.87	1.54	17.58	0.95	0.64	4.75	33.78	3.45	189.00	0.66	3.49	76.75
②-3a	3.31	47.68	1.28	19.46	1.07	0.45			9.19	104.50	1.20	485.13	98.89
②-3	7.02	78.14	1.14	19.51	1.22	0.40			9.97				210.89

表 9-34 旁压试验测试成果

层号	旁压模量 E_m(MPa)	变形模量 E_0(MPa)	剪切模量 G_m(MPa)	有效内摩擦角 φ'(°)	不排水抗剪强度 S_u(kPa)	承载力特征值 f_k(kPa)	水平基床系数 (MN/m³)
②-1	4.34	6.5	1.6	23.4	28.3	110.2	11.2
②-2	3.3	4.7	1.3	14.4	19.6	101.5	8.2
②-3a	7.1	14.2	2.5	18.6		113.5	32.6
②-3	11.2	22.4	4.0	33.7		124.5	44.9
③-1	12.3	24.5	4.4	34.1		165.4	54.1
③-1a	6.8	13.6	2.5	20.3		101.2	25.8
③-2	13.4	26.8	4.9	36.6		241.5	76.2
③-e	16.4	49.2	6.0	40.5		293.6	130.5

3) 岩土层地基承载力特征值

根据理论公式确定地基土承载力特征值,见表 9-35。

根据《建筑地基基础设计规范》(GB 50007—2011)公式:

$$f_a = M_b \gamma b + M_b \gamma_m d + M_c c_k \tag{9-30}$$

注:$b=3.0$ m,$d=0.5$ m 时,$f_a = f_{ak}$ 按地下水位 0.50 m 计算。

表 9-35 根据理论公式确定的地基土承载力特征值

层号	土层名称	γ(kN/m³)	c_{uu}(kPa)	φ_m(°)	f_{rk}(MPa)	备注
②-1	粉质黏土	18.16	33.1	2.78	99	
②-2	淤泥质粉质黏土	17.34	19.4	1.41	75	
②-3a	粉砂夹粉质黏土(粉质黏土)	17.43	13.7	12.11	73	该层剪切指标采用固结快剪指标
③-1a	粉质黏土夹粉砂	18.03	24.3	1.8	79	

根据试验确定承载力特征值,见表 9-36。

表 9-36 根据试验确定的承载力特征值

备注	土层名称	w(%)	e	I_L	E_s(MPa)	f_a(kPa)
②-1	粉质黏土		0.942	0.73		101
②-2	淤泥质粉质黏土	39.4			3.05	70
②-3a	粉砂夹粉质黏土(粉质黏土)		0.999	0.97		81
③-1a	粉质黏土夹粉砂		0.945	0.84		108

注:① 统计修正系数 $\gamma_s = 1 - \left(\dfrac{1.704}{\sqrt{n}} + \dfrac{4.678}{n^2}\right)\delta$;$\delta = \delta_1 + \xi\delta_2$;

② 按《南京地区建筑地基基础设计规范》(DGJ 32/J 12—2005),查表 F.0.2—1、F.0.2—2、F.0.2—3,可作为参考。

根据原位测试确定承载力特征值,见表9-37。

表9-37 根据原位测试确定的承载力特征值

层号	标贯 N (击)	f_{ak} (kPa)	动力触探 $N_{63.5}$(击)	f_{ak} (kPa)	双桥静探 q_c (kPa)	f_{ak} (kPa)
②-1	5.1	117			0.710	89
②-2	3.4	86			0.644	84
②-3a(粉砂)	8.9	121			3.777	143
②-3	17.6	188			7.128	216
③-1	24.1	215			9.698	273
③-1a	6.4	126			2.365	165
③-2	31.1	249			12.747	340
③-e	37.7	300	17.3	300		
⑤-2	39.1	320	18.9	335		

注:① 静探公式:黏性土,$f_{ak}=0.9(75p_s+38)$;淤泥质土,$f_{ak}=0.9(70p_s+32)$,按上海市工程建设规范《地基基础设计规范》(DGJ 08—11—1999);粉土,粉砂,$f_{ak}=0.9(20p_s+50)$。

② 标贯按《南京地区建筑地基基础设计规范》(DGJ 32/J 12—2005),查表 F.0.3—1,F.0.3—4。

综合确定的岩土层承载力特征值,见表9-38。

表9-38 综合确定的岩土层承载力特征值

层号	土层名称	f_{ak}(kPa)	压缩模量建议值 E_{s1-2}(MPa)
②-1	粉质黏土	100	4.8
②-2	淤泥质粉质黏土	70	3.0
②-3a	粉砂夹粉质黏土	100	6.0
②-3	粉砂	120	9.4
③-1	粉细砂	180	11.1
③-1a	粉质黏土夹粉砂	85	4.4
③-2	细砂	240	14.4
③-e	中粗砂含卵砾石	300	15.5
⑤-2	强风化泥岩	320	
⑤-3a	中风化泥岩(破碎层)	450	
⑤-3	中风化泥岩	1 800	

注:以上各土层的 E_{s1-2} 的值为 100~200 kPa 压力段的压缩模量,是针对各土层压缩性变形的一个定性指标,在工程实际应用时,取各层土综合压缩 $e-p$ 曲线上压力段的压缩模量。对于第⑤层各岩石层的压缩模量取值应根据工程设计拟建物实际受力情况取自重应力至自重应力加附加应力段的压缩模量,对于该工程取不同岩石层动弹性模量 E_d 的 1/15~1/10,⑤-2 层强风化泥岩取 E_d 的 1/15,⑤-3 层中风化泥岩取 E_d 的 1/10。

4）土层变形特征指标（表9-39～表9-40）

表9-39　常规试验各土层变形特征指标

层号	土层名称	各级荷载下的孔隙比 e				
		0 kPa	50 kPa	100 kPa	200 kPa	400 kPa
①-2	素填土	0.947	0.901	0.870	0.820	0.752
②-1	粉质黏土	0.942	0.904	0.880	0.841	0.787
②-2	淤泥质粉质黏土	1.158	1.075	1.027	0.954	0.855
②-3a	粉砂夹粉质黏土（综合）	0.701	0.684	0.669	0.649	0.620
②-3	粉砂	0.652	0.637	0.625	0.608	0.583
③-1	粉细砂	0.594	0.585	0.576	0.562	0.541
③-1a	粉质黏土夹粉砂	0.945	0.892	0.864	0.821	0.761
③-2	细砂	0.569	0.561	0.554	0.543	0.527
③-e	中粗砂含卵砾石	0.530	0.522	0.516	0.506	0.492

表9-40　高压固结试验各土层变形特征指标

层号	土层名称	各级荷载下的孔隙比 e							
		0 kPa	50 kPa	100 kPa	200 kPa	400 kPa	800 kPa	1 600 kPa	3 200 kPa
②-2	淤泥质粉质黏土	1.197	1.149	1.128	1.101	1.069	1.031	0.977	0.897
②-3a	粉砂夹粉质黏土（综合）	0.699	0.678	0.663	0.641	0.611	0.577	0.537	0.487
②-3	粉砂	0.630	0.617	0.609	0.599	0.587	0.574	0.558	0.531
③-1	粉细砂	0.581	0.569	0.563	0.554	0.545	0.531	0.512	0.485
③-1a	粉质黏土夹粉砂	0.963	0.937	0.920	0.896	0.870	0.839	0.796	0.725
③-2	细砂	0.608	0.587	0.581	0.573	0.565	0.551	0.534	0.509
③-e	中粗砂含卵砾石	0.553	0.544	0.539	0.533	0.527	0.519	0.504	0.477

9.6.7　场地地下水及地下水、土的腐蚀性

在本场地钻探深度范围内，其地下水类型上部主要为孔隙潜水，主要赋存于①-2层素填土及下部②层土中。勘探期间，孔隙潜水初见水位根据勘探点水位测量显示，埋深一般在1.52～9.18 m之间，标高在4.95～5.40 m之间；稳定水位埋深一般在1.28～8.97 m之间，标高在5.20～5.50 m之间。水位主要受大气降水及场区周围地表水系侧向径流的影响，雨季水量较丰；③-1层细砂、③-2层细砂、③-e层中粗砂含卵砾石为地下含水层，富水性较好，该三层含水层的地下水相互连通，具承压性。勘探期间，经抽水试验孔测定其稳定水位埋深4.85～10.05 m，水位标高2.43～2.88 m。

场地邻近长江，长江丰水期水位标高10 m左右，南京下关水文站1998年7月29日出

现最高潮水位 10.14 m,近 20 年历史最高水位 10.14 m(吴淞高程),近 50 年历史最高水位
10.14 m(吴淞高程),历史最高水位(1954 年)10.22 m(吴淞高程)。据区域资料可知,潜水
水位年变幅约 1.0 m,抗浮设计水位埋深建议按设计室外地坪下 0.00 m 考虑。

拟建场地处于湿润区,年降水量大于蒸发量,干燥度指数 $K<1.5$。根据《岩土工程勘
察规范》(DGJ 32/TJ 208—2016),该场地环境类型为 Ⅰc 类。据实地调查,场地周围无化学
工业污染源。

土壤氡检测,测试结果表明,氡析出量为 1 524～8 107 Bq/m³,其平均值不大于
10 000 Bq/m³,且本工程场地所在地点不存在断裂构造,故按规范可不再进行土壤氡浓度
测定,工程可不采取防氡工程措施。

1) 土层渗透性评价

据室内渗透试验及现场抽水试验,场地浅层地基土为弱透水～不透水地层,具体透水
性指标见表 9-41。

表 9-41　各层土体渗透性评价一览表

| 层号 | 土层名称 | 室内试验 | | 现场抽水试验 K_v(cm/s) | CPTU 试验渗透系数 K_h(×10⁻⁶ cm/s) | 渗透性评价 |
		垂直渗透系数 K_v(cm/s)	水平渗透系数 K_h(cm/s)			
①—2	素填土	$4.65×10^{-5}$	$5.77×10^{-5}$			弱透水
②—1	粉质黏土	$1.23×10^{-5}$	$1.49×10^{-5}$			弱透水
②—2	淤泥质粉质黏土	$2.78×10^{-6}$	$3.48×10^{-6}$		3.49	微透水
②—3a	粉砂夹粉质黏土	$5.14×10^{-4}$	$6.55×10^{-4}$		485.13	弱透水
②—3	粉砂	$8.79×10^{-4}$	$1.06×10^{-3}$			弱透水
③—1	粉细砂	$2.50×10^{-3}$	$3.21×10^{-3}$			中等透水
③—1a	粉质黏土夹粉砂	$7.06×10^{-5}$	$9.19×10^{-5}$			弱透水
③—2	细砂	$3.30×10^{-3}$	$4.22×10^{-3}$	$6.70×10^{-3}$		中等透水
③—e	中粗砂含卵砾石	$3.97×10^{-3}$	$4.85×10^{-3}$			中等透水
备注	土层渗透性评价参照《岩土工程勘察规范》(DGJ 32/TJ 208—2016)有关内容评价。 $K<1.2×10^{-6}$ 为不透水;$1.2×10^{-6}≤K<1.2×10^{-5}$ 为微透水;$1.2×10^{-5}≤K<1.2×10^{-3}$ 为弱透水; $1.2×10^{-3}≤K<1.2×10^{-2}$ 为中等透水;$1.2×10^{-2}≤K≤1.2×10^{-1}$ 为强透水;$K>1.2×10^{-1}$ 为特强透水					

2) 场地水的腐蚀性评价

根据江苏省《岩土工程勘察规范》(DGJ 32/TJ 208—2016)表 16.4.7 判定场地环境类
型为 Ⅰc 类。根据《岩土工程勘察规范》(GB 50021—2001)(2009 年版)判定场地环境类型
为 Ⅰ 类。

勘察期间,在钻孔 P75、BJ5 采取地下水潜水样各 1 组,在钻孔 Q3、GC1 采取承压水进
行水质分析,各离子含量见表 9-42,地下水化学类型为 HCO_3-Ca-Mg 型。

表9-42 水质分析资料成果一览表

取样	pH	矿化度	侵蚀性CO₂	各离子含量单位	阳离子					阴离子				
					K^+	Na^+	Ca^{2+}	Mg^{2+}	NH_4^+	Cl^-	SO_4^{2-}	HCO_3^- (mmol/L)	CO_3^{2-}	OH^-
BJ5 (潜水)	7.03	540.2	0.00	(mg/L)	15.8	6.6	133.3	36.6	0.2	30.3	89.6	455.6	0.0	0.0
				(%)	0.40	0.29	3.33	1.53	0.01	0.87	0.93	7.47	0.0	0.0
河水	7.10	479.45	0.00	(mg/L)	11.5	7.8	106.6	30.3	0.2	26.6	102.2	388.5	0.0	0.0
				(%)	0.29	0.34	2.67	1.26	0.01	0.76	1.06	6.37	0.0	0.0
P75 (潜水)	7.02	489.9	0.00	(mg/L)	14.5	7.7	133.3	39.6	0.2	35.3	77.5	363.6	0.0	0.0
				(%)	0.37	0.33	3.33	1.65	0.01	1.01	0.81	5.96	0.0	0.0
Q3 (承压水)	7.12	988	<1	(mg/L)	4.56	15.8	145	36.2	4.21	13.3	18.3	612	<1	<1
				(%)	6.13	1.07	64.30	26.47	2.04	3.52	3.52	92.69	0.0	0.0
GC1 (承压水)	7.68	881	<1	(mg/L)	3.36	10.9	162	42.3	5.90	3.91	<2	717	<1	<1
				(%)	0.72	3.78	64.9	27.95	2.65	0.93	0.0	99.07	0.0	0.0

　　根据江苏省《岩土工程勘察规范》(DGJ 32/TJ 208—2016)按有关规定对地下水的腐蚀性进行评价,评价结果见表9-43~表9-45。

表9-43 土中硫酸盐对混凝土结构的腐蚀性评价

腐蚀介质	环境类型	腐蚀等级	评价标准	实测含量	评价结果
硫酸盐含量 SO_4^{2-} (mg/L)	Ⅰc	微	<375	56.6~88.9	微腐蚀
		弱	375~450		
		中	450~1 500		
		强	>1 500		

表9-44 土中 NH_4^+、OH^- 对混凝土结构的腐蚀性评价

腐蚀介质	环境类型	腐蚀等级	评价标准	实测含量	评价结果
铵盐含量 NH_4^+ (mg/L)	Ⅰc	微	<1 200	0.0~0.1	微腐蚀
		弱	1 200~1 500		
		中	1 500~2 250		
		强	>2 250		
苛性碱含量 OH^- (mg/L)		微	<75 000	0.0	微腐蚀
		弱	75 000~90 000		
		中	>90 000		
		强	—		

表 9‑45　按地层渗透性水对混凝土结构的腐蚀性评价

指标	透水层类型	腐蚀等级	评价标准	实测含量	评价结果
pH	弱透水层（A）	微	>5.0	7.02～7.68	微腐蚀
		弱	5.0～4.0		
		中	4.0～3.0		
		强	<3.0		
碳酸型侵蚀性 CO_2(mg/L)		微	<30	0.0～<1	微腐蚀
		弱	30～60		
		中	60～100		
		强	>100		
镁离子型 Mg^{2+}(mg/L)		微	<2 000	30.3～42.3	微腐蚀
		弱	2 000～3 000		
		中	3 000～5 000		
		强	>5 000		

注：地下水非总矿化度小于 0.1 g/L 的软水。

水中 pH、侵蚀性 CO_2、HCO_3^- 对混凝土结构的腐蚀性评价采用十字法，按《岩土工程勘察规范》(DGJ 32/TJ 208—2016)图 16.4.13 及表 16.4.13，场地地下水对混凝土结构具微腐蚀性。

表 9‑46　水对钢筋混凝土结构中钢筋的腐蚀性评价

指标	浸水情况	腐蚀等级	评价标准	实测含量	评价结果
水中 Cl^- 含量(mg/L)	非长期浸水	微	<100	3.91～35.3	微腐蚀
		弱	100～500		
		中	500～5 000		
		强	>5 000		

按江苏省《岩土工程勘察规范》(DGJ 32/TJ 208—2016)综合判别，场地地下水对混凝土结构具微腐蚀性，对钢筋混凝土结构中的钢筋具微腐蚀性(表 9‑46)。

3) 场地土的腐蚀性评价

本次勘察在 P101、P16、P71、BJ19 四个孔附近各取一组扰动土进行土的酸碱度及易溶盐试验。土的化学检测分析，各离子含量见表 9‑47。

表 9‑47　土的化学分析成果一览表

土样号	Ca^{2+} (mg/kg)	Mg^{2+} (mg/kg)	NH_4^+ (mg/kg)	OH^- (mg/kg)	Cl^- (mg/kg)	SO_4^{2-} (mg/kg)	HCO_3^- (mg/kg)	pH
P16	156.6	45.5	0	0	33.6	88.9	333.5	6.86
BJ19	136.9	40.2	0.1	0	36.6	78.8	300.2	6.91

（续表）

土样号	Ca²⁺ (mg/kg)	Mg²⁺ (mg/kg)	NH₄⁺ (mg/kg)	OH⁻ (mg/kg)	Cl⁻ (mg/kg)	SO₄²⁻ (mg/kg)	HCO₃⁻ (mg/kg)	pH
P71	122.6	50.2	0	0	40.5	66.9	256.6	6.80
P101	130.2	46.6	0	0	45.3	56.6	328.9	6.89

根据江苏省《岩土工程勘察规范》(DGJ 32/TJ 208—2016)有关规定对土的腐蚀性进行评价,见表 9-48～表 9-51。

表 9-48　土中硫酸盐对混凝土结构的腐蚀性评价

腐蚀介质	环境类型	腐蚀等级	评价标准	实测含量	评价结果
硫酸盐含量 SO₄²⁻ (mg/L)	Ⅰc	微	＜750	56.6～88.9	微 腐 蚀
		弱	750～3 000		
		中	3 000～9 000		
		强	＞9 000		

表 9-49　土中 NH₄⁺、OH⁻ 对混凝土结构的腐蚀性评价

腐蚀介质	环境类型	腐蚀等级	评价标准	实测含量	评价结果
铵盐含量 NH₄⁺ (mg/L)	Ⅰc	微	＜3 000	0.0～0.1	微 腐 蚀
		弱	3 000～4 500		
		中	4 500～6 000		
		强	＞6 000		
苛性碱含量 OH⁻ (mg/L)		微	＜127 500	0.0	微 腐 蚀
		弱	127 500～150 000		
		中	＞150 000		
		强	—		

表 9-50　地层渗透性土对混凝土结构的腐蚀性评价

指标	透水层类型	腐蚀等级	评价标准	实测含量	评价结果
pH	弱透水层(A)	微	＞5.0	6.80～6.91	微 腐 蚀
		弱	5.0～4.0		
		中	4.0～3.0		
		强	＜3.0		
镁离子型 Mg²⁺ (mg/L)		微	＜3 000	40.2～50.2	微 腐 蚀
		弱	3 000～4 500		
		中	4 500～7 500		
		强	＞7 500		

注:pH 规范要求用锥形玻璃电极在野外现场插入土中直接测试,本次参考悬液值进行评价。

表9-51 土对钢筋混凝土结构中钢筋的腐蚀性评价

指标	土类别	腐蚀等级	评价标准	实测含量	评价结果
土中的 Cl^- 含量 (mg/kg)	可塑黏性土	微	<250	33.6~45.3	微腐蚀
		弱	250~500		
		中	500~5 000		
		强	>5 000		

依据江苏省《岩土工程勘察规范》(DGJ 32/TJ208—2016)判定场地地下水位以上的土对混凝土结构具微腐蚀性,对钢筋混凝土结构中的钢筋具微腐蚀性。

根据对周边环境的调查了解,场地附近无重大工业污染源,结合当地勘察经验,参照土分析资料,对本场地地下水、场地土的腐蚀性进行评价。经判别,场地地下水对混凝土结构具微腐蚀性,对处于长期浸水环境中的钢筋混凝土结构中的钢筋具微腐蚀性,对处于干湿交替环境下的钢筋混凝土结构中的钢筋具微腐蚀性。拟建场地及其附近无明显污染源影响场地地下水土环境,场地土对混凝土结构具微腐蚀性,对钢筋混凝土结构中的钢筋微腐蚀性。

4)地下水对设计、施工的影响

根据本工程特点并结合地下水类型及埋藏条件,对建筑有影响的主要为孔隙潜水及承压水,综合分析评价地下水对本工程的物理、化学作用和影响,并提出预防措施建议,详见表9-52。

表9-52 地下水的物理、化学作用及预防建议表

地下水类型	物理、化学作用	建议预防措施
孔隙潜水和承压水	对建筑材料的腐蚀性作用	建议根据本章节地下水、土对建筑材料的腐蚀性结论采取合适防腐措施
	地下水的聚集和散失对岩土体的有害作用	建议桩基成孔施工过程中采取适宜的施工工艺,并及时浇筑桩体以减小地下水对岩体的影响

9.6.8 场地和地基的地震效应

南京市建邺区抗震设防烈度为7度,据《建筑抗震设计规范》(GB 50011—2010)(2016年版),设计地震分组为第一组,设计基本地震加速度值为0.10g。

采用ZD19孔中激振式波速测试仪对项目场地的岩土层进行了波速原位测试。对BJ13、C15、BJ25三个钻孔采用单孔检层法进行压缩波和剪切波的波速测试,测试深度分别为100 m、70 m、90 m。选取了C66、P89、P101三个钻孔,采用单孔检层法进行剪切波的波速测试,测试深度均为20 m。各岩土层的波速平均值参数见表9-53,根据剪切波速计算的等效剪切波速值见表9-54,根据压缩波评价岩石完整性见表9-55。

表9-53 各岩土层的波速平均值表

层号	岩土层名称	剪切波速 v_s 平均值(m/s)	压缩波速 v_p 平均值(m/s)
①-2	素填土	130.25	285.47

（续表）

层号	岩土层名称	剪切波速 v_s 平均值（m/s）	压缩波速 v_p 平均值（m/s）
②－1	粉质黏土	152.41	395.28
②－2	淤泥质粉质黏土	130.41	299.34
②－3a	粉砂夹粉质黏土	227.65	527.10
②－3	粉砂	290.12	666.61
③－1	粉细砂	336.95	769.92
③－1a	粉质黏土夹粉砂	164.64	365.24
③－2	细砂	392.76	911.51
③－e	中粗砂含卵砾石	436.79	1 009.12
⑤－2	强风化泥岩	550.79	1 255.69
⑤－3	中风化泥岩	783.97	1 927.55

表 9－54　拟建场地钻孔波速测试结果表

孔号	计算深度（m）	覆盖层厚度（m）	v_{se}（m/s）	场地土类别	场地类别
BJ13	20.0	＞50,(56.9)	170.68	中软土	Ⅲ
BJ25	20.0	＞50,(58.4)	163.26	中软土	Ⅲ
C15	20.0	＞50,(56.6)	164.25	中软土	Ⅲ
C66	20.0	＞50,(57.6)	163.41	中软土	Ⅲ
P89	20.0	＞50,(58.0)	168.33	中软土	Ⅲ
P101	20.0	＞50,(57.6)	167.83	中软土	Ⅲ

注：括号内为实测值。

表 9－55　岩层的岩石完整性判别表

孔号	地层名称	岩体压缩波平均值（m/s）	新鲜岩块压缩波平均值（m/s）	完整性指数 K_v	岩石完整性判别
BJ13	中风化泥岩	1 808.8	2 157.8	0.70	较完整
BJ25	中风化泥岩	2 074.9	2 527.6	0.67	较完整
C15	中风化泥岩	1 949.2	2 369.4	0.68	较完整

　　据波速测试结果：20.0 m 以内土层的实测等效剪切波速 v_{se} 值在 163.26～170.68 m/s 之间，据勘探资料，场地覆盖层厚度大于 50.0 m，结合实测土层等效剪切波速和场地覆盖层厚度，按《建筑抗震设计规范》（GB 50011—2010）（2016 年版）中表 4.1.6 判定该建筑场地类别为Ⅲ类，场区特征周期值取 0.45 s，本工程 BJ13、BJ25、C15 地段的⑤－3 层中风化泥岩的完整性为较完整。

根据江苏省《岩土工程勘察规范》(DGJ 32/TJ 208—2016)条文说明中 8.9.4 节公式 8、9 计算岩层的动剪变(切)模量 G_d 和动弹性模量 E_d，见表 9 - 56。

$$G_d = \rho v_s^2 \tag{9-31}$$

$$E_d = \rho v_s^2 (3v_p^2 - 4v_s^2)/(v_p^2 - v_s^2) \tag{9-32}$$

式中：ρ——土的质量密度，$\rho = \dfrac{\gamma}{g}$（γ 为土的天然重力密度，g 为重力加速度）(g/cm³)；

　　　v_s、v_p——剪切波速(m/s)、压缩波速(m/s)。

表 9 - 56　岩层的动剪变(切)模量 G_d 和动弹性模量 E_d 表

岩土层号	岩土层名称	动剪切模量 G_d ($\times 10^4$ MPa)	动弹性模量 E_d ($\times 10^4$ MPa)
③-2	细砂	0.031 3	0.086 9
③-e	中粗砂含卵砾石	0.039 3	0.108 9
⑤-2	强风化泥岩	0.067 9	0.187 6
⑤-3	中风化泥岩	0.143 2	0.401 2

由勘探资料可知，场地 20 m 深度范围内存在②-3 层粉砂、②-3a 层粉砂夹粉质黏土。按《建筑抗震设计规范》(GB 50011—2010)(2016 年版)的有关规定，根据现场标贯试验，对②-3 层粉砂、②-3a 层粉砂夹粉质黏土进行液化判别，②-3a 层粉砂夹粉质黏土层为局部轻微液化土层，液化指数 I_{LE} 为 0.08，②-3 层粉砂层为非液化土层。本项目基坑开挖深度约 28 m，基底大部分位于②-3 层粉砂中，局部位于③-1 层粉细砂和③-1a 层粉质黏土夹粉砂中，所以液化土层对本工程没有影响。

拟建场地位于长江地貌单元，地表下存在较厚的①-2 层填土，填土之下又有厚度较大的②-2 层淤泥质粉层黏土和②-3a 层局部轻微液化的粉砂夹粉质黏土，因此根据《建筑抗震设计规范》(GB 50011—2010)(2016 年版)4.1.1 条判定拟建场地属对建筑抗震不利地段。

②-2 层淤泥质粉质黏土分布较均匀，土层厚度较大，其等效波速平均值为 130.41 m/s，按《岩土工程勘察规范》(DGJ 32/TJ208—2016)中表 15.3.9 - 1，当抗震设防烈度为 7 度时，可不考虑软土震陷影响。另外在基坑开挖后，基坑底部地基土为②-3 粉砂层、③-1 粉细砂层，基础底板下不存在②-2 层淤泥质粉质黏土，因本工程采用桩基础，故无须考虑震陷影响。

9.6.9　地基工程地质条件分析与基础设计建议

1) 工程地质条件分析

拟建场地地貌单元属长江漫滩。除局部有土堆外地势较平坦，地基岩土层总体分布较稳定。

（1）各岩土层工程特征描述（表 9 - 57）

表 9 - 57　各岩土层工程特征描述

地质成因	层号	岩土层名称	颜色	状态	特征描述
Q_4^{ml}	①-2	素填土	褐灰色～灰色	松散～稍密	主要由粉质黏土夹少量碎石组成，局部夹较多碎砖、碎石和混凝土块，部分为耕植土，含少量植物根系，土质不均匀，填龄约 8 年。分布于场区表层，为中高压缩性，低强度地基土，场地全场分布，工程特性差
Q_4^{al+pl}	②-1	粉质黏土	灰黄色～灰色	软塑～可塑	含少量铁锰质斑纹，无摇振反应，刀切面稍有光泽，干强度中等，韧性中等。场区局部分布，欠均质，为中高压缩性，中低强度地基土，工程特性一般较差
Q_4^{al+pl}	②-2	淤泥质粉质黏土	灰色	流塑	含少量贝壳碎片及腐殖质，局部夹薄层粉土、粉砂，偶呈互层状，无摇振反应，刀切面稍有光泽，干强度中等，韧性中低，欠均质，为高压缩性，低强度地基土，工程特性差
Q_4^{al+pl}	②-3a	粉砂夹粉质黏土	灰色	稍密～中密	饱和，粉砂矿物成分以石英、长石和云母片为主，颗粒呈圆形和亚圆形，级配一般，夹薄层粉质黏土，0.2～0.4 m 厚，粉质黏土软塑～流塑，刀切面稍有光泽，干强度中等，韧性中低，土质不均匀，工程性质一般较差
Q_4^{al+pl}	②-3	粉砂	青灰色	中密，局部稍密	饱和，局部夹薄层粉质黏土，粉砂矿物成分以石英、长石和云母片为主，颗粒呈圆形和亚圆形，级配一般，欠均质，中等压缩性，中等强度地基土，工程特性一般
Q_3^{al+pl}	③-1	粉细砂	青灰色	密实，局部中密	饱和，局部夹薄层粉质黏土，粉细砂矿物成分以石英、长石和云母片为主，颗粒呈圆形和亚圆形，级配一般，欠均质，中等压缩性，中等强度地基土，工程特性一般
Q_3^{al+pl}	③-1a	粉质黏土夹粉砂	灰色	软塑	见铁质浸染，无摇振反应，切面稍有光泽，干强度中等，韧性中等。粉砂，稍密，粉砂矿物成分以石英、长石和云母片为主，颗粒呈圆形和亚圆形，级配一般，本层以透镜状分布在③-1层粉细砂中，欠均质，工程性质较差
Q_3^{al+pl}	③-2	细砂	青灰色	密实	饱和，细砂矿物成分以石英、长石和云母片为主，颗粒呈圆形和亚圆形，级配一般，欠均质，中低压缩性，中偏高强度地基土，工程特性较好
Q_3^{al+pl}	③-e	中粗砂含卵砾石	青灰色	密实	以中粗砂为主，主要矿物成分为石英、长石和云母片，卵砾石含量 5%～20%，砾石直径 2～50 mm，最大可达 80 mm，次圆、次棱角状，成分为燧石、石英等，均一性较差；低压缩性，中高强度地基土，工程特性好

（续表）

地质成因	层号	岩土层名称	颜色	状态	特征描述
K_{2p}	⑤－2	强风化泥岩	棕红色		岩体结构已基本破坏,岩芯多呈碎块状,节理裂隙发育,属极软岩,遇水易软化,岩体基本质量等级为Ⅴ级
K_{2p}	⑤－3a	中风化泥岩（破碎层）	棕红色		局部为粉砂质泥岩、泥质结构,块状构造,岩芯呈短柱～柱状,间夹碎块状,裂隙较发育,多为闭合状,岩质软硬不均,遇水易软化,岩体较破碎,属极软岩,岩体基本质量等级为Ⅴ级
K_{2p}	⑤－3	中风化泥岩	棕红色		泥质结构,块状构造,岩芯呈短柱～长柱状,裂隙稍发育,多为闭合状,岩体较完整,岩质软硬较为均匀,岩石强度和剪切波速从上至下无明显变化,属极软岩,遇水易软化,岩体基本质量等级为Ⅴ级

本项目基坑开挖深度约 28 m,基底位于②－3 层粉砂中,局部位于③－1 层粉细砂和③－1a 粉质黏土夹粉砂中。根据《高层建筑岩土工程勘察标准》(JGJ/T 72—2017)8.3 章节,并结合工程性质可知天然地基满足不了设计要求,故确定采用桩基础。

（2）特殊岩土及不良地质作用评价

① 填土

拟建场地浅部分布的①层填土上部主要为近期人工堆填而成,其填龄不一,强度低,工程地质性质差,具一定的透水性,基坑开挖后易渗水坍塌,对坑壁稳定不利。填土结构松散,密实度差,长期荷载作用下易产生沉降或不均匀沉降。

② 软土

拟建场地 20 m 以浅分布的②－2 层软弱土,含水率高,压缩性大,抗剪强度小,具一定流变、触变性。本工程基坑开挖该层软土易产生流、塑性变形,影响坑壁稳定性,开挖施工时应采取相应处理措施,合理安排施工工序,分层开挖,并采取措施防止施工机械及车辆等对桩基的挤压破坏。

③ 风化岩

场地下伏岩层主要为泥岩,属极软岩,强风化及中风化岩层强度较低,遇水极易软化、崩解,岩石强度欠均一,呈非均质各向异性。根据室内试验成果,岩石软化系数为 0.12～0.32,属易软化岩石。桩基施工成孔后应及时浇筑混凝土。

④ 不良地质

拟建场地 20 m 以浅分布的②－3a 层粉砂夹粉质黏土其液化指数 I_{LE} 为 0.08,为轻微液化土层。本项目基坑开挖深度约 28 m,基底位于②－3 层粉砂中,局部位于③－1 层粉细砂和③－1a 粉质黏土夹粉砂中,已消除液化土层对本工程基础工程的影响。

本拟建场地没有岩溶、土洞、采空区、地裂缝和有害气体分布,亦不存在滑坡、泥石流、活动断裂等其他不良地质作用。

2) 基础分析与建议

据《建筑地基基础设计规范》(GB 50007—2011)3.0.1,拟建物地基基础设计等级为甲级。鉴于建筑物规模及结构形式,结合该场地土层分布及各岩土层物理力学性质特征,基础方案建议如下:

拟建场地地基浅部土质较差,特别是②-2层淤泥质粉质黏土厚度较大,且变化较大,拟建建筑物为超高层,地下室拟开挖深度 28.00 m。基坑底部地基土位于②-3层粉砂中,局部位于③-1层粉细砂和③-1a粉质黏土夹粉砂中,难以满足作为拟建物天然地基基础持力层和地下室的抗浮设计要求,因此建议采用桩基础,桩型可选钻孔灌注桩。对于超高层主体建筑建议⑤-3层中风化泥岩作为钻孔灌注桩桩端持力层;裙楼及地下室区域内主要受上浮力作用,局部受抗压兼抗拔力作用,根据工程性质及地区经验,本工程抗浮措施应选用抗拔桩,锚杆及锚索不适用,抗拔桩建议选用钻孔灌注桩,桩端宜深入③-2层细砂及以下砂砾层或下部岩层中,具体桩长、桩径、桩数由设计单位验算确定。

(1) 抗压桩设计

① 抗压桩桩数估算

根据设计提供的资料,本项目预计地下室底板底地面下埋深为 28 m,基底平均荷载暂按1 850 kPa(基底尺寸按 65 m×65 m 计)考虑。

基底总压力:

$$P = 1\,850 \times 65 \times 65 = 7\,816\,250(\text{kN})$$

设单桩承载力特征值取 18 000 kN,则估算抗压桩总桩数为:

$$7\,816\,250 \div 18\,000 \approx 435(\text{根})$$

假设设计桩数为 441 根,按照 21×21 纵横向布置,桩距为

$$65 \div 20 = 3.25(\text{m})$$

满足规范要求及设计初步估算的 3～4 倍桩径的要求。

② 桩基础设计和施工中应注意的问题

场地内存在一定厚度的软弱土层(②-2层),该层土具有强度低、高压缩性、中等灵敏性的特点。若采用钻孔灌注桩,应注意成桩质量并控制好孔底沉渣的厚度和孔身垂直度,特别是在软土地基钻孔灌注桩的施工中应严格控制泥浆浓度及拔钻的速度,避免产生缩颈及断桩,注意泥浆对周围环境的影响,严格按有关桩的施工规程要求进行施工。

本项目各表中提供的桩基础设计参数仅供单桩竖向承载力估算使用,按规范要求,单桩竖向承载力应通过现场静载荷试验确定,单桩竖向抗拔力亦应通过现场抗拔试验确定。建议加强桩基施工质量检查和监测(包括成孔检测、桩身完整性检测、桩基持力层的检验等)。

(2) 成桩可行性分析

拟建建筑物为超高层建筑物,上部荷载大,结构复杂,宜采用灌注桩,该桩型安全性较高,承载力大,桩长、深度可随设计要求和持力层起伏改变进行调整,该桩型已有丰富的施工经验。成孔方式建议采用反循环钻机成孔施工,施工时应注意上部填土均匀性及黏结性较差,易产生塌孔;②-2层淤泥质粉质黏土为流塑状,施工时易产生缩孔现象;②-3层粉砂、③-1层粉细砂、③-2层细砂及③-e层中粗砂含卵砾石颗粒较粗,若施工不当易产生

塌孔现象,建议施工时采取相应措施,如控制泥浆比重、施工速度、回次进尺、钻具提升速度等。

本工程场地内存在孔隙潜水和承压水,建议基础采用钻孔灌注桩形式,场地内存在厚层软土及粉细砂层,成桩时因地下水的作用易产生缩颈或坍塌,因此桩基施工时应控制好泥浆比重及钻进成孔速度,同时考虑到基岩为极软岩,易软化,应注意及时验桩,及时浇筑封底以保证成桩质量。由于下伏基岩为泥岩,其特点是易软化,成孔后应及时灌注混凝土,杜绝桩端岩土层长时间遭水浸泡,导致桩基承载力降低。该桩型已具备丰富的施工经验,施工时控制好施工质量,桩基施工时应做好成孔质量的检测,成桩效果会比较好。

本工程处于南京河西地区,属长江漫滩地貌单元,上部砂层较厚,下伏基岩为极软岩,上部砂层较易塌孔,下部岩石浸水易软化,若不能较好控制成孔质量及泥浆比重,以及成孔后下放钢筋笼、浇筑混凝土的施工时间,则桩端沉渣厚度很难控制以满足设计要求,建议试桩的检测采用钻芯法对桩身质量和桩端沉渣厚度进行检测以验证成桩质量。为较好解决此问题可采用桩端后注浆工艺。

① 灌注桩成孔施工工艺的选择

根据现有成熟施工经验的成孔施工机械,灌注桩的成孔机械有多种,即有潜水钻机、反循环钻机、冲击钻机、长螺旋钻机和旋挖钻机等,根据本工程的性质和岩土层分布情况来选择合适的桩孔钻机。其中潜水钻机成孔的孔径较小,桩长也不满足本工程需要;冲击钻机、长螺旋钻机对本场地地层及施工桩长不适用;反循环钻机和旋挖钻机可以满足本工程的需要,反循环钻机为常用的施工机械,与旋挖钻机相比施工成本稍低,但旋挖钻机施工速率快。最终施工工艺的选择可从施工的质量、经济、工期等因素综合考虑确定。

② 成桩对周边环境条件的影响分析

场区周边交通较为便利,为桩基施工的设备、材料进场提供了便利条件,施工时应控制桩基施工过程中的泥浆排放(收集运输),避免对周边环境造成影响。

③ 桩基沉降与地基变形定性预测

a. 桩基沉降主要受桩端一定深度内岩石软硬夹层的压缩性及桩底沉渣的影响。一般嵌岩桩深度大,由于基岩承载力较高,在大压力作用下主要为桩身材料的自身变形,这种变形小,因此一般情况下可不进行桩基变形验算。所以,桩基施工中应严格控制桩长(桩端及桩端下一定深度内没有破碎层),控制桩底沉渣,保证桩的施工质量,这样桩基沉降会很小,能满足设计规范的要求。

b. 大底盘地下室范围内的建(构)筑物存在高度不一、荷载不一、桩长不一等差异性,为防止产生差异沉降,设计时根据实际情况确定是否要在设计结构上采取措施(预留沉降缝和后浇带或加厚底板以提高底板强度),合理进行桩长、桩位、桩间距的优化。合理安排好施工顺序,先高层后低层,减少地基差异沉降的不利影响。

(3)桩基设计参数

根据本场地各岩土层性质、室内试验指标、原位测试指标,结合《建筑桩基技术规范》(JGJ 94—2008)及《南京地区建筑地基基础设计规范》(DGJ 32/J 12—2005)综合分析,给出有关桩基础设计的极限侧阻力标准值 q_{sik}、桩的极限端阻力标准值 q_{pk},见表9-58。

表 9-58 桩基础设计参数一览表

层号	土层名称	钻孔灌注桩		抗拔系数 λ_i	水平抗力系数的比例系数 $m(\mathrm{MN/m^4})$
		桩的极限侧阻力标准值 $q_{sik}(\mathrm{kPa})$	桩的极限端阻力标准值 $q_{pik}(\mathrm{kPa})$		
②-1	粉质黏土	38		0.70	8
②-2	淤泥质粉质黏土	21		0.70	5
②-3a	粉砂夹粉质黏土	26		0.65	14
②-3	粉砂	50		0.65	32
③-1	粉细砂	66		0.60	45
③-1a	粉质黏土夹粉砂	36		0.70	12
③-2	细砂	75	1 400(15≤*l*≤30)	0.70	55
③-e	中粗砂含卵砾石	100	2 200(15≤*l*≤30) 2 400(*l*>30)	0.60	70
⑤-2	强风化泥岩	120	2 000	0.70	70
⑤-3a	中风化泥岩（破碎层）	180	$f_{rk}=1.06$ MPa	0.70	100
⑤-3	中风化泥岩	250	3 000($f_{rk}=2.69$ MPa)	0.80	150

注：① ①层不计桩侧阻力。

② 表中所给的分别是桩的极限侧阻力标准值和桩的极限端阻力标准值,桩周土的侧阻力特征值和桩端土的端阻力特征值分别为桩的极限侧阻力标准值和桩的极限端阻力标准值的二分之一。

③ 桩身配筋计算中工作条件系数 ψ_c 建议取值 0.75。

④ *l* 为桩长(m)。

(4) 单桩竖向承载力特征值估算

① 抗压桩

经过计算对比,我们发现,采用不同的规范,计算得到的竖向承载力特征值结果不同。

按《南京地区建筑地基基础设计规范》(DGJ 32/J 12—2005)估算嵌岩桩竖向承载力特征值,见表 9-59。

表 9-59 嵌岩桩的竖向承载力特征值估算表

桩型	桩径 D(m)	有效桩长(m)	桩端持力层	入持力层深度(m)	单桩竖向承载力特征值 R_a(kN)	估算孔号
钻孔灌注桩（嵌岩桩公式）	0.8	40	⑤-3	8	8 055	BJ23
	0.9	41	⑤-3	9	9 541	BJ23
	1	42	⑤-3	10	11 133	BJ23
	1.1	43	⑤-3	11	12 831	BJ23
	1.2	44	⑤-3	12	14 637	BJ23
	1.3	45	⑤-3	13	16 548	BJ23

（续表）

桩型	桩径 D(m)	有效桩长 (m)	桩端持力层	入持力层深度(m)	单桩竖向承载力特征值 R_a(kN)	估算孔号
钻孔灌注桩 （嵌岩桩公式）	1.4	46	⑤－3	14	18 566	BJ23
	1.5	47	⑤－3	15	20 690	BJ23
	1.8	50	⑤－3	18	27 702	BJ23
	2	52	⑤－3	20	32 908	BJ23
	0.8	44	⑤－3	12	9 555	BJ23
	0.9	45.5	⑤－3	13.5	11 439	BJ23
	1	47	⑤－3	15	13 477	BJ23
	1.1	48.5	⑤－3	16.5	15 668	BJ23
	1.2	50	⑤－3	18	18 012	BJ23
	1.3	51.5	⑤－3	19.5	20 509	BJ23
	1.4	53	⑤－3	21	23 160	BJ23
	1.5	54.5	⑤－3	22.5	25 964	BJ23
	1.8	59	⑤－3	27	35 296	BJ23
	2	62	⑤－3	30	42 284	BJ23
钻孔灌注桩 （摩擦桩公式）	0.8	32.5	③－e	8	3 626	P32
	0.9	33.5	③－e	9	4 109	P32
	1	34.5	③－e	10	4 622	P32
	0.8	35.8	⑤－2	1	4 016	P32
	0.9	35.8	⑤－2	1	4 545	P32
	1	35.8	⑤－2	1	5 090	P32

注：① 本表格是按《南京地区建筑地基基础设计规范》(DGJ 32/J 12—2005)估算而得。

② 采用南京地基基础规范嵌岩桩公式计算。

③ BJ23 桩长自孔口下 28.0 m 算起。P32 桩长自孔口下 23.0 m 算起,本表承载力估算值,按沉渣厚度＜50 mm,L/d＞30,ζ_s 取值 1.4 估算。按规范规定沉渣厚度＞100 mm 时,ζ_s 取 1.0 估算,南京河西地区已有的大量灌注桩的质量检测表明,桩端以下可以控制沉渣厚度＜50 mm。

④ ⑤－3a 层中风化泥岩(破碎层)岩体完整强度为较破碎,折减系数 ζ_r 取值为 0.7。整体地下室底板下超高层和裙楼由于荷载不同,因而采用不同深度的桩基持力层可能产生沉降差异,所以需要进行变刚度调频设计,从而确保结构整体沉降稳定。

表 9-60～表 9-61 是按南京规范计算的后注浆前后承载力变化的对比表。

表 9-60　塔楼不同桩径条件下注浆前后承载力对比表(1)

桩径 D(m)	D=0.8			D=1.0			D=1.2		
类别	按嵌岩桩公式估算	按摩擦桩公式估算		按嵌岩桩公式估算	按摩擦桩公式估算		按嵌岩桩公式估算	按摩擦桩公式估算	
		注浆前	注浆后(复合注浆)		注浆前	注浆后(复合注浆)		注浆前	注浆后(复合注浆)
单桩竖向承载力特征值 R_a(kN)	9 555	7 842	9 028	11 944	10 039	11 638	14 637	12 329	14 390

注:① 算例统一采用 BJ23 孔岩土参数计算。
② 有效桩长 44 m,为从地下室底板(28 m 埋深)起算至桩端(72 m 埋深)。
③ 后注浆侧注浆点为③-1 层与③-2 层分界位置(孔口埋深 39 m 处)。
④ 后注浆桩端注浆位置为⑤-3 层中风化泥岩(孔口埋深 72 m 处)。
⑤ 各个计算公式请参见"桩基承载力计算公式"选用。

表 9-61　裙楼摩擦桩桩径 0.8 m 时不同注浆方式承载力对比表(1)

类别	未注浆	按后注浆公式估算		
		桩侧后注浆	桩端后注浆	复合后注浆
单桩竖向承载力特征值 R_a(kN)	3 626	3 925	5 171	5 470

注:① 算例统一采用 P32 孔岩土参数计算。
② 有效桩长 32.5 m,为从地下室底板(23 m 埋深)起算至桩端(55.5 m 埋深)。
③ 后注浆侧注浆点为孔口埋深 32.4 m 处。
④ 后注浆桩端注浆位置为进入③-e 层中粗砂含卵砾石 8 m 处(孔口埋深 55.5 m 处)。
⑤ 各个计算公式请参见"桩基承载力计算公式"选用。

按《建筑桩基技术规范》(JGJ 94—2008)估算单桩竖向极限承载力特征值,见表 9-62。

表 9-62　嵌岩桩的单桩竖向承载力特征值估算表

桩型	桩径 D(m)	有效桩长(m)	桩端持力层	入持力层深度(m)	单桩竖向承载力特征值 R_a(kN)	估算孔号
钻孔灌注桩(嵌岩桩公式)	0.8	40	⑤-3	8	4 503	BJ23
	0.9	41	⑤-3	9	5 233	BJ23
	1.0	42	⑤-3	10	5 999	BJ23
	1.1	43	⑤-3	11	6 802	BJ23
	1.2	44	⑤-3	12	7 642	BJ23
	1.3	45	⑤-3	13	8 519	BJ23
	1.4	46	⑤-3	14	9 433	BJ23

（续表）

桩型	桩径 D(m)	有效桩长(m)	桩端持力层	入持力层深度(m)	单桩竖向承载力特征值 R_a(kN)	估算孔号
钻孔灌注桩（嵌岩桩公式）	1.5	47	⑤—3	15	10 384	BJ23
	1.8	50	⑤—3	18	13 458	BJ23
	2.0	52	⑤—3	20	15 693	BJ23
	0.8	44	⑤—3	12	4 584	BJ23
	0.9	45.5	⑤—3	13.5	5 335	BJ23
	1.0	47	⑤—3	15	6 125	BJ23
	1.1	48.5	⑤—3	16.5	6 955	BJ23
	1.2	50	⑤—3	18	7 824	BJ23
	1.3	51.5	⑤—3	19.5	8 733	BJ23
	1.4	53	⑤—3	21	9 681	BJ23
	1.5	54.5	⑤—3	22.5	10 669	BJ23
	1.8	59	⑤—3	27	13 869	BJ23
	2.0	62	⑤—3	30	16 200	BJ23
钻孔灌注桩（摩擦桩公式）	0.8	32.5	③—e	8	3 626	P32
	0.9	33.5	③—e	9	4 109	P32
	1	34.5	③—e	10	4 622	P32
	0.8	35.8	⑤—2	1	4 016	P32
	0.9	35.8	⑤—2	1	4 545	P32
	1	35.8	⑤—2	1	5 090	P32

注：① 本表格是按《建筑桩基技术规范》(JGJ 94—2008)规范计算而得。

② BJ23 桩长自孔口下 28.0 m 算起，P32 桩长自孔口下 23.0 m 算起。

③ 采用《建筑桩基技术规范》嵌岩桩公式计算表中的特征值，是极限承载力标准值的 1/2。

④ 整体地下室底板下超高层和裙楼由于荷载不同，因而采用不同深度的桩基持力层可能产生沉降差异，所以需要进行变刚度调频设计，从而确保结构整体沉降稳定。

表 9‑63～表 9‑64 是按《建筑桩基技术规范》(JGJ 94—2008)计算的后注浆前后承载力变化的对比表。

表 9‑63　塔楼不同桩径条件下注浆前后承载力对比表(2)

桩径 D(m)	D＝0.8			D＝1.0			D＝1.2		
类别	按嵌岩桩公式估算	按摩擦桩公式估算		按嵌岩桩公式估算	按摩擦桩公式估算		按嵌岩桩公式估算	按摩擦桩公式估算	
		注浆前	注浆后（复合注浆）		注浆前	注浆后（复合注浆）		注浆前	注浆后（复合注浆）

（续表）

桩径 D（m）	D=0.8			D=1.0			D=1.2		
单桩竖向承载力特征值 R_a（kN）	4 584	7 842	9 028	6 052	10 039	11 638	7 642	12 329	14 390

注：① 算例统一采用 BJ23 孔岩土参数计算。

② 有效桩长 44 m，为从地下室底板（28 m 埋深）起算至桩端（72 m 埋深）。

③ 后注浆侧注浆点为③－1 层与③－2 层分界位置（孔口埋深 39 m 处）。

④ 后注浆桩端注浆位置为⑤－3 层中风化泥岩（孔口埋深 72 m 处）。

⑤ 各个计算公式请参见"桩基承载力计算公式"选用。

表 9－64 裙楼摩擦桩桩径 0.8 m 时不同注浆方式承载力对比表（2）

类别	未注浆	按后注浆公式估算		
		桩侧后注浆	桩端后注浆	复合后注浆
单桩竖向承载力特征值 R_a（kN）	3 626	3 925	5 171	5 470

注：① 算例统一采用 P32 孔岩土参数计算。

② 有效桩长 32.5 m，为从地下室底板（23 m 埋深）起算至桩端（55.5 m 埋深）。

③ 后注浆侧注浆点为孔口埋深 32.4 m 处。

④ 后注浆桩端注浆位置为进入③－e 层中粗砂含卵砾石 8 m 处（孔口埋深 55.5 m 处）。

⑤ 各个计算公式请参见"桩基承载力计算公式"选用。

将根据以上两种规范、标准计算出的单桩竖向承载力进行比较，并结合该地貌单元的勘察项目桩基检测经验分析，在同一条件下按《南京地区建筑地基基础设计规范》的公式计算的单桩承载力与桩的静载荷试验值较为接近，故建议本项目单桩承载力特征值计算时采用《南京地区建筑地基基础设计规范》推荐的公式。最终单桩承载力以静载荷试验成果为准。

② 抗拔桩

基桩抗拔极限承载力标准值估算见表 9－65。

表 9－65 基桩抗拔极限承载力标准值估算表

桩型	估算孔号	孔口下桩长（m）	桩径 D（m）	有效桩长（m）	桩端深入层	桩端进入该层深度（m）	基桩抗拔极限承载力标准值 T_{uk}（kN）
钻孔灌注桩	D17	23	0.8	26	③－2	10	2 814
	D17	23	0.8	34.6	③－e	8	4 099
	D17	23	0.8	39.1	⑤－2	3	4 958

3）桩基工程沉降验算及差异沉降分析

桩基工程沉降验算根据各拟建建筑物桩基础的实际受力状况，按照《建筑桩基技术规范》中 5.5.7 公式进行计算。

（1）塔楼桩基沉降计算

计算钻孔为 BJ23,本项目 $L_c=65$ m、$B_c=65$ m,假定入桩端入⑤－3 层中风化泥岩的深度为 15 m,假定桩长 52 m,经计算:

岩土体到基坑底的自重应力 σ_{cy} 为 516.929 kPa。

基础底面处的附加压力 $p_0 = p-\sigma_{cy} = 1\,850$ kPa-516.929 kPa$\approx 1\,333.071$ kPa。

沉降计算桩端下 55 m 处的附加应力 $\sigma_z = \sum\limits_{j=1}^{m} a_j p_{0j} = 4 \times 0.105\,1 \times (1\,850 - 516.929)kPa\approx 560.423\,0$ kPa。

沉降计算桩端下 55 m 处的岩土的自重应力 $\sigma_c = 2\,840.318$ kPa。

计算深度 55 m 处满足 $\sigma_z < 0.2\sigma_c$,即 $560.423\,0 < 0.2 \times 2\,840.318 = 568.063\,6$ kPa

$\Psi = 0.4, \Psi_e = 0.463$(假定 $s/d=3, L_c/B_c=1, l/d=50$,查得 $C_0=0.036, C_1=1.726, C_2=12.292$),

计算当桩端⑤－3 层中风化泥岩自重压力至自重压力加附加压力作用时的压缩模量 E_s 取 300 MPa 时的最终沉降量:

$$s = \Psi\Psi_e s' = 4\Psi\Psi_e p_0 \sum_{i=1}^{n} \frac{z_i\alpha_i - z_{i-1}\alpha_{i-1}}{E_{si}}$$

其中,α_i、α_{i-1} 为平均附加应力系数。

以上沉降计算的结果为拟建塔楼中心点的最终沉降量,为 34.27 mm,数值很小,因此桩端进入⑤－3 层中风化泥岩中,整栋主楼不至于产生不均匀沉降。假设产生的沉降差也是很微小的,其倾斜也远小于规范允许值。

（2）裙楼桩基沉降计算

计算钻孔为 P32,裙楼区域内桩基础主要受上拔力作用,按基底浮力计算,P32 孔稳定水位为孔口下 2.67 m,基础底板埋深 22.85 m,地下水位和基底高差 $w_h=20.18$ m,所受上浮力 p_f 为:

$$p_f = \gamma_w \times w_h = 201.8(\text{kPa}) > p = 160(\text{kPa})$$

所以裙楼基础部分主要受上浮力作用,在不考虑施工阶段的影响情况下,综合判断裙楼基础不会产生沉降。

4）地下室抗浮评价

（1）抗浮结构形式的选择

因地下室拟开挖深度为 28.00 m,地下室底板埋藏较深,地下稳定水位较高,特别是下部承压含水层对地下室底板产生浮力,所以在地下室的上部无荷载或荷载较轻部位须采取抗浮结构措施,应设有抗浮桩,建议桩型亦可采用钻孔灌注桩,桩端可选择③－2 层细砂或③－e 层中粗砂含卵砾石以及⑤－2 层中风化泥岩。

（2）抗浮设防水位的确定

勘察期间,经观测各孔稳定水位埋深一般在 $1.28\sim8.97$ m 之间,标高在 $5.35\sim5.50$ m 之间。③－1 层粉细砂、③－2 层细砂、③－e 层中粗砂含卵砾石为地下含水层,富水性较好,该三层含水层的地下水相互连通,具承压性。勘探期间,经抽水试验孔测定其稳定水位埋深为 4.85～10.05 m,水位标高为 2.43～2.88 m。

场地邻近长江,长江丰水期水位标高在 10 m 左右,南京下关水文站 1998 年 7 月 29 日出现最高潮水位 10.14 m,近 20 年历史最高水位 10.14 m(吴淞高程),近 50 年历史最高水位 10.14 m(吴淞高程),历史最高水位(1954 年)10.22 m(吴淞高程)。据区域资料可知,潜水水位年变幅约 1.0 m,抗浮设计水位埋深建议按设计室外地坪下 0.00 m 考虑。设计时抗压水位可按吴淞高程 3 m 考虑。

5) 基坑工程

拟建场地地下室拟开挖深度约 28.00 m。基坑东侧为保双街,且有有轨电车一号线通过,据东侧基坑边线 5～10 m,北侧场地外较为空旷,距基坑边线最小距离约 15 m,南侧与西侧外较为开阔。基坑破坏后易对东侧道路及有轨电车产生严重影响,据《建筑基坑支护技术规程》(JGJ 120—2012),本基坑工程安全等级为一级,重要性系数 γ_0 取 1.10。根据场地土层分布情况及周边环境,基坑开挖设计与施工应着重考虑基坑围护和降止水两方面问题。

(1) 隔水帷幕设计

隔水帷幕设计应符合下列规定:

① 采用地下连续墙或隔水帷幕隔离地下水,隔离帷幕渗透系数宜小于 1.0×10^{-4} m/d,竖向截水帷幕深度应插入下卧不透水层,其插入深度应满足控渗流稳定性的要求。

② 对封闭式隔水帷幕,在基坑开挖前应进行抽水试验,并通过坑内外观测井观察水位变化、抽水量变化等确认帷幕的止水效果和质量。

③ 当隔水帷幕不能有效切断基坑深部承压含水层时,可在承压含水层中设置减压井,通过设计计算,控制承压含水层的减压水头,按需减压,确保坑底土不发生突涌。对承压水进行减压控制时,因降水减压引起的坑外地面沉降不得超过环境控制要求的地面变形允许值。

④ 截水帷幕在平面布置上应沿周边闭合。当采用沿基坑周边非闭合的平面布置形式时,应对地下水沿帷幕两端绕流引起的渗流破坏和地下水下降进行分析。

落底式帷幕进入下卧隔水层的深度应满足下式要求,且不宜小于 1.5 m:

$$L > 0.2\Delta h - 0.5b \qquad (9-33)$$

式中:L——帷幕进入隔水层的深度(m);

Δh——基坑内外水头差值(m);

b——帷幕宽度(m)。

(2) 悬挂式止水帷幕设计

本工程基坑底部为粉砂层,设置悬挂式止水帷幕时,止水帷幕底板位于粉砂层,地下水渗流的流土稳定性验算按下式进行:

$$(2L_d + 0.8D_1)\gamma' / \Delta h \gamma_w > K_f \qquad (9-34)$$

式中:K_f——流土稳定性安全系数,安全等级为一、二、三级的支护结构,K_f 分别不小于 1.6,1.5,1.4;

L_d——止水帷幕在坑底下的插入深度(m);

D_1——潜水面或承压含水层顶面至基坑底面的土层厚度(m);

γ'——土的浮重度(kN/m^3);

Δh——基坑内外的水头差(m);

γ_w——水的重度(kN/m^3)。

假定 $\gamma'=9.0\ kN/m^3$,$\gamma_w=10.0\ kN/m^3$,$\Delta h=28\ m$,$D_1=19\ m$,计算 $L_d\geqslant 17.6\ m$,即在基坑底下最小插入深度为 17.6 m。

（3）地下水控制

拟建物基坑开挖深度为 28.00 m,场地地下水水位埋深较浅,坑壁各土层富水性不均,其中①－2 层素填土层中夹碎石、砖块及块石等,其含水性及透水性一般,为弱透水层;②－1 层粉质黏土、②－2 层淤泥质粉质黏土主要为微～不透水层,②－3 层粉砂和②－3a 层粉砂夹粉质黏土为弱透水层,其水平向渗透性明显强于垂直向渗透性。其下卧为③－1 层粉细砂层、③－2 层细砂层及③－e 层中粗砂含卵砾石层,为承压含水层,该承压水头较高,在基坑影响范围内,在基坑施工随土方开挖后使上覆土自重压力减小,会引起基底土层突涌现象,因此降水设计对基坑安全至关重要。建议基坑外围采用止水和坑内降排水措施,止水方案建议采用将水泥土与地下连续墙作为止水帷幕的"两墙合一"的施工方案,基坑内降排水建议采用管井降水。为防止坑内降水对城市轨道交通及周边道路的影响,根据实际施工止水效果,必要时坑外宜布置回灌井,止降结合,并加强对有轨电车、道路的沉降观测。

场地岩土层分布较复杂,地下水位较高,且有多层地下水,本次勘察时对该场地进行了单井及群井抽水试验。

基坑工程地下水控制(半封闭止水帷幕时)应防止基坑开挖过程及使用期间的管涌、流砂、坑底突涌及因此引起的坑外构筑物的沉降。

地下水控制设计应满足下列要求:

① 地下工程施工期间,地下水控制在基坑作业底面下 0.5～1.5 m。

② 满足坑底突涌验算要求。

③ 满足坑底和侧壁抗渗流稳定性要求。

④ 控制坑外地面沉降量和沉降差,保证邻近建筑物及地下管线的正常使用。

（4）基坑开挖与支护

① 基坑开挖深度约 28.00 m,基础开挖深度内①－2 层素填土,均匀性及黏结性差,欠固结,易坍塌;②－1 层粉质黏土,软塑～可塑,②－2 层淤泥质粉质黏土,流塑,土质软弱,具较大的流变性,工程地质性质差。基坑东侧紧邻有轨电车 1 号线,周边环境条件较复杂。

结合场地内地层结构和周边环境及基坑开挖的深度,建议基坑采用地下连续墙("两墙合一")的结构形式进行围护。为了更好地做到止水及保证基坑稳定性,连续墙可深入中风化⑤－3 岩层中,为确保安全,建议地下连续墙深入⑤－3 层中风化岩层中≥1.0 m。在各段地下连续墙施工连接缝处,为了防止地下水渗入,可在该接缝处外侧加注水泥土地下墙防渗。地下连续墙可作为建筑地下室的外壁墙使用。

若考虑采用地下连续墙,则其基底端要深入岩层中。由于部分勘探孔位(如 C64、C72、P87、C92、P99)中揭露有⑤－3a 破碎层的存在,不利于地连墙的整体稳定,建议地连墙基底端要穿过破碎层,并进入完整中风化岩层中。当连续墙设计深度大且不经济时,亦可选用钻孔灌注桩加水泥土桩的方案,即采用大直径钻孔灌注桩排桩进行挡土,在桩的外侧施工一道水泥土连续墙作为止水帷幕进行止水,且钻孔灌注桩之间也需设置水泥土桩。具体钻孔桩和水泥土墙止水帷幕的入土深度由设计方验算后确定。

② 基坑开挖设计参数见表 9－66～表 9－68。

表 9－66　基坑开挖设计参数建议值(1)

层号	岩土层名称	重度 γ(kN/m³)	固结快剪指标标准值		静止侧压力系数 K_0	渗透系数 K(cm/s)
			C_{eq}(kPa)	φ_{eq}(°)		
①－2	素填土	18.01	20.4	11.21	0.58	(1×10⁻⁵)
②－1	粉质黏土	18.16	20.5	12.12	0.57	(1×10⁻⁶)
②－2	淤泥质粉质黏土	17.34	14.7	11.5	0.62	(1×10⁻⁵)
②－3a	粉砂夹粉质黏土	19.05	5	20	0.41	(1×10⁻⁴)
②－3	粉砂	19.38	3.3	30.66	0.39	(2×10⁻³)
③－1	粉细砂	19.83	2.6	32.61	0.35	(5×10⁻³)
③－1a	粉质黏土夹粉砂	18.03	18.3	11.61	0.56	(1×10⁻⁵)
③－2	细砂	19.92	2.3	33.78	0.31	(1×10⁻³)
③－e	中粗砂含卵砾石	20.21	2.1	34.9	0.30	(1×10⁻²)
⑤－2	强风化泥岩	22.0	(80)	(18)	(0.38)	(1×10⁻⁶)
⑤－3a	中风化泥岩(破碎层)	22.0	(100)	(25)	(0.33)	(1×10⁻⁵)
⑤－3	中风化泥岩	24.0	(130)	(30)	(0.30)	(1×10⁻⁸)

注:括号内为经验值;渗透系数 K 为建议值。

表 9－67　基坑开挖设计参数建议值(2)

层号	水上休止角 θ(°)	水下休止角 θ(°)	三轴剪切(UU)标准值		总应力(CU)标准值		有效应力(CU)标准值		十字板剪切试验平均值 原状土 C_u(kPa)	重塑土 C_0(kPa)
			C_{uu}(kPa)	φ_{uu}(°)	C_{cu}(kPa)	φ_{cu}(°)	C'_{cu}(kPa)	φ'_{cu}(°)		
①－2			23.5	2.29	28.4	9.8	27.2	12.0		
②－1			33.1	2.78	33.2	13.3	32.3	15.9		
②－2			19.4	1.41	20	9.9	19.3	12.1	26.65	9.50
②－3a	40.3	31.4	6.5	21.48	6.0	28.4	4.9	30.3		
②－3	38.9	28.3	6.2	22.65	5.7	28.5	5.0	30.4		
③－1	37.2	26.2	4.6	22.43	5.9	29.8	5.0	31.5		
③－1a			24.3	1.8	27.9	12.7	25.1	15.5		
③－2	36.6	25.4	4.6	23.84	4.3	30.7	2.5	32.3		
③－e	28	21	2.9	26.51	3.0	30.4	1.8	33.0		

表 9 - 68　基坑开挖设计参数建议值（3）

层号	土层名称	重度 γ（kN/m³）	固结快剪指标（70%峰值）标准值	
			C_{eq}（kPa）	φ_{eq}（°）
①—2	素填土	18.01	14.3	10.8
②—1	粉质黏土	18.16	13.9	11.6
②—2	淤泥质粉质黏土	17.34	10.0	10.9
②—3a	粉砂夹粉质黏土	19.05	3.3	19.0
③—1a	粉质黏土夹粉砂	18.03	12.8	11.0

（5）开挖时坑底回弹

该基坑开挖深度较大，坑底置于②—3 层粉砂中，局部位于③—1 层粉细砂和③—1a 层粉质黏土夹粉砂中，开挖时坑底土体会有一定的回弹，应注意土体回弹对基坑支护结构、周围临近已有建筑物、地下管线等产生的不利影响，同时应注意土体回弹可能引起桩基拉裂问题。为减少基坑回弹，可通过对承压水减压措施减少回弹量。对基坑开挖有回弹影响的土层的回弹模量见表 9 - 69。

表 9 - 69　高压回弹再压缩模量表

层号	土层名称	指标	压缩指数	回弹指数	回弹模量	回弹再压缩模量
			C_c	C_s	E_s（MPa）	E_s（MPa）
②—1	粉质黏土	平均值	0.048		38	30
		标准值	0.032			
②—2	淤泥质粉质黏土	平均值	0.162	0.043	30	25
		标准值	0.114			
②—3a	粉砂夹粉质黏土	平均值	0.062	0.045		
		标准值				
②—3	粉砂	平均值	0.057	0.014	70	55
		标准值	0.042	0.009		
③—1	粉细砂	平均值	0.069	0.016	75	60
		标准值	0.053	0.009		
③—1a	粉质黏土夹粉砂	平均值	0.183	0.027	35	30
		标准值	0.145	0.016		
③—2	细砂	平均值	0.06	0.014	80	66
		标准值	0.05	0.007		
③—e	中粗砂含卵砾石	平均值	0.066	0.01	95	70
		标准值	0.06	0.009		

（6）基坑工程设计和施工中应注意的问题

① 由于坑壁主要为①－2层素填土（结构性差，易于坍塌）和②－2层淤泥质粉质黏土（具有蠕变、流动等特性），对基坑的安全和稳定影响较大，应严格控制坑外堆积荷载、动荷载和振动荷载，以免基坑失稳。

② 基坑开挖深度范围内存在饱和软黏土（②－2层淤泥质粉质黏土），②－3a层粉砂夹粉质黏土，基坑支护设计时，应进一步进行抗隆起、抗渗流和整体稳定性验算。

③ 基坑工程支护设计时，应根据基坑侧壁不同的岩土层条件，选择适当的地质模型进行设计计算。

④ 加强施工监测，按相关规范要求，建议主要选择以下项目进行基坑监测：

a. 支护结构的竖向、水平位移。

b. 周边建（构）筑物的沉降和周边城市交通及地下管线的变形。

c. 土体分层竖向位移、土体侧向变形。

d. 地下水位的监测。

e. 支护结构界面处的侧向压力。

f. 支撑轴力和变形、立柱变形的监测。

g. 桩墙内力、孔隙水压力和土压力的监测。

⑤ 建议建立基坑监测工程的动态信息化施工（现场监测－信息反馈－方案验证－监测验证）体系。

⑥ 基坑开挖至坑底标高后应及时满封闭并进行基础工程施工（分段开挖的，每段开挖完毕后应立即进行基础垫层施工），以增加基坑整体稳定性。

⑦ 监测点布置

a. 监测点布置在内力及变形关键特征点上，应能反映监测对象的实际状态及变化趋势。

b. 监测点布置不影响检测对象的正常工作，并应减少对施工作业的影响；选位要合理，便于观测。

c. 基坑支护结构检测点包括水平和竖向位移、内力变化、围护墙侧应力等。

d. 水位变化及基坑周边环境等检测均可布点。

在基坑开挖过程中应定人定期进行观测，有异常情况应进行连续观测，并及时通知各有关单位，以便及时处理。

基坑工程监测须由专业的监测队伍进行，在基坑开挖期间，对上述监测内容应每天测试，并及时将监测资料反馈给建设、设计、监理、施工等单位，以便及时分析处理。

基坑监测方案须经建设、设计、监理等几方的认可，并报基坑周边环境涉及的有关单位的确认。

6）岩土工程风险提示

根据拟建场地地层分布特性，结合本工程拟建建筑物性质及基础类型，对本工程主要涉及的岩土工程风险分析如下，设计及施工过程中应予以重视：

（1）新近填土对基坑及桩基施工质量的影响

拟建场地地表为回填整平的回填土，土质松散，造成地基土土性不均匀。新近填土对本工程基坑及桩基施工有一定的不利影响，设计及施工应予以注意。

（2）灌注桩及后注浆施工质量

本工程塔楼建议采用⑤－3 层作为桩基持力层，桩型宜为钻孔灌注桩。对大直径且桩长长的灌注桩，孔底清淤渣较困难，孔壁泥皮厚；另外，本工程灌注桩建议采用后注浆，后注浆施工工艺及施工参数对单桩承载力影响很大，应选择信誉好经验丰富的施工单位，以保证钻孔灌注桩及后注浆的施工质量，并进行试桩确定施工参数。

（3）粉土层及砂层对地下连续墙施工质量的影响

本工程基坑开挖深度为 23～28 m，地下连续墙凿岩设计入土深度估计为 60～65 m，地下连续墙需穿越②－3a、②－3 层并部分进入⑤－3 层，其中②－3 层以下均为砂土层。地下连续墙成槽施工泥浆护壁不当会造成局部夹泥，引起漏水、流砂，故宜采取适当措施避免地下连续墙搭接处产生涌水、涌砂现象。

（4）基坑承压水突涌

本工程基坑规模大，基坑开挖深度为 23～28 m，砂土层中的承压含水层对本工程基坑有突涌的可能。施工期间应根据基坑的开挖深度，当基坑之上的上覆土压力接近承压水头浮力且采用管井降水时，应确保地下水位低于基坑作业底面之下 1～1.5 m，以确保施工安全。

（5）基坑回弹对围护结构及周边环境的影响

拟建工程基坑规模及挖深大，底板下土层在基坑开挖卸载作用下会发生回弹，基坑开挖深度越大、卸载越多，回弹量越大。基坑开挖时应注意坑底回弹会对基坑围护结构、周围邻近建（构）筑物、地下管线等产生不利影响；另外还应注意由坑底土回弹作用等引起的临时性负摩擦力对桩身结构强度及桩的配筋长度等的影响，并应注意可能引起的桩身拉裂等问题，必要时采用坑底加固措施，以减少基坑回弹量。

9.6.10　结论和建议

① 勘察场地属长江漫滩地貌单元，场地地层分布基本稳定，无活动性断裂带通过，场地在自然条件下是稳定的，适宜建设。

② 南京市建邺区抗震设防烈度为 7 度，设计基本地震加速度值为 0.10g，设计地震分组为第一组。建筑场地的类别为Ⅲ类，设计特征周期值为 0.45 s，由于本场地内填土较厚，且存在较厚的软土和轻微液化土，故判定本场地为对建筑抗震不利地段。场地 20 m 深度范围内存在②－3 层粉砂、②－3a 层粉砂夹粉质黏土，其中②－3a 层粉砂夹粉质黏土层液化指数 I_{LE} 为 0.08，为轻微液化土层，②－3 层粉砂层为非液化土层。

③ 勘探期间，孔隙潜水初见水位根据勘探点水位测量显示，埋深一般在 1.52～9.18 m 之间，标高在 4.95～5.40 m 之间；稳定水位埋深一般在 1.28～8.97 m 之间，标高在 5.20～5.50 m 之间。水位主要受大气降水及场区周围地表水系侧向径流的影响，雨季水量较丰；③－1 层粉细砂、③－2 层细砂、③－e 层中粗砂含卵砾石为地下含水层，富水性较好，该三层含水层的地下水相互连通，具承压性。勘探期间，经抽水试验孔测定其稳定水位埋深为 4.85～10.05 m，水位标高为 2.43～2.88 m。

据区域资料可知，水位年变幅约 1.0 m，抗浮设计水位埋深建议按设计室外地坪下 0.00 m 考虑。设计时抗压水位可按吴淞高程 3 m 考虑。

④ 据水质分析报告及土腐蚀分析报告，场地地下水潜水对混凝土结构具微腐蚀性，对钢筋混凝土结构中的钢筋具微腐蚀性；地下水承压水对混凝土结构具微腐蚀性，对钢筋混

凝土结构中的钢筋具微腐蚀性;地表水对混凝土结构具微腐蚀性,对钢筋混凝土结构中的钢筋具微腐蚀性;浅层地基土对混凝土结构和钢筋混凝土结构中的钢筋具微腐蚀性。

⑤ 拟建场地地基浅部土质强度较差,特别是②-2层淤泥质粉质黏土厚度较大,且变化较大,拟建建筑物为超高层,地下室拟开挖深度最大达 28.00 m。基坑底部地基土位于②-3层粉砂中,局部位于③-1层粉细砂和③-1a粉质黏土夹粉砂中,难以满足作为拟建建筑物天然地基基础持力层和地下室的抗浮设计要求,因此建议采用桩基础,桩型可选钻孔灌注桩。对于超高层主体建筑建议⑤-3层中风化泥岩作为钻孔灌注桩桩端持力层;裙楼及地下室区域内主要受上浮力作用,局部受抗拔兼抗压力作用,根据工程性质及地区经验,本工程抗浮措施可选用抗拔桩,锚杆及锚索不适用。建议选用钻孔灌注桩,桩端深入③-2层细砂及以下砂砾层或下部各岩层中。对于具体桩长、桩径、桩数,由设计单位验算确定。

⑥ 桩基础设计和施工中应注意的问题

a. 场地内存在一定厚度的软弱土层(②-2),该层土具有强度低、高压缩性、中等灵敏性的特点,属于正常固结的中等灵敏度的有机质土。

b. 若采用钻孔灌注桩,应注意成桩质量并控制好孔底沉渣的厚度和孔身垂直度,本场地为软土和砂土地基,钻孔灌注桩的施工中应严格控制泥浆浓度及拔钻的速度,避免产生缩颈及断桩,注意泥浆对周围环境的影响,严格按有关桩的施工规程要求进行施工。

c. 表9-58中提供的桩基础设计参数仅供单桩竖向承载力估算使用,按规范要求,单桩竖向承载力和抗拔力应通过现场静载荷和抗拔试验确定。

d. 本工程的桩宜采用后注浆工艺,可提高单桩抗压及抗拔承载力,并有效控制塔楼的沉降,建议对后注浆工艺做专项设计,明确注浆器类型、注浆管直径及连接方式、注浆速率及压力和失效补救措施等。

e. 建议加强桩基施工质量检查和监测(包括成孔检测、桩身完整性检测、桩基持力层的检验等)。

⑦ 基坑施工建议采用止、降排水措施,止水方案建议将连续墙作为止水帷幕,基坑降水、排水建议采用管井降水。

⑧ 如拟建建筑物位置和概况发生变化,应在桩基施工和基坑开挖施工时加强验桩和验槽。

思考题 🖱️

(1) 简述岩土工程分析评价方法和要求。

(2) 简述如何进行岩土参数的选取与分析。

(3) 简述岩土参数的标准值和设计值的含义。

(4) 什么是地基承载力特征值? 常有哪些确定地基承载力的方法?

(5) 试述分层总和法计算地基沉降的基本原理,并指出该方法存在的主要问题。

(6) 计算地基沉降的分层综合法中哪些做法会导致计算值偏大?

(7) 简述岩土工程勘察报告的基本内容。

(8) 简述岩土工程勘察图件制作的基本要求。

(9) 简述进行岩土工程勘察工作时制定岩土工程勘察纲要的重要性及其主要内容。

(10) 试述岩土工程勘察报告应包括哪些内容。你认为哪些方面最为重要? 为什么?

计算题 🖱

(1) 某场地的粉土层取 6 个土样进行直剪试验,分别测得 c(kPa)为 16、15、13、18、22、20,φ(°)为 20、22、22、24、21、23。试计算该粉土层 c 的标准值 c_k 和 φ 的标准值 φ_k。

(2) 某岩石地基进行了 8 个试样的饱和单轴抗压强度试验,试验值分别为:15 MPa、13 MPa、17 MPa、13 MPa、15 MPa、12 MPa、14 MPa、15 MPa。试计算该岩基的岩石饱和单轴抗压强度标准值。

(3) 某场地的粉质黏土层取 6 个土样进行快剪试验,得到 c(kPa)为 25、23、26、28、23、21,φ(°)为 25、23、21、22、23、22。试计算该土样的强度指标标准值。

(4) 某工程场地进行十字板剪切试验,测定的 8 cm 以内土层的不排水抗剪强度如下:

试验深度 H(m)	1.0	2.0	3.0	4.0	5.0	6.0	7.0	8.0
不排水抗剪强度 c_u(kPa)	38.6	35.3	7.0	9.6	12.3	14.4	16.7	19.0

其中,软土层的十字板剪切强度与深度呈线性相关(相关系数 $r=0.98$)。试计算试验深度范围内不排水抗剪强度标准值。

(5) 某建筑地基的岩土工程勘察得到地基承载力特征值为 160 kPa,基础底面以上土的加权平均重度为 16.5 kN/m³,基础底面宽度为 1.5 m,埋深为 1.8 m。基层持力层为黏性土,其孔隙比为 0.88,液性指数为 0.86,重度为 18 kN/m³。试计算持力层修正后的承载力特征值。

(6) 某高层建筑的箱形基础,底面尺寸为 12 m×40 m,埋深为 4.5 m,土层分布情况为:第一层为填土,厚度为 0.8 m,$\gamma_1=17.0$ kN/m³;第二层为黏土,天然含水量 $w=28\%$,$w_L=38\%$,$w_P=18\%$,$d_s=2.70$,水位以上 $\gamma_2=19.0$ kN/m³,水位以下 $\gamma_2=19.5$ kN/m³。已知地下水位线位于地表下 2.5 m 处,测得黏土持力层承载力特征值 $f_{ak}=190$ kPa,试确定修正后的承载力特征值。

(7) 已知某建筑物条形基础基底宽度 $b=2.2$ m,埋深 $d=1.8$ m,荷载合力的偏心距 $e=0.05$ m,地基为粉质黏土,黏聚力 $c_k=10$ kPa,内摩擦角 $\varphi_k=20°$,地下水位距地表 1.0 m,地下水位以上土的重度 $\gamma=18$ kN/m³,地下水位以下土的饱和重度 $\gamma_{sat}=19.5$ kN/m³。试确定该地基土的承载力特征值。

（8）粉质黏土地基如下图所示。已知 $b=1.5$ m，$\varphi_k=26°$，$c_k=25$ kPa，按土的抗剪强度指标确定地基承载力特征值。

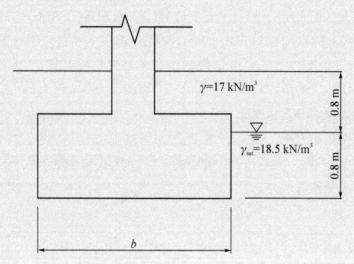

（9）在黏土地基进行浅层平板荷载试验，方形承压板面积为 0.25 m²，各级荷载及相应的累计沉降见下表。若按 $s/b=0.015$，所对应荷载为地基承载力特征值。试确定该荷载试验的地基承载力特征值。

p(kPa)	5.5	82	109	136	163	170	217	244
s(mm)	2.25	5.01	7.51	14.50	21.05	31.50	40.55	48.65

（10）某建筑场地三个浅层平板荷载试验的试验数据见下表。试确定该土层的地基承载力特征值。

试验点号	1	2	3
比例界限对应的荷载值(kPa)	162	166	172
极限荷载(kPa)	300	340	330

（11）在某建筑地基的砂土层上进行深层平板荷载试验，测得三条深层平板荷载试验 p-s 曲线上的比例界限值分别为 250 kPa、270 kPa、278 kPa。试确定该砂土层的承载力特征值。

（12）某建筑物条形基础的持力层下面有厚 2 m 的正常固结的黏土层，已知黏土层中部的自重压力为 50 kPa，附加应力为 100 kPa，取该土层做固结试验，其结果如下表所示。求该黏土层的压缩变形量 s。

p(kPa)	0	50	100	200	300
e	1.06	1.00	0.94	0.90	0.84

（13）某软弱土地基上有一直径为 10 m 的构筑物，其基底平均压力为 100 kPa。通过沉降观测得到该构筑物中心的地板沉降为 200 mm，深度 7.5 m 处的沉降为 40 mm。

试计算该地基土 7.5 m 范围内土层压缩模量。

（14）有一超固结土层厚 2 m，前期固结应力为 300 kPa，现有上覆土体的有效应力为 100 kPa，在这样的地基上建造建筑物，它在地基中引起的平均附加应力为 400 kPa。若该土层的压缩指数为 0.4，回弹指数为 0.1，初始孔隙比为 0.7，则该建筑物引起这一土层的沉降量为多少？

（15）某高层建筑基础采用箱形基础，为两层地下室，基底标高比室外地面标高低 5.650 m。深基础开挖，基底总卸荷量 $p_c = 106$ kPa。基坑土的回弹变形量 $s_c = 48.0$ mm。地基土进行固结回弹再压缩试验。再加荷量分别按 15 kPa、30 kPa、60 kPa、78 kPa、106 kPa 进行试验。经固结回弹再压缩试验成果分析，求得临界再压缩比率 $\gamma'_0 = 0.64$，临界再加荷比 $R'_0 = 0.32$，以及对应于再加荷比 $R' = 1.0$ 时的再压缩比 $\gamma'_{R=1.0} = 1.2$。基础完工后，基坑回填土的加荷量仍为 106 kPa。按《建筑地基基础设计规范》的规定，确定该地基土的回弹再压缩变形量 s'_c。

（16）某公路隧道围岩基本质量指标 $BQ = 400$，岩土破碎，破碎结构，其地下水出水状态为点滴状出水，结构面走向与洞轴线夹角为 65°，结构面倾角为 80°，初始应力状态为高应力区。试判断该公路隧道围岩分级。

（17）某岩体的岩石单轴饱和抗压强度为 10 MPa，岩土波速为 4 km/s，岩块波速为 5.2 km/s，如不考虑地下水、软弱结构面及初始应力影响，试计算岩体基本质量指标 BQ 值并判别基本质量级别。

（18）某段围岩，由厚层砂岩组成，围岩总评分为 80。岩石的饱和单轴抗压强度为 55 MPa，围岩的最大主应力为 9 MPa。岩体的纵波速度为 3 000 m/s，岩石的纵波速度为 4 000 m/s。试确定该洞室的围岩属于哪一类围岩。

（19）某新建铁路隧道埋深较大，其围岩的勘察资料如下：① 岩石的饱和单轴抗压强度为 55 MPa，岩体纵波波速为 3 800 m/s，岩石纵波波速为 4 200 m/s；② 围岩中地下水量较大；③ 围岩的应力状态为极高应力。试确定该洞室的围岩属于哪一类围岩。

（20）某石油液化气洞库工程，在 160 m 深度取岩体进行单轴饱和抗压强度试验，得到岩体饱和单轴抗压强度为 50 MPa，岩体弹性纵波速度为 2 000 m/s，岩石弹性纵波速度为 3 500 m/s，试判断该岩体基本质量分级。

（21）某工程测得中等风化岩体压缩波波速为 3 185 m/s，剪切波波速为 1 603 m/s，相应岩块的压缩波波速为 5 067 m/s，剪切波波速为 2 438 m/s；岩石质量密度为 2.64 g/cm³，饱和单轴抗压强度 40 MPa。试确定该岩体的基本质量指标 BQ。

参考文献

［1］中华人民共和国建设部. 岩土工程勘察规范:GB 50021—2001［S］.北京:中国建筑工业出版社,2004.

［2］中华人民共和国建设部,国家质量监督检验检疫总局. 建筑结构可靠度设计统一标准:GB 50068—2001［S］.北京:中国建筑工业出版社,2002.

［3］中华人民共和国住房和城乡建设部. 建筑地基基础设计规范:GB 50007—2011［S］.北京:中国计划出版社,2012.

［4］中华人民共和国建设部,国家质量监督检验检疫总局. 建筑抗震设计规范:GB 50011—2001［S］.北京:中国建筑工业出版社,2004.

［5］中华人民共和国住房和城乡建设部. 土工试验方法标准:GB/T 50123—2019［S］.北京:中国计划出版社,2019.

［6］中华人民共和国住房和城乡建设部. 工程岩体试验方法标准:GB/T 50266—2013［S］.北京:中国计划出版社,2013.

［7］中华人民共和国建设部,国家质量监督检验检疫总局. 建筑结构可靠度设计统一标准:GB 50068—2001［S］.北京:中国建筑工业出版社,2002.

［8］中华人民共和国建设部,国家质量监督检验检疫总局.地基动力特性测试规范:GB/T 50629—2015［S］.北京:中国计划出版社,2015.

［9］中华人民共和国建设部. 高层建筑岩土工程勘察规程:JGJ 72—2004［S］.北京:中国建筑工业出版社,2004.

［10］中华人民共和国住房和城乡建设部. 工程岩体分级标准:GB/T 50218—2014［S］.北京:中国计划出版社,2015.

［11］中华人民共和国建设部. 湿陷性黄土地区建筑规范:GB 50025—2004［S］.北京:中国建筑工业出版社,2004.

［12］中华人民共和国国家计划委员会. 膨胀土地区建筑技术规范:GBJ 112—1987［S］.北京:中国标准出版社,1987.

［13］中华人民共和国住房和城乡建设部.建筑工程勘探取样技术规程:JGJT87—2012［S］.北京:中国建筑工业出版社,2012.

［14］中华人民共和国建设部. 建筑工程地质钻探技术标准:JGJ 87—1992［S］.北京:中国建筑工业出版社,1993.

［15］中华人民共和国建设部. 建筑桩基技术规范:JGJ 94—2008［S］.北京:中国建筑工业出版社,2008.

［16］中华人民共和国交通运输部.公路工程地质勘察规范:JTG C20—2016［S］.北京:人民交通出版社,2016.

［17］中国土木工程学会.孔压静力触探测试技术规程:T/CCES 1—2017［S］.北京:中国建筑工业出版社,2008.

［18］江苏省建设厅.南京地区建筑地基基础设计规范:DGJ 32/J 12—2005［S］.北京:中国建筑工业出版社,2005.

［19］高金川,张家铭.岩土工程勘察与评价［M］.2版.武汉:中国地质大学出版社,2013.

［20］项伟,唐辉明.岩土工程勘察［M］.北京:化学工业出版社,2012.

［21］李智毅,唐辉明.岩土工程勘察［M］.武汉:中国地质大学出版社,2000.

［22］林宗元.岩土工程勘察设计手册［M］.沈阳:辽宁科学技术出版社,1996.

［23］《工程地质手册》编委会.工程地质手册［M］.4版.北京:中国建筑工业出版社,2007.

［24］鄢泰宁.岩土钻掘工程学［M］.武汉:中国地质大学出版社,2001.

［25］陈仲颐,周景星,等.土力学［M］.北京:清华大学出版社,1994.

［26］张克恭,刘松玉,等.土力学［M］.北京:中国建筑工业出版社,2016.

［27］孟高头.土体原位测试机理、方法及其工程应用［M］.武汉:中国地质大学出版社,2000.

［28］方鸿琪,杨闽中.城市工程地质环境分析原理［M］.北京:中国建筑工业出版社,1999.

［29］刘特洪.工程建设中的膨胀土问题［M］.北京:中国建筑工业出版社,1997.

［30］高金川,林彤.勘察技术在城市灾害地质研究与治理中的应用［J］.地质与勘探,2000,36(2):16-18.

［31］吴湘兴.建筑地基基础［M］.广州:华南理工大学出版社,1997.

［32］《注册岩土工程师专业考试案例分析历年考题及模拟题详解》编委会.注册岩土工程师专业考试案例分析历年考题及模拟题详解［M］.北京:人民交通出版社,2013.

［33］兰定筠.注册岩土工程师专业考试复习题解:含历年真题［M］.2版.北京:中国建筑工业出版社,2015.

［34］李驰.土力学地基基础问题精解［M］.天津:天津大学出版社,2008.

［35］李广信.注册岩土工程师执业资格考试专业考试考题十讲［M］.北京:人民交通出版社,2014.

［36］施斌,朱志铎,刘松玉.土工试验原理及方法［M］.南京:南京大学出版社,1994.

［37］米祥友,徐前.注册岩土工程师专业考试辅导习题·考题·解题:2004年版［M］.北京:地震出版社,2004.

［38］南京东大岩土工程勘察设计研究院有限公司.孟北保障房片区捷运大道建设工程(道路建设工程)勘察报告［R］.2019.

［39］华设设计集团股份有限公司.秦淮河(溧水石臼湖—江宁彭福段)航道整治工程右岸34K+715～34K+795段、左岸35K+380～35K+460段护岸工程地质勘察［R］.2021.

［40］南京东大岩土工程勘察设计研究院有限公司.河西南部鱼嘴金融集聚区(NO.2016G97地块)项目A、E地块勘察报告［R］.2018.